Heidelberger Taschenbücher Band 87

Sammlung Informatik

Herausgegeben von F. L. Bauer, G. Goos und M. Paul

Hans Hermes

Aufzählbarkeit Entscheidbarkeit Berechenbarkeit

Einführung
in die Theorie der rekursiven Funktionen

Dritte Auflage

Springer-Verlag
Berlin Heidelberg New York 1978

Professor Dr. Hans Hermes
Mathematisches Institut der Albert-Ludwigs-Universität
Abteilung für mathematische Logik
und Grundlagen der Mathematik
Albertstraße 236
7800 Freiburg i. Br.

Die erste Auflage erschien 1961 als Band 109 in den Grundlehren der mathematischen Wissenschaften. Eine englische Übersetzung folgte in erster Auflage 1965 und in zweiter, revidierter Auflage 1969 als Band 127, ebenfalls in den Grundlehren. Die vorliegende Ausgabe ist eine revidierte Auflage von Band 109.

AMS Subject Classifications (1970): 02 E 10, 02 E 15, 02 F xx

ISBN-13: 978-3-540-08869-1 e-ISBN-13: 978-3-642-95327-9
DOI: 10.1007/978-3-642-95327-9

CIP-Kurztitelaufnahme der Deutschen Bibliothek. *Hermes, Hans:* Aufzählbarkeit, Entscheidbarkeit, Berechenbarkeit: Einf. in d. Theorie d. rekursiven Funktionen. — 3. Aufl. — Berlin, Heidelberg, New York: Springer, 1978. (Heidelberger Taschenbücher; Bd. 87: Sammlung Informatik).

Gesamtherstellung: Brühlsche Universitätsdruckerei, Lahn-Gießen.
2145/3140-543210

Vorwort zur dritten Auflage

Die Änderungen und Ergänzungen dieser Auflage tragen der Tatsache Rechnung, daß dieses Buch häufig als Grundlage der entsprechenden Vorlesungen für Informatiker oder beim Selbststudium der rekursiven Funktionen im Rahmen des Informatikstudiums benutzt wird.

Im neuen § 33 werden die aufzählbaren Mengen durch Halteprobleme von Turingmaschinen und durch Chomsky-Sprachen charakterisiert. Im neuen § 34 wird das Postsche Korrespondenzproblem behandelt.

In diesen Paragraphen werden (wie auch in einigen der bisherigen) Funktionen bzw. Wortmengen über *mehr*elementigen Alphabeten betrachtet, während die Theorie der Rekursivität vorwiegend für Funktionen über den natürlichen Zahlen entwickelt worden ist. Man kann die Theorie der Rekursivität auch von vornherein auf mehrelementige Alphabete basieren, wie z. B. in *Heidler-Hermes-Mahn*, Rekursive Funktionen, Mannheim 1977.

Neben dem Wortproblem der Gruppentheorie (Boone, Novikov) ist seit dem Erscheinen der ersten Auflage dieses Buches auch das zehnte Hilbertsche Problem (J. Robinson, Matijasevič) als unlösbar nachgewiesen worden.

Freiburg i. Br., Februar 1978 H. Hermes

Vorwort zur zweiten Auflage

Kleinere Fehler wurden korrigiert. Für Hinweise darauf danke ich insbesondere den Herren H. B. Curry, G. T. Herman, D. Klemke, F.-K. Mahn.

§ 32, in welchem die Minimallogik von Fitch behandelt wird, ist neu geschrieben worden. Es scheint, daß der Beweis für das Hauptergebnis durchsichtiger geworden ist durch eine geeignete Übertragung des Begriffs der primitiv-rekursiven Funktion auf solche Funktionen, deren Argumente und Werte Ausdrücke sind. Diese Idee verdanke ich Herrn Dr. F.-K. Mahn.

Neuere Literatur findet der Leser in dem Buch von *H. Rogers, Jr.*, Theory of Recursive Function and Effective Computability, New York 1967.

Freiburg i. Br., Februar 1971 H. HERMES

Vorwort zur ersten Auflage

In der Mathematik ist es immer als eine besonders interessante und wichtige Aufgabe angesehen worden, Algorithmen zur Lösung von Problemen zu entwickeln. Dabei ist ein Algorithmus normalerweise nur auf einen eng umschriebenen Problemkreis anwendbar, wie etwa der Euklidische Algorithmus zur Bestimmung des größten gemeinsamen Teilers zweier Zahlen oder das bekannte Verfahren, mit dessen Hilfe die Quadratwurzeln aus natürlichen Zahlen in Dezimaldarstellung gewonnen werden können. So wichtig derartige *spezielle* Algorithmen auch sein mögen — so wäre es dennoch wünschenswert, über Algorithmen mit großer Tragweite zu verfügen. Um solche Algorithmen, die sich möglichst vielfältig anwenden lassen, hat man sich jahrhundertelang ohne rechten Erfolg bemüht. Erst in der zweiten Hälfte des letzten Jahrhunderts wurde ein bemerkenswerter Fortschritt erzielt, als es gelang, mit der Prädikatenlogik einen wichtigen Teil der logischen Schlußprozesse in die Gestalt eines Kalküls zu bringen. (Dabei spielte die Boolesche Algebra eine wesentliche Pionierrolle.) Man hätte nun vielleicht vermuten können, daß *alle* mathematischen Probleme algorithmisch lösbar seien. Doch mahnten wohlbekannte noch ungelöste Probleme (etwa das Wortproblem der Gruppentheorie, oder das zehnte Hilbertsche Problem, das die Frage nach der Lösbarkeit von diophantischen Gleichungen betrifft) zur Vorsicht. Immerhin war nun der Anstoß gegeben, die Frage nach dem Wesen des Algorithmus aufzuwerfen. Diese Frage hatte schon *Leibniz* gestellt, aber nicht zu lösen vermocht. Den Mathematikern unseres Jahrhunderts, geschult in der Behandlung abstrakter Probleme, vor allem auch in der Handhabung formaler Sprachen, war dagegen ein Erfolg beschieden: Um das Jahr 1936 wurden fast gleichzeitig verschiedene Vorschläge zur Präzisierung des Begriffs des Algorithmus bzw. verwandter Begriffe gemacht (Churchsche These). Obwohl diese Vorschläge, zu denen heute weitere getreten sind, von oft ganz verschiedenen Ausgangspunkten herrührten, haben sie sich als äquivalent erwiesen. Die Motivierungen für diese Präzisierungen, die Tatsache ihrer Äquivalenz und schließlich die Erfahrungstatsache, daß alle bisher in der Mathematik aufgetretenen Algorithmen, wenn man sich auf ihren wesentlichen Kern konzentriert, unter die präzisierten Begriffe fallen, haben die weitaus meisten Forscher auf diesem Gebiet dazu geführt, diese Präzisierungen als eine adäquate Fassung des zunächst intuitiv gegebenen Begriffs des Algorithmus anzusehen.

Nachdem man einmal eine Präzisierung des Begriffs des Algorithmus angenommen hat, wird es möglich, die Frage anzugreifen, ob es wohldefinierte Problemkomplexe gibt, die einer algorithmischen Behandlung unzugänglich sind, und gegebenenfalls konkrete Probleme dieser Art anzugeben. Viele solche Untersuchungen sind in den letzten Jahrzehnten durchgeführt worden. Man hat so die Unentscheidbarkeit der Arithmetik und anderer mathematischer Theorien zeigen können, ferner die Unlösbarkeit des Wortproblems der Gruppentheorie und des zehnten Hilbertschen Problems. Manche Mathematiker halten diese Ergebnisse und die ihnen zugrunde liegende Theorie für die am meisten charakteristische Leistung der Mathematik der ersten Hälfte des zwanzigsten Jahrhunderts.

Konzediert man die Legitimität der vorgeschlagenen Präzisierungen des Begriffs des Algorithmus und verwandter Begriffe, so kann man sagen, daß die Mathematiker mit rein mathematischen Methoden gezeigt haben, daß es mathematische Probleme gibt, welche nicht mit dem Rüstzeug der rechnenden Mathematik behandelt werden können. Diese Tatsache ist im Hinblick auf die große Rolle, welche die Mathematik in unserem heutigen Weltbild spielt, von erheblichem philosophischen Interesse. *Post* spricht von einem Naturgesetz über die „limitations of the mathematicizing power of Homo Sapiens". Hier findet man auch einen Ansatzpunkt zur Diskussion der Frage, worin die eigentliche schöpferische Leistung des Mathematikers besteht.

In diesem Buch soll eine Einführung in die Theorie der Algorithmen gegeben werden. Es wird besondere Mühe darauf verwandt, den Leser davon zu überzeugen, daß die vorgeschlagenen Präzisierungen die intuitiven Begriffe adäquat wiedergeben. Die Präzisierung, bei der man das wohl am besten einsehen kann, ist der Begriff der Turingmaschine, der hier als Ausgangspunkt gewählt wird. Auf dieser Basis werden die wichtigsten konstruktiven Begriffe behandelt, wie die Begriffe der berechenbaren Funktion, der entscheidbaren Eigenschaft, und der durch ein Regelsystem erzeugbaren Menge. Es werden verschiedene andere Präzisierungen des Begriffs des Algorithmus besprochen (z.B. die μ-Rekursivität, die Rekursivität) und ihre Äquivalenz bewiesen. Als Anwendungen der Theorie werden unter anderem die Unentscheidbarkeit der Prädikatenlogik und die Unvollständigkeit der Arithmetik behandelt; ferner wird als wichtigste Vorstufe für den Beweis der Unlösbarkeit des Wortproblems der Gruppentheorie die Unlösbarkeit des Wortproblems für Thue-Systeme gezeigt.

Die Theorie wird dargestellt vom Standpunkt der klassischen Logik. Das macht sich besonders bemerkbar durch die Verwendung des klassischen Existenzoperators, z.B. in der Definition der Berechenbarkeit: Man nennt eine Funktion berechenbar, wenn es einen Algorithmus zur Auffindung der Werte für beliebige vorgegebene Argumente *gibt.* — Es wird jedoch überall dort, wo Beweise *konstruktiv* durchgeführt werden, und das ist überwiegend der Fall, diese Tatsache besonders hervorgehoben.

Im Gegensatz zu manchen einschlägigen Publikationen wird Wert darauf gelegt, Formeln einer Sprache und das durch diese Bezeichnete zu unterscheiden, jedenfalls in den grundlegenden Definitionen.

Am Ende von verschiedenen Paragraphen finden sich einige meist leichte Übungsaufgaben, die den Leser zu selbständiger Mitarbeit anregen sollen.

Dem einführenden Charakter dieses Buches entspricht es, daß nicht alle einschlägigen Untersuchungen besprochen werden können. Die Literaturangaben am Schlusse der meisten Paragraphen führen jedoch den Leser an den neuesten Stand der Theorie heran. Außerdem sei der Leser hier ein für allemal verwiesen auf das grundlegende Werk von *S. C. Kleene,* Introduction to Metamathematics, Amsterdam 1952, sowie auf die Zeitschrift *Journal of Symbolic Logic,* 1936ff., mit Referaten. Auch das 1958 erschienene Buch von *M. Davis,* Computability and Unsolvability, New York 1958, geht von Turingmaschinen aus.

Dieses Buch ist hervorgegangen aus Vorlesungen, welche der Verfasser seit dem Jahre 1949 regelmäßig über dieses Gebiet gehalten hat.

Ein Vorlesungsmanuskript ist 1955 im Verlage Aschendorff (Münster) herausgekommen unter dem Titel „Entscheidungsprobleme in Mathematik und Logik".

Für wertvolle Hilfe bei der Fertigstellung des Manuskripts bin ich Herrn Dr. H. Kiesow und Herrn Dr. W. Oberschelp zu großem Dank verpflichtet, sowie Frl. T. Hessling, Frl. I. Herting und den Herren D. Titgemeyer und K. Hornung.

Münster i. W., Frühjahr 1960 H. HERMES

Inhaltsverzeichnis

Verzeichnis der Symbole

Addenda

Seite 112 Die in $(\substack{**\\**})$ eingeführte Funktion U darf selbstverständlich nicht mit dem auf Seite 73 eingeführten gleichbezeichneten Prädikat verwechselt werden.

ERSTES KAPITEL

EINFÜHRENDE BETRACHTUNGEN ÜBER ALGORITHMEN

§ 1. Der Begriff des Algorithmus

Der Begriff eines Algorithmus, d.h. eines „allgemeinen Verfahrens", ist jedem Mathematiker mehr oder weniger bekannt. Wir wollen in dem einleitenden Paragraphen diesen Begriff näher erläutern und dabei das hervorheben, was als wesentlich angesehen werden soll.

1. Algorithmen als allgemeine Verfahren. Die spezifische Art, in der Mathematiker Theorien konzipieren und ausbauen, hat mannigfache Aspekte. Wir wollen hier einen für viele Entwicklungen charakteristischen Gesichtspunkt herausgreifen und genauer diskutieren. Wenn Mathematiker sich mit einem Problemkreis beschäftigen, so sind es zunächst meist isolierte Tatsachen, die ihr Interesse fesseln; bald werden sie aber dazu übergehen, eine Verbindung zwischen diesen Tatsachen herzustellen und die Forschung mehr und mehr zu systematisieren mit dem Ziel, einen Gesamtüberblick zu erhalten und das in Frage stehende Gebiet schließlich ganz zu beherrschen. Oft wird eine solche Beherrschung schrittweise erreicht (oder wenigstens versucht) durch die Abgrenzung spezieller Komplexe von Fragestellungen, denen man jeweils mit einem Algorithmus zu Leibe rücken kann. Ein Algorithmus ist ein generelles Verfahren, mit dem man die Antwort auf jede einschlägige Frage durch eine simple Rechnung nach einer vorgeschriebenen Methode erhält.

Aus jeder mathematischen Disziplin lassen sich Beispiele für allgemeine Verfahren anführen. Hier sei nur erinnert an das Divisionsverfahren für natürliche Zahlen, welche in Dezimaldarstellung gegeben sind, an den bekannten Algorithmus zur Berechnung der Dezimalbruchentwicklung der Quadratwurzel aus einer natürlichen Zahl und an die Methode der Partialbruchzerlegung zur Berechnung von Integralen mit rationalen Integranden.

Wenn *hier* von einem *allgemeinen Verfahren* die Rede ist, so soll darunter stets ein Prozeß verstanden werden, dessen Ausführung bis in die letzten Einzelheiten hinein eindeutig vorgeschrieben ist. Dazu gehört insbesondere, daß die Vorschrift in einem *endlichen* Text niedergelegt werden kann.[1]

Für die Betätigung der schöpferischen Phantasie des Ausführenden bleibt dabei kein Platz. Er muß sklavisch nach den ihm gegebenen Vorschriften arbeiten, die alles bis ins kleinste regeln.[2]

Die Anforderungen, welche wir an einen Prozeß stellen, der ein allgemeines Verfahren genannt zu werden verdient, sind sehr streng. Man mache sich klar, daß die Art und Weise, in der ein Mathematiker ein „allgemeines Verfahren" zu beschreiben gewohnt ist, im allgemeinen zu vage ist, um wirklich die geforderte Schärfe zu erreichen. Das gilt z.B. für die übliche Beschreibung von Methoden zur Auflösung eines linearen Gleichungssystems, in der etwa offen gelassen wird, in welcher Weise die vorkommenden Additionen oder Multiplikationen auszuführen sind. Es ist jedoch jedem Mathematiker in diesem Fall und in ähnlich gelagerten Fällen klar, daß sich die Vorschrift ergänzen läßt zu einer vollständigen Vorschrift, die nichts offen läßt. – Das Ideal wird weitgehend verwirklicht (bis auf Probleme im Zusammenhang mit dem Überlauf) durch einen programmierten Computer.

Es gibt einen bemerkenswerten Fall, in welchem ein Mathematiker von einem allgemeinen Verfahren zu sprechen gewohnt ist, wobei er kein eindeutiges Vorgehen zu kennzeichnen beabsichtigt. Es handelt sich hier um Kalküle mit mehreren Regeln, die in einer nicht festgelegten Reihenfolge angewandt werden können. Diese Kalküle stehen aber in einer engen Beziehung zu den völlig eindeutig vorgeschriebenen Verfahren. Darauf gehen wir in Nr. 6 ein. Wir wollen in diesem Buch den Sprachgebrauch so regeln, daß wir *nur dann von einem allgemeinen Verfahren sprechen, wenn eine vollständige Eindeutigkeit vorliegt.*

Es gibt *abbrechende Algorithmen*, während andere Algorithmen sich beliebig weit fortsetzen lassen. Der euklidische Algorithmus zur Bestimmung des größten gemeinsamen Teilers zweier Zahlen bricht ab; nach endlich vielen Rechenschritten erhält man die Antwort, und das

---

[1] Eine unendlich lange Vorschrift kann man nicht herstellen. Es wäre zwar denkbar, eine potentiell unendlich lange Vorschrift zu konstruieren dadurch, daß man zunächst ein endliches Anfangsstück gibt, und daß man dann in einem endlichen Zusatztext genau festlegt, auf welche Weise die Vorschrift jeweils zu verlängern ist. Dann kann man aber sagen, daß das gegebene endliche Anfangsstück zusammen mit diesem endlichen Zusatztext die eigentliche – endliche – Vorschrift darstellt.

[2] Die schematische Durchführung eines vorgegebenen allgemeinen Verfahrens bietet (nach einigen Proben) offenbar einem Mathematiker kein besonderes Interesse. Wir können also die bemerkenswerte Tatsache feststellen, daß ein schöpferischer Mathematiker durch die spezifisch mathematische Leistung der Entwicklung einer allgemeinen Methode den durch diese Methode beherrschten Bereich gewissermaßen mathematisch entwertet.

Verfahren ist zu Ende. Der bekannte Algorithmus zur Berechnung der Quadratwurzel aus einer in Dezimaldarstellung gegebenen natürlichen Zahl bricht im allgemeinen *nicht* ab. Man kann ihn beliebig weit fortsetzen zur Berechnung von immer weiteren Dezimalstellen der Wurzel.

2. Realisierung von Algorithmen. Ein generelles Verfahren, so wie es hier gemeint ist, bedeutet jedenfalls primär ein Operieren (Handeln) mit konkreten Dingen. Diese Dinge müssen hinreichend deutlich voneinander abgegrenzt sein. Sie können aus Steinchen[1] (Rechenpfennigen, Holzkügelchen) bestehen, wie sie z.B. bei dem klassischen *Abakus* oder im japanischen *Soroban* verwendet werden, sie können Symbole sein, wie sie in der Mathematik vorkommen (z.B. 2, x, $+$, (, $\int$), sie können aber auch Zahnräder einer Tischrechenmaschine sein oder elektrische Impulse, wie sie bei den großen Rechenautomaten üblich sind. Das Operieren besteht darin, daß räumlich oder zeitlich geordnete Dinge in neue Konfigurationen gebracht werden.

Für die Praxis der angewandten Mathematik ist es durchaus wesentlich, welches *Material* einem Verfahren zugrunde liegt. Von dem theoretischen Standpunkt aus, von dem wir die Algorithmen behandeln wollen, ist das Material jedoch belanglos. Kennt man ein Verfahren, welches mit einem bestimmten Material arbeitet, so wird man dieses Verfahren auch (mehr oder weniger gut) auf ein anderes Material übertragen können. So kann man die Addition im Bereich der natürlichen Zahlen realisieren durch Anfügen von Strichen an Strichfolgen, durch Manipulation von Steinchen auf einem Rechenbrett, durch Drehen von Rädern einer Rechenmaschine, durch Änderung der Magnetisierung von Ringkernen eines Kernspeichers.

Da wir uns nur für solche Fragestellungen im Bereich der allgemeinen Verfahren interessieren, die unabhängig sind von der materiellen Realisierung dieser Verfahren, so können wir für unsere Betrachtungen eine Realisierung zugrunde legen, welche mathematisch besonders leicht zu handhaben ist. In der mathematischen Theorie der Algorithmen zieht man es daher vor, solche Algorithmen zu betrachten, die sich in der Veränderung von *Zeichenreihen* auswirken. Eine Zeichenreihe ist eine endliche lineare Folge von *Symbolen (Einzelzeichen, Buchstaben)*. Es wird angenommen, daß es für jeden Algorithmus eine endliche Zahl von Buchstaben gibt (mindestens einen), die in ihrer Gesamtheit das dem Algorithmus zugrunde liegende *Alphabet* bilden. Die endlichen Zeichenreihen, welche man aus dem Alphabet zusammensetzen kann,

[1] Man bezeichnet häufig Algorithmen — oder jedenfalls die in Nr. 4 besprochenen Verfahren — mit dem Wort *Kalkül*. Dieser Name stammt von den *calculi* (Kalksteinchen), mit denen die Römer zu rechnen (calculare) pflegten. — Es sei bemerkt, daß das Wort „Kalkül" manchmal auch in einem Sinn verwendet wird, der nicht mit dem des Algorithmus identisch ist.

heißen *Worte*. Es ist manchmal bequem, auch das *leere Wort* □, das keine Buchstaben enthält, zuzulassen. — Ist $\mathfrak{A}$ ein Alphabet und W ein Wort, das nur aus Buchstaben aus $\mathfrak{A}$ gebildet ist, so nennen wir W ein *Wort über* $\mathfrak{A}$.

Die Buchstaben eines Alphabets $\mathfrak{A}$, welches einem Algorithmus zugrunde liegt, sind in gewisser Weise unwesentlich. Man kann nämlich bei Umänderung der Buchstaben von $\mathfrak{A}$ für das damit entstandene neue Alphabet $\mathfrak{A}'$ unmittelbar einen zu dem ursprünglichen Algorithmus „isomorphen" Algorithmus angeben, der grundsätzlich dasselbe leistet.

3. Gödelisierung. Man kann im Prinzip mit einem Alphabet auskommen, welches nur einen einzigen Buchstaben enthält, z.B. den Buchstaben |.[1] Die Worte über diesem Alphabet sind (abgesehen von dem leeren Wort): |, ||, |||, usf. Diese Worte können in trivialer Weise mit den natürlichen Zahlen 0, 1, 2, ... identifiziert werden. Für manche Überlegungen empfiehlt sich eine solche extreme Normierung des „Materials". Andererseits ist es oft bequem, die Mannigfaltigkeit eines mehrelementigen Alphabets zur Verfügung zu haben, z.B. dann, wenn man Hilfsbuchstaben verwendet (vgl. dazu jedoch § 15.2). Wir wollen unseren Betrachtungen normalerweise mehrelementige Alphabete zugrunde legen.

Die Verwendung eines *einelementigen* Alphabetes bedeutet keine wesentliche Einschränkung: Man kann nämlich die Worte W eines N-elementigen Alphabets $\mathfrak{A}$ durch natürliche Zahlen $G(W)$, d.h. durch Worte eines *ein*elementigen Alphabets charakterisieren. Eine solche Abbildung G nennt man eine *Gödelisierung* und $G(W)$ die *Gödelnummer* (bezüglich G) des Wortes W. Gödel hat eine derartige Abbildung zuerst angewandt in der am Schluß des Paragraphen zitierten Abhandlung. An eine Gödelisierung G stellen wir die folgenden Anforderungen:

1) Wenn $W_1 \neq W_2$, so $G(W_1) \neq G(W_2)$ (umkehrbare Eindeutigkeit).

2) Man kann bei vorgegebenem Wort W die zugehörige natürliche Zahl $G(W)$ in endlich vielen Schritten durch einen Algorithmus ausrechnen.

3) Man kann für jede natürliche Zahl n in endlich vielen Schritten feststellen, ob n die Gödelnummer eines Wortes W über $\mathfrak{A}$ ist.

4) Wenn n die Gödelnummer eines Wortes W über $\mathfrak{A}$ ist, so soll dieses nach 1) eindeutig bestimmte Wort W durch einen Algorithmus in endlich vielen Schritten auffindbar sein.

Wir wollen hier eine einfache Gödelisierung für Worte über dem Alphabet $\mathfrak{A} = \{a_1, \ldots, a_N\}$ angeben. Wir fassen a_j als eine „Ziffer" auf,

[1] Im Interesse eines übersichtlichen Schriftbildes lassen wir häufig die Anführungszeichen fort. Wir schreiben also | statt „|" (oder eigentlich „|" statt „„|"").

welche die natürliche Zahl j darstellt. Dann kann man jedes nichtleere Wort W als Darstellung einer Zahl in einem $(N+1)$-alsystem auffassen. Zusätzlich setzen wir $G(\square)=0$. Man überzeugt sich leicht, daß die Forderungen 1) bis 4) erfüllt sind. — Wir werden später verschiedene andere Gödelisierungen kennenlernen (u.a. in §§ 17, 18, 21, 32).

4. Bemerkungen zum leeren Wort. Für manche Betrachtungen ist es bequem, das leere Wort zuzulassen. Es gibt jedoch Überlegungen, welche einfacher durchzuführen sind, wenn man das leere Wort ausschließt. Durch die Ausschließung des leeren Wortes verliert man grundsätzlich nichts. Man kann nämlich die Worte W über einem Alphabet $\mathfrak{A}=\{a_1, \ldots, a_N\}$ in konstruktiver Weise eineindeutig abbilden auf die nichtleeren Worte W' über $\mathfrak{A}$. Eine solche Abbildung φ läßt sich z.B. folgendermaßen angeben: $\varphi(\square)=a_1$; $\varphi(W)=a_1W$, falls das Wort W nur Symbole enthält, welche mit a_1 übereinstimmen; $\varphi(W)=W$ für alle anderen Worte.

Wir wollen, wenn wir Funktionen oder Prädikate in bezug auf ihre konstruktiven Eigenschaften betrachten, generell annehmen, daß die vorkommenden Argumente und Werte nichtleere Worte sind.

Wenn wir natürliche Zahlen durch Worte darstellen wollen, so besteht das einfachste Verfahren darin, ein einelementiges Alphabet $\mathfrak{A}=\{|\}$ zu verwenden und die Zahl n durch das Wort darzustellen, welches aus n Strichen besteht, insbesondere also die Zahl 0 durch das leere Wort. Wenn man dagegen nur nichtleere Worte verwenden will, so kann man die soeben angegebene Abbildung φ verwenden und damit die Zahl n durch $n+1$ Striche repräsentieren. *Diese Zahldarstellung,* die wir in Nr. 2 bereits erwähnt haben, *werden wir später verwenden* (vgl. § 6.2).

5. Idealisierung von Algorithmen. An dieser Stelle soll auf eine Extrapolation hingewiesen werden, welche generell vorgenommen wird in den Theorien, welche in diesem Buch behandelt werden sollen. Jedermann weiß, daß man für natürliche Zahlen n, m, welche in Dezimaldarstellung gegeben sind, die Potenz n^m in Dezimaldarstellung nach einem allgemeinen Verfahren berechnen kann. Für *kleine* Zahlen (z.B. für $n<100$, $m<10$) läßt sich diese Rechnung wirklich ausführen. Bei größeren Zahlen wird dies zweifelhaft, und bei ganz großen Zahlen (etwa bei der iterierten Potenz $1000^{1000^{1000}}$) ist es möglich, daß eine *tatsächliche* Berechnung im Widerspruch zu den Naturgesetzen steht (z.B. deshalb, weil nicht genug Materie in der Welt vorhanden ist, um das Resultat in Dezimaldarstellung aufzuschreiben, oder die Menschheit nicht lange genug existiert, um eine solche Rechnung effektiv durchzuführen). Es wäre sicher interessant, solchen möglicherweise durch die Naturgesetze, insbesondere auch durch die Größe des menschlichen

Gedächtnisses bedingten Beschränkungen nachzugehen.[1] Derartige Untersuchungen sind jedoch sehr schwierig und bisher wohl kaum durchgeführt worden. Wir wollen hier ein für allemal von diesen Beschränkungen *abstrahieren* und idealisierend annehmen, daß kein Mangel an Zeit, Raum oder Materie für die Durchführung eines allgemeinen Verfahrens besteht. Wir lassen also insbesondere beliebig lange (endliche) Zeichenreihen zu.[2]

6. Ableitungen. In Nr. 1 haben wir ausdrücklich betont, daß ein Algorithmus in völlig eindeutiger Weise verläuft. Wir erwähnten aber schon einen Fall, in dem der Mathematiker von einem ,,allgemeinen Verfahren" spricht, ohne daß eine solche Eindeutigkeit vorliegt. Wir wollen diesen Fall analysieren und untersuchen, wie er mit dem hier eingeführten Begriff des Algorithmus zusammenhängt. Wir gehen dazu aus von einem

Beispiel 1: Die kleinste Menge von reellen Zahlen, welche die Zahlen 9 und 12 enthält und abgeschlossen ist gegenüber der Subtraktion und der Multiplikation mit $\sqrt{2}$, läßt sich erzeugen durch den folgenden Algorithmus:

(a) 9

(b) 12

(c) $x - y$

(d) $x\sqrt{2}$

a) bzw. (b) soll bedeuten, daß 9 bzw. 12 hingeschrieben werden kann. c) soll den Übergang von zwei schon gewonnenen Zahlen x, y zu ihrer Differenz erlauben, (d) die Multiplikation einer bereits gewonnenen Zahl mit $\sqrt{2}$.

Es ist anschaulich klar, daß hier eine Art ,,Verfahren" beschrieben ist, mit dessen Hilfe man die Elemente des durch $3, 3\sqrt{2}$ erzeugten Zahlmoduls erhalten kann. Wir haben hier dieses ,,Verfahren" in einer Weise beschrieben, die der mathematischen Übung entspricht. Man

[1] Zu diesem Problemkreis gehört z.B. der Nachweis, daß es für den Menschen zweckmäßig ist, als Basis b für die Zahldarstellungen eine Zahl zu wählen, die in der Nähe von 10 liegt. Hierzu wird man überlegen müssen, daß b nicht wesentlich kleiner sein darf als 10, da sonst die Zahlen des täglichen Lebens eine für das menschliche Gedächtnis unzweckmäßige Länge erreichen können. b kann aber auch nicht wesentlich größer sein als 10, da in diesem Fall das Gedächtnis durch das kleine Einmaleins zu stark belastet würde.

[2] Analoge Beschränkungen, wie wir sie vorhin für den Menschen genannt haben, gibt es auch für Rechenmaschinen, z.B. auf Grund der begrenzten Speicherkapazität. Wenn man sich die hier vorgenommene Idealisierung anschaulich machen will, so muß man annehmen, daß die Speicher nach Bedarf unter Erhaltung des Bauprinzips der Maschine beliebig vermehrt werden können. Das kann man sich bei den üblichen kleinen Tischrechenmaschinen besonders gut vorstellen.

muß sich jedoch klarmachen, daß dieser Beschreibung allerlei Unvollkommenheiten anhaften. Zunächst einmal sollte man nicht von *Zahlen* sprechen, sondern vielmehr von *Zahldarstellungen (Ziffern)* $\pm a \pm b\sqrt{2}$, wobei a und b Dezimaldarstellungen natürlicher Zahlen sind. Zum Beispiel lautet (a) dann genauer: $+9+0\sqrt{2}$. Bei (c) und (d) ist offenbar gemeint, daß man die bekannten Rechenregeln benutzen soll, um die neue Zahl in normierter Darstellung zu gewinnen. Wir wollen hier jedoch darauf verzichten, diese Regeln vollständig anzugeben.

Mit Hilfe der Regeln (a), ..., (d) kann man Ableitungen bilden, z.B. die folgende Ableitung der Länge 7:

12	(nach (b)).
9	(nach (a)).
3	(nach (c), angewandt auf die Zeilen 1 und 2).
$3\sqrt{2}$	(nach (d), angewandt auf Zeile 3).
$9\sqrt{2}$	(nach (d), angewandt auf Zeile 2).
$6\sqrt{2}$	(nach (c), angewandt auf die Zeilen 5 und 4).
$3-6\sqrt{2}$	(nach (c), angewandt auf die Zeilen 3 und 6).

Eine *Ableitung (Deduktion)* ist also eine endliche Folge von Worten, welche nach den gegebenen Regeln hergestellt werden kann. Die Anzahl dieser Worte heißt die *Länge* der Ableitung.

Eine Menge von Regeln (*Regelsystem*) dieser Art liefert natürlich im allgemeinen keinen Algorithmus im strikten Sinne von Nr. 1, da nicht vorgeschrieben ist, in welcher Reihenfolge die einzelnen Regeln angewandt werden sollen. Man kann normalerweise beliebig viele verschiedene Ableitungen nach einem gegebenen Regelsystem herstellen. Welches ist nun der Zusammenhang zwischen einem durch ein Regelsystem gegebenen „Verfahren" und einem Algorithmus im eigentlichen Sinne? Man kann zunächst (an Beispiel 1 und an irgendwelchen anderen Beispielen) feststellen, daß jede einzelne Regel eines Regelsystems einen wirklichen Algorithmus beschreibt, und zwar einen abbrechenden Algorithmus.[1] Weiterhin kann man leicht zu jeder *konkreten* Ableitung ein

[1] Gelegentlich treten „Regeln" auf, die nicht unmittelbar als abbrechende Algorithmen aufgefaßt werden können. Eine solche „Regel" könnte z.B. lauten: *Man bilde ein Vielfaches einer (bereits vorliegenden) Zahl n.* Hier liegt offenbar kein Algorithmus im strengen Sinne vor, da nicht gesagt wird, mit welcher Zahl k zu multiplizieren ist, und das Verfahren daher nicht eindeutig ist. Man kann jedoch diese „Regel" ersetzen durch Regeln, welche (abbrechende) Algorithmen sind, wobei man allerdings zweckmäßigerweise ein überlagertes Regelsystem zu Hilfe nehmen muß (vgl. den anschließenden Haupttext). Man hat nämlich zunächst eine Zahl k mit Hilfe eines Neben-Regelsystems herzustellen, und dann eine Regel zu nehmen, welche vorschreibt, aus n und k das Produkt nk zu bilden.

allgemeines Verfahren im Sinne von Nr. 1 angeben, nach welchem diese Ableitung hergestellt werden kann. Dieser Algorithmus besteht aus den Regeln des Regelsystems, versehen mit einer ergänzenden Vorschrift darüber, in welcher Reihenfolge diese Regeln angewandt werden sollen (wobei eine und dieselbe Regel mehrfach angewandt werden darf). Ein Regelsystem kann in diesem Sinne aufgefaßt werden als ein im allgemeinen unbegrenzter Vorrat von Algorithmen.

Man beachte, daß man eine vorgegebene Ableitung nicht immer mit Hilfe einer vorgegebenen Regel um einen Schritt verlängern kann, und daß man eine Ableitung nicht mit einer beliebigen Regel beginnen kann. So kann man im vorliegenden Beispiel im ersten Schritt weder die Regel (c) noch die Regel (d) anwenden.

Beispiel 1 betrifft einen besonders einfachen Fall eines Regelsystems. Im allgemeinen sind die Verhältnisse komplizierter dadurch, daß mehrere Regelsysteme $R_{11}, \ldots, R_{1m_1}; R_{21}, \ldots, R_{2m_2}; \ldots; R_{k1}, \ldots, R_{km_k}$ einander „überlagert" sind. Dabei wird bei der Anwendung einer Regel eines späteren Systems im allgemeinen vorausgesetzt, daß zuvor ein Wort oder mehrere Worte in früheren Systemen hergeleitet worden sind. Ein Wort gilt nur dann in dem Gesamtsystem als *ableitbar*, wenn es mit Hilfe einer Regel des *letzten* Systems $R_{k1}, \ldots, R_{km_k}$ gewonnen werden kann.

An Stelle einer ziemlich umständlichen allgemeinen Definition beschränken wir uns darauf, für die *überlagerten Regelsysteme* ein Beispiel zu geben. In dem Regelsystem des Beispiels können gewisse (nicht alle) Tautologien (d.h. aussagenlogisch gültige Formeln) der Aussagenlogik abgeleitet werden.

Beispiel 2: Das Gesamtsystem entsteht durch Überlagerung von drei Systemen. Das *erste System* dient zur Erzeugung der *Aussagevariablen.* Das sind spezielle Worte über dem Alphabet {O, I}

R_{11}: Anschreiben von O

R_{12}: Anfügen des Buchstabens I

Aussagevariablen sind z.B. O, OI, OII.

Das *zweite System* liefert *Formeln (Ausdrücke)* der Aussagenlogik. Das sind spezielle Worte über dem Alphabet {O, I, →, (,)}.

R_{21}: Hinschreiben eines Wortes, das nach dem ersten System gewonnen worden ist.

R_{22}: Übergang von den Worten W_1, W_2 zu dem Wort $(W_1 \to W_2)$. Formeln sind z.B. OII, ((OII → OII) → OII).

Mit Hilfe des *dritten (letzten) Systems* erhält man *Tautologien.* Tautologien sind spezielle Formeln.

R_{31}: Übergang von Worten W_1, W_2, welche nach dem zweiten System gewonnen worden sind, zu $(W_1 \to (W_2 \to W_1))$.

R_{32}: Übergang von Worten W_1, W_2, welche nach dem zweiten System gewonnen worden sind, zu $((W_1 \to (W_1 \to W_2)) \to (W_1 \to W_2))$.

R_{33}: Übergang von Worten W_1, W_2, W_3, welche nach dem zweiten System gewonnen worden sind, zu $((W_1 \to W_2) \to ((W_2 \to W_3) \to (W_1 \to W_3)))$.

R_{34}: Übergang von den Worten $(W_1 \to W_2)$ und W_1, die im dritten System abgeleitet sind, zu dem Wort W_2 *(Modus ponens)*.

Literatur

Zum Kalkülbegriff vergleiche

LORENZEN, P.: Einführung in die operative Logik und Mathematik. Berlin-Göttingen-Heidelberg: Springer 1955.

CURRY, H. B.: Calculuses and Formal Systems. Logica, Studia Paul Bernays dedicata. S. 45—69. Neuchâtel: Éditions du Griffon 1959. Siehe auch: Dialectica **12**, 249—273 (1958).

Die Gödelisierung wurde erstmals angewandt in

GÖDEL, K.: Über formal unentscheidbare Sätze der Principia Mathematica und verwandter Systeme I. Mh. Math. Phys. **38**, 173—198 (1931).

Zur Realisierung von Algorithmen siehe

MENNINGER, K.: Zahlwort und Ziffer I, II. Göttingen: Vandenhoeck & Ruprecht 1957, 1958.

§ 2. Die grundlegenden Begriffe der Theorie des Konstruktiven

Aus dem Begriff des Algorithmus lassen sich eine Reihe wichtiger weiterer Begriffe gewinnen. Hierzu gehören die Berechenbarkeit, die Aufzählbarkeit, die Entscheidbarkeit und die Erzeugbarkeit. Diese Begriffe werden im vorliegenden Paragraphen definiert und einfache Beziehungen zwischen ihnen hergestellt.

1. Berechenbare Funktionen. In der Mathematik treten häufig Funktionen auf, zu denen es einen abbrechenden Algorithmus gibt, welcher bei beliebigen vorgegebenen Argumenten den Funktionswert liefert. Derartige Funktionen nennt man *berechenbare Funktionen.* Berechenbar sind z.B. die Funktionen $x+y$, xy, x^y, wobei als Argumente beliebige natürliche Zahlen x, y genommen werden können. Wenn wir hier (und im folgenden) davon sprechen, daß die Argumente natürliche Zahlen sind, so müssen wir uns dessen bewußt sein, daß es im vorliegenden Zusammenhang korrekter wäre, zu sagen, daß die Argumente (wenn wir z.B. die Dezimaldarstellung bevorzugen) Worte über dem Alphabet $\{0, 1, 2, \ldots, 9\}$ seien. In den Kreis unserer Betrachtungen gehören nur solche Funktionen, deren Argumente und Werte Worte sind, oder jedenfalls durch Worte über einem Alphabet eindeutig charakterisiert werden können. Daß z.B. die Summenfunktion berechenbar ist, bedeutet, daß es ein allgemeines Verfahren gibt, mit dessen Hilfe man für beliebige in Dezimaldarstellung gegebene Summanden die Dezimaldarstellung der Summe rein schematisch gewinnen kann.

Der Begriff der Berechenbarkeit ist nicht nur sinnvoll für den Fall, daß Argumente und Werte einer Funktion *natürliche* Zahlen sind, sondern auch, wenn Argumente und Werte *ganze* oder *rationale* Zahlen sind. Man kann nämlich ganze bzw. rationale Zahlen durch endliche Worte darstellen (z.B. $-34:49$). So ist z.B. die Summenfunktion $x+y$ auch berechenbar, wenn man rationale Argumente zuläßt. Ganz anders wird es aber, wenn man zu *reellen* Zahlen übergeht. Nach der klassischen Auffassung gibt es überabzählbar viele reelle Zahlen. Man kann also nicht mehr jede reelle Zahl durch ein Wort eines vorgegebenen endlichen Alphabets darstellen, da es nur abzählbar viele Worte gibt (jedes Wort ist eine endliche Zeichenreihe über einem endlichen Buchstabenvorrat). Auf diese Verhältnisse werden wir in § 33 zu sprechen kommen.

Wenn wir im folgenden von einer *berechenbaren Funktion* f sprechen, so setzen wir voraus, daß der Argumentbereich von f aus allen Worten W über einem endlichen Alphabet $\mathfrak{A}$ besteht, während die Werte von f Worte über einem endlichen Alphabet $\mathfrak{B}$ sind.[1] Dazu gehören insbesondere die Funktionen, deren Argumentbereich der Bereich der natürlichen Zahlen ist (während die Werte nicht notwendig natürliche Zahlen zu sein brauchen). Daß eine derartige Funktion berechenbar ist, bedeutet also, daß es ein mit endlich vielen Sätzen beschreibbares allgemeines Verfahren gibt, mit dessen Hilfe man für jedes vorgelegte Argument W den Funktionswert $f(W)$ effektiv herstellen kann.

Die Verallgemeinerung für Funktionen von mehreren Argumenten liegt auf der Hand.

Nach elementaren Sätzen der klassischen Mengenlehre gibt es — wenn man den klassischen Dirichletschen Funktionsbegriff zugrunde legt — überabzählbar viele Funktionen, die für alle natürlichen Zahlen erklärt sind, und deren Werte natürliche Zahlen sind. Andererseits gibt es sicher nur abzählbar viele unter diesen Funktionen, welche berechenbar sind. Denn zu jeder berechenbaren Funktion existiert eine Berechnungsvorschrift endlicher Länge (vgl. § 3), und es kann höchstens abzählbar viele solcher Vorschriften geben. Es ist gewissermaßen eine Ausnahme, daß eine Funktion berechenbar ist.

---

[1] Setzt man nicht voraus, daß *jedes* Wort über $\mathfrak{A}$ ein Argument für f ist, so gelangt man zu dem Begriff der *partiell berechenbaren Funktion*, mit welchem wir uns jedoch hier nicht beschäftigen wollen.

Wir werden später konkrete Funktionen kennenlernen, welche nicht berechenbar sind (vgl. § 22).

Zum Schluß dieses Abschnittes eine prinzipielle Bemerkung: In der Definition des Begriffs der berechenbaren Funktion kommt ein Existenzoperator vor: Eine Funktion f heißt berechenbar, wenn *es* eine Vorschrift *gibt*, dergestalt daß .... Dieser Existenzoperator soll hier stets als ein Operator im Sinne der *klassischen Logik* aufgefaßt werden. Es scheint, daß man auf Schwierigkeiten stößt, wenn man versucht, den Operator als Existenzoperator einer *konstruktiven Logik* zu interpretieren.[1] Trotz der klassischen Auffassung des Existenzoperators wird man natürlich im allgemeinen die Berechenbarkeit konkreter Funktionen durch explizite Angabe eines Berechnungsverfahrens konstruktiv beweisen.

Die Bemerkung über die klassische Auffassung des Existenzoperators überträgt sich mutatis mutandis auch auf die Begriffe der Aufzählbarkeit, Entscheidbarkeit und Erzeugbarkeit.

2. *Aufzählbare Mengen und Relationen.* Sei f eine berechenbare Funktion, deren Argumentbereich der Bereich der natürlichen Zahlen sei. Dann ist für den Wertebereich M von f eine natürliche Reihenfolge $f(0), f(1), f(2), \ldots$ festgelegt, in welcher M durchlaufen wird, unter Umständen mit Wiederholungen. Man kann sagen, daß die Funktion f die Elemente von M in der Reihenfolge $f(0), f(1), f(2), \ldots$ *aufzählt.* Wir wollen generell eine Menge M von Worten über einem Alphabet eine *aufzählbare Menge* nennen, wenn es eine berechenbare Funktion gibt, deren Wertebereich mit M übereinstimmt. Darüber hinaus wollen wir auch die *leere Wortmenge* aufzählbar nennen.

Der Begriff der aufzählbaren Menge ist selbstverständlich streng zu unterscheiden von dem Begriff der *abzählbaren* Menge. Jede aufzählbare Menge ist natürlich höchstens abzählbar (d.h. endlich oder abzählbar) im Sinne der Mengenlehre. Man kann sich jedoch leicht plausibel machen, daß nicht jede abzählbare Menge aufzählbar sein kann. Es gibt nämlich höchstens abzählbar viele aufzählbare Mengen über einem festen endlichen Alphabet, da (abgesehen von der leeren Menge) zu jeder aufzählbaren Menge eine sie aufzählende berechenbare Funktion existiert, und da es, wie wir in Nr. 1 gesehen haben, nur abzählbar viele berechenbare Funktionen gibt. Andererseits gibt es überabzählbar viele Wortmengen über jedem Alphabet, welches wenigstens einen Buchstaben enthält. — Zu konkreten Beispielen nicht aufzählbarer Mengen vgl. § 28.

Ebenso wie von aufzählbaren Mengen kann man von *aufzählbaren Relationen (Beziehungen, Prädikaten)* sprechen. Betrachten wir eine zweistellige Relation R zwischen Worten über einem Alphabet $\mathfrak{A}$. Daß

[1] Vgl. die Literatur am Schluß von § 3 zur Churchschen These.

R aufzählbar ist, soll bedeuten, daß es zwei einstellige berechenbare Funktionen f und g gibt, derart daß die Folge der geordneten Paare $(f(0), g(0)), (f(1), g(1)), (f(2), g(2)), \ldots$ (eventuell mit Wiederholungen) alle geordneten Paare durchläuft, welche in der Relation R stehen. Außerdem wollen wir die *leere Relation* aufzählbar nennen. — Entsprechend führt man für jedes n den Begriff der n-stelligen aufzählbaren Relation ein.

3. Entscheidbare Mengen und Relationen. Wir wollen nun auf eine Redeweise eingehen, die im Zusammenhang mit abbrechenden Algorithmen oft verwendet wird. Wir gehen aus von einigen Beispielen:

(1) Es ist *entscheidbar*, ob eine natürliche Zahl eine Primzahl ist oder nicht.

(2) Es ist *entscheidbar*, ob ein lineares Gleichungssystem lösbar ist.

(3) Es ist nicht *entscheidbar*, ob eine Formel der Prädikatenlogik allgemeingültig ist oder nicht.

Versuchen wir, aus diesen Beispielen eine gemeinsame Struktur abzulesen, so sehen wir, daß jeweils zwei Mengen[1] M_1 und M_2 in eine Beziehung gestellt werden, nämlich in (1) die Menge M_1 der Primzahlen mit der Menge M_2 der natürlichen Zahlen, in (2) die Menge M_1 der lösbaren linearen Gleichungssysteme mit der Menge M_2 aller linearen Gleichungssysteme, in (3) die Menge M_1 der allgemeingültigen Formeln der Prädikatenlogik mit der Menge M_2 aller Formeln der Prädikatenlogik. M_1 ist stets eine Teilmenge von M_2.

In allen Fällen sind M_1 und M_2 *Wort*mengen (oder können jedenfalls als solche aufgefaßt werden). Wir wollen uns darauf beschränken, dies etwas ausführlicher an Hand des Beispiels (2) zu erläutern. Es genügt, einzusehen, daß jedes lineare Gleichungssystem als ein Wort geschrieben werden kann. Dabei wollen wir voraussetzen, daß es sich um lineare Gleichungen handelt, deren Koeffizienten als ganze Zahlen in Dezimaldarstellung gegeben sind.[2] Dann kann man ein solches lineares Gleichungssystem darstellen durch ein Wort über dem Alphabet $\mathfrak{A} = \{0, 1, 2, 3, 4, 5, 6, 7, 8, 9, +, -, =, x, ;\}$, z.B. das System

$$\begin{aligned} 3x_1 - 4x_2 &= 5 \\ 2x_1 + x_2 &= -6 \end{aligned}$$

[1] oder Eigenschaften (man kann eine Eigenschaft identifizieren mit der Menge der Dinge, welche diese Eigenschaft haben).

[2] In der linearen Algebra behauptet man oft die Aussage (2), ohne daß man darauf eingeht, wie die Koeffizienten gegeben sind. Man kann sich aber an einem Beispiel leicht klarmachen, daß es notwendig ist, Voraussetzungen darüber zu machen, wie die Koeffizienten gegeben sind: Es sei $a = 0$ oder 1, je nachdem, ob die Fermatsche Vermutung zutrifft oder nicht. Dann weiß man heute nicht, ob die Gleichung $ax = 1$ lösbar ist oder nicht.

durch das Wort

$$+3x1-4x2=+5;\ +2x1+1x2=-6.$$

Sind M_1 und M_2 Mengen von Worten über einem festen Alphabet $\mathfrak{A}$, und ist $M_1 \subset M_2$, so werden wir sagen, daß M_1 *entscheidbar ist relativ zu* M_2, wenn es einen abbrechenden Algorithmus gibt[1], mit dessen Hilfe man für jedes Wort aus M_2 effektiv feststellen kann, ob es zu M_1 gehört oder nicht. Einen solchen Algorithmus nennt man ein *Entscheidungsverfahren*.

Neben dem soeben betrachteten *relativen* Entscheidbarkeitsbegriff kann man auch einen *absoluten* Entscheidbarkeitsbegriff einführen. Man nennt eine Menge M_1 von Worten über einem Alphabet $\mathfrak{A}$ schlechthin *entscheidbar*, wenn M_1 relativ entscheidbar ist zur Menge M_2 *aller* Worte über $\mathfrak{A}$.[2]

Gibt man in Beispiel (1) die natürlichen Zahlen in Dezimaldarstellung mit Hilfe der Symbole 0, 1, ..., 9, so bezeichnet jedes aus diesen Symbolen gebildete Wort eine natürliche Zahl. Man kann daher in der soeben eingeführten Terminologie sagen, daß die Menge der Primzahlen entscheidbar ist.

Eine n-stellige Relation kann man als eine *Menge* von n-Tupeln auffassen. Daher läßt sich der Entscheidbarkeitsbegriff ebenso wie der Aufzählbarkeitsbegriff auf Relationen übertragen.

Jede *endliche* Menge (und entsprechend jede *endliche* Relation) ist entscheidbar. Ein Entscheidungsverfahren besteht darin, daß man alle Elemente der Menge in eine Liste aufnimmt und bei einem vorgelegten Wort nachsieht, ob es in der Liste vorkommt oder nicht. Insbesondere ist also jede Menge entscheidbar, welche nur aus einem einzigen Element besteht.[3]

---

[1] Auch dieser Existenzoperator ist klassisch; vgl. den Schluß von Nr. 1.

[2] Man beachte, daß sowohl bei der relativen als auch bei der absoluten Entscheidbarkeit Bezug genommen wird auf das zugrunde liegende Alphabet $\mathfrak{A}$.

[3] Hier ist der Ort, darauf hinzuweisen, daß man durchaus damit rechnen muß, in der mathematischen Umgangssprache Redeweisen anzutreffen, in denen das Wort „entscheidbar" vorkommt und in einer Weise gebraucht wird, welche verschieden ist von der in den obigen Beispielen (1), (2), (3). Betrachten wir als Beispiel eine mögliche Behauptung α der Art: „Das Fermatsche Problem ist entscheidbar." Wenn man den hier gemeinten Entscheidbarkeitsbegriff als absoluten Entscheidbarkeitsbegriff auffassen würde, so wäre die Behauptung α trivialerweise richtig, weil jede einelementige Menge (hier: die Menge, welche als einziges Element α enthält) entscheidbar ist. Im allgemeinen wird jedoch jemand, der die Behauptung α ausspricht, mit der gerade diskutierten Interpretation nicht einverstanden sein. Es ist möglich, daß er vielmehr folgendes meint: „Es gibt entweder ein Gegenbeispiel zur Fermatschen Behauptung (welches bei genügend langem Suchen gefunden werden wird) oder einen mathematischen Beweis für diese Behauptung."

Wenn man nun annimmt, daß sämtliche heute und in Zukunft erlaubten mathematischen Beweismethoden in ihrer Gesamtheit einen (vielleicht sehr

Wir wollen nun einige einfache Beziehungen zwischen der absoluten und relativen Entscheidbarkeit und der Aufzählbarkeit besprechen. Die Überlegungen, welche zum Nachweis dieser Beziehungen geführt werden (sowie einige weitere, auf die wir in den folgenden Nummern eingehen werden), können der Natur der Sache nach keine exakten Beweise sein. Sie tragen jedoch in ihrer Gesamtheit zur Klärung der intuitiv gegebenen Begriffe bei. Wenn wir später exakte Begriffe an die Stelle der hier diskutierten anschaulichen Begriffe setzen, werden wir imstande sein, die analogen Beziehungen streng zu beweisen.

(a) M_0, M_1, M_2 seien Wortmengen über einem Alphabet $\mathfrak{A}$. *Ist M_1 entscheidbar relativ zu M_2 und ist M_0 in M_1 enthalten, so ist M_0 genau dann entscheidbar relativ zu M_1, wenn M_0 entscheidbar ist relativ zu M_2 (Transitivität der relativen Entscheidbarkeit).* Ist nämlich M_0 entscheidbar relativ zu M_2, so a fortiori relativ zu M_1. Ist umgekehrt M_0 entscheidbar relativ zu M_1 so auch relativ zu M_2: Sei W ein beliebiges Wort aus M_2. Man stelle zunächst fest, ob W zu M_1 gehört oder nicht. Wenn W nicht zu M_1 gehört, so gehört W erst recht nicht zu M_0. Wenn aber W zu M_1 gehört, so kann man nach Voraussetzung entscheiden, ob W ein Element von M_0 ist oder nicht.

Ist M_2 die Menge aller Worte über $\mathfrak{A}$, so kann definitionsgemäß die Entscheidbarkeit relativ zu M_2 ersetzt werden durch die absolute Entscheidbarkeit. Wir haben damit als Anwendung von (a)

(b) M_0 und M_1 seien Wortmengen über einem Alphabet $\mathfrak{A}$. *Ist M_1 entscheidbar, und ist M_0 in M_1 enthalten, so ist M_0 genau dann entscheidbar relativ zu M_1, wenn M_0 entscheidbar ist.*

In vielen wichtigen Beispielen ist es klar, welches Alphabet $\mathfrak{A}$ zugrunde liegt, und es ist M_2 absolut entscheidbar (vgl. etwa (1) und (2) weiter oben!). In diesen Fällen kann die Beziehung der Entscheidbarkeit von M_1 relativ zu M_2 ersetzt werden durch die Eigenschaft der absoluten Entscheidbarkeit von M_1.

(c) M sei eine Menge von Worten über einem Alphabet $\mathfrak{A}$. Dieser Menge ordnen wir eine Funktion $\chi_M(W)$ zu, welche für alle Worte W

---

komplizierten) Algorithmus Γ definieren (diese Annahme ist allerdings mehr als fraglich), so ließe sich von unserem Standpunkt aus zu der in dieser Weise aufgefaßten Behauptung α das Folgende sagen:

(1) Es könnte sein, daß das Motiv für die Behauptung α das HILBERTsche „in der Mathematik gibt es kein Ignorabimus" ist. Diese Begründung muß man nach den heutigen Erkenntnissen ablehnen. Denn sie widerspricht der von GÖDEL nachgewiesenen Unentscheidbarkeit der Arithmetik.

(2) Die Antwort auf die Frage, ob man die Fermatsche Behauptung — falls sie nicht durch ein Gegenbeispiel widerlegbar ist — beweisen kann, hängt von Γ ab, und Γ ist nicht bekannt.

über $\mathfrak{A}$ erklärt ist und für welche gilt:

$$\chi_M(W) = \begin{cases} 0, & \text{wenn } W \in M \\ 1, & \text{wenn } W \notin M. \end{cases}$$

χ_M heißt *die charakteristische Funktion* von M. Es gilt: *M ist entscheidbar genau dann, wenn die charakteristische Funktion χ_M berechenbar ist.* Ist nämlich M entscheidbar, so stelle man bei vorgegebenem W zunächst fest, ob $W \in M$ oder $W \notin M$. Je nachdem stelle man 0 bzw. 1 her. Damit hat man den Funktionswert $\chi_M(W)$. Dies ist ein abbrechender Algorithmus zur Berechnung von χ_M. — Ist umgekehrt χ_M berechenbar, so kann man durch Berechnung von $\chi_M(W)$ entscheiden, ob $W \in M$ oder $W \notin M$.

4. Erzeugbare Mengen und Relationen. In § 1 Nr. 6 haben wir den Begriff des Regelsystems und einer nach diesem Regelsystem hergestellten Ableitung eingeführt. Man sagt, daß ein Wort W mit Hilfe der Regeln eines vorgegebenen Regelsystems *ableitbar* ist, wenn es eine Ableitung mit Hilfe der Regeln des Systems gibt, deren letztes Wort mit W übereinstimmt.[1] Eine Menge M von Worten über einem Alphabet $\mathfrak{A}$ heißt *erzeugbar*, wenn es ein Regelsystem gibt, derart daß ein Wort W mit Hilfe der Regeln des Systems ableitbar ist genau dann, wenn es zu M gehört.

Ebenso wie bei der Aufzählbarkeit und Entscheidbarkeit kann man auch von erzeugbaren *Relationen* sprechen.

Die Beispiele (1) und (2) aus § 1.6 zeigen die Erzeugbarkeit des durch $3, 3\sqrt{2}$ erzeugten Moduls, sowie einer gewissen Menge von Tautologien.

Wir wollen nun einige Beziehungen zwischen der Erzeugbarkeit und früher eingeführten Begriffen behandeln. Zunächst gilt:

(d) *Eine Menge M von Worten über einem Alphabet $\mathfrak{A}$ ist genau dann erzeugbar, wenn M aufzählbar ist.* Sei zunächst M aufzählbar. Dann ist M leer (also erzeugbar mit Hilfe einer Regel, die nicht anwendbar ist), oder der Wertebereich einer berechenbaren Funktion f. R sei ein Algorithmus, mit dessen Hilfe man für jedes n den Funktionswert $f(n)$ berechnen kann. Wir betrachten nun ein überlagertes Regelsystem:

Erstes System: Dient zur Erzeugung der natürlichen Zahlen n.

Zweites (letztes) System: Dies besteht aus *einer* Regel, welche lautet: Übergang von einem Wort n, welches mit Hilfe des ersten Systems gewonnen worden ist, zu $f(n)$ mittels des Algorithmus R.

In dem überlagerten Regelsystem sind offenbar genau die Worte erzeugbar, welche zu M gehören.

---

[1] Dabei ist (vgl. § 1.6) im Falle eines *überlagerten* Regelsystems das letzte Wort der Ableitung mit Hilfe einer Regel des letzten Systems zu bilden.

Es sei nun umgekehrt M eine erzeugbare Menge. M werde erzeugt durch ein (im allgemeinen überlagertes) Regelsystem R mit endlich vielen Regeln. Wir haben zu zeigen, daß M aufzählbar ist. Zu jeder Zahl k kann es nur endlich viele Ableitungen der Länge k geben (eventuell auch keine).[1] Betrachtet man nun zunächst alle Ableitungen der Länge 1, so kann man diese herstellen und (z.B. lexikographisch oder unter Bezugnahme auf die vorgegebenen Regeln) in eine normierte Reihenfolge bringen. $W_{01}, \ldots, W_{l_1 1}$ seien die Endworte dieser Beweise in der normierten Reihenfolge ($W_{01}, \ldots, W_{l_1 1}$ können z.T. miteinander übereinstimmen). Dann setzen wir $f(0) = W_{01}, f(1) = W_{11}, \ldots, f(l_1) = W_{l_1 1}$. Nun betrachten wir alle Ableitungen der Länge 2. Auch diese lassen sich effektiv herstellen. Die geordneten Endworte dieser Ableitungen seien der Reihe nach $W_{12}, \ldots, W_{l_2 2}$. Dann definieren wir $f(l_1+1) = W_{12}$, $\ldots, f(l_1+l_2) = W_{l_2 2}$. In dieser Weise fahre man fort. Falls für ein k *keine* Ableitung der Länge k existiert, gehe man sofort zu $k+1$ über. Es sind zwei Fälle denkbar: (1) Für kein k existiert eine Ableitung der Länge k. Dann ist M leer, also aufzählbar per definitionem. (2) Es gibt eine Zahl k, zu der eine Ableitung der Länge k existiert. Dann gibt es auch für die Zahlen $2k$, $3k$ usf. Ableitungen dieser Längen, welche man in trivialer Weise durch Wiederholungen der Ausgangsableitung erhält. Dadurch wird gesichert, daß die vorhin definierte Funktion $f(n)$ für jedes n definiert ist. Auf Grund der Definition von f ist es klar, daß man $f(n)$ für jedes n effektiv berechnen kann (die oben gegebene Anweisung beschreibt das allgemeine Verfahren). f ist also eine berechenbare Funktion. Der Wertebereich von f stimmt offenbar mit M überein.

(e) E sei die Menge *aller* Worte über einem Alphabet $\mathfrak{A} = \{a_1, \ldots, a_N\}$. E ist erzeugbar mit Hilfe der folgenden Regeln:

R_0: Anschreiben des leeren Wortes

R_1: Anfügen des Buchstabens a_1

$\vdots$ $\quad\vdots$

R_N: Anfügen des Buchstabens a_N.

---

[1] Dies gilt auch für die verallgemeinerten Ableitungen, bei denen man nicht verlangt, daß das letzte Wort mit Hilfe einer Regel des *letzten* Systems gebildet werden soll (vgl. § 1.6). Für diese verallgemeinerten Ableitungen folgt die Behauptung leicht durch Induktion über die Länge. Dabei muß man beachten, daß eine verallgemeinerte Ableitung der Länge $k+1$ durch Wegnahme des letzten Wortes in eine verallgemeinerte Ableitung der Länge k übergeht und daß man aus einer vorgegebenen verallgemeinerten Ableitung der Länge k nur endlich viele verallgemeinerte Ableitungen der Länge $k+1$ bilden kann. Es stehen nämlich nur endlich viele Regeln zur Verfügung, und jede Regel ist nur auf endlich viele mögliche Kombinationen von Zeilen der verallgemeinerten Ableitung der Länge k anwendbar, wobei in jedem Einzelfall das Resultat eindeutig feststeht, da wir verlangt haben, daß jede Regel ein Algorithmus im strengen Sinne sein soll.

(f) M sei eine Menge von Worten über $\mathfrak{A}$, $\overline{M}$ die Komplementärmenge von M relativ zu E. Dann gilt: *M ist entscheidbar genau dann, wenn sowohl M als auch $\overline{M}$ erzeugbar sind.* Statt *erzeugbar* könnte man wegen (d) auch sagen *aufzählbar*. Um die Behauptung nachzuweisen, nehmen wir zunächst an, daß M entscheidbar ist. Wir betrachten nun das folgende überlagerte Regelsystem:

Erstes System: Das System aus (e) zur Erzeugung aller Worte aus E.

Zweites (letztes) System: Dieses enthält nur die folgende Regel: Prüfung eines Wortes W, das mit Hilfe des ersten Systems erzeugt worden ist, ob W zu M gehört oder nicht. Wenn $W \in M$, so Hinschreiben von W. Wenn $W \notin M$, so gilt die Regel als unanwendbar.

Es ist klar, daß man mit Hilfe dieses Systems gerade die Menge M erzeugen kann. Ändert man die Regel des letzten Systems in naheliegender Weise um, so sieht man ebenso, daß auch $\overline{M}$ erzeugbar ist.

Nehmen wir nun an, daß sowohl M als auch $\overline{M}$ erzeugbar seien. Sind M oder $\overline{M}$ leer, so ist M trivialerweise entscheidbar. Wir wollen also voraussetzen, daß weder M noch $\overline{M}$ leer sind. Dann gibt es nach (d) berechenbare Funktionen f und g derart, daß der Wertebereich von f mit M und der Wertebereich von g mit $\overline{M}$ übereinstimmt. Zur Entscheidung darüber, ob ein beliebig vorgegebenes Wort W aus E zu M gehört oder nicht, kann nun der folgende Algorithmus verwendet werden: Man berechne sukzessive $f(0), g(0), f(1), g(1), f(2), g(2), \ldots$ und prüfe nach jeder Berechnung eines $f(n)$ bzw. $g(n)$, ob der erhaltene Funktionswert mit W übereinstimmt oder nicht. Wenn keine Übereinstimmung vorliegt, fahre man in der Berechnung fort. Wenn eine Übereinstimmung vorliegt, ist W entweder gleich einem $f(n)$ oder gleich einem $g(n)$, also im ersten Fall ein Element von M und im zweiten Fall ein Element von $\overline{M}$, also kein Element von M. Dann hat man die Entscheidung getroffen und das Verfahren bricht hiermit ab. Man bemerke, daß das Verfahren in jedem Falle abbricht, denn jedes Wort ist entweder ein Element von M oder von $\overline{M}$ und liegt also im Wertebereich von f oder von g.

5. Invarianz konstruktiver Begriffe bei Gödelisierungen. G sei eine Gödelisierung der Worte über einem N-elementigen Alphabet $\mathfrak{A}$. M sei eine Menge von Worten über $\mathfrak{A}$. Wir ordnen M die Menge $\widetilde{M}$ der Gödelnummern der Elemente von M zu. Dann gilt der

Satz: M ist genau dann aufzählbar bzw. entscheidbar, wenn $\widetilde{M}$ aufzählbar bzw. entscheidbar ist.

Beweis:

(a) M sei aufzählbar und werde durch die Funktion f aufgezählt. Dann ist offenbar die Funktion f_1, welche definiert ist durch $f_1(n) = G(f(n))$, eine Aufzählung von $\tilde{M}$. — Ist umgekehrt $\tilde{M}$ aufzählbar und wird $\tilde{M}$ aufgezählt durch eine Funktion h, so wird M aufgezählt durch die Funktion h_1, welche definiert ist durch $h_1(n) = G^{-1}(h(n))$.

(b) $\tilde{M}$ sei entscheidbar. Dann ist auch M entscheidbar: Um festzustellen, ob ein Wort W zu M gehört, berechne man die Zahl $G(W)$ und stelle fest, ob $G(W)$ zu $\tilde{M}$ gehört. — Wenn M entscheidbar ist, so ist auch $\tilde{M}$ entscheidbar. Um festzustellen, ob eine Zahl n zu $\tilde{M}$ gehört, stelle man zunächst fest, ob n überhaupt die Gödelnummer eines Wortes über $\mathfrak{A}$ ist (vgl. dazu § 1.3). Wenn dies nicht der Fall ist, ist sicher $n \notin \tilde{M}$. Wenn dagegen n Gödelnummer eines Wortes W über $\mathfrak{A}$ ist, so konstruiere man W und stelle fest, ob $W \in M$.

Bemerkung: Der vorangehende Satz gilt mutatis mutandis auch für Relationen an Stelle von Mengen.

§ 3. Turingmaschinen als Präzisierung des Begriffs eines Algorithmus

Um Unentscheidbarkeitsbeweise oder andere Unmöglichkeitsbeweise im Bereich des Konstruktiven führen zu können, genügt es nicht, eine noch so gute anschauliche Vorstellung von dem Begriff des Algorithmus zu haben. Man muß solchen Betrachtungen vielmehr eine exakte Definition zugrunde legen für das, was man ein allgemeines Verfahren nennt. In diesem Paragraphen sollen Überlegungen angestellt werden, welche zu der Präzisierung des Algorithmusbegriffs durch die sog. *Turingmaschinen* führen.

Der erste, der vorgeschlagen hat, den zunächst intuitiv gegebenen Begriff des Algorithmus mit einem bestimmten, exakt definierten Begriff gleichzusetzen, war A. Church 1936 (vgl. § 4.3). Diese *Churchsche These* wird heute von den meisten mathematischen Logikern anerkannt. Was für sie spricht, ist im *Vorwort* zusammenfassend gesagt. Eine *Kritik* an dieser Auffassung findet sich bei L. Kalmár (möglicherweise sei nicht jede im intuitiven Sinn berechenbare Funktion im Churchschen Sinn berechenbar) und bei R. Péter (möglicherweise sei nicht jede im Churchschen Sinne berechenbare Funktion im intuitiven Sinne berechenbar). Man vergleiche dazu die angegebene Literatur.

1. Vorbemerkungen. Außer dem hier diskutierten Begriff der Turingmaschinen gibt es auch andere Vorschläge zur Präzisierung des Begriffs des allgemeinen Verfahrens. Einige von diesen Vorschlägen werden wir später besprechen. Wir wählen als Ausgangspunkt die Turingmaschinen, weil dieser Weg der natürlichste und leichteste Zugang zu sein scheint. Wir beginnen mit einer methodischen Vorbemerkung. Wenn hier dargelegt werden soll, daß der exakte Begriff der Turingmaschine eine adäquate Fassung des intuitiven Begriffs des Algorithmus ist, so kann es sich der Natur der Sache nach um nicht mehr handeln als um eine Plausibilitätsbetrachtung. Eine derartige Plausibilitätsbetrachtung kann nicht mehr sein als ein Appell an die mehr oder minder große Erfahrung, welche der einzelne Mathematiker in seinem Leben mit Algorithmen gewonnen hat.

Es ist unmittelbar klar, daß jede Turingmaschine ein allgemeines Verfahren darstellt. Problematisch ist nur, ob jedes allgemeine Verfahren durch eine geeignete Turingmaschine durchgeführt werden kann. Hat man irgendein Räsonnement, welches zeigen soll, daß *jeder* Algorithmus im Prinzip durch eine geeignete Turingmaschine (oder irgendeine andere vorgeschlagene Präzisierung) wiedergegeben werden kann, so wird man wohl stets Beispiele von Algorithmen angeben können, die nicht unmittelbar unter diese Überlegung fallen. Dann muß man die Argumentation entsprechend erweitern usf. Wenn man genügend viele derartige Überlegungen und Zusatzüberlegungen durchgeführt hat, wird man schließlich — und das ist die Erfahrung der letzten Dezennien — zu der Überzeugung gelangen, daß es sich nicht lohnt, immer wieder neue Gedankenexperimente auf diesem Gebiet zu unternehmen. Man wird die Aussage, daß *alle* Algorithmen durch Turingmaschinen erfaßt werden, schließlich für ebenso begründet halten wie die physikalische Aussage von der Unmöglichkeit eines Perpetuum mobile. Auch hier hat man sich bekanntlich von einem bestimmten Zeitpunkt ab geweigert, weitere Prüfungen vorzunehmen.

Sehr bemerkenswert ist die Tatsache, daß man *rein mathematisch beweisen kann, daß die von sehr verschiedenen Ausgangspunkten herrührenden vorgeschlagenen Präzisierungen des Begriffs eines Algorithmus äquivalent sind.*[1] Dies ist zumindest ein Hinweis darauf, daß es sich hier um einen fundamentalen Begriff handelt.

2. *Algorithmen und Maschinen.* Wir haben in §1 ausgeführt, daß eine Methode, welche ein allgemeines Verfahren in unserem Sinne sein soll, bis in die Einzelheiten hinein völlig vorgeschrieben sein muß, so daß es zu ihrer Durchführung keinerlei schöpferischer Phantasie bedarf. Wenn aber alles derart bis ins einzelne geregelt ist, so muß es offenbar möglich sein, die Durchführung der Methode einer Maschine zu überlassen, und zwar einer völlig automatisch arbeitenden Maschine.

Maschinen können eine sehr komplizierte Struktur haben. Das Ziel der folgenden Überlegungen ist es, einen relativ einfachen und

[1] Vgl. hierzu § 15, § 19, § 30 sowie § 31.

mathematisch leicht handhabbaren Maschinentyp anzugeben, die Turingmaschinen, bei welchen man erwarten kann, daß jeder Algorithmus von einer geeigneten Maschine dieses Typs ausgeübt werden kann. Die Begründung dafür, daß *alle* Algorithmen (nach geeigneten Anpassungen) von derartigen Maschinen ausgeführt werden können, geben wir nach TURING dadurch, daß wir das Verhalten eines nach einer vorgeschriebenen Methode arbeitenden Rechners analysieren.

3. Das Rechenmaterial. Um die Vorstellung zu fixieren, wollen wir von der Annahme ausgehen, daß einem Rechner die Aufgabe gestellt sei, nach einer vorliegenden, alle Einzelheiten umfassenden Vorschrift den Wert einer Funktion für ein gegebenes Argument zu berechnen. Der Rechner verwendet für seine Rechnung ein Blatt Papier (oder nach Bedarf mehrere Blätter). Wir nehmen an, daß ein solches Blatt in Quadrate eingeteilt ist. Es soll dem Rechner nicht erlaubt sein, mehr als ein Symbol in ein Quadrat zu schreiben. Der Rechner darf alle Symbole aus einem endlichen Alphabet $\mathfrak{A} = \{a_1, \ldots, a_N\}$ verwenden.[1] In diesen Symbolen sei zu Beginn der Rechnung das Argument auf dem Blatt notiert.

Für manche Algorithmen ist es zweifellos bequem, eine zweidimensionale Rechenfläche zur Verfügung zu haben. Man denke etwa an den üblichen Divisionsalgorithmus für natürliche Zahlen. Es dürfte aber wohl niemand daran zweifeln, daß es im Prinzip nicht notwendig ist, eine zweidimensionale Rechenfläche zu verwenden: man kommt immer mit einem eindimensionalen *Rechenband* (kurz *Band*) aus. Dieses ist also in eine lineare Folge von *Feldern* aufgeteilt. Im Laufe der Rechnung muß man genügend viele Felder zur Verfügung haben. Dieser Tatsache soll dadurch entsprochen werden, daß das Rechenband als beiderseits ins Unendliche fortgesetzt angenommen werden soll.[2] Das Band hat demnach das folgende Aussehen:

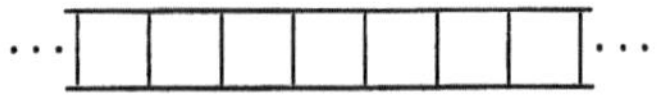

[1] In der heutigen mathematischen Praxis, die insbesondere verschiedene Alphabete (im üblichen Sinne des Wortes) verwendet, ist die Zahl der benötigten Symbole größenordnungsmäßig gleich 200.

[2] Man könnte diese vom Aktual-Unendlichen Gebrauch machende Redeweise dadurch mildern, daß man ein Rechenband endlicher Länge voraussetzt und nur verlangt, daß das Band *nach Bedarf* beiderseits verlängert werden kann. Man muß sich jedoch klarmachen, daß auch eine solche Annahme bereits eine mathematische *Idealisierung* der in Wirklichkeit vorliegenden Verhältnisse darstellt, jedenfalls dann, wenn man konzediert, daß die Welt nur eine endliche Anzahl von materiellen Teilchen enthält.

Im Prinzip wäre es ausreichend, wenn man forderte, daß das Rechenband sich nur auf einer Seite ins Unendliche erstreckt (vgl. hierzu auch § 15). Dies würde jedoch Komplikationen nach sich ziehen, die mit der Existenz eines Feldes (des ersten Feldes) zusammenhängen, welches als einziges Feld nur ein Nachbarfeld besitzt.

Wir denken uns das Band mit einer *Richtung* versehen und sprechen in diesem Sinne von *links (Anfang)* bzw. *rechts (Ende)*. Die Felder des Bandes sind *leer* bis auf endlich viele Felder, die *markiert* sind, d.h. mit einem Buchstaben beschrieben. Es ist oft bequem, zu den *eigentlichen Symbolen* $a_1, \ldots, a_N$ das *leere Symbol* als *uneigentliches Symbol* hinzuzunehmen. Das leere Symbol geben wir durch a_0 oder durch $*$ wieder. Ein Feld ist also genau dann leer, wenn es mit dem Symbol $*$ beschrieben ist.

Die Gesamtheit dessen, was auf dem Band steht, nennen wir die *Bandinschrift* oder kurz *Inschrift*.

4. Die Rechenschritte. Wir wollen uns nun der Rechnung selbst zuwenden. Die Rechnung verläuft nach einer endlichen Vorschrift. Wir wollen versuchen, eine solche Vorschrift in eine normierte Gestalt zu bringen. Zunächst ist es klar, daß jede Rechnung als ein Prozeß aufgebaut werden kann, der in *einzelne Schritte* zerlegt werden kann. Ein solcher Schritt könnte etwa darin bestehen, daß ein Buchstabe in ein bestimmtes leeres Feld geschrieben wird. Das Beschreiben des Feldes mag in Wirklichkeit ein stetiger Prozeß sein. Dieser Prozeß selbst interessiert jedoch bei den vorliegenden Betrachtungen im einzelnen nicht. Wichtig ist nur der Anfang des Prozesses (das leere Feld) und sein Ende (das markierte Feld), so daß man hier mit Recht von einem unstetigen *Schritt* sprechen kann.[1] Wir werden uns bemühen, den gesamten Rechenprozeß in möglichst elementare Rechenschritte zu zerlegen.

Ein Rechenschritt führt von einer bestimmten *Ausgangssituation* oder *Ausgangskonfiguration* zu einer neuen *Situation* oder *Konfiguration*, welche ihrerseits wieder die Ausgangskonfiguration für den nächsten Rechenschritt ist. Es kann aber auch sein, daß die Maschine stehenbleibt *(stoppt)*, wenn sie eine bestimmte Konfiguration erreicht hat. Dann ist die Berechnung des Funktionswertes beendet.

Überlegen wir nun zuerst, was in einem einzelnen Rechenschritt vor sich gehen kann.

Zunächst besteht die Möglichkeit, die Inschrift des Bandes zu ändern. Da wir bestrebt sind, möglichst einfache Rechenschritte zu betrachten, wollen wir annehmen, daß in einem solchen Schritt nur die Beschriftung eines einzigen Feldes geändert wird. Jede größere Änderung der Bandinschrift wird in einer Änderung in endlich vielen Feldern bestehen, läßt sich also in solche elementare einzelne Schritte zerlegen. Ein Einzelschritt kann darin bestehen, daß auf ein vorher leeres Feld ein

---

[1] Man beachte, daß man einen Prozeß oft, je nach der Art und Weise, wie man ihn betrachtet, als stetig oder unstetig auffassen kann. So werden die *digitalen Rechenmaschinen* als schrittweise (unstetig) arbeitende Maschinen angesehen, obwohl die Vorgänge an sich stetig verlaufen. Dagegen faßt man die *Analogrechner* als kontinuierlich arbeitende Maschinen auf.

Symbol geschrieben wird, oder daß ein Symbol aus einem Feld entfernt wird (diesen Vorgang kann man *Löschen* nennen). Durch Löschen und nachfolgendes Beschreiben kann man die Beschriftung eines Feldes in eine beliebige Beschriftung umändern. Wir wollen aber, weil es sehr bequem ist, die unmittelbare Umänderung eines beliebigen Symbols a_j auf einem Feld in ein neues Symbol a_k $(j, k = 0, \ldots, N)$ in *einem* Einzelschritt ausdrücklich zulassen. Wir wollen diesen Vorgang so kennzeichnen, daß wir sagen: Auf das betreffende Feld wird der Buchstabe a_k *geschrieben (gedruckt)*. Dieses Drucken ist also im allgemeinen ein *Über*drucken, wodurch der vorher vorhandene Buchstabe verschwindet. Er bleibt nur dann erhalten, wenn $j = k$.

Bei dem betrachteten Prozeß ist es notwendig, daß der Rechner jeweils ein bestimmtes Feld des Rechenbandes im Auge hat, das — eventuell — zu beschreiben ist. Dieses Feld wollen wir das *Arbeitsfeld* nennen. Es ist im allgemeinen notwendig, das Arbeitsfeld im Laufe der Rechnung zu wechseln. Der Übergang von einem Arbeitsfeld zu einem andern, welches in einer größeren Entfernung liegt, braucht nicht in *einem* Schritt vollzogen zu werden. Man kann ihn vielmehr in einfache Schritte zerlegen, welche darin bestehen, daß man in jedem solchen Schritt ein Arbeitsfeld wählt, welches unmittelbar rechts oder links neben dem alten Arbeitsfeld liegt. Einen solchen einfachen Schritt, der nur in der Änderung des Arbeitsfeldes besteht, wollen wir kurz dadurch kennzeichnen, daß wir sagen: *Wir gehen* (auf dem Band ein Feld) *nach rechts* bzw. *nach links*.

Damit sind schon die verschiedenen Arten von Rechenschritten aufgezählt, die wir zu betrachten haben. Wir fassen zusammen: Mögliche Rechenschritte sind:

a_k: Das Beschriften des Arbeitsfeldes durch das Symbol a_k $(k = 0, \ldots, N)$.

r: Das Nach-rechts-Gehen.

l: Das Nach-links-Gehen.

s: Das Stoppen.

Wir wollen diese Schritte der Reihe nach durch die links aufgeführten Symbole kurz wiedergeben.

5. Der Einfluß des Rechenbandes auf einen Rechenschritt. Welcher der möglichen Rechenschritte in einem bestimmten Stadium der Rechnung durchgeführt wird, hängt ab von der jeweiligen Konfiguration. Eine Konfiguration ist gegeben durch drei Komponenten, nämlich (1) durch die Rechenvorschrift, (2) durch das, was in dem betreffenden Augenblick auf dem Rechenband steht, und (3) durch das augenblickliche Arbeitsfeld.

Wir wollen hier näher auf (2) eingehen. Wir wollen uns fragen, in welchem Ausmaß die Inschrift[1], die sich in einem bestimmten Augenblick auf dem Rechenband befindet, den nächsten Schritt beeinflußt. Die schwächste Forderung, die man hier stellen kann, ist die, daß die Inschrift eines einzigen Feldes für den nächsten Schritt maßgebend ist, während die Inschrift in den anderen Feldern für diesen Schritt keine Rolle spielt. Man könnte sagen, daß der Rechner das betreffende Feld beobachten muß, und daß das Resultat der Beobachtung, also die Inschrift dieses Feldes, für den nächsten Schritt wesentlich ist. Wir wollen daher (vorübergehend) dieses kritische Feld das *beobachtete Feld* nennen.

Wir wollen nun eine Plausibilitätsbetrachtung durchführen, welche zeigen soll, daß diese schwächste Forderung ausreicht, daß es m.a.W. nicht notwendig ist, zuzulassen, daß ein Rechenschritt durch einen größeren Teil der Inschrift oder gar durch die gesamte Inschrift des Bandes beeinflußt wird. In jedem solchen Fall kann man nämlich durch Änderung der Rechenvorschrift erreichen, daß man mit Rechenschritten auskommt, die nur von der Beobachtung eines *einzigen* Feldes abhängen. Betrachten wir dazu ein charakteristisches Beispiel. Wenn man etwa zwei Zahlen zu addieren hat, die durch je *eine* Ziffer in Dezimaldarstellung gegeben sind, wie etwa $3+4$ oder $3+2$ oder $6+2$, so wird man die zugehörige Rechenvorschrift zunächst einmal folgendermaßen formulieren[2]:

Beobachtet man im letzten Feld eine 4 und im drittletzten Feld eine 3, so drucke man als Resultat 7.

Beobachtet man im letzten Feld eine 2 und im drittletzten Feld eine 3, so drucke man als Resultat 5.

Beobachtet man im letzten Feld eine 2 und im drittletzten Feld eine 6, so drucke man als Resultat 8, usf.

An Stelle dieser Vorschrift nehme man nun die folgende:

I. Man beobachte das letzte Feld. Je nachdem, ob man dabei eine 0, 1, ... oder 9 sieht, fahre man fort nach II_0 bzw. nach II_1 ... bzw. nach II_9.

. . . .

[1] Man könnte das Rechenband mit seiner Inschrift auffassen als eine Erweiterung des menschlichen Gedächtnisses. Man beachte aber, daß ein Mensch, der auf einem Blatt Papier rechnet, außer diesem papiernen Gedächtnis noch sein eigenes verwendet. Wenn man eine menschliche Rechnung durch eine Turingmaschine wiedergeben will, muß man auch das für die Rechnung relevante eigentliche menschliche Gedächtnis auf das Band verlagern.

[2] Wir beschränken uns dabei auf das Wesentliche und verzichten auf eine vollständige Wiedergabe der Vorschrift.

II_2. Man beobachte das drittletzte Feld.

. . . .

Sieht man dort eine 3, so drucke man das Resultat 5.

. . . .

Sieht man dort eine 6, so drucke man das Resultat 8.

. . . .

. . . .

Man erkennt, daß diese Vorschrift dasselbe Resultat liefert, wie die zuerst betrachtete Vorschrift, und daß jetzt jeder einzelne Schritt nur von der Beobachtung je *eines* Feldes abhängt. Nach derselben Methode läßt sich zeigen, daß man darauf verzichten kann, Rechenschritte zu betrachten, die von der simultanen Beobachtung von k nebeneinanderliegenden Feldern abhängen, wobei k eine feste natürliche Zahl ist.

Es könnte eine Vorschrift vorliegen, bei der ein Rechenschritt durch die Inschrift von k Feldern determiniert ist, die nicht unmittelbar benachbart sind. Nehmen wir der Einfachheit halber $k=2$. Wenn diese beiden Felder sehr weit voneinander entfernt sind, so ist es für einen Rechner unmöglich, die Felder in einem einzigen Akt unmittelbar zu beobachten. Er kann nur so verfahren, daß er zunächst eines dieser Felder beobachtet und dann das andere aufsucht. Bei größeren Entfernungen muß das Aufsuchen nach einer Vorschrift geschehen, die nur schrittweise ausgeführt werden kann.[1] Auf diese Weise sieht man, daß Rechenschritte, die von der Beobachtung mehrerer Felder abhängen, welche beliebig weit auseinander liegen können, nicht als elementare Rechenschritte aufzutreten brauchen.

Eine entsprechende Überlegung zeigt, daß man keine Rechenschritte zu betrachten braucht, die von der Beobachtung der *gesamten* Bandinschrift abhängen.

Wir brauchen also nur solche Rechenschritte zuzulassen, welche abhängen von der Inschrift eines einzigen Feldes, des *beobachteten Feldes*. Wir haben nun vor jedem Rechenschritt *zwei* für diesen Schritt wesentliche Felder, nämlich das Arbeitsfeld (Nr. 4) und das beobachtete Feld. Eine

---

[1] Man mache sich das an Beispielen klar. Es kann etwa sein, daß das zweite determinierende Feld das erste Feld ist, welches sich links von dem zuerst beobachteten Feld befindet, und welches sich unmittelbar links von einem Feld befindet, welches das Symbol | trägt. Dieses zweite determinierende Feld kann man dann im Prinzip nur so finden, daß man von dem zuerst beobachteten Feld ausgeht und Schritt für Schritt nach links geht, bis man auf ein Feld von der angegebenen Art stößt. Diese Gesamtaufgabe läßt sich durch eine geeignete Koppelung mehrerer einfacher Rechenschritte lösen. Dabei wird unter anderem die Überlegung eine Rolle spielen, daß eine Maschine auf einem passend abgegrenzten Stück des (beliebig langen) Rechenbandes Hilfsrechnungen notieren kann, die der Rechner auf einem „Hilfszettel" niederschreiben könnte.

analoge Überlegung wie die, welche wir soeben durchgeführt haben, um einzusehen, daß es möglich ist, mit *einem* beobachteten Feld auszukommen, zeigt, daß es auch möglich sein muß, das beobachtete Feld mit dem Arbeitsfeld zu *identifizieren*. Das wollen wir von nun an tun. Wir nehmen also an, daß *von der jeweiligen Inschrift des Rechenbandes für einen Schritt nur die Inschrift des Arbeitsfeldes relevant ist.*

Diese Vereinfachung zieht eine andere nach sich, die wir in Nr. 4 schon stillschweigend vorgenommen haben: Wenn das beobachtete Feld von dem Arbeitsfeld verschieden sein könnte, so müßten wir die Zahl der möglichen Rechenschritte vermehren um zwei Schritte, die dafür Sorge tragen, daß man auch das beobachtete Feld im Laufe der Rechnung wechseln kann.

6. Die Rechenvorschrift. Die Zahl der Rechenschritte, die notwendig sind, um für eine berechenbare Funktion einen Funktionswert $f(n)$ zu bestimmen, wird im allgemeinen mit wachsendem n zunehmen. Die Rechenvorschrift zur Berechnung von f hat aber eine endliche Länge. Bei der Berechnung von $f(n)$ für genügend großes n muß man daher notwendigerweise *mehrmals* nach einem und demselben Teil der Vorschrift vorgehen müssen. Die Vorschrift wird also in gewisse *Teilvorschriften* zerfallen, welche gegebenenfalls im Laufe einer Rechnung mehrfach angewandt werden müssen (wie oft dies der Fall ist, hängt ab von dem vorgegebenen Argument n).

Ein einfaches *Beispiel* möge den Begriff der Teilvorschrift erläutern: Es handele sich um die Berechnung eines Näherungswertes für $\sqrt{2}$. Als nullte Näherung x_0 soll 1,4 genommen werden. Es soll eine Näherung x_n gefunden werden mit einem absoluten Fehler, der kleiner ist als $2 \cdot 10^{-10}$. Dies gelingt mit einer Rechenvorschrift, die in die folgenden Teilvorschriften zerfällt, wobei man mit der nullten Teilvorschrift anzufangen hat:

0. Teilvorschrift: Hinschreiben von 1,4 als Näherungswert. Sodann verfahre man nach der 1. Teilvorschrift.

1. Teilvorschrift: Von einem Näherungswert x ausgehend, berechne man einen neuen Näherungswert $y = x + (2 - x^2)/2x$ dezimal auf 12 Stellen. Weiter verfahre man nach der 2. Teilvorschrift.

2. Teilvorschrift: Die Rechnung ist beendet, wenn $|y - x| < 10^{-10}$. Sonst verfahre man weiter nach der 1. Teilvorschrift, ausgehend von dem neuen Näherungswert y.

Man verwechsle ein solches System von Teilvorschriften nicht mit einem Erzeugungsprozeß (§ 1.6): Dort blieb es offen, in welcher Reihenfolge man die Regeln anzuwenden hat, während hier die Reihenfolge eindeutig vorgeschrieben ist.

Die Teilvorschriften dieses Beispiels umfassen im allgemeinen viele einzelne Rechenschritte. Wir wollen uns nun eine Vorschrift in so kleine Teilvorschriften zerlegt denken, daß jede Teilvorschrift, zusammen mit der Bandinschrift und dem jeweiligen Arbeitsfeld, *nur einen Rechenschritt* bestimmt. Dann braucht in dieser Teilvorschrift nur gesagt zu werden, welcher Rechenschritt durchzuführen ist, unter Berücksichtigung des Inhalts des Arbeitsfeldes, und nach welcher Teilvorschrift anschließend zu verfahren ist.

Wir denken uns die Teilvorschriften fortlaufend numeriert, wobei die nullte Teilvorschrift diejenige ist, die den Beginn der Rechnung bestimmt. Verwenden wir das Symbol v, um das Verhalten zu kennzeichnen (v steht also für l, r, s oder $a_0, \ldots, a_N$ (vgl. Nr. 4)), so lautet

die k-te Teilvorschrift:

Trägt das Arbeitsfeld das Symbol	a_0,	so führe man	v_0	aus und verfahre weiter nach der Teilvorschrift	k_0.
....	a_1,	....	v_1	....	k_1.
....		....		....	
....	a_N,	....	v_N	....	k_N.

Statt von der k-ten Teilvorschrift sprechen wir auch kürzer vom k-ten *Zustand*.

Alle Zeilen haben dasselbe Schema. Man kann sich also darauf beschränken, die Teilvorschrift durch eine *Tafel* wiederzugeben, nämlich durch:

$$\begin{array}{cccc} k & a_0 & v_0 & k_0 \\ k & a_1 & v_1 & k_1 \\ \cdots & \cdots & \cdots & \cdots \\ k & a_N & v_N & k_N \end{array}$$

Die *gesamte Rechenvorschrift* erhält man in normierter Form durch Untereinandersetzen der Tafeln für die einzelnen Teilvorschriften, wobei man die nullte Teilvorschrift, mit der begonnen werden soll, zweckmäßigerweise an die Spitze setzt. Eine in dieser Weise normierte Vorschrift heißt eine *Turingtafel* oder *Maschinentafel*. Nach den vorangehenden Überlegungen leuchtet es ein, daß man jede Rechenvorschrift, welche die Rechnung auf einem Rechenband betrifft, in Form einer Turingtafel wiedergeben kann.

Eine *Turingmaschine* ist für uns nichts anderes als eine Turingtafel. Für die prinzipiellen Überlegungen, welche wir hier durchführen wollen, ist es nämlich ohne Belang, wie die Rechnung nach einer Turingtafel *effektiv* ausgeführt wird (vgl. §1 Nr. 2). Es ist jedoch für die Anschauung sehr empfehlenswert, sich eine Turingmaschine als eine tatsächlich arbeitende Apparatur vorzustellen.[1]

Die Symbole, welche in der zweiten Spalte einer Turingtafel auftreten, heißen *die Symbole dieser Maschine.*

Wie eine Turingmaschine arbeitet, hängt natürlich ab von der Inschrift des Rechenbandes, die zu Beginn der Rechnung vorliegt, und von dem Feld, welches zu Anfang der Rechnung als Arbeitsfeld genommen wird.

Wir werden zu Beginn des nächsten Kapitels die Definition der Turingmaschine wiederholen, losgelöst von den heuristischen Überlegungen, die wir hier angestellt haben. Dort findet man auch Beispiele für Turingmaschinen.

Literatur

POST, E. L.: Finite Combinatory Processes — Formulation 1. J. Symbolic Logic **1**, 103—105 (1936).

TURING, A. M.: On Computable Numbers, with an Application to the Entscheidungsproblem. Proc. London Math. Soc. (2) **42**, 230—265 (1937).

— On Computable Numbers, with an Application to the Entscheidungsproblem. A Correction. Proc. London Math. Soc. (2) **43**, 544—546 (1937).

WANG, H.: A Variant to Turing's Theory of Computing Machines. J. Assoc. Computing Mach. **4**, 63—92 (1957).

[1] Man kann mit den heutigen technischen Möglichkeiten jede Turingmaschine in verschiedener Weise realisieren als eine konkrete Maschine, durch welche ein Rechenband (z.B. in Form eines Lochstreifens oder eines Magnetbandes) läuft. Einem bestimmten Rechenstadium wird dabei — wenn wir an eine mechanische Maschine denken — eine bestimmte Anordnung der Maschinenteile entsprechen. So erklärt sich die Turingsche Bezeichnung *internal configurations* für die Zustände. Turing hat die internal configurations identifiziert mit möglichen „Geisteszuständen" *(states of mind)* des Rechners. Viele Autoren sind ihm dabei gefolgt. Es scheint aber, daß diese Identifizierung problematisch ist. Wenn man nämlich annimmt, daß jeder „Geisteszustand" eines Rechners eine charakteristische physische Komponente hat, so liegt es nahe, hieraus zu entnehmen, daß es für jeden einzelnen Menschen eine obere Schranke M für die Zahl seiner Geisteszustände gibt. (Übrigens stellt Turing selbst analoge Überlegungen an, z.B. in bezug auf die Zahl der unmittelbar erfaßbaren Felder des Rechenbandes.) Dann würde aber eine Turingmaschine, die mehr als M Zustände besitzt, nicht — oder jedenfalls nicht unmittelbar — unter diese Überlegung fallen.

Die Tatsache, daß ein Rechner nach beliebig langen Vorschriften (Programmen) arbeiten kann, spricht nicht für eine unbegrenzte Zahl möglicher „Geisteszustände". Ein Rechner braucht nämlich das Programm nicht auswendig zu lernen. Normalerweise wird die Vorschrift außerhalb des Rechners existieren, etwa auf einem besonderen Rechenband, dem Programmband, welches endlich ist, aber beliebig lang sein darf. Der Rechner muß die Fähigkeit besitzen, ein solches Programmband zu „lesen", d.h. die in ihm enthaltenen Vorschriften auszuführen. Hat man nur *ein* Rechenband zur Verfügung, so kann man das Programm auch auf diesem Band notieren und die Rechnung selbst auf dem freien Teil durchführen. Die Fähigkeit, die der Mensch besitzt, *beliebige* Programme in diesem Sinne auszuführen, zeigt, daß er in der betrachteten Hinsicht einer „universellen Turingmaschine" (vgl. § 30) entspricht.

Zur Kritik an der *Churchschen These* vgl.:

KALMÁR, L.: An Argument against the Plausibility of Church's Thesis. Constructivity in Mathematics, herausgeg. von A. Heyting, S. 72–80. Amsterdam: North-Holland Publishing Company 1959.
PÉTER, R.: Rekursivität und Konstruktivität. Ibid., S. 226–233.

Das Problem, inwieweit ein *Mensch* in bezug auf seine intellektuellen Fähigkeiten als eine Maschine angesehen werden kann, fällt nicht in den Rahmen dieses Buches. Man vergleiche hierzu u.a.

TURING, A. M.: Computing Machinery and Intelligence. Mind **59**, 433–460 (1950).
KEMENY, J. G.: Man Viewed as a Machine. Sci. Amer. **192**, 58–67 (1955).

§ 4. Historische Bemerkungen

Die Mathematiker haben im Laufe der Jahrhunderte große Erfolge bei der Entdeckung oder Erfindung neuer Algorithmen erzielt. Es war daher ganz natürlich, daß die Frage auftauchte, ob man bei genügenden Bemühungen schließlich jedem Aufgabenkreis durch ein allgemeines Verfahren zu Leibe rücken könne. Die mehr oder weniger deutliche Vorstellung, daß die gesamte Mathematik algorithmisch erfaßbar sei, hat die Entwicklung dieser Wissenschaft zu verschiedenen Zeiten stark beeinflußt. Wir wollen uns hier auf wenige Bemerkungen zu diesen Fragen beschränken.

1. Ars magna. Algorithmische Methoden zur Behandlung algebraischer Probleme sind unter dem Einfluß der Inder von den Arabern entwickelt worden. Der heute für ein allgemeines Verfahren übliche Name *Algorithmus* erinnert an den arabischen Mathematiker AL CHWARIZMI (um 800). Die von den Arabern eingeführten mathematischen Methoden haben den Spanier RAYMUNDUS LULLUS (um 1300) inspiriert zu seiner *Ars magna*, welche ein allgemeines Verfahren auf kombinatorischer Grundlage zur Auffindung aller „Wahrheiten" überhaupt sein sollte. Von einem nüchternen Standpunkt aus betrachtet sind die von Lullus angegebenen Verfahren nicht viel wert. Wichtiger ist, daß hier eine Idee konzipiert wurde, und zwar eine großartige Idee. Über die „lullische Kunst" urteilt MORITZ CANTOR „... ein Gemenge von Logik, kabbalistischer und eigener Tollheit, unter welches, man weiß nicht wie, einige Körner gesunden Menschenverstandes geraten sind".[1] Lullus hat einen großen Einfluß ausgeübt vor allem auf die mathematische Nachwelt. Noch zweihundert Jahre später sieht CARDANO (1545) die von ihm veröffentlichten algebraischen Algorithmen im Zeichen der lullischen Kunst, wie der Titel seines Werkes verrät: *Artis magnae seu de regulis algebraicis liber unus.* Die Entwicklung, die die Algebra im 16. Jahrhundert nahm,

[1] M. CANTOR, Vorlesungen über Geschichte der Mathematik, Bd. II, S. 104. Leipzig: Teubner 1892.

schien ein Hinweis darauf zu sein, daß man alle Fragestellungen jedenfalls im Bereich dieser Disziplin mit allgemeinen Verfahren behandeln kann. Anders war es allerdings zunächst in der zweiten damals bekannten mathematischen Wissenschaft, der Geometrie. Es ist bemerkenswert, daß DESCARTES (1598—1650) als das Wesentliche seiner analytischen Geometrie die Tatsache ansah, daß nunmehr alle geometrischen Probleme in algebraische Probleme übersetzt werden konnten und damit den in der Algebra entwickelten Algorithmen zugänglich wurden.[1] Nachdem Descartes seine Methode angegeben hatte, war er der Auffassung, daß es für den schöpferischen Mathematiker überhaupt keine interessanten Probleme mehr gäbe: „Aussy que ie n'y remarque rien de si difficile, que ceux qui seront vn peu versés en la Geometrie commune & en l'Algebre, & qui prendront garde a tout ce qui est en ce traité, ne puissent trouuer."[2] — Descartes irrte allerdings (wie wir heute wissen), wenn er annahm, daß man alle algebraischen Probleme mit allgemeinen Methoden lösen könnte.

LEIBNIZ (1646—1716) hat sich sehr bemüht um die Entwicklung allgemeiner Algorithmen und um die Einsicht in das Wesen des Algorithmus. Er sagt ausdrücklich, daß er von Lullus beeinflußt sei. Er sieht, daß der lullische Begriff der *ars magna* mehrere Begriffe umfaßt, die man besser voneinander trennen sollte, und er unterscheidet, nicht immer deutlich, eine *ars inveniendi* von einer *ars iudicandi*. Manche seiner Bemerkungen weisen darauf hin, daß unter einer *ars inveniendi* ein Erzeugungsverfahren und unter einer *ars iudicandi* ein Entscheidungsverfahren zu verstehen ist. Er sieht klar, daß man ein allgemeines Verfahren einer Maschine anvertrauen können muß. In diesem Zusammenhang mag daran erinnert werden, daß Leibniz einer der ersten war, die eine Rechenmaschine gebaut haben. Trotz intensiver Bemühungen ist es jedoch Leibniz nicht gelungen, seine Projekte (die z.T. erst 1901 von COUTURAT veröffentlicht worden sind) zu realisieren.

2. Die moderne Logik. Wenn man möglichst universell verwendbare Algorithmen schaffen will, so liegt es nahe, allgemeine Verfahren im Bereich der *Logik* aufzubauen. Die Logik ist nämlich in vielen Gebieten anwendbar, und zwar überall dort, wo in Theorien aus Axiomen geschlossen werden soll. Die auf ARISTOTELES zurückgehende Syllogistik war ein erster Versuch in dieser Richtung, der allerdings nur einen sehr bescheidenen Bruchteil dessen umfaßt, was ein Mathematiker tatsächlich an logischen Schlüssen verwendet. Die moderne Logik ist im

---

[1] Das Entscheidende war für ihn also *nicht* die Anwendung von Koordinaten an sich — Koordinaten sind schon im Altertum vorgekommen —, sondern die Anwendung von Koordinaten mit dem Ziel, die Geometrie algorithmisch behandeln zu können.

[2] Œuvres, ed. ADAM-TANNERY, Bd. VI, S. 374. Paris 1902.

letzten Jahrhundert entstanden. Zu ihren Wegbereitern gehört vor allem G. BOOLE (1815—1864). 1847 erschien sein Buch „The mathematical analysis of logic, being an essay towards a calculus of deductive reasoning“. Die Booleschen Rechenmethoden sind weitgehend den üblichen algebraischen Methoden nachgebildet, so daß man zu Ende des letzten Jahrhunderts von einer *Algebra der Logik* sprach. In der weiteren Entwicklung hat man jedoch auf die enge Analogie zur Algebra verzichtet. G. PEANO (1858—1932) hat eine Symbolik gewählt, die sich in ihrem Aufbau an die Struktur der natürlichen Sprachen anschließt. G. FREGE (1848—1925) hat sich insbesondere um eine exakte Fassung der logischen Regeln bemüht. Einen vorläufigen Abschluß fanden diese Bestrebungen in dem monumentalen Werk „Principia Mathematica“ (3 Bde, 1910—1913) von A. N. WHITEHEAD und B. RUSSELL. Hierin wurde nachgewiesen, daß sich große Teile der Mathematik mit Hilfe eines Logikkalküls deduzieren lassen. Krönender Abschluß der durch Boole eingeleiteten Entwicklung war der sog. GÖDELsche *Vollständigkeitssatz* (1930), welcher besagt, daß die angegebenen logischen Regeln ausreichen, um alle Folgerungen aus einem beliebigen Axiomensystem zu ziehen, vorausgesetzt, daß man sich auf die Sprache der sog. *Prädikatenlogik*[1] beschränkt. Das Gödelsche Ergebnis läßt sich in der in § 2.4 eingeführten Terminologie auch so ausdrücken, daß man sagt: Beschränkt man sich auf die Sprache der Prädikatenlogik, so ist die Menge der Folgerungen aus einem Axiomensystem erzeugbar (aufzählbar).

3. Unmöglichkeitsbeweise. Es ist nicht gelungen, auch für die Logik höherer Stufen (vgl. § 26) ein System von Regeln anzugeben, mit dessen Hilfe man alle Folgerungen aus beliebigen Axiomensystemen gewinnen kann. Weiterhin hat man sich vergeblich bemüht, ein Verfahren zu finden, mit dessen Hilfe man für beliebige Axiome und Formeln der Sprache der Prädikatenlogik in endlich vielen Schritten entscheiden kann, ob die Formel aus dem Axiomensystem folgt oder nicht *(Entscheidungsproblem der Prädikatenlogik)*. Man kann daher vermuten, daß derartige Algorithmen nicht existieren. Eine Behauptung von der Art, daß ein wohldefinierter Aufgabenkreis durch *keinen* Algorithmus beherrscht werden kann, ist eine Aussage über *alle* denkbaren Algorithmen überhaupt. Will man eine derartige Aussage beweisen, so genügt nicht mehr das natürliche Gefühl, welches jeder Mathematiker für den Begriff eines allgemeinen Verfahrens hat, man muß vielmehr eine exakte Definition geben, die alle Algorithmen (im intuitiven Sinne) umfaßt, jedoch u. U. zu weit sein darf. Wenn man nämlich beweisen könnte, daß kein

[1] Die entscheidende Einschränkung dieser Sprache besteht darin, daß die Operationen *für alle* und *es gibt* nur auf Individuenvariablen und nicht auf Prädikatenvariablen angewandt werden dürfen. Vgl. auch § 24 und § 26.

Algorithmus im Sinne der Definition einen gegebenen Problemkreis löst, so wäre damit a fortiori gezeigt, daß kein Algorithmus im intuitiven Sinne eine Lösung darstellt[1].

Als erster hat GÖDEL 1931 bewiesen, daß man im Bereich der Logik zweiter Stufe kein System von Algorithmen einer bestimmten Art angeben kann, mit dessen Hilfe man alle Folgerungen gewinnen kann (sog. *Unvollständigkeit* der Logik zweiter Stufe)[2].

Heute glaubt man allgemein, daß *jedes* System von Algorithmen durch rekursive Funktionen definiert werden kann, so daß damit das Gödelsche Resultat eine tiefere Bedeutung gewinnt. Vgl. das weiter unten bei CHURCH Gesagte. Der Begriff der μ-rekursiven Funktion und der damit verwandte Begriff der rekursiven Funktion wurden vor allem von KLEENE untersucht.

Der Gedankengang des Gödelschen Beweises folgt der klassischen Antinomie vom Lügner. Man kann nämlich zu jedem vorgegebenen System von Regeln in der Sprache der Logik zweiter Stufe eine Formel F angeben, welche bei inhaltlicher Deutung besagt, daß F in dem Regelsystem nicht ableitbar ist. F enthält keine freien Variablen. F muß also entweder gelten, oder die Negation $\neg F$ muß gelten[3]. Wenn F gilt, so ist F nicht ableitbar und daher das vorausgesetzte Regelsystem unvollständig. Wenn aber $\neg F$ gilt, und wenn das Regelsystem vollständig wäre, so müßte $\neg F$ ableitbar sein; dann ist F nicht ableitbar, wenn wir die Widerspruchsfreiheit des Regelsystems voraussetzen; dies besagt im Hinblick auf die Definition von F, daß F gilt. Dieser Fall kann also nicht eintreten[4].

A. CHURCH hat 1936 ausgesprochen, daß die Begriffe der λ-definierbaren Funktion (§ 30) und der rekursiven Funktion (§ 19) mit dem Begriff der berechenbaren Funktion zu identifizieren seien *(Churchsche These)*. Etwas später hat CHURCH gezeigt, daß das Entscheidungsproblem für die Prädikatenlogik unlösbar ist. Dasselbe wurde etwa gleichzeitig von A. M. TURING bewiesen. Turing hat den Begriff der Turingmaschine eingeführt[5].

---

[1] Diese Bemerkung ist wichtig im Hinblick darauf, daß man gelegentlich die Auffassung findet, daß die heute allgemein verwendeten Präzisierungen des Begriffs des Algorithmus zu weit seien.

[2] Zum Unvollständigkeitssatz vgl. § 26, zum Begriff der μ-rekursiven Funktion § 19. Als Vorläufer von GÖDEL kann FINSLER (1926) angesehen werden.

[3] Zu dieser Terminologie vgl. § 26.

[4] Wir werden in § 26 die Unvollständigkeit der Logik zweiter Stufe anders beweisen, indem wir sie auf die Unentscheidbarkeit der Logik erster Stufe zurückführen.

[5] Ein solcher Maschinenbegriff ist unabhängig von TURING gleichzeitig von POST entwickelt worden. TURING und POST haben den intuitiven Begriff der berechenbaren Funktion identifiziert mit dem Begriff der durch eine derartige Maschine berechenbaren Funktion.

Man hat in den letzten Jahren auch die Unentscheidbarkeit für verschiedene Theorien bewiesen, welche in der Sprache der Prädikatenlogik (oder in Sprachen, die unwesentliche Erweiterungen hiervon sind) durch Axiomensysteme gegeben sind. Als erster zeigte dies CHURCH 1936 für die Peanosche Arithmetik. Unter den vielen hier erzielten Resultaten sei erwähnt die von TARSKI 1946 bewiesene Unentscheidbarkeit der elementaren Gruppentheorie.

Ein bekanntes mathematisches Problem, welches inzwischen als unlösbar nachgewiesen worden ist, ist das *Wortproblem der Gruppentheorie*. Dieses besteht in der Aufgabe, einen Algorithmus zu finden, der es gestattet, bei jeder Gruppe, welche durch endlich viele Erzeugende und endlich viele definierende Relationen zwischen diesen Erzeugenden gegeben ist, für beliebige aus den Erzeugenden gebildete Worte W_1, W_2 in endlich vielen Schritten zu entscheiden, ob W_1 und W_2 dasselbe Gruppenelement darstellen oder nicht. Die Beweise für die Unlösbarkeit des Wortproblems der Gruppentheorie sind heute noch sehr kompliziert. Wir werden uns hier damit begnügen, in § 23 die Unlösbarkeit des Wortproblems für Semi-Thue-Systeme und Thue-Systeme zu zeigen.

Ein weiteres Problem, dessen Unlösbarkeit inzwischen (1970) gezeigt worden ist, ist das *zehnte Hilbertsche Problem* (1900) (vgl. § 29.3). Es handelt sich darum, eine Methode zu finden, mit deren Hilfe man für eine beliebig vorgelegte diophantische Gleichung entscheiden kann, ob diese lösbar ist oder nicht.

Literatur

FINSLER, P.: Formale Beweise und die Entscheidbarkeit. Math. Z. **25**, 676–682 (1926).

GÖDEL, K.: Die Vollständigkeit der Axiome des logischen Funktionenkalküls. Mh. Math. Phys. **37**, 349–360 (1930).

— Über formal unentscheidbare Sätze der Principia Mathematica und verwandter Systeme I. Mh. Math. Phys. **38**, 173–198 (1931). (Unvollständigkeitssatz).

CHURCH, A.: An Unsolvable Problem of Elementary Number Theory. Amer. J. Math. **58**, 345–363 (1936). (Churchsche These auf S. 346.)

KLEENE, S. C.: General Recursive Functions of Natural Numbers. Math. Ann. **112**, 727–742 (1936).

Zu TURING und POST vergleiche die Literaturangaben in § 3. Spezielle in diesem Paragraphen angeschnittene Fragen, werden später ausführlich besprochen. In den einschlägigen Paragraphen findet man jeweils Literaturangaben.

ZWEITES KAPITEL

TURINGMASCHINEN

In diesem Kapitel wird der Begriff der Turingmaschine eingeführt, losgelöst von den heuristischen Betrachtungen des letzten Paragraphen. Weiterhin werden die wichtigsten konstruktiven Begriffe, auf die wir bereits im ersten Kapitel eingegangen sind, mit Hilfe von Turingmaschinen definiert. Man überzeuge sich davon, daß die vorgeschlagenen Definitionen der Turing-Entscheidbarkeit, -Berechenbarkeit und -Aufzählbarkeit Präzisierungen der entsprechenden intuitiven Begriffe sind, welche als besonders naheliegend angesehen werden können, wenn man zugibt, daß die Turingmaschinen eine legitime Präzisierung des Begriffs eines Algorithmus darstellen. Schließlich werden einige einfache Beispiele für Turingmaschinen angegeben. Die in § 6.5 eingeführten Maschinen $\mathfrak{a}_j$, $\mathfrak{r}$ und $\mathfrak{l}$ sind prinzipiell wichtig.

Die in diesem Kapitel definierten Begriffe können als rein mathematische Begriffe angesehen werden. Es ist jedoch sehr suggestiv, eine durch die Vorstellung von Maschinen nahegelegte technisch-physikalische Terminologie zu wählen.

§ 5. Definition der Turingmaschinen

1. Definitionen. Gegeben sei ein Alphabet $\mathfrak{A} = \{a_1, \ldots, a_N\}$, $N \geqq 1$. Mit a_0 bezeichnen wir das leere (uneigentliche) Symbol. Wir setzen ein für allemal voraus, daß keines der Symbole r, l, s in $\mathfrak{A}$ vorkommt.

Eine *Turingmaschine* M *über* $\mathfrak{A}$ ist gegeben durch eine 4-spaltige und $M(N+1)$-reihige Matrix (Tafel) $(M \geqq 1)$ der Form:

$$\begin{array}{llll}
c_1 & a_0 & v_1 & c'_1 \\
\cdots & \cdots & \cdots & \cdots \\
c_1 & a_N & v_{N+1} & c'_{N+1} \\
c_2 & a_0 & v_{N+2} & c'_{N+2} \\
\cdots & \cdots & \cdots & \cdots \\
c_2 & a_N & v_{2N+2} & c'_{2N+2} \\
\cdots & \cdots & \cdots & \cdots \\
\cdots & \cdots & \cdots & \cdots \\
c_M & a_0 & v_{(M-1)N+M} & c'_{(M-1)N+M} \\
\cdots & \cdots & \cdots & \cdots \\
c_M & a_N & v_{MN+M} & c'_{MN+M}
\end{array}$$

Dabei seien $c_1, \ldots, c_M$ verschiedene natürliche Zahlen $\geqq 0$[1] und $c'_j \in \{c_1, \ldots, c_M\}$ für $j = 1, \ldots, MN+M$. Ferner soll jedes v_j ein Element von $\{a_0, \ldots, a_N, r, l, s\}$ sein.

Wir können eine Turingmaschine mit ihrer Tafel identifizieren.

Man beachte, daß es zu jedem Paar c_j, a_i genau eine Zeile in M gibt, welche mit $c_j a_i$ beginnt. Die c_j heißen *Zustände*, c_1 der *Anfangszustand*. Der Anfangszustand von M soll auch mit c_{M} bezeichnet werden. c_{M} ist der in der Tafel zuerst genannte Zustand. Beginnt eine Zeile mit $c_j a_k s$, so heiße c_j ein *Endzustand*. $\mathfrak{A}$ heißt das *Alphabet von* M.

2. *Das Rechenband.* Wir werden im folgenden häufig *Funktionen B* betrachten, welche für alle *ganzen* Zahlen x definiert sind, und deren Werte $B(x)$ Elemente von $\{a_0, \ldots, a_N\}$ sind. Wir wollen die Argumente x als Nummern von *Feldern* eines *Rechenbandes* ansehen, welches so gelagert ist, daß das Feld mit der Nummer n (oder kurz das Feld n) unmittelbar *links* von dem Feld $n+1$ liegt. Wir stellen uns vor, daß das Feld n mit dem Symbol $B(n)$ *beschrieben (bedruckt)* ist. Ein mit dem Symbol a_0 beschriebenes Feld soll *leer* heißen. Damit kann man die Funktion B als eine *Inschrift* des Rechenbandes ansehen. Wir betrachten nur *solche Funktionen, bei denen* $B(x) = a_0$ *ist für fast alle* x; wir setzen also voraus, daß nur endlich viele Felder mit einem eigentlichen Symbol beschrieben sind, z.B.:

…			a_4		a_4	a_3		a_6			…
Feld-Nr.		-4	-3	-2	-1	0	1	2	3	4	

3. *Konfigurationen und Rechenschritte.* Unter einer *Konfiguration*[2] K einer Turingmaschine M soll jedes geordnete Tripel (A, B, C) verstanden werden, wobei A ein (durch seine Nummer gegebenes) Feld ist, B eine Inschrift (also eine Funktion) und C ein Zustand von M.

Eine Konfiguration (A, B, C) heißt eine *Anfangskonfiguration*, wenn $C = c_{\mathsf{M}}$.

Jeder Konfiguration $K = (A, B, C)$ entspricht eindeutig die mit $C\,B(A)$ beginnende Zeile der Tafel von M. Diese nennen wir die *Konfigurationszeile* von K. K heißt eine *Endkonfiguration*, wenn die Konfigurationszeile von K mit $C\,B(A)\,s$ beginnt.

$K = (A, B, C)$ sei eine Konfiguration, welche *keine Endkonfiguration* ist. $C\,B(A)\,v\,c'$ sei die Konfigurationszeile von K (also $v \neq s$). Wir wollen K eindeutig eine Konfiguration $F(K) = (A', B', C')$ als *Folge-*

[1] In § 3 haben wir $c_1 = 0$, $c_2 = 1, \ldots, c_M = M - 1$ genommen. Zu der hier vorgenommenen Verallgemeinerung vgl. auch Nr. 6.

[2] Turing spricht von einer *vollständigen Konfiguration.*

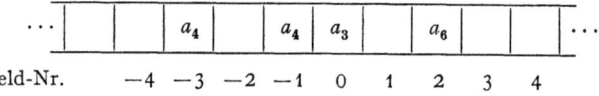

konfiguration zuordnen, indem wir setzen[1]:

$$A' = \begin{cases} A, & \text{wenn } v \neq r \text{ und } v \neq l \\ A+1, & \text{wenn } v = r \\ A-1, & \text{wenn } v = l \end{cases}$$

$$B'(x) = \begin{cases} B(x), & \text{wenn } x \neq A \\ B(x), & \text{wenn } x = A \text{ und } v = r \text{ oder } v = l \\ v, & \text{wenn } x = A \text{ und } v \neq r \text{ und } v \neq l \end{cases}$$

$$C' = c'.$$

Die Anfangskonfiguration nennen wir auch *die nullte Konfiguration.* Wenn die n-te Konfiguration eine Folgekonfiguration besitzt, so nennen wir diese *die* $(n+1)$*-te Konfiguration.*

Wir führen noch einige Redeweisen ein, in denen der Begriff Rechenschritt, oder kurz *Schritt,* vorkommt. Wir stellen uns vor, daß der n-te Schritt $(n \geqq 1)$ von der $(n-1)$-ten zur n-ten Konfiguration führt. In diesem Sinne wollen wir die n-te bzw. die $(n-1)$-te Konfiguration auch *die Konfiguration nach (bzw. vor) dem n-ten Schritt* nennen. Die nullte Konfiguration nennen wir auch *die Konfiguration nach dem nullten Schritt.* Wir wollen schließlich sagen, daß eine Maschine *nach dem n-ten Schritt stehen bleibt,* wenn die n-te Konfiguration eine Endkonfiguration ist.

4. Definitionen. Wir wollen hier einige Redeweisen, welche von der Auffassung einer Turingmaschine als konkreter Maschine hergenommen sind, durch exakte Definitionen einführen. Wir wollen die Tatsache, daß wir in einem gewissen Zusammenhang eine Maschine M, eine Zahl A und eine Funktion B, und damit eine bestimmte Anfangskonfiguration $K_0 = (A, B, c_{\mathsf{M}})$ wählen, so ausdrücken, daß wir sagen: *Wir setzen* M *auf die Bandinschrift B im Felde A an.* Wenn K_0 keine Endkonfiguration ist, so existiert zu K_0 eindeutig die Folgekonfiguration $K_1 = F(K_0)$. Wir sagen in diesem Falle, daß M *im ersten Schritt von* K_0 *zu* K_1 *übergeht.* Wenn auch K_1 keine Endkonfiguration ist, so existiert eindeutig $K_2 = F(K_1)$, und wir sagen, daß M im zweiten Schritt von K_1 zu K_2 übergeht, usf. Nun sind zwei Fälle denkbar: Es ist entweder keine der Konfigurationen $K_0, K_1, K_2, \ldots$ eine Endkonfiguration; dann ist K_n für jedes n erklärt und M bleibt *nie stehen.* Oder es gibt ein erstes n, so daß K_n eine Endkonfiguration ist. Dann ist K_{n+1} nicht mehr erklärt und wir wollen sagen, daß M nach dem n-ten Schritt *stehenbleibt (stoppt)* (es kann $n = 0$ sein), und zwar — wenn $K_n = (A_n, B_n, C_n)$ —,

[1] Man überzeuge sich davon, daß diese Definition im Einklang steht mit den Ausführungen in § 3.4.

daß M *auf der Inschrift* B_n *und auf dem Feld* A_n *stehenbleibt.* Durch die letzte Inschrift B_n und das letzte Feld A_n ist insbesondere der Buchstabe $B_n(A_n)$ bestimmt, welcher zum Schluß auf A_n steht. Es ist also auch sinnvoll zu sagen, daß M, angesetzt auf B in A, *auf dem Buchstaben* a_j *stehenbleibt.* Es kann sein, daß $a_j \neq a_0$. Dann gibt es ein größtes zusammenhängendes Stück des Bandes, welches A_n enthält und auf dessen Feldern nur eigentliche Buchstaben stehen. Diese bilden in der Reihenfolge, in der sie auf dem Band stehen, ein Wort W. Wir wollen in diesem Falle sagen, daß M *auf dem Wort* W *stehenbleibt.* Wenn K_j und K_{j+1} erklärt sind, und wenn die zu K_j gehörende Konfigurationszeile $C_j A_j v c$ lautet, so wollen wir sagen, daß *im* $(j+1)$*-ten Schritt das Arbeitsfeld nach rechts bzw. links verschoben wird, falls* $v = r$ *bzw.* l, *und daß auf* A_j *das Symbol* a *gedruckt wird, falls* $v = a$.

5. *Verschiebungen.* Ist m eine ganze Zahl und ist $\widetilde{B}(x) = B(x-m)$ für jedes x, so können wir sagen, daß $\widetilde{B}$ aus B durch *Verschiebung* um m Felder entsteht. Wenn man eine Maschine M auf B in A ansetzt, so erhalte man die Konfigurationen $K_0, K_1, K_2, \ldots$, mit $K_n = (A_n, B_n, C_n)$. Wenn man M auf $\widetilde{B}$ in $\widetilde{A} = A + m$ ansetzt, so erhalte man die Konfigurationen $\widetilde{K}_0, \widetilde{K}_1, \widetilde{K}_2, \ldots$, mit $\widetilde{K}_n = (\widetilde{A}_n, \widetilde{B}_n, \widetilde{C}_n)$. Man überzeugt sich mühelos davon, daß K_n und $\widetilde{K}_n$ für dieselben Argumente n erklärt sind, und daß für jedes solche n gilt:[1]

$$\widetilde{A}_n = A_n + m, \quad \widetilde{B}_n(x) = B_n(x-m), \quad \widetilde{C}_n = C_n.$$

Jedes Arbeitsfeld $\widetilde{A}_n$ und jede Inschrift $\widetilde{B}_n$ entsteht also aus dem zugehörigen Arbeitsfeld A_n bzw. aus der zugehörigen Inschrift B_n durch eine Verschiebung um m. Wenn ferner K_n eine Endkonfiguration ist, so auch $\widetilde{K}_n$, und umgekehrt.

Die soeben besprochenen Tatsachen erlauben in gewissen Fällen die Einführung einer Terminologie, die von der Numerierung der Felder des Bandes abstrahiert. Sei W ein Wort, also eine nichtleere Zeichenreihe aus dem Alphabet $\mathfrak{A} = \{a_1, \ldots, a_N\}$. Daß man M *hinter* W *ansetzt,* soll bedeuten, daß man eine Bandinschrift B wählt, die in aufeinanderfolgenden Feldern die Buchstaben des Wortes W in der durch W gegebenen Reihenfolge enthält, und im übrigen nur leere Felder, und daß man als Anfangsfeld das erste (freie) Feld rechts von W nimmt. Hierdurch sind B und A nur bis auf eine Verschiebung um eine Zahl m bestimmt. Nach den obigen Bemerkungen hängt es nicht von dieser Vieldeutigkeit ab, ob M stehenbleibt oder nicht. Wenn M stehenbleibt, so in jedem Falle auf demselben Buchstaben. Es ist also sinnvoll zu sagen,

[1] Man kann die folgenden Gleichungen auch so interpretieren, daß man sagt, es komme auf Translationen des Bandes nicht an.

daß M, *angesetzt hinter ein Wort W (oder auch angesetzt hinter das leere Wort), auf dem Buchstaben* a_j *stehenbleibt, bzw. hinter einem Wort W'*.

6. Äquivalenz von Turingmaschinen. Eine Turingmaschine M_1 heiße *äquivalent* zu einer Turingmaschine M_2 über dem gleichen Alphabet, wenn es eine umkehrbar eindeutige Abbildung φ der Zustände von M_1 auf die Zustände von M_2 gibt, derart daß

(1) jede Zeile $cavc'$ von M_1 in eine Zeile $\varphi(c)av\,\varphi(c')$ von M_2 übergeht, und

(2) $\varphi(c_{M_1}) = c_{M_2}$.

Man kann immer zu einer Maschine M_1 eine äquivalente Maschine M_2 finden, bei der die Zustände fortlaufend numeriert sind: 0, 1, 2, ..., und bei der 0 der Anfangszustand ist. (In dieser normierten Weise haben wir im letzten Paragraphen die Zustände numeriert.) Es ist jedoch bequem, vor allem in Hinblick auf die im nächsten Paragraphen zu besprechende Zusammensetzung von Maschinen, auch nicht normierte Zustände zur Verfügung zu haben.

Wesentlich für den Gebrauch, den wir von Turingmaschinen machen wollen, sind nur die Folgen A_n und B_n. Die Turingmaschine M_1 liefere, angesetzt auf B in A, die Konfigurationen (A_n, B_n, C_n). M_2 sei äquivalent zu M_1 vermöge der Abbildung φ der Zustände von M_1 auf die Zustände von M_2. Man sieht sofort, daß die Folge der Konfigurationen von M_2, angesetzt auf dieselbe Inschrift B in demselben Feld A, gleich $(A_n, B_n, \varphi(C_n))$ ist. *Äquivalente Turingmaschinen liefern also, angesetzt auf dieselbe Inschrift in demselben Feld, die gleichen Folgen* A_n, B_n. Sie können also durcheinander ersetzt werden in allen Definitionen, welche nur von diesen Folgen Gebrauch machen. Das gilt insbesondere für die Definitionen des folgenden Paragraphen.

7. Äquivalenz im weiteren Sinne von Turingmaschinen. Wir haben in § 1.2 darauf hingewiesen, daß es im Prinzip bei Algorithmen auf die Wahl der Einzelzeichen nicht ankommt. Dies führt zu einem erweiterten Begriff der Äquivalenz von Turingmaschinen. Wir nennen eine Turingmaschine M_1 über dem Alphabet $\mathfrak{A}_1$ *äquivalent im weiteren Sinne* zu einer Turingmaschine M_2 über dem Alphabet $\mathfrak{A}_2$, wenn es umkehrbar eindeutige Abbildungen φ, ψ gibt, derart, daß gilt:

1. ψ vermittelt eine Abbildung von $\mathfrak{A}_1$ auf $\mathfrak{A}_2$, und es gilt darüber hinaus $\psi(l) = l$, $\psi(r) = r$, $\psi(s) = s$.
2. φ ist eine Abbildung der Zustände von M_1 auf die Zustände von M_2.
3. Jede Zeile

$$c \quad a \quad v \quad c' \qquad \text{von } M_1 \text{ geht in eine Zeile}$$
$$\varphi(c) \quad \psi(a) \quad \psi(v) \quad \varphi(c') \qquad \text{von } M_2 \text{ über.}$$

4. $\varphi(c_{M_1}) = c_{M_2}$.

Die Bemerkungen in Nr. 6 über äquivalente Turingmaschinen gelten mutatis mutandis auch für Turingmaschinen, welche im weiteren Sinne äquivalent sind.

Literatur

Vergleiche die Angaben in § 3, sowie den *Appendix* der in § 23 zitierten Abhandlung von Post.

§ 6. Präzisierung konstruktiver Begriffe mittels Turingmaschinen. Beispiele

Im folgenden werden exakte Definitionen für die Begriffe der Entscheidbarkeit, Aufzählbarkeit usf. gegeben. Diese exakten Begriffe nennen wir Turing-Berechenbarkeit, Turing-Aufzählbarkeit usf. Der Leser überzeuge sich davon, daß die exakten Begriffe naturgemäße Präzisierungen der in § 2 betrachteten intuitiven Begriffe sind (vorausgesetzt, daß die Turingmaschinen den Algorithmen entsprechen).

Im folgenden sei ein festes Alphabet $\mathfrak{A}_0=\{a_1, \ldots, a_N\}$ vorgegeben. Wir wollen nur *nichtleere Worte* über diesem Alphabet betrachten.[1] Zu der im folgenden verwendeten Terminologie vgl. auch § 5.4.

1. Turing-Berechenbarkeit. f sei eine Funktion, welche für alle Worte erklärt sei und deren Werte Worte seien. f heiße *Turing-berechenbar*, wenn es eine Turingmaschine M über einem Alphabet $\mathfrak{A}$ mit $\mathfrak{A}_0 < \mathfrak{A}$ gibt, für welche gilt: Schreibt man ein beliebiges Wort W (über $\mathfrak{A}_0$) auf das im übrigen leere Rechenband, und setzt man M auf ein beliebiges Feld des Bandes an[2], so bleibt M nach endlich vielen Schritten unmittelbar hinter einem Wort stehen, das den Funktionswert $f(W)$ darstellt.[3]

[1] Daß dies keine wesentliche Einschränkung ist, wurde in § 1.4 gezeigt.

[2] Man könnte vermuten, daß man zuviel verlangt, wenn man fordert, daß es zu einer berechenbaren Funktion eine Maschine gibt, die die Berechnung leistet, unabhängig davon, auf *welches* Feld des Bandes sie angesetzt wird. Zum Beispiel würde man vielleicht erwarten, daß es mehr Funktionen gibt, zu denen eine Turingmaschine existiert, welche den Funktionswert errechnet, wenn man sie auf oder hinter das letzte Symbol des Argumentes ansetzt. Daß dem jedoch nicht so ist, zeigt ein Satz in § 9.1. Es wird natürlich im allgemeinen leichter sein, eine Maschine anzugeben, welche die Berechnung des Funktionswertes leistet, wenn man sie zu Beginn auf ein *bestimmtes* Feld ansetzt. Die Wahl eines solchen Feldes ist jedoch nur mit einer gewissen Willkür möglich, von der uns die im Text gegebene Definition befreit.

[3] Im Gegensatz zum Beginn der Rechnung, bei dem wir ein beliebiges Feld zugelassen haben, erscheint es nicht plausibel, auch für das Ende der Rechnung ein beliebiges Arbeitsfeld zu gestatten. Am Schluß der Rechnung stehen nämlich im allgemeinen außer dem Funktionswert noch andere Worte auf dem Band (z.B. Argumente oder Zwischenrechnungen). Die Maschine muß durch ihre Endstellung auf den Funktionswert hinweisen. Die hier zu diesem Zweck vorgenommene Normierung erweist sich in vielen Fällen als sehr bequem. Man könnte aber auch ohne weiteres eine andere Normierung vornehmen und z.B. verlangen, daß M auf einem beliebigen Symbol des Funktionswertes stehenbleibt o.ä. (Die Äquivalenz solcher Forderungen läßt sich leicht nachweisen: § 7, Aufgabe 2.)

Allgemeiner sei f eine k-stellige Funktion, deren Argumente beliebige Worte über $\mathfrak{A}_0$ und deren Werte Worte über $\mathfrak{A}_0$ seien. f heiße *Turing-berechenbar*, wenn es eine Turingmaschine M über einem Alphabet $\mathfrak{A}$ mit $\mathfrak{A}_0 < \mathfrak{A}$ gibt, für welche gilt: Schreibt man auf das im übrigen leere Rechenband irgendwelche Argumente $W_1, \ldots, W_k$ in dieser Reihenfolge mit je einem Feld Zwischenraum, also das *uneigentliche Wort* $W_1 a_0 W_2 a_0 \ldots a_0 W_k$, und setzt man M auf ein beliebiges Feld des Rechenbandes an, so bleibt M nach endlich vielen Schritten stehen, und zwar unmittelbar hinter dem Wort $f(W_1, \ldots, W_k)$.

Aus systematischen Gründen (vgl. z.B. §10) empfiehlt es sich, auch Funktionen von null Argumenten einzuführen. Der Wert einer Funktion von *zwei* Argumenten ist bestimmt, wenn die beiden Argumente vorliegen. Der Wert einer Funktion von *einem* Argument, wenn dieses Argument vorliegt; daher der Wert einer Funktion von *null* Argumenten, wenn kein Argument vorliegt. Eine Funktion von null Argumenten hat also *nur einen Wert*. Dieser kann ein beliebiges Wort W sein. Die Funktion von null Argumenten, welche den Wert W hat, wollen wir mit C_0^W bezeichnen, oder auch kurz mit W, wenn kein Mißverständnis möglich ist.

In naturgemäßer Erweiterung der oben gegebenen Definition der Turing-Berechenbarkeit einer Funktion wird man sagen, daß eine Funktion von null Argumenten Turing-berechenbar ist, wenn es zu ihr eine Turingmaschine gibt, welche, angesetzt auf das *leere* Band, nach endlich vielen Schritten hinter dem Funktionswert stehenbleibt. Es ist hier unmittelbar einzusehen, daß *jede* Funktion von null Argumenten trivialerweise Turing-berechenbar ist. Um C_0^W zu berechnen, hat man nur eine Turingmaschine zu nehmen, welche auf das leere Band das Wort W schreibt und hinter diesem Wort stehenbleibt (Aufgabe 3).

2. *Turing-Aufzählbarkeit.* Wir benutzen hier eine normierte Darstellung der natürlichen Zahlen. Dazu verabreden wir, die natürliche Zahl n durch $n+1$ Striche darzustellen (vgl. §1.4), also z.B. die Zahl Drei durch ||||. Dabei wollen wir den Strich | mit a_1 identifizieren. Eine Menge M von Worten heiße *Turing-aufzählbar*, wenn M leer ist, oder wenn M übereinstimmt mit dem Wertebereich einer Turing-berechenbaren Funktion, deren Argumentbereich die Menge der natürlichen Zahlen ist. — Da nach § 2.4 die Erzeugbarkeit mit der Aufzählbarkeit gleichbedeutend ist, können wir uns eine besondere Definition für die Turing-Erzeugbarkeit ersparen.

3. *Turing-Entscheidbarkeit.* M sei eine *Menge* von Worten über $\mathfrak{A}_0$. M heiße *Turing-entscheidbar*, wenn es eine Turingmaschine M über einem Alphabet $\mathfrak{A}$ mit $\mathfrak{A}_0 < \mathfrak{A}$ gibt, und zwei verschiedene (eigentliche oder uneigentliche) Symbole a_i, a_j von $\mathfrak{A}$, so daß gilt: Schreibt man ein

beliebiges Wort W über $\mathfrak{A}_0$ auf das im übrigen leere Rechenband, und setzt man M auf ein beliebiges Feld des Rechenbandes an, so bleibt M nach endlich vielen Schritten stehen, und zwar auf a_i bzw. auf a_j, je nachdem ob $W \in M$ oder $W \notin M$.

M_1 und M_2 seien Mengen von Worten über $\mathfrak{A}_0$. Es sei $M_2 \subset M_1$. Dann heiße M_2 *Turing-entscheidbar relativ zu* M_1, wenn es eine Turingmaschine M über einem Alphabet $\mathfrak{A}$ mit $\mathfrak{A}_0 \subset \mathfrak{A}$ gibt, und zwei verschiedene (eigentliche oder uneigentliche) Symbole a_i, a_j von $\mathfrak{A}$, so daß gilt: Schreibt man auf das im übrigen leere Rechenband ein beliebiges Wort $W \in M_1$, und setzt man M auf ein beliebiges Feld des Rechenbandes an, so bleibt M nach endlich vielen Schritten stehen, und zwar auf a_i bzw. auf a_j, je nachdem ob $W \in M_2$ oder $W \notin M_2$.

Eine *Eigenschaft* (ein *Prädikat*) von Worten heiße *Turing-entscheidbar*, wenn die Menge der Worte mit dieser Eigenschaft Turing-entscheidbar ist.

Die *Turing-Entscheidbarkeit von n-stelligen Relationen*, d.h. n-stelligen Eigenschaften ($n \geqq 2$), definiert man in analoger Weise, wobei man n-Tupel von Worten wie in Nr. 1 auf dem Rechenband notiert. —

Man kann im Falle der absoluten und der relativen Entscheidbarkeit zeigen, daß die Auswahl der Buchstaben a_i, a_j unwesentlich ist. Wir beschränken uns hier auf den

Satz: Seien M eine Menge von Worten über $\mathfrak{A}_0$, M eine Turingmaschine über einem Alphabet $\mathfrak{A} = \{a_1, \ldots, a_L\}$ mit $\mathfrak{A}_0 \subset \mathfrak{A}$ und a_i, a_j verschiedene (eigentliche oder uneigentliche) Symbole aus $\mathfrak{A}$. Es gelte für jedes Wort W über $\mathfrak{A}_0$, daß M, angesetzt auf das nur mit W beschriebene Rechenband, nach endlich vielen Schritten stehenbleibt auf a_i bzw. a_j, je nachdem ob $W \in M$ oder $W \notin M$ — wir sagen hierfür kurz: M entscheide M mit Hilfe von a_i, a_j —. Weiter seien a_k, a_l zwei beliebige verschiedene (eigentliche oder uneigentliche) Symbole aus $\mathfrak{A}$. Dann kann man mit Hilfe von M eine Turingmaschine M' über $\mathfrak{A}$ angeben, die M mit Hilfe von a_k, a_l entscheidet.

Beweis: Man erhält die Tafel für eine solche Maschine M' aus der Tafel von M auf die folgende Weise: $\bar{c}$ sei ein neuer Zustand, der in der Tafel von M nicht vorkommt. Jede Zeile von M der Form $c a_i s c'$ ändere man um in $c a_i a_k \bar{c}$, jede Zeile von M der Form $c a_j s c'$ verwandle man in $c a_j a_l \bar{c}$; schließlich füge man $L+1$ neue Zeilen der Form: $\bar{c} a_p s \bar{c}$ ($p = 0, \ldots, L$) hinzu. Man sieht sofort, daß in jedem Fall, in dem M stehenbleibt auf a_i bzw a_j, die Maschine M' einen weiteren Schritt macht und dann stehenbleibt auf a_k bzw. a_l.[1]

[1] In der im nächsten Paragraphen eingeführten Bezeichnung kann man schreiben:

$$\mathsf{M}' = \mathsf{M} \begin{matrix} \scriptstyle i \\ \to \mathfrak{a}_k \\ \scriptstyle j \\ \to \mathfrak{a}_l \end{matrix}$$

4. Bemerkung. Bei allen Definitionen dieses Paragraphen haben wir zugelassen, daß M eine Maschine ist über einem Alphabet $\mathfrak{A}$, welches mehr Buchstaben enthalten kann als das Alphabet $\mathfrak{A}_0$. Die nicht zu $\mathfrak{A}_0$ gehörigen Symbole von $\mathfrak{A}$ spielen eine Rolle als „Hilfsbuchstaben". Man kann sich fragen, ob man in jedem Falle *ohne* Hilfsbuchstaben auskommt, d.h., ob man verlangen darf, daß M eine Maschine über $\mathfrak{A}_0$ ist. Man kann sich anschaulich klar machen, daß dies in der Tat möglich ist. Sei etwa $\mathfrak{A}_0=\{a_1, \ldots, a_N\}$, $\mathfrak{A}=\{a_1, \ldots, a_L\}$, $L>N$. Es liege ein Problem vor, welches nur Worte über $\mathfrak{A}_0$ betrifft, und ein das Problem lösender Algorithmus, der Symbole aus $\mathfrak{A}$ verwendet. Man „übersetze" jedes eigentliche *Symbol* a_j aus $\mathfrak{A}$ in eine Folge aus j Symbolen a_1, z.B. a_3 in $a_1 a_1 a_1$. Eine endliche *Inschrift*, z.B. $a_4 a_0 a_2 a_3$ übersetze man mit Hilfe der Symbolübersetzung in $a_1 a_1 a_1 a_1 a_0 a_0 a_0 a_1 a_1 a_0 a_1 a_1 a_1$.

So übersetze man zunächst das Problem. Sodann wende man darauf eine Art „übersetzten Algorithmus" an, der schließlich zur übersetzten Lösung führt, welche man wieder rückzuübersetzen hat. Es ist plausibel, daß man damit einen Algorithmus erhält, der nur mit den Symbolen von $\mathfrak{A}_0$ arbeitet. — Wir wollen jedoch die allgemeine Definition beibehalten. In einem wichtigen Spezialfall werden wir aber exakt zeigen, daß man mit dem Alphabet $\mathfrak{A}_0$ auskommt (vgl. §15).

5. Die Elementarmaschinen r, l, a_j. Wir führen einige besonders einfache Turingmaschinen ein, aus welchen wir im nächsten Paragraphen kompliziertere Maschinen zusammensetzen werden. Vorausgesetzt wird ein festes Alphabet $\{a_1, \ldots, a_N\}$. *Die betrachteten Maschinen hängen von diesem Alphabet ab.*

Definition 1: Die *Rechtsmaschine* r ist gegeben durch die folgende

Tafel für die Rechtsmaschine r:

$$\begin{array}{cccc} 0 & a_0 & r & 1 \\ \multicolumn{4}{c}{\cdots\cdots} \\ 0 & a_N & r & 1 \\ 1 & a_0 & s & 1 \\ \multicolumn{4}{c}{\cdots\cdots} \\ 1 & a_N & s & 1 \end{array}$$

Die Rechtsmaschine bleibt, angesetzt auf eine beliebige Inschrift in einem beliebigen Feld A, nach einem Schritt stehen auf dem Feld, das rechts von A liegt. Die ursprüngliche Bandinschrift wird nicht geändert. Das Arbeitsfeld wird um ein Feld nach rechts verschoben.

Definition 2: Die *Linksmaschine* $\mathfrak{l}$ ist gegeben durch die folgende

Tafel für die Linksmaschine $\mathfrak{l}$:

$$\begin{array}{cccc} 0 & a_0 & l & 1 \\ \multicolumn{4}{c}{\cdots\cdots} \\ 0 & a_N & l & 1 \\ 1 & a_0 & s & 1 \\ \multicolumn{4}{c}{\cdots\cdots} \\ 1 & a_N & s & 1 \end{array}$$

Die Linksmaschine bleibt, angesetzt auf eine beliebige Inschrift in einem beliebigen Feld A, nach einem Schritt stehen auf dem Feld, das links von A liegt. Die ursprüngliche Bandinschrift wird nicht geändert. Das Arbeitsfeld wird um ein Feld nach links verschoben.

Definition 3: Die *Maschine* $\mathfrak{a}_j$ $(j=0, \ldots, N)$ ist gegeben durch die folgende

Tafel für die Maschine $\mathfrak{a}_j$:

$$\begin{array}{cccc} 0 & a_0 & a_j & 0 \\ 0 & a_1 & a_j & 0 \\ \multicolumn{4}{c}{\cdots\cdots} \\ 0 & a_j & s & 0 \\ \multicolumn{4}{c}{\cdots\cdots} \\ 0 & a_N & a_j & 0 \end{array}$$

In der dritten Spalte steht überall das Symbol a_j, abgesehen von der Zeile $0 a_j s 0$. Die Maschine $\mathfrak{a}_j$ werde angesetzt auf die Inschrift B im Feld A. Ist im ersten Fall $B(A)=a_j$, so bleibt die Maschine $\mathfrak{a}_j$ nach null Schritten stehen auf Feld A bei unveränderter Inschrift. Ist im zweiten Fall $B(A) \neq a_j$, so bleibt die Maschine $\mathfrak{a}_j$ nach einem Schritt stehen auf dem Feld A. Die Bandinschrift B_1 unterscheidet sich von B dadurch, daß im Feld A der Buchstabe a_j gedruckt ist. In *jedem* Falle gilt also: $\mathfrak{a}_j$ bleibt auf A stehen. Die letzte Bandinschrift stimmt mit der ursprünglichen Inschrift überein bis eventuell auf die Inschrift in A, welche schließlich a_j ist. Die Maschine $\mathfrak{a}_j$ druckt also das Symbol a_j auf das Arbeitsfeld A.

Oft geben wir a_0 durch $*$ und a_1 durch | wieder. Die gleichen Symbole $*$ bzw. | wollen wir aus typographischen Gründen auch für die entsprechenden Turingmaschinen verwenden.

6. Beispiele. Alle im folgenden angegebenen Maschinen sind Maschinen über dem einelementigen Alphabet $\{|\}$. Dieses Alphabet genügt, um die *natürlichen Zahlen* darzustellen (vgl. § 1.4).

Tafel 1

0	*	I	0
0	I	*r*	1
1	*	*s*	1
1	I	*s*	1

Tafel 2

0	*	I	2
0	I	*l*	1
1	*	*s*	1
1	I	*l*	0
2	*	*s*	2
2	I	*s*	2

Tafel 3

0	*	I	0
0	I	*r*	1
1	*	*r*	0
1	I	*s*	1

Wir wollen untersuchen, was diese Maschinen in speziellen Fällen leisten.

(1) Die in *Tafel 1* angegebene Maschine M fügt, angesetzt unmittelbar hinter den letzten Strich einer Folge von Strichen, die auf dem sonst leeren Band stehen, einen weiteren Strich hinzu und bleibt rechts davon stehen. (Maßgebend sind dabei die Zeilen 1, 2, 3; Zeile 4 ist unwesentlich und könnte auch anders lauten.) M berechnet also die Nachfolgerfunktion, *wenn* man M in der beschriebenen Weise auf das Argument ansetzt. In anderen Fällen gilt das nicht. Mit der Angabe von M ist also noch nicht bewiesen, daß die Nachfolgerfunktion im Sinne von Nr. 1 Turing-berechenbar ist. Dazu müßte man eine Maschine angeben, welche die Berechnung leistet, gleichgültig, auf welches Feld man sie ansetzt (s. § 9).

(2) Setzt man die in *Tafel 2* angegebene Maschine M auf den letzten Strich eines Wortes W an, so bleibt M nach endlich vielen Schritten stehen auf dem Symbol * oder I, je nachdem ob W eine gerade oder eine ungerade natürliche Zahl darstellt. (Analog Beispiel (1) ist hiermit noch nicht gezeigt, daß die Menge der geraden Zahlen im Sinne von Nr. 3 Turing-entscheidbar ist.) Um das einzusehen, verfolgen wir den Rechenprozeß. Zunächst ist Zeile 2 maßgebend. Nun muß man zwei Fälle unterscheiden, je nachdem, ob W nur aus einem Strich besteht oder nicht. Im ersten Fall ist für den nächsten Schritt Zeile 3 maßgebend: die Maschine bleibt stehen auf dem Symbol * und zeigt so, daß 0 (dargestellt durch *einen* Strich) eine gerade Zahl ist. Im zweiten Fall ist für den nächsten Schritt Zeile 4 maßgebend und sodann Zeile 1 oder 2, je nachdem ob $W = \text{II}$ oder $W \neq \text{II}$. Im ersten Fall ist anschließend Zeile 6 maßgebend. Die Maschine bleibt auf I stehen und zeigt damit an, daß 1 eine ungerade Zahl ist. Im zweiten Fall sind wir in einer Situation angelangt, die der Ausgangssituation entspricht, so daß sich der gesamte Vorgang modulo 2 wiederholt; die Maschine bleibt, wenn das Wort W erschöpft ist, auf * oder I stehen, je nachdem ob W eine gerade oder ungerade Zahl darstellt. (Zeile 5 ist unwesentlich.)

(3) Beispiel für eine Turingmaschine, die, auf ein beliebiges Feld des ursprünglich leeren Bandes angesetzt, auf das Band, beginnend mit

diesem Feld, die unendliche Folge |∗|∗|∗... druckt. Dies leistet die in *Tafel 3* angegebene Maschine. Wir haben hier ein Beispiel für einen periodischen Rechenvorgang.

7. *Unperiodische Rechenvorgänge.* Man könnte auf den ersten Blick glauben, daß jede nie stehenbleibende Turingmaschine, angesetzt auf das leere Band, nur *periodische* Vorgänge wiedergeben kann. Dazu ließe sich etwa die folgende Überlegung anstellen: Wenn man eine Maschine bei der Rechnung verfolgt, so werden dabei schrittweise gewisse Zeilen der Maschinentafel maßgebend sein. Eine Maschinentafel hat nur endlich viele Zeilen. Es muß also eine Zeile geben, die als erste bei dem betrachteten Prozeß zum zweiten Male maßgebend ist. Da in den Zeilen das Verhalten vorgeschrieben ist, muß der Berechnungsprozeß von hier ab periodisch weiterlaufen.

Diese Überlegung ist jedoch nicht stichhaltig, weil sie nicht berücksichtigt, daß eine Rechnung nicht nur durch die Maschinentafel gesteuert wird, sondern auch durch das, was auf dem Rechenband steht. Genauer kann man Folgendes sagen: Nehmen wir etwa an, wir müßten bei dem k_1-ten Rechenschritt nach der Zeile $n|rm$ der Maschinentafel verfahren, und im k_2-ten Schritt ($k_2 > k_1$) wieder nach dieser Zeile. Nehmen wir weiter an, daß sich auf dem Rechenband vor dem k_1-ten Schritt unmittelbar rechts von dem gerade beobachteten Feld ein leeres Feld befindet. Dann haben wir nach dem k_1-ten Schritt der Rechnung nach der Zeile zu verfahren, welche mit $m*$ beginnt. Nach derselben Zeile müßten wir nach dem k_2-ten Schritt aber nur dann verfahren, wenn dann rechts neben dem betrachteten Feld ebenfalls ein leeres Feld liegt. Das braucht aber keineswegs der Fall zu sein.

Daß auch keine modifizierte Überlegung zum Ziele führt, ergibt sich daraus, daß man ein Beispiel angeben kann für eine Turingmaschine, welche auf das leere Band die unperiodische Folge |∗||∗|||∗||||∗... druckt (vgl. § 8.10).

Aufgabe 1. Man gebe eine Turingmaschine an, welche, angesetzt hinter das letzte Feld des Argumentes y (bei sonst leerem Band), die Differenz $x \dot{-} y$ berechnet. $\left(\text{Es sei } x \dot{-} y = \begin{cases} x-y & \text{für } x \geqq y \\ 0 & \text{sonst} \end{cases}.\right)$

Aufgabe 2. Man konstruiere eine Turingmaschine, die die Funktion $f(n)$ = Rest von n modulo 3 berechnet, wenn man sie hinter das letzte markierte Feld von n bei sonst leerem Band ansetzt.

Aufgabe 3. W sei ein beliebiges Wort über einem Alphabet $\mathfrak{A}$. Man gebe eine Turingmaschine an, welche W auf das leere Band schreibt, und auf dem Feld hinter W stehenbleibt.

§ 7. Zusammensetzung von Turingmaschinen

Bei größeren Maschinentafeln ist es oft mühsam, das Verhalten der Maschine aus der Tafel abzulesen. Hier empfiehlt es sich, Operationen einzuführen, mit deren Hilfe man kompliziertere Tafeln aus einfachen zusammensetzen kann. Letzten Endes werden wir alle Maschinen, die wir später aufbauen werden, aus den in § 6.5 eingeführten Maschinen $\mathfrak{r}$, $\mathfrak{l}$, $\mathfrak{a}_j$ zusammensetzen. Die Art der Zusammensetzung, die hier besprochen werden soll, erinnert an die „Flußdiagramme" (oder „Blockdiagramme"), die bei der Programmierung von elektronischen Rechenmaschinen verwendet werden.

Eine wichtige Bemerkung sei hier vorweggenommen. Wenn wir im folgenden eine Maschine M aus den Maschinen $\mathsf{M}_1, \ldots, \mathsf{M}_r$ zusammensetzen, so ist M nicht eindeutig bestimmt, sondern nur „bis auf Äquivalenz", d.h. bis auf eine Umnumerierung der Zustände. Das schadet aber nichts, da wir in § 5.6 ausgeführt haben, daß wir für die hier verfolgten Zwecke äquivalente Maschinen durcheinander ersetzen können. Man könnte durch ergänzende Vorschriften die Maschine M völlig und nicht nur bis auf Äquivalenz bestimmen. Dies wäre jedoch nur mit unnötigen, lästigen und willkürlichen Festsetzungen möglich.

1. Diagramme. $\mathsf{M}_1, \ldots, \mathsf{M}_r$ seien Symbole für gegebene Turingmaschinen, die sämtlich Maschinen über dem festen Alphabet $\{a_1, \ldots, a_N\}$ seien. Mit Hilfe dieser Symbole können Diagramme D hergestellt werden, die den folgenden Bedingungen genügen:

(1) Wenigstens ein Symbol M_j kommt in D vor. Ein Symbol kann mehrfach auftreten. Insgesamt kommen nur endlich viele dieser Symbole vor.

(2) Eines dieser Symbole ist an genau einer Stelle ausgezeichnet als *Anfangssymbol*, etwa dadurch, daß es mit einem Kreis umgeben ist.

(3) Die in D auftretenden Symbole können durch orientierte Strecken — Pfeile — miteinander verbunden sein. Ein Pfeil beginnt bei einem dieser Symbole und endet bei einem Symbol, das auch mit dem ersten übereinstimmen kann (Rückkehrpfeil). Jeder Pfeil trägt eine der Nummern $0, \ldots, N$.

(4) Für jedes $j = 0, \ldots, N$ darf von einem Symbol höchstens ein Pfeil mit der Nummer j ausgehen.

Es empfiehlt sich, einige *Abkürzungen* zu verwenden (vgl. Fig. 7.2, die für $N=2$ eine Abkürzung für Fig. 7.1 sein soll). Wenn ein Maschinensymbol mit einem zweiten durch *alle* Pfeile $\overset{0}{\to}, \ldots, \overset{N}{\to}$ (in derselben Richtung) verbunden ist, so verwende man *einen* Pfeil ohne Nummer. Wenn nur $\overset{j}{\to}$ fehlt, so schreibe man $\overset{\neq j}{\to}$. Wenn nur ein Maschinensymbol auftritt, in welchem kein Pfeil *endet*, so soll dies das Anfangssymbol sein, so daß in diesem Falle der in (2) genannte Kreis entbehrlich wird.

Wenn in einem anderen Falle kein Anfangssymbol angegeben wird, so soll dies das am weitesten *links* stehende Symbol sein. Für $M \to M$ schreibe man M^2, für $M^2 \to M$ M^3 usf. Für $M_1 \to M_2$ schreibe man $M_1 M_2$,

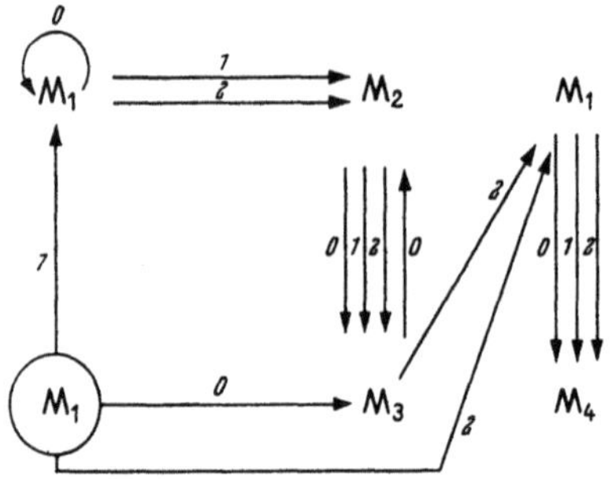

Fig. 7.1

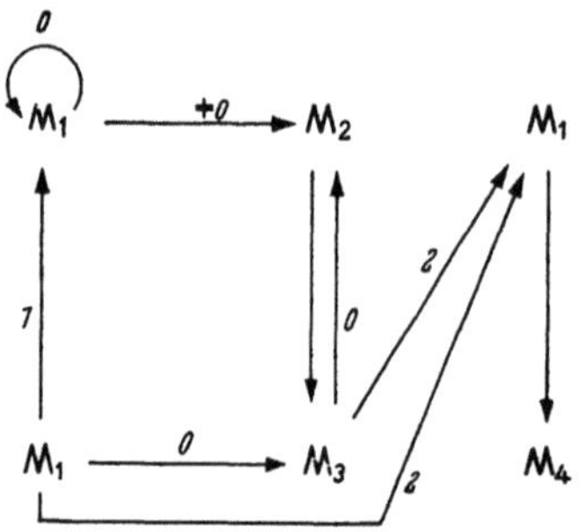

Fig. 7.2

Beispiele für Diagramme

für $(M_1 \to M_2) \to M_3$ $M_1 M_2 M_3$ usf. Unter M^0 verstehen wir die Maschine, welche durch die folgende Tafel gegeben ist:

$$
\begin{array}{cccc}
0 & a_0 & s & 0 \\
0 & a_1 & s & 0 \\
\cdots & \cdots & \cdots & \cdots \\
0 & a_N & s & 0
\end{array}
$$

2. Definition der durch ein Diagramm D dargestellten Maschine M. Diese Maschine ist, wie bereits einleitend ausgeführt, nur bis auf Äquivalenz bestimmt. Eine *Tafel für* M erhält man in der folgenden Weise:

(1) Zunächst stelle man Tafeln her für die im Diagramm durch Symbole vertretenen Maschinen M_j. Ist eine Maschine mehrfach im Diagramm vertreten, so stelle man entsprechend viele Tafeln dieser Maschine her und ordne diese Tafeln den entsprechenden Symbolen im Diagramm zu.

Die Tafeln sollen so gewählt werden, daß verschiedene Tafeln nie denselben *Zustand* enthalten.

(2) Darauf stelle man eine „große Tafel" zusammen dadurch, daß man die einzelnen Tafeln untereinander schreibt. Die Reihenfolge ist willkürlich mit der einzigen Ausnahme, daß die Tafel, die dem Anfangssymbol zugeordnet ist, an der Spitze stehen soll.[1]

[1] Dieser Prozeß sieht für das in Fig. 7.1 oder 7.2 gegebene Beispiel etwa folgendermaßen aus:

Tafel für die unten links angegebene Maschine M_1
Tafel für M_4
Tafel für die oben links angegebene Maschine M_1
Tafel für M_2
Tafel für M_3
Tafel für die oben rechts angegebene Maschine M_1.

(3) Um aus dieser vorläufigen Tafel die endgültige Tafel für M zu erhalten, nehme man die folgenden Änderungen vor: Ist das an einer bestimmten Stelle des Diagramms auftretende Symbol M_i mit dem an einer anderen Stelle auftretenden Symbol M_j durch $\overset{k}{\rightarrow}$ verbunden, so ändere man jede Zeile, welche in der dem ersten Symbol entsprechenden Tafel vorkommt und welche die Gestalt

(*) $$c a_k s c'$$

hat (falls überhaupt eine solche Zeile auftritt), um in

(**) $$c a_k a_k c_{\mathsf{M}_j}.$$

Dabei sei c_{M_j} der Anfangszustand der dem betreffenden Symbol M_j entsprechenden Tafel. (Diese Vorschrift ist eindeutig durchführbar, da wir vorausgesetzt haben, daß von einem Symbol höchstens ein Pfeil $\overset{k}{\rightarrow}$ ausgeht; es ist in speziellen Fällen möglich, daß überhaupt keine Änderung gemäß (3) vorgenommen wird.)

Aus der Definition für die Tafel von M ergibt sich, daß diese Tafel bis auf Äquivalenz eindeutig bestimmt ist.

3. Die Wirkungsweise der durch ein derartiges Diagramm D gewonnenen Maschine M läßt sich leicht verfolgen: Setzt man M auf eine Inschrift B in A an, so wird M zunächst dieselben Schritte vollziehen wie die Maschine M′, die durch das *Anfangssymbol* gekennzeichnet ist, da die Tafel dieser Maschine an der Spitze steht und damit den Anfangszustand liefert. Dies wird so lange der Fall sein, bis nach einem Schritt bei der Konfiguration (A_n, B_n, C_n) die Maschine M′ eventuell stehenbleibt. In diesem Falle ist für M′ eine Zeile der Form (*) maßgebend. Es ist möglich, daß M′ durch keinen Pfeil $\overset{k}{\rightarrow}$ mit einem andern Maschinensymbol verbunden ist. Dann wird die Zeile (*) nicht geändert, und M bleibt auch stehen. Wenn aber M′ durch einen Pfeil $\overset{k}{\rightarrow}$ mit einem Symbol für eine Maschine M″ verbunden ist, so enthält M an Stelle von (*) die jetzt maßgebende Zeile (**). Diese bewirkt, daß an der momentanen Inschrift und an dem augenblicklichen Arbeitsfeld nichts geändert wird, daß jedoch der Anfangszustand von M″ eingestellt wird. Das heißt, es ist $A_{n+1} = A_n$, $B_{n+1} = B_n$, $C_{n+1} = c_{\mathsf{M}''}$. Die weiteren Konfigurationen werden nun den Konfigurationen der Maschine M″ entsprechen, welche auf B_{n+1} in A_{n+1} angesetzt wird, usf.

Die Konfigurationen von M, angesetzt auf B in A, sind also zunächst die von M′, angesetzt auf B in A; dann, wenn M′ auf der Inschrift B' in A' stehenbleibt, die von M″, angesetzt auf B' in A', usf.

Man kann dies anschaulich kurz so ausdrücken, daß man sagt, daß M der Reihe nach die Arbeit der Maschinen M′, M″, ... leistet in einer

Reihenfolge, die aus dem Diagramm (in Verbindung mit dem ursprünglichen B, A) zu entnehmen ist.

4. Beispiel. Wir haben in § 6.1 die Funktionen C_0^k von null Argumenten eingeführt, welche den konstanten Wert k besitzen. Man kann allgemein für jedes n eine Funktion von n Argumenten betrachten, welche den konstanten Wert k besitzt. (Auch hierfür werden wir abkürzend k schreiben, wenn kein Mißverständnis möglich ist.) Alle diese Funktionen C_n^k sind Turing-berechenbar. Eine Berechnung wird geleistet z.B. durch die Maschine

$$*(\mathsf{r}\,\mathsf{l})^{k+1}\,\mathsf{r}\,*.$$

Durch $*$ schaffen wir ein leeres Feld, welches den zu berechnenden Funktionswert links abgrenzt. Durch $(\mathsf{r}\,\mathsf{l})^{k+1}$ drucken wir dann den Funktionswert k, wobei eventuell auf den betreffenden Feldern stehende Zeichen „überdruckt" werden. Durch $\mathsf{r}*$ sorgen wir dafür, daß rechts davon wieder eine Lücke entsteht. Wir bleiben auf dem Feld hinter dem Funktionswert stehen.

Aufgabe 1. Man kann zwei Maschinen M und M' *gleichwertig* nennen, wenn für jede Bandinschrift B und jedes Anfangsfeld A folgendes gilt: Erreicht M, angesetzt auf B in A, eine Endkonfiguration (A_n, B_n, C_n), so erreicht auch M', angesetzt auf B in A, eine Endkonfiguration (A_m, B_m, C_m) mit $A_n = A_m$, $B_n = B_m$, und umgekehrt. Man zeige, daß sich zu jeder Turingmaschine M über $\{a_1, \ldots, a_N\}$ eine Zusammensetzung aus den Elementarmaschinen $\mathsf{r}, \mathfrak{l}, \mathfrak{a}_0, \ldots, \mathfrak{a}_N$ (§ 6.5) effektiv angeben läßt, die zu M gleichwertig ist.

Aufgabe 2. Man zeige die Äquivalenzbehauptung in der dritten Anmerkung von § 6.1.

§ 8. Spezielle Turingmaschinen

Wir wollen hier einige später benötigte Turingmaschinen aus den in § 6.5 eingeführten Elementarmaschinen $\mathsf{r}, \mathfrak{l}, \mathfrak{a}_0, \ldots, \mathfrak{a}_N$ mit Hilfe des in § 7 besprochenen Prozesses zusammensetzen. Die Definitionen und Hinweise auf die Wirkungsweise der wichtigsten Maschinen sind in der *Tabelle* auf S. 50/51 zusammengefaßt. Zur Kennzeichnung der Wirkungsweise verwenden wir eine einfache Symbolik: Es sollen bedeuten

- m ein Feld, das ein eigentliches Symbol trägt, kurz *markiertes Feld* genannt,
- $\sim$ ein markiertes oder leeres Feld,
- $*$ ein leeres Feld,
- $*\cdots*$ eine endliche Folge leerer Felder (mindestens eins),
- $*\cdots$ ein rechts leeres Bandende,

W ein Bandstück, auf welches das nichtleere Wort W geschrieben ist und welches kein leeres Feld enthält. Für ein solches Bandstück sagen wir auch oft kurz: *Das Wort W*.

X soll stehen für $W_1 * W_2 * W_3 \ldots W_{n-1} * W_n$, wobei $W_1, \ldots, W_n$ $(n \geqq 1)$ nichtleere Worte sind. Wir sprechen auch kurz von *der Sequenz X*.

Die nicht angegebenen Felder können beliebig beschriftet sein.[1] Das jeweilige Arbeitsfeld werde durch Unterstreichung gekennzeichnet. Ist W unterstrichen, so soll das letzte Feld, auf dem ein Buchstabe von W steht, Arbeitsfeld sein. Links von dem Pfeil $\Rightarrow$ sind die anfängliche Bandinschrift und das ursprüngliche Arbeitsfeld angegeben, rechts von dem Pfeil die Bandinschrift und das Arbeitsfeld, welche sich ergeben, nachdem die betreffende Maschine stehengeblieben ist. Alle in der Tabelle angegebenen Maschinen (außer eventuell ρ, λ und S) bleiben nach endlich vielen Schritten stehen.

Die im folgenden definierten Maschinen sind nicht die einzigen, die die betreffende Aufgabe lösen. Sie sind so gewählt, daß man ihre *Wirkungsweise* leicht verfolgen kann. Sie sind daher nicht immer die einfachsten. Bei dieser Gelegenheit sei darauf hingewiesen, daß es nicht klar ist, wann man eine Maschine einfacher als eine andere nennen soll. Wenn man die Maschinen physisch effektiv aus Elementarmaschinen als den Einzelbausteinen zusammensetzen wollte, so könnte man die Anzahl der benötigten Elementarmaschinen als maßgebend für die Einfachheit ansehen. Andererseits wird man die Zeit (d.h. die Zahl der Schritte) zur Lösung der Aufgaben in Rechnung stellen wollen. Dies führt zu schwierigeren Betrachtungen, auf welche wir hier nicht eingehen wollen.

Wir geben nun einige Erläuterungen zu den in der Tabelle definierten Maschinen.

1. Die große Rechtsmaschine R (*große Linksmaschine* L) läuft von dem Feld, auf welches sie angesetzt wird, zum rechts (links) benachbarten Feld. Wenn dieses Feld leer ist, bleibt sie stehen. Wenn dieses Feld dagegen markiert ist, so läuft R bzw. L über jedes markierte Feld hinweg nach rechts bzw. links bis zum ersten leeren Feld; auf diesem bleibt sie stehen. Die Bandinschrift wird in keinem Fall geändert. (Vgl. die Tabelle auf S. 50/51, ebenso für die folgenden Maschinen.)

2. Die Rechts-Suchmaschine ρ (*Links-Suchmaschine* λ) ist in gewisser Weise dual zu R (bzw. L). ρ (bzw. λ) geht von dem Feld, auf welches sie angesetzt wird, ein Feld nach rechts (links). Wenn dieses Feld markiert ist, bleibt sie stehen. Wenn dieses Feld jedoch nicht markiert ist, läuft ρ (bzw. λ) über jedes leere Feld hinweg nach rechts (links) bis zum ersten markierten Feld, auf welchem sie stehenbleibt. Die

[1] Dabei beachte man die für uns verbindliche Voraussetzung, daß nur endlich viele Felder markiert sein dürfen.

Tabelle wichtiger Turingmaschinen

Lfd. Nr.	Bezeichnung	Name	Erläuterung der Wirkungsweise[1]	Aufbau
1a	R	große Rechtsmaschine	$\underline{\sim} W * \Rightarrow \sim W \underline{*}$ $\underline{\sim} * \Rightarrow \sim \underline{*}$	$\overset{\neq 0}{\circlearrowleft}\ \mathsf{r}$
1b	L	große Linksmaschine	$* W \underline{\sim} \Rightarrow \underline{*} W \sim$ $* \underline{\sim} \Rightarrow \underline{*} \sim$	$\overset{\neq 0}{\circlearrowleft}\ \mathsf{l}$
2a	ρ	Rechts-Suchmaschine	$\underline{\sim} * \cdots * m \Rightarrow \sim * \cdots * \underline{m}$ $\underline{\sim} m \Rightarrow \sim \underline{m}$	$\overset{0}{\circlearrowleft}\ \mathsf{r}$
2b	λ	Links-Suchmaschine	$m * \cdots * \underline{\sim} \Rightarrow \underline{m} * \cdots * \sim$ $m \underline{\sim} \Rightarrow \underline{m} \sim$	$\overset{0}{\circlearrowleft}\ \mathsf{l}$
3	S	Suchmaschine	sucht ein markiertes Feld	$\mathsf{r} \xrightarrow{0} a_1 \mathsf{l} \xrightarrow{0} a_1 \rho a_0 \mathsf{r} \xrightarrow{0} a_1 \lambda a_0$ (Rückkehr zu l) $\mathsf{l} \downarrow \neq 0$: $\rho a_0 \lambda$; $\mathsf{r} \downarrow \neq 0$: $\lambda a_0 \rho$
4a	$\mathfrak{R}$	rechte Endmaschine	$\underline{\sim} X ** \Rightarrow \sim X \underline{*}*$ $\underline{\sim} * X ** \Rightarrow \sim * X \underline{*}*$ $\underline{\sim} ** \Rightarrow \sim \underline{*}*$	$\overset{\neq 0}{\circlearrowleft}\ \mathsf{R}\,\mathsf{r} \xrightarrow{0} \mathsf{l}$
4b	$\mathfrak{L}$	linke Endmaschine	$** X \underline{\sim} \Rightarrow * \underline{*} X \sim$ $** X * \underline{\sim} \Rightarrow * \underline{*} X * \sim$ $** \underline{\sim} \Rightarrow * \underline{*} \sim$	$\overset{\neq 0}{\circlearrowleft}\ \mathsf{L}\,\mathsf{l} \xrightarrow{0} \mathsf{r}$

5	T	linke Translationsmaschine	$\underset{\sim}{\sim} * W * \Rightarrow \sim W \underline{*} *$	$r^2 \begin{cases} \xrightarrow{0} l \\ \xrightarrow{1} a_0\, l\, a_1 \\ \cdots\cdots\cdots \\ \xrightarrow{N} a_0\, l\, a_N \end{cases}$
6	V	Verschiebemaschine	$* W_1 * W_2 \underline{*} \Rightarrow * W_2 \underline{*} \cdots *$	$L\, l \xrightarrow{\neq 0} a_0 T$ $\downarrow 0$ T
7	A	Abschlußmaschine	$\sim ** X * W \underline{*} \Rightarrow \sim W \underline{*} \cdots *$	$L\, l \xrightarrow{\neq 0} r R V$ $\downarrow 0$ $T L\, l\, T$
8	K	Kopiermaschine	$* W \underline{*} \cdots \Rightarrow * W * W \underline{*} \cdots$ $* \underline{W} * \cdots \Rightarrow * W * W \underline{*} \cdots$	$L r \begin{cases} \xrightarrow{0} R \\ \xrightarrow{1} a_0 R^2 a_1 L^2 a_1 \\ \cdots\cdots\cdots \\ \xrightarrow{N} a_0 R^2 a_N L^2 a_N \end{cases}$
9	K_n	n-Kopiermaschine ($n \geqq 1$)	$* W_n * W_{n-1} \cdots * W_1 \underline{*} \cdots \Rightarrow * W_n * W_{n-1} \cdots * W_1 * W_n \underline{*} \cdots$	$L^n r \begin{cases} \xrightarrow{0} R^n \\ \xrightarrow{1} a_0 R^{n+1} a_1 L^{n+1} a_1 \\ \cdots\cdots\cdots \\ \xrightarrow{N} a_0 R^{n+1} a_N L^{n+1} a_N \end{cases}$

[1] Es sind hier nicht alle möglichen Fälle aufgezählt, sondern nur diejenigen, welche im Zusammenhang mit den betrachteten Anwendungen von Interesse sind. *Die nicht aufgeführten Felder werden nie Arbeitsfelder, bleiben also unverändert.* Zur Symbolik vgl. die Einleitung zu § 8, Seite 48.

Bandinschrift wird nicht geändert. ρ (bzw. λ) „sucht" also das erste markierte Feld rechts (links) von dem ursprünglichen Arbeitsfeld (falls überhaupt ein solches vorhanden ist).

3. Die Suchmaschine S leistet das Folgende: Setzt man S an auf ein *beliebiges Feld* des Bandes, auf welchem wenigstens ein Feld markiert ist, so bleibt S nach endlich vielen Schritten stehen auf einem markierten Feld. Die ursprüngliche Bandinschrift soll dabei mit der letzten übereinstimmen (während der Rechnung kann sie dagegen verändert werden).

Die Idee zur Konstruktion von S ergibt sich aus den folgenden Bemerkungen: Wenn man annehmen könnte, daß sich ein markiertes Feld rechts (bzw. links) von dem ursprünglichen Arbeitsfeld befindet, so käme man einfach mit Hilfe von ρ (bzw. λ) zum Ziel. Da man dies jedoch nicht annehmen darf, muß man systematisch abwechselnd rechts und links von dem ursprünglichen Arbeitsfeld suchen, bis man schließlich auf einem Feld steht, welches markiert ist. Dabei muß man sich jeweils merken, wie weit man bereits rechts bzw. links gesucht hat. Zu diesem Zweck verwendet man beiderseits eine „Marke", welche aus dem Buchstaben a_1 besteht. Diese Marken werden schrittweise weiter nach außen verschoben, bis man schließlich ein markiertes Feld antrifft. Am Ende der Rechnung müssen diese Begrenzungsmarken natürlich gelöscht sein.

4. Die rechte (linke) Endmaschine $\mathfrak{R}$ ($\mathfrak{L}$) läuft von dem Feld, auf welches sie angesetzt wird, nach rechts (links), bis sie zum erstenmal auf das zweite Feld von zwei benachbarten leeren Feldern („Doppellücke") kommt — das ursprüngliche Arbeitsfeld nicht mitgerechnet —. Dann geht sie um ein Feld zurück nach links (rechts). Die Bandinschrift wird nicht geändert.

5. Die linke Translationsmaschine T verschiebt ein Wort um ein Feld nach links. (Eine rechte Translationsmaschine könnte nach demselben Prinzip hergestellt werden, wird hier aber nicht benötigt.) Der Transport des Wortes geschieht buchstabenweise, von links her angefangen.

6. Die Verschiebemaschine V soll das Folgende leisten: Gegeben seien zwei aufeinanderfolgende Worte: $*W_1*W_2*$. Das Feld hinter W_2 sei Arbeitsfeld. Dann soll W_1 gelöscht werden und W_2 so weit nach links verschoben werden, daß der Anfang des verschobenen Wortes W_2 mit dem ursprünglichen Anfang von W_1 zusammenfällt. Danach soll V auf dem Feld hinter dem verschobenen Wort W_2 stehenbleiben.

Wir wollen den Prozeß genauer verfolgen:

(1) Durch Lι auf das zweite Feld links von W_2. Dieses Feld kann markiert sein (siehe (2)), oder unmarkiert (siehe (3)). (Wenn man zum erstenmal zu diesem Feld kommt, findet man auf Grund der Voraussetzungen, daß es markiert ist. Es geht also in diesem Falle weiter nach (2).)

(2) Wenn das Feld markiert ist, Löschen der Markierung durch $\overset{\neq 0}{\rightarrow} \mathsf{a}_0$ (d.h. dadurch, daß dann die Maschine a_0 angekoppelt wird) und Transport von W_2 um ein Feld nach links mittels T. Nun ist man wieder im Prinzip in der Ausgangslage mit einem verkürzten Wort W_1. Man hat jedoch zu beachten, daß das Wort W_1 bereits völlig verschwunden sein kann. Weitere Rechnung durch Rückkoppelung an (1).

(3) Das Wort W_1 ist nun völlig verschwunden, aber W_2 muß noch um ein weiteres Feld nach links verschoben werden. Dies geschieht durch $\overset{0}{\rightarrow}\mathsf{T}$.

7. *Die Abschlußmaschine* A. Wir werden später eine Maschine A zu *Abschlußrechnungen* benötigen, deren Aufgabe darin besteht, Zwischenrechnungen zu tilgen und das Endergebnis an eine bestimmte Stelle nach vorne zu rücken. Wir wollen annehmen, daß die Zwischenrechnungen in Form einer Sequenz X (also als eine Folge von Worten, die durch je eine Lücke getrennt sind) auf dem Band stehen. Hinter diesen Zwischenrechnungen soll mit einem Feld Abstand das Ergebnis in Form eines Wortes W stehen. Das rechte Bandende soll frei sein. Links von den Zwischenrechnungen sollen mindestens zwei leere Felder sein (sonst könnte man nicht den „Anfang" der Zwischenrechnungen erkennen) (vgl. die *Tabelle*!). A tilgt die Zwischenrechnungen von rechts her und rückt das Ergebnis W so weit nach vorne, daß der Anfang des verschobenen Wortes W in das erste Feld der soeben erwähnten zweifeldrigen Lücke fällt.

Die Arbeitsweise von A verläuft im einzelnen folgendermaßen:

(1) Durch $\mathsf{L}\mathfrak{l}$ auf das zweite Feld links von W. Dieses Feld kann markiert sein (siehe (2)), oder unmarkiert (siehe (3)). (Wenn man zum erstenmal zu diesem Feld kommt, findet man auf Grund der Voraussetzungen, daß es markiert ist. Es geht also in diesem Fall weiter nach (2).)

(2) Durch $\overset{\neq 0}{\rightarrow}\mathsf{r}\,\mathsf{R}\,\mathsf{V}$ Verschieben von W bis zum Anfang des letzten Gliedes der Sequenz X. Rückkoppelung an L.

(3) Die Zwischenrechnungen sind völlig verschwunden. Es bleibt die Aufgabe, W um zwei weitere Felder nach links zu rücken. Dies geschieht durch $\overset{0}{\rightarrow}\mathsf{T}\,\mathsf{L}\,\mathfrak{l}\,\mathsf{T}$.

8. *Die Kopiermaschine* K. Die Translationsmaschine T verschiebt ein Wort und schreibt es damit in gewisser Weise ab. Dabei geht allerdings die Urschrift verloren. Man hat aber oft die Aufgabe, ein Wort so zu kopieren, daß die Urschrift erhalten bleibt. Zu diesem Zweck konstruieren wir eine *Kopiermaschine* K. K leistet das Folgende: Wir setzen K auf das Feld hinter einem Wort W oder auf den letzten Buchstaben an. Rechts von diesem Wort soll das gesamte Band leer sein. K soll

nach endlich vielen Schritten stehenbleiben. Dann sollen alle Felder des Rechenbandes, die zu Beginn der Rechnung markiert waren, in derselben Weise markiert sein. Zusätzlich soll rechts von dem ursprünglichen Wort W mit einem Feld Zwischenraum eine Kopie von W erscheinen. K soll hinter dem letzten nunmehr markierten Feld stehenbleiben.

Wir wollen die Wirkungsweise von K verfolgen, indem wir uns die einzelnen Teilvorgänge an dem Beispiel $W = babb$ ansehen. (Wir wollen dabei annehmen, daß das Alphabet $\{a_1, a_2\} = \{a, b\}$ zugrunde liegt.)

(1) Das Rechenband zu Beginn der Rechnung

$$* \, b \, a \, b \, b \, \underline{*} \cdots \quad \text{oder} \quad * \, b \, a \, b \, \underline{b} \, * \cdots.$$

(2) Zurück auf das erste Feld vor b

$$\underline{*} babb * \cdots$$

mit Hilfe von L.

(3) Übergang zum rechts benachbarten Feld

$$* \underline{b} abb * \cdots$$

mittels r.

(4) Die Inschrift auf dem augenblicklichen Arbeitsfeld löschen mittels a_0, mit Hilfe von R Übergang zu dem Feld rechts von W und mittels R ein Feld weiter nach rechts; dort b drucken mittels b.

$$** abb * \underline{b} * \cdots.$$

(5) Mit Hilfe von L^2 zurück zu der Stelle, wo der Buchstabe b gelöscht wurde, und mittels b Wiederherstellung von b:

$$* \underline{b} abb * b * \cdots.$$

(6) Übergang zum rechts benachbarten Feld mittels r:

$$* b \underline{a} bb * b * \cdots.$$

(7) Die Inschrift dieses Feldes löschen mittels a_0. Übergang zum Feld rechts von dem bereits kopierten Buchstaben b mit Hilfe von R^2, dort Drucken von a mittels a:

$$* b * bb * b \underline{a} * \cdots.$$

(8) Mittels L^2 Rückkehr zu der Stelle, wo a gelöscht wurde. Man sieht hier, daß die Bedeutung des Löschens der Buchstaben in dem ursprünglichen Wort darin liegt, daß man mit dieser Marke den Buchstaben finden kann, der als nächster kopiert werden muß. Wiederherstellung von a mittels a:

$$* b \underline{a} bb * ba * \cdots.$$

(9) Wir geben die Bandinhalte und Arbeitsfelder nach späteren charakteristischen Schritten an:

$$\ast ba\underline{b}b\ast ba\ast\cdots$$
$$\ast ba\underline{\ast}b\ast ba\ast\cdots$$
$$\ast ba\ast b\ast ba\underline{b}\ast\cdots$$
$$\ast ba\underline{b}b\ast bab\ast\cdots$$
$$\ast bab\underline{b}\ast bab\ast\cdots$$
$$\ast bab\underline{\ast}\ast bab\ast\cdots$$
$$\ast bab\ast\ast bab\underline{b}\ast\cdots$$
$$\ast bab\underline{b}\ast babb\ast\cdots$$
$$\ast babb\underline{\ast}babb\ast\cdots.$$

Man überzeuge sich davon, daß das Verfahren auch im Endstadium funktioniert, in welchem der letzte Buchstabe von W gelöscht und wiederhergestellt wird: Nun ist das Arbeitsfeld leer. Daher wird nicht weiter kopiert; man geht vielmehr mit Hilfe von R hinter den letzten Buchstaben des kopierten Wortes und erhält schließlich

$$\ast babb\ast babb\underline{\ast}\cdots.$$

9. Die Kopiermaschine K_n. Man hat (insbesondere bei der Berechnung von Funktionen mit mehreren Argumenten) oft die Aufgabe, ein Wort zu kopieren, das nicht ganz rechts steht, so daß der Kopiervorgang über einige dazwischenstehende Worte hinweg vorgenommen werden muß. Dies leistet die Kopiermaschine K_n $(n \geqq 1)$. *Wir nehmen dabei an, daß die in Frage kommenden Worte durch einfeldrige Lücken voneinander getrennt seien.* K_1 ist mit K identisch. K_n ist nach dem Muster von K gebaut, mit dem Unterschied, daß die uninteressanten Zwischenworte jeweils übersprungen werden. Man beachte, daß n eine *feste* Zahl ist: Zu jedem n gibt es eine Maschine K_n.

10. Turingmaschinen und Periodizität. Wir haben in § 6.7 behauptet, daß man eine Turingmaschine angeben kann, die auf das zunächst leere Rechenband die unperiodische Folge

$$|\ast||\ast|||\ast||||\ast\cdots$$

druckt. Dies leistet die Maschine $\overset{\downarrow\!\sqcap}{\mathsf{I}\;\mathsf{K}}$. Der Prozeß ist leicht zu verfolgen: Erst wird ein Feld durch I markiert. K kopiert diesen Strich. Durch I wird ein weiterer Strich hinzugefügt. Das nunmehr aus zwei Strichen bestehende letzte Wort wird durch K kopiert, dann wird ein neuer Strich adjungiert, usf.

§ 9. Beispiele für Turing-Berechenbarkeit und Turing-Entscheidbarkeit

Bei der Definition der Turing-Berechenbarkeit einer Funktion in § 6.1 und der Turing-Entscheidbarkeit eines Prädikates in § 6.3 haben wir verlangt, daß eine Maschine, welche die Aufgabe leistet, auf ein *beliebiges* Feld des Rechenbandes angesetzt werden darf. Wie wir bereits betont haben, hat diese Definition den Vorteil, daß sie frei ist von der Willkür, welche in einer vorgeschriebenen Wahl des Anfangsfeldes steckt. Andererseits ist es aber nicht unmittelbar klar, wie man diese erschwerende Bedingung erfüllen kann. So haben wir bisher auch erst ein triviales Beispiel für Turing-Berechenbarkeit kennengelernt (vgl. § 7.4). Mit den im letzten Paragraphen entwickelten Maschinen, insbesondere mit der Suchmaschine, können wir aber nunmehr das Problem lösen.

1. Spezielle und beliebige Anfangsfelder bei der Berechnung von Funktionen und Entscheidung von Prädikaten. Wir besprechen hier den Fall der Berechenbarkeit von Funktionen. Dasselbe gilt mutatis mutandis auch für die Entscheidbarkeit von Prädikaten. Wir gehen aus von der Annahme, daß wir eine Maschine M' kennen, welche die Berechnung des Wertes einer n-stelligen Funktion ($n \geqq 1$) leistet, wenn man M' auf ein *bestimmtes* durch die Argumente $W_1, \ldots, W_n$ gegebenes Anfangsfeld $a_{W_1 \ldots W_n}$ ansetzt. (Als solches Feld kann man etwa das letzte durch ein Argumentsymbol beschriebene Feld nehmen, oder auch das unmittelbar darauffolgende leere Feld; vgl. die Beispiele in § 6.6.) Wir setzen dazu voraus, daß man das Feld $a_{W_1 \ldots W_n}$ mit Hilfe einer gegebenen Maschine N dadurch auffinden kann, daß N, angesetzt hinter das letzte durch die Argumente $W_1, \ldots, W_n$ markierte Feld, nach endlich vielen Schritten auf $a_{W_1 \ldots W_n}$ stehenbleibt. Dann kann man mit Hilfe von M' und N effektiv eine Maschine M angeben, welche f berechnet im Sinne von § 6.1, die also auf ein beliebiges Feld angesetzt werden darf. Dies zeigen wir in

Satz 1: f sei eine n-stellige Funktion ($n \geqq 1$), welche für alle Worte über einem Alphabet $\mathfrak{A}_0 = \{a_1, \ldots, a_{N_0}\}$ erklärt ist und als Werte Worte über diesem Alphabet annimmt.[1] N sei eine Maschine über $\mathfrak{A}_0$, die folgendes leistet: Setzt man N hinter das letzte Symbol eines beliebigen Worte-n-Tupels $(W_1, \ldots, W_n)$ an, so bleibt N nach endlich vielen Schritten stehen auf einem Feld, welches wir $a_{W_1 \ldots W_n}$ nennen wollen. Dabei soll nach Beendigung der Arbeit von N die ursprüngliche Bandinschrift nicht geändert sein. M' sei eine Maschine, für welche gilt: Schreibt man auf das im übrigen leere Rechenband ein Argumente-n-Tupel $W_1, \ldots, W_n$, und setzt man M' im Feld $a_{W_1 \ldots W_n}$ auf das so beschriebene

[1] Es sei daran erinnert, daß wir in § 1.4 verabredet haben, nur nichtleere Worte als Argumente und Werte einer Funktion zuzulassen.

Band an, so soll M' nach endlich vielen Schritten hinter dem Funktionswert $f(W_1, \ldots, W_n)$ stehenbleiben. *Dann ist f Turing-berechenbar. Eine Maschine* M, *welche f Turing-berechnet, wird gegeben durch:*

$$\mathsf{M} = \mathsf{S}\mathfrak{R}\mathsf{N}\mathsf{M}'.$$

Die Behauptung ist evident: S sucht ein Feld, welches durch die Argumente markiert ist; darauf führt $\mathfrak{R}$ hinter das letzte durch die Argumente beschriebene Feld und N zu dem Feld $a_{W_1 \ldots W_n}$, auf welches M' angesetzt werden muß, um $f(W_1, \ldots, W_n)$ zu berechnen.[1]

Entsprechend hat man mit demselben Beweis

Satz 2: R sei eine n-stellige Relation ($n \geqq 1$) im Bereich der Worte über einem Alphabet $\mathfrak{A}_0 = \{a_1, \ldots, a_{N_0}\}$. N sei eine Maschine von der Art, wie sie im vorangehenden Satz gekennzeichnet wurde. M' sei eine Maschine, für welche gilt: Schreibt man auf das im übrigen leere Band ein Worte-n-Tupel $W_1, \ldots, W_n$, und setzt man M' in $a_{W_1 \ldots W_n}$ auf das so beschriebene Band an, so soll M' nach endlich vielen Schritten stehenbleiben auf dem Symbol a_i bzw. a_j ($i \neq j$, $1 \leqq i, j \leqq N_0$), je nachdem ob $RW_1 \ldots W_n$ gilt oder nicht. *Dann ist R Turing-entscheidbar. Eine Maschine* M, welche *R Turing-entscheidet, wird gegeben durch:*

$$\mathsf{M} = \mathsf{S}\mathfrak{R}\mathsf{N}\mathsf{M}'.$$

2. Beispiele für Turing-berechenbare Funktionen. Wir betrachten hier Funktionen, deren Argumente und Werte natürliche Zahlen sind. Die natürlichen Zahlen stellen wir in der in §1.4 beschriebenen Weise durch Strichfolgen dar. Alle folgenden Turingmaschinen sind Maschinen über dem Alphabet $\{|\}$. *Wir setzen ferner voraus, daß diese Maschinen angesetzt werden auf das erste Feld hinter den vorgegebenen Argumenten.* Dieses Feld ist bereits das Ausgangsfeld für M'. Wir können also z.B. setzen $\mathsf{N} = \mathsf{r}^0$. Man kann daher Satz 1 aus der vorigen Nr. anwenden und damit effektiv Maschinen finden, welche die betrachteten Funktionen berechnen im Sinne der Definition in § 6.1.

(1) Die *Nachfolgerfunktion* $N(x)$ wird berechnet durch $|\,\mathsf{r}$ (vgl. § 6.6).

(2) Die *Summenfunktion* $x + y$ wird berechnet durch

$$\mathsf{S}_0 = \mathsf{L}\,|\,\mathsf{R}\,\mathfrak{l} * \mathfrak{l} *.$$

[1] Es kann sein, daß M' Hilfsbuchstaben verwendet, also über einem Alphabet $\mathfrak{A} = \{a_1, \ldots, a_N\}$ mit $N > N_0$ definiert ist. In diesem Falle muß man die Maschinen S und N ersetzen durch Maschinen $\overline{\mathsf{S}}$ bzw. $\overline{\mathsf{N}}$, welche ebenfalls über $\mathfrak{A}$ erklärt sind. Dabei entstehen die Tafeln von $\overline{\mathsf{S}}$ bzw. $\overline{\mathsf{N}}$ durch Erweiterung der Tafeln von S bzw. N um Zeilen, deren letzte Spalten beliebig gewählt werden können, weil $\overline{\mathsf{S}}$ bzw. $\overline{\mathsf{N}}$ im vorliegenden Fall nur auf Inschriften über dem Alphabet $\mathfrak{A}_0$ angesetzt werden.

Zunächst werden die durch eine einfeldrige Lücke getrennten Argumente durch Ausfüllen der Lücke verbunden. Man muß dann noch *zwei* Striche entfernen, da eine Zahl n durch $n+1$ Striche dargestellt wird. — In diesem Rechenprozeß spiegelt sich die Bedeutung der Summe als Kardinalzahl einer Vereinigungsmenge wieder.

(3) $f(x) = 2x$ wird berechnet durch

$$K S_0.$$

Zunächst wird durch K das Argument abgeschrieben, sodann durch S_0 (vgl. (2)) die Summe berechnet.

(4) Die *Produktfunktion* $x \cdot y$ wird berechnet mittels:

$$L \mathfrak{l}^2 \xrightarrow{1} r * \mathfrak{l}^2 \xrightarrow{1} r \rho \mathfrak{R} K \mathfrak{L} \lambda$$
$$\downarrow 0 \qquad \qquad | 0$$
$$r^2 \qquad \qquad \hookrightarrow r \rho R r \xrightarrow{1} \mathfrak{l} l L r * r *$$
$$\qquad \qquad \qquad \qquad \downarrow 0$$
$$\qquad \qquad \qquad \qquad \mathfrak{l}$$

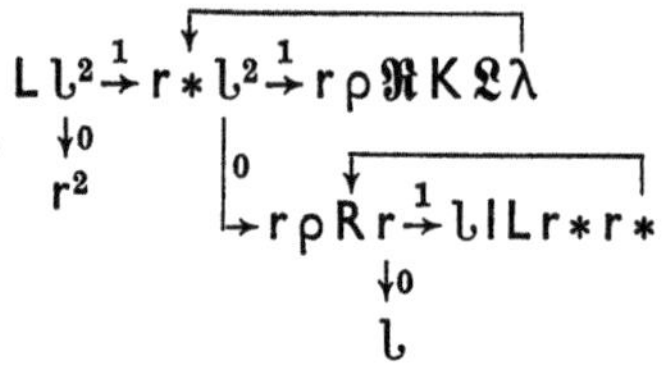

Die Wirkungsweise möge nur kurz angedeutet werden durch die Bemerkung, daß (abgesehen von dem Sonderfall, daß das erste Argument gleich 0 ist) das das zweite Argument darstellende Wort mittels K so oft kopiert wird, wie es durch das erste Argument angegeben wird. Diese Kopien werden dann (zusammen mit dem ursprünglichen zweiten Argument) durch Ausfüllen der Lücken zusammengefaßt, wobei man jedesmal zwei Striche wegzunehmen hat (vgl. hierzu (2)).

(5) Die Funktion $\mathrm{Max}(x, y)$ läßt sich Turing-berechnen mittels

$$K_2^2 \mathfrak{l} * \mathfrak{l} \xrightarrow{1} \mathfrak{L} r * r \xrightarrow{1} \mathfrak{R}$$
$$\downarrow 0$$
$$R$$

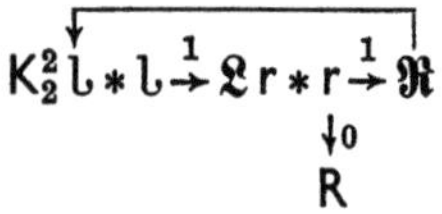

Die Berechnung verläuft im wesentlichen folgendermaßen: Durch K_2^2 reproduzieren wir die beiden Argumente. Dann verkürzen wir abwechselnd das am weitesten rechts stehende und das am weitesten links stehende Wort um einen Strich und prüfen jeweils, ob diese Worte nach der Kürzung erschöpft sind. Ist das am weitesten *rechts* stehende Wort zuerst erschöpft, so ist das *erste* Argument das gesuchte Maximum. Dieses steht noch unversehrt als Kopie. Dahinter müssen wir also zurückkehren. Ist dagegen das am weitesten *links* stehende Wort zuerst erschöpft, so ist das *zweite* Argument gleich dem Maximum. Dieses befindet sich noch an der ursprünglichen Stelle, hinter die wir zurückkehren.

3. Beispiele für Turing-entscheidbare Relationen. Wir beschränken uns analog zu Nr. 2 auf die Angabe von Maschinen, welche die Entscheidung (mit $a_i = a_0$ und $a_j = a_1$) leisten, wenn sie hinter das letzte durch ein Argument beschriebene Feld angesetzt werden.

(1) Die Eigenschaft einer Zahl x, durch eine feste Zahl n ($n \geq 1$) teilbar zu sein, ist Turing-entscheidbar. Wir geben eine Maschine an, die, angesetzt hinter den letzten Strich von x bei sonst leerem Band, nach endlich vielen Schritten stehenbleibt, und zwar auf l, wenn nicht n/x, und auf $*$, wenn n/x

$$\begin{array}{c} \downarrow^{\neq 0} \\ L\, L^{n}\!\!\downharpoonleft \\ \downarrow^{=0} \\ r^{n-1} \end{array}$$

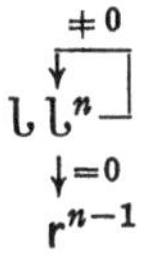

(2) Die *Gleichheitsbeziehung* zwischen Zahlen ist Turing-entscheidbar (das Entsprechende gilt natürlich auch für Worte über einem beliebigen Alphabet (vgl. Aufg. 2)). Dazu geben wir eine Maschine an, welche, angesetzt bei sonst leerem Band hinter den letzten Strich der Inschrift $\cdots *z_1 *z_2 * \cdots$, nach endlich vielen Schritten stehenbleibt, und zwar auf $*$, wenn $z_1 = z_2$, und auf l, wenn $z_1 \neq z_2$. Die hier angegebene Maschine nimmt „von innen her" abwechselnd bei z_1 und z_2 einen Strich weg und prüft jeweils, ob mit dem Wegnehmen des letzten Striches das betreffende Argument erschöpft ist. Das Resultat $*$ erscheint am Schluß genau dann, wenn beide Argumente gleichzeitig erschöpft sind (d.h. wenn $z_1 = z_2$).

$$\begin{array}{c} \downarrow \\ L\,r*r\xrightarrow{1}\lambda*L\xrightarrow{1}\rho \\ \llcorner\!\!\xrightarrow{0}\lambda L \quad \llcorner\!\!\xrightarrow{0}l \end{array}$$

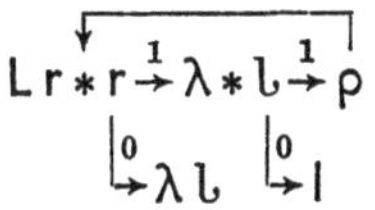

Aufgabe 1. Man gebe explizit eine Tafel für $\mathfrak{R}$ an.

Aufgabe 2. Man gebe eine Maschine an, welche die Gleichheitsbeziehung zwischen beliebigen Worten über einem Alphabet $\{a_1, \ldots, a_N\}$ entscheidet.

DRITTES KAPITEL

μ-REKURSIVE FUNKTIONEN

Der Begriff der berechenbaren Funktion ist zunächst intuitiv gegeben (§ 2). Wir sind auf Grund einer Analyse des Verhaltens eines Rechners (§ 3) zu einer exakten Definition als Turing-Berechenbarkeit (§ 6) gekommen. Der damit gewonnene unmittelbare Anschluß an die Intuition ist ohne Zweifel von großem Vorteil, wenn man sich der Bedeutung des so gewonnenen präzisen Begriffes bewußt werden will. Andererseits ist der Begriff der Turing-Berechenbarkeit unmittelbar nicht so flexibel, daß man mathematisch leicht damit hantieren könnte. Wenn man sich mit den Eigenschaften der berechenbaren Funktionen beschäftigen will, wird man daher als Mathematiker zweckmäßigerweise versuchen, an die Stelle der ursprünglichen Definition andere zu setzen, die mit der ursprünglichen äquivalent sind, aber mathematisch leichter handhabbar. Man kennt heute mehrere Begriffe, welche zur Turing-Berechenbarkeit äquivalent sind. Auch diese neuen Begriffe haben jeweils einen intuitiven Hintergrund. Dieser ist jedoch durchweg nicht derart, daß man so wie im Falle der Turing-Berechenbarkeit verhältnismäßig schnell geneigt sein wird zu glauben, daß die auf einer solchen Basis gewonnene Präzisierung *alle* möglichen berechenbaren Funktionen umfaßt. Die Tatsache, daß man in jedem Falle die Äquivalenz zur Turing-Berechenbarkeit exakt beweisen kann, festigt immerhin die Überzeugung, daß man bei allen diesen Untersuchungen einem ganz fundamentalen Begriff auf die Spur gekommen ist.

Eine mögliche äquivalente Umschreibung des Begriffs der Turing-Berechenbarkeit ist der Begriff der *μ-Rekursivität*, dem wir uns in diesem Kapitel zuwenden wollen.[1]

§ 10. Primitiv-rekursive Funktionen

Als Vorbereitung und ersten Schritt zur Einführung des Begriffs der μ-rekursiven Funktion besprechen wir hier die primitiv-rekursiven Funktionen. Wir kommen zu diesem Begriff durch die Analyse der Methoden, mit deren Hilfe man in der Mathematik die jedem Mathematiker geläufigen grundlegenden Funktionen einführt, wie Summe, Produkt usf. Dabei ist zu beachten, daß wir ein für allemal nur solche Funktionen betrachten wollen, deren Argumentbereich der Bereich der natürlichen Zahlen (0, 1, 2, ...) ist, und deren Werte ebenfalls natürliche Zahlen sind. Für eine Funktion von n Argumenten verlangen wir, daß sie für *jedes* n-Tupel natürlicher Zahlen erklärt ist. Daher werden wir in manchen Fällen etwas andere Funktionen betrachten, als sie üblicherweise in der Mathematik vorliegen. Wir werden z.B. statt der Differenz $x-y$ eine modifizierte Differenz $x \dot{-} y$ einführen, welche den Wert 0 hat in den Fällen, in denen $x-y$ negativ ist.

1. Definitionen. Die beiden Prozesse, die man in der mathematischen Praxis am häufigsten zur Definition neuer Funktionen verwendet, sind die Prozesse der Einsetzung und der induktiven Definition. Diese wollen wir zunächst etwas genauer betrachten.

---

[1] Vgl. die historischen Bemerkungen auf S. 31. Zu anderen zur Turing-Berechenbarkeit äquivalenten Begriffen vgl. §§ 19, 31, 33.

Seien $h_1, \ldots, h_r$ Funktionen von n Argumenten ($r \geqq 1, n \geqq 0$[1]) und g eine r-stellige Funktion. Gilt nun für beliebige Argumente[2] $\mathfrak{x}$

$$(*) \qquad f(\mathfrak{x}) = g(h_1(\mathfrak{x}), \ldots, h_r(\mathfrak{x})),$$

so sagt man, daß f aus g durch *Einsetzung* von $h_1, \ldots, h_r$ entsteht. Man nennt (*) ein *Einsetzungsschema*. Man kann offenbar (*) bei gegebenen Funktionen $g, h_1, \ldots, h_r$ als eine mögliche *Definition* der Funktion f auffassen.

Sei g eine Funktion von n Argumenten ($n \geqq 0$) und sei h eine Funktion von $n+2$ Argumenten. Gilt nun für beliebige Argumente $\mathfrak{x}, y$:

$$(**) \qquad \begin{cases} f(\mathfrak{x}, 0) = g(\mathfrak{x}) \\ f(\mathfrak{x}, y') = h(\mathfrak{x}, y, f(\mathfrak{x}, y)), \end{cases}$$ [3]

so sagt man, daß f durch die beiden Gleichungen (**) mit Hilfe von g und h *induktiv definiert* ist. Man nennt (**) ein *Induktions-(Rekursions-)Schema*. Offenbar ist bei gegebenen Funktionen g, h die Funktion f durch das Schema (**) eindeutig bestimmt.

Man kann sich nun interessieren für die Funktionen, welche man, ausgehend von gewissen naheliegenden Funktionen, durch iterierte Anwendung des Einsetzungs- und Induktionsprozesses erhalten kann. Als *Ausgangsfunktionen* nehmen wir:

(a) die Nachfolgerfunktion N, die für ein Argument x den Wert $N(x) = x' = x + 1$ hat,

(b) die Identitätsfunktionen U_n^i ($n \geqq 1$, $1 \leqq i \leqq n$). Diese sind erklärt durch $U_n^i(x_1, \ldots, x_n) = x_i$ für alle $x_1, \ldots, x_n$.

(c) *die nullstellige Konstante* C_0^0 [4].

Definition: Eine Funktion heißt *primitiv-rekursiv*, wenn sie eine der genannten Ausgangsfunktionen ist, oder wenn sie aus diesen Ausgangsfunktionen durch endlichmalige Anwendung des Einsetzungs- oder Induktionsprozesses erhalten werden kann.

Die Ausgangsfunktionen sind — intuitiv gesprochen — berechenbar. Man erkennt unmittelbar, daß die Prozesse der Einsetzung und der induktiven Definition von berechenbaren Funktionen wieder zu berechenbaren Funktionen führen (d.h. f ist im Falle des Einsetzungsschemas (*) berechenbar, wenn $g, h_1, \ldots, h_r$ berechenbar sind, und f ist im Falle des Induktionsschemas (**) berechenbar, wenn g und h

[1] Zum Begriff der 0-stelligen Funktion vgl. § 6.1.

[2] Wir schreiben hier und im folgenden $\mathfrak{x}$ für $x_1, \ldots, x_n$. Entsprechend verwenden wir $\mathfrak{y}$, $\mathfrak{z}$ usf.

[3] Wie üblich, schreiben wir y' für den Nachfolger $y+1$.

[4] C_0^0 hat den Wert 0. Vgl. § 6.1.

berechenbar sind). *Daher sind alle primitiv-rekursiven Funktionen berechenbar.*[1]

2. Allgemeinere Einsetzungsprozesse. Wir haben in (*) vorgeschrieben, daß die Funktionen $h_1, \ldots, h_r$ sämtlich gleichstellig sein sollen, und darüber hinaus Funktionen derselben Variablen. Es handelt sich also dort um einen ziemlich speziellen Einsetzungsprozeß. Man sieht aber leicht ein, daß auch allgemeinere Einsetzungsprozesse von primitiv-rekursiven Funktionen wieder zu primitiv-rekursiven Funktionen führen. Man hat dazu die Funktion U_n^i zu Hilfe zu nehmen. Wir zeigen die Methode an drei Beispielen:

(a) *Identifizierung zweier Variablen.* Es sei $1 \leqq i \leqq n$. Es gelte für alle $x_1, \ldots, x_n$:

$$f(x_1, \ldots, x_n) = g(x_1, \ldots, x_k, x_i, x_{k+1}, \ldots, x_n).$$

Dann ist mit g auch f primitiv-rekursiv.

Wir können diese Behauptung in Übereinstimmung mit dem mathematischen Sprachgebrauch auch kurz so ausdrücken, daß wir sagen: Mit g ist auch die Funktion $g(x_1, \ldots, x_k, x_i, x_{k+1}, \ldots, x_n)$ primitiv-rekursiv. Eine entsprechende Redeweise verwenden wir gelegentlich auch in anderen Fällen.[2]

Der Beweis für die obige Behauptung ergibt sich aus der Darstellung:

$$f(x_1, \ldots, x_n) = g\big(U_n^1(x_1, \ldots, x_n), \ldots, U_n^k(x_1, \ldots, x_n), U_n^i(x_1, \ldots, x_n), U_n^{k+1}(x_1, \ldots, x_n), \ldots, U_n^n(x_1, \ldots, x_n)\big).$$

(b) *Permutation von Variablen.* Es sei π eine Permutation von $1 \ldots n$. Es sei $f = g_\pi$, d.h. es gelte für alle $x_1, \ldots, x_n$:

$$f(x_1, \ldots, x_n) = g(x_{\pi(1)}, \ldots, x_{\pi(n)}).$$

Dann ist mit g auch f primitiv-rekursiv. Es gilt nämlich:

$$f(x_1, \ldots, x_n) = g\big(U_n^{\pi(1)}(x_1, \ldots, x_n), \ldots, U_n^{\pi(n)}(x_1, \ldots, x_n)\big).$$

(c) *Einsetzung an einer einzigen Stelle.* Es gelte für alle $x_1, \ldots, x_n$ und für alle $y_1, \ldots, y_m$ (abgekürzt durch $\mathfrak{y}$):

$$f(x_1, \ldots, x_n, \mathfrak{y}) = g\big(x_1, \ldots, x_k, h(\mathfrak{y}), x_{k+1}, \ldots, x_n\big).$$

[1] In den vorangehenden Bemerkungen handelt es sich um die *intuitive* Berechenbarkeit. Die *Turing*-Berechenbarkeit der primitiv-rekursiven Funktionen, allgemeiner sogar aller μ-rekursiven Funktionen, wird in § 16 bewiesen.

[2] Diese Redeweise ist zwar in der Mathematik üblich, aber doch nicht immer empfehlenswert. Vgl. dazu die Bemerkungen in § 31.1. Dort ist die bessere Bezeichnung $\lambda x_1 \ldots x_n g(x_1, \ldots, x_k, x_i, x_{k+1}, \ldots, x_n)$ angegeben.

Dann ist mit g und h auch f primitiv-rekursiv. Zum Beweis führe man zunächst die primitiv-rekursive Funktion H ein durch:

$$H(x_1, \ldots, x_n, \mathfrak{y}) = h\left(U_{n+m}^{n+1}(x_1, \ldots, x_n, \mathfrak{y}), \ldots, U_{n+m}^{n+m}(x_1, \ldots, x_n, \mathfrak{y})\right).$$

Dann gilt:

$$f(x_1, \ldots, x_n, \mathfrak{y}) = g\left(U_{n+m}^{1}(x_1, \ldots, x_n, \mathfrak{y}), \ldots, U_{n+m}^{k}(x_1, \ldots, x_n, \mathfrak{y}), H(x_1, \ldots, x_n, \mathfrak{y}), U_{n+m}^{k+1}(x_1, \ldots, x_n, \mathfrak{y}), \ldots, U_{n+m}^{n}(x_1, \ldots, x_n, \mathfrak{y})\right).$$

3. Andere Induktionsverfahren. Das Induktionsschema (**) ist speziell. Es erlaubt nur eine Induktion über die *letzte* Variable. Darüber hinaus wird verlangt, daß die Funktion g eine Funktion von n Variablen, und daß die Funktion h eine Funktion von $n+2$ Variablen ist, und schließlich, daß in h der Wert $f(\mathfrak{x}, y)$ an der *letzten* Argumentstelle einzusetzen ist. Wie im Falle der Einsetzung kann man auch hier zeigen, daß andere einfache Induktionsverfahren von primitiv-rekursiven Funktionen wieder zu primitiv-rekursiven Funktionen führen. Wir geben zwei Beispiele:

(a) Es sei f eingeführt durch die Gleichungen:

$$f(\mathfrak{x}, 0) = g(\mathfrak{x})$$
$$f(\mathfrak{x}, y') = h\left(f(\mathfrak{x}, y)\right).$$

Dann ist mit g und h auch f primitiv-rekursiv. Zum Beweis führen wir die primitiv-rekursive Funktion $H(\mathfrak{x}, y, z)$ ein durch die Definition:

$$H(\mathfrak{x}, y, z) = h\left(U_{n+2}^{n+2}(\mathfrak{x}, y, z)\right).$$

Man kann nun die zweite Zeile der Definition von f ersetzen durch

$$f(\mathfrak{x}, y') = H\left(\mathfrak{x}, y, f(\mathfrak{x}, y)\right).$$

(b) f sei eingeführt durch:

$$f(0, \mathfrak{x}) = g(\mathfrak{x})$$
$$f(y', \mathfrak{x}) = h\left(y, f(y, \mathfrak{x}), \mathfrak{x}\right).$$

Dann ist mit g und h auch f primitiv-rekursiv. Dazu betrachte man zunächst die Funktionen F und H, welche definiert sind durch:

$$H(\mathfrak{x}, y, z) = h(y, z, \mathfrak{x})$$
$$F(\mathfrak{x}, 0) = g(\mathfrak{x})$$
$$F(\mathfrak{x}, y') = H\left(\mathfrak{x}, y, F(\mathfrak{x}, y)\right).$$

H ist nach Nr. 2 (b) primitiv-rekursiv. Damit ist auch F primitiv-rekursiv. Man zeigt nun leicht durch Induktion über y, daß für alle $\mathfrak{x}, y$

$$f(y, \mathfrak{x}) = F(\mathfrak{x}, y).$$

Daraus ergibt sich, wieder mit Nr. 2 (b), daß auch f primitiv-rekursiv ist.

Bemerkung 1: Man hätte an Stelle des Induktionsschemas (**) auch das soeben besprochene Schema zur Definition der primitiv-rekursiven Funktionen heranziehen können. Um die Gleichwertigkeit der beiden Definitionen nachzuweisen, wäre zu zeigen, daß das Schema (**) nicht aus der so definierten Funktionenklasse hinausführt. Dieser Beweis verläuft völlig analog zu dem zuletzt geführten.

Bemerkung 2: Wir werden in §12 auf allgemeinere Induktions-(Rekursions-)schemata eingehen, welche von primitiv-rekursiven Funktionen wieder zu primitiv-rekursiven Funktionen führen. Man darf aber nicht glauben, daß dies für *jedes* Rekursionsschema gilt. Vgl. §13.

4. Beispiele für primitiv-rekursive Funktionen. Im folgenden werden zur Begründung der primitiven Rekursivität des öfteren Definitionen dieser Funktionen angegeben, welche Verallgemeinerungen der Schemata (*) bzw. (**) sind. Die primitive Rekursivität dieser Funktionen ergibt sich entweder unmittelbar aus den Resultaten der beiden letzten Nummern oder aus völlig analogen Überlegungen. — Wir beginnen in der Aufzählung der Vollständigkeit halber mit den Ausgangsfunktionen.

(1) $N(x)$ (Ausgangsfunktion)

(2) $U_n^i(x_1, \ldots, x_n)$ (Ausgangsfunktionen)

(3) C_0^0 (Ausgangsfunktion).

(4) *Die Funktionen* $C_n^k(x_1, \ldots, x_n)$ $(n \geqq 0)$, welche den konstanten Wert k besitzen.[1] Diese lassen sich sukzessive für $n = 0, 1, 2, \ldots$ so einführen:

$n = 0$: C_0^0 ist Ausgangsfunktion.

$$C_0^{k'} = N(C_0^k)$$

$n = 1$:

$$C_1^k(0) = C_0^k$$

$$C_1^k(y') = C_1^k(y)$$

$n = 2$:

$$C_2^k(x, 0) = C_1^k(x)$$

$$C_2^k(x, y') = C_2^k(x, y)$$

usf.

(5) *Die Summe* $x + y$

$$x + 0 = x$$

$$x + y' = (x + y)'.$$

(6) *Das Produkt* $x \cdot y$

$$x \cdot 0 = 0$$

$$x \cdot y' = xy + x.$$

[1] Vgl. § 7.4.

(7) *Die Potenz* x^y $\qquad x^0 = 1$

$$x^{y'} = x^y \cdot x.\text{[1]}$$

(8) *Die Fakultät* $x!$ $\qquad 0! = 1$

$$y'! = y! \cdot y'.$$

Wir nennen noch einige weitere Funktionen, für welche wir links die nächstliegende Definition geben und rechts einen Hinweis darauf, wie man die primitive Rekursivität einsehen kann. Die Beweise sind hier und bei entsprechenden Überlegungen in den folgenden Paragraphen in jedem Fall konstruktiv in dem Sinne, daß man aus ihnen für jede dieser Funktionen ablesen kann, wie sie durch Einsetzungen und induktive Definitionen — die beiden Grundprozesse zur Gewinnung primitiv-rekursiver Funktionen — aus den Ausgangsfunktionen erhalten werden können.

(9) *Die Vorgängerfunktion*

$$V(x) = \begin{cases} 0 & \text{für } x = 0 \\ x - 1 & \text{für } x \neq 0 \end{cases} \qquad \begin{aligned} V(0) &= 0 \\ V(y') &= y. \end{aligned}$$

(10) *Die modifizierte Differenz*

$$x \dot{-} y = \begin{cases} 0 & \text{für } x < y \\ x - y & \text{für } y \leqq x \end{cases} \qquad \begin{aligned} x \dot{-} 0 &= x \\ x \dot{-} y' &= V(x \dot{-} y). \end{aligned}$$

(11) *Der Abstand*

$$|x - y| = \begin{cases} x - y & \text{für } y \leqq x \\ y - x & \text{für } x < y \end{cases} \qquad |x - y| = (x \dot{-} y) + (y \dot{-} x).$$

(12) *Die Signum-Funktion*

$$sg(x) = \begin{cases} 0 & \text{für } x = 0 \\ 1 & \text{für } x > 0 \end{cases} \qquad \begin{aligned} sg(0) &= 0 \\ sg(y') &= 1. \end{aligned}$$

(13) *Die* $\overline{sg}$*-Funktion*

$$\overline{sg}(x) = \begin{cases} 1 & \text{für } x = 0 \\ 0 & \text{für } x > 0 \end{cases} \qquad \begin{aligned} \overline{sg}(0) &= 1 \\ \overline{sg}(y') &= 0. \end{aligned}$$

(14) *Die* ε*-Funktion*

$$\varepsilon(x, y) = \begin{cases} 0 & \text{für } x = y \\ 1 & \text{für } x \neq y \end{cases} \qquad \varepsilon(x, y) = sg(|x - y|).$$

(15) *Die* δ*-Funktion*

$$\delta(x, y) = \begin{cases} 1 & \text{für } x = y \\ 0 & \text{für } x \neq y \end{cases} \qquad \delta(x, y) = \overline{sg}(|x - y|).$$

---

[1] Nach dieser Definition ist $0^0 = 1$, während man meist darauf verzichtet, 0^0 zu erklären.

5. Die Prozesse $\sum$ und $\prod$. Wir zeigen den

Satz: Wenn die Funktion f primitiv-rekursiv ist, und wenn

$$g(\mathfrak{x}, z) = \sum_{y=0}^{z} f(\mathfrak{x}, y, z),$$

$$h(\mathfrak{x}, z) = \prod_{y=0}^{z} f(\mathfrak{x}, y, z),$$

so sind auch die Funktionen g und h primitiv-rekursiv.

Beweis: Wir betrachten zunächst die primitiv-rekursiven Funktionen g^* und h^*, welche definiert sind durch

$$g^*(\mathfrak{x}, 0, z) \quad = f(\mathfrak{x}, 0, z)$$

$$g^*(\mathfrak{x}, w', z) = g^*(\mathfrak{x}, w, z) + f(\mathfrak{x}, w', z)$$

$$h^*(\mathfrak{x}, 0, z) \quad = f(\mathfrak{x}, 0, z)$$

$$h^*(\mathfrak{x}, w', z) = h^*(\mathfrak{x}, w, z) \cdot f(\mathfrak{x}, w', z).$$

Offenbar ist

$$g^*(\mathfrak{x}, w, z) = \sum_{y=0}^{w} f(\mathfrak{x}, y, z), \qquad h^*(\mathfrak{x}, w, z) = \prod_{y=0}^{w} f(\mathfrak{x}, y, z).$$

Damit erhält man schließlich

$$g(\mathfrak{x}, z) = g^*(\mathfrak{x}, z, z)$$

$$h(\mathfrak{x}, z) = h^*(\mathfrak{x}, z, z).$$

Aufgabe. Man zeige explizit durch Reduktion auf die Ausgangsfunktionen und die Schemata (*), (**), daß die Summe und das Produkt primitiv-rekursive Funktionen sind.

Literatur

GÖDEL, K.: Über formal unentscheidbare Sätze der Principia Mathematica und verwandter Systeme I. Mh. Math. Phys. **38**, 173–198 (1931). (Hier treten erstmals die primitiv-rekursiven Funktionen auf unter der Bezeichnung „rekursive Funktionen", während man heute unter dieser Bezeichnung eine umfassendere Funktionenklasse versteht; vgl. § 19.)

— On Undecidable Propositions of Formal Mathematical Systems. Mimeographed. Institute for Advanced Study, Princeton, N. J. 1934. 30 S. (Erstmalige vollständige Angabe der Ausgangsfunktionen.)

HILBERT, D., und P. BERNAYS: Grundlagen der Mathematik I. Berlin: J. Springer 1934 (2. Auflage erschien in Grundlehren der mathematischen Wissenschaften, Band 40. Berlin—Heidelberg—New York: Springer 1968). (Einführung des Begriffs der *primitiven Rekursion*, S. 326 (331)).

KLEENE, S. C.: General Recursive Functions of Natural Numbers. Math. Ann. **112**, 727–742 (1936). (Einführung der Bezeichnung „primitive recursive functions".)

PÉTER, R.: Rekursive Funktionen. Budapest: Verlag der ungarischen Akademie der Wissenschaften 1957. (Ausführliche Behandlung der primitiv-rekursiven Funktionen.)

§ 11. Primitiv-rekursive Prädikate

Im vorigen Paragraphen haben wir für einige Funktionen die primitive Rekursivität nachgewiesen. Dieser Nachweis gelang in den zuletzt behandelten Beispielen dadurch, daß man die ursprüngliche Definition der jeweiligen Funktionen äquivalent so umformte, daß die primitive Rekursivität ad oculos demonstriert wurde. Eine solche Umformung kann in komplizierteren Fällen ziemlich mühevoll sein. Es wäre schön, wenn man ein Mittel zur Hand hätte, mit dessen Hilfe man die primitive Rekursivität der Funktionen direkt aus ihren Definitionen ablesen könnte. Dazu führen wir hier den Begriff des primitiv-rekursiven Prädikates ein.

1. Definitionen. Ein n-stelliges Prädikat ($n \geqq 1$) ist eine n-stellige Beziehung zwischen natürlichen Zahlen, welche auf gewisse (geordnete) Zahlen-n-Tupel zutrifft. — Das Primzahlprädikat z.B. ist ein einstelliges Prädikat, welches auf $2, 3, 5, \ldots$ zutrifft, auf $0, 1, 4, \ldots$ nicht. Die Kleiner-als-Beziehung ist ein zweistelliges Prädikat, welches auf das geordnete Paar $(4, 8)$ zutrifft, nicht dagegen auf das Paar $(6, 3)$ oder das Paar $(4, 4)$. Man kann auch etwa eine dreistellige Zwischenrelation betrachten, die z.B. auf das Tripel $(3, 8, 9)$ zutrifft, da $3 < 8 < 9$.

$P\mathfrak{x}$ soll bedeuten, daß das Prädikat P auf das n-Tupel $\mathfrak{x}$ zutrifft.

Definition: Ein n-stelliges *Prädikat* P ($n \geqq 1$) heißt *primitiv-rekursiv*, wenn es eine primitiv-rekursive n-stellige Funktion f gibt, derart daß für beliebige Zahlen-n-Tupel $\mathfrak{x}$:

$$P\mathfrak{x} \text{ genau dann, wenn } f(\mathfrak{x}) = 0.$$

Man kann durch Berechnung des Wertes der Funktion f für das Argument $\mathfrak{x}$ ermitteln, ob $P\mathfrak{x}$ oder nicht. Da jede primitiv-rekursive Funktion berechenbar ist, ist also jedes primitiv-rekursive Prädikat entscheidbar.

In § 2.3 hatten wir den Begriff der charakteristischen Funktion einer Menge eingeführt. Man kann allgemeiner von der charakteristischen Funktion eines Prädikates sprechen.

Definition: Die n-stellige Funktion f heißt *charakteristische Funktion* des n-stelligen Prädikates P genau dann, wenn für alle $\mathfrak{x}$:[1]

$$(P\mathfrak{x} \leftrightarrow f(\mathfrak{x}) = 0) \wedge (\neg P\mathfrak{x} \leftrightarrow f(\mathfrak{x}) = 1).$$

---

[1] Wir verwenden im folgenden die logischen Symbole $\neg$ (nicht), $\wedge$ (und), $\vee$ (oder), $\rightarrow$ (wenn-so), $\leftrightarrow$ (genau dann, wenn), $\bigwedge_x$ (für alle x), $\bigvee_x$ (es gibt ein x). Falls $\mathfrak{x}$ ein n-Tupel ist, $\mathfrak{x} = (x_1, \ldots, x_n)$, so soll $\bigwedge_{\mathfrak{x}}$ eine Abkürzung sein für $\bigwedge_{x_1} \ldots \bigwedge_{x_n}$,

Jedes Prädikat hat genau eine charakteristische Funktion. Es gilt der

Satz: Ein Prädikat P ist genau dann primitiv-rekursiv, wenn die zugehörige charakteristische Funktion primitiv-rekursiv ist.

Zum Beweis braucht man nur zu zeigen, daß die charakteristische Funktion eines primitiv-rekursiven Prädikates primitiv-rekursiv ist. Es gibt zu P eine primitiv-rekursive Funktion f mit

$$P\mathfrak{x} \leftrightarrow f(\mathfrak{x}) = 0 \qquad \text{für alle } \mathfrak{x}.$$

Man setze $g(\mathfrak{x}) = sg(f(\mathfrak{x}))$. Dann ist g primitiv-rekursiv und die charakteristische Funktion von P.

2. *Prozesse zur Erzeugung von Prädikaten.* Wir definieren im folgenden einige Operationen im Bereich der Prädikate. In Nr. 3 werden wir zeigen, daß verschiedene dieser Operationen *(nicht alle)* von primitiv-rekursiven Prädikaten wieder zu primitiv-rekursiven Prädikaten führen.

(a) Q sei ein n-stelliges Prädikat. Das Prädikat P heißt *die Negation* oder *das Komplement von* Q, wenn P und Q die gleiche Stellenzahl haben, und wenn für alle $\mathfrak{x}$ gilt:

$$P\mathfrak{x} \leftrightarrow \neg Q\mathfrak{x}.$$

(b) Q sei ein n-stelliges und R ein m-stelliges Prädikat. Das Prädikat P heißt *die Konjunktion von Q und R*, wenn P $(n+m)$-stellig ist, und wenn für alle $\mathfrak{x}, \mathfrak{y}$ gilt:

$$P\mathfrak{x}\mathfrak{y} \leftrightarrow Q\mathfrak{x} \wedge R\mathfrak{y}.$$

(c) Q sei ein n-stelliges Prädikat. π sei eine Permutation von $1, \ldots, n$. Das Prädikat P heißt die *π-Permutation von Q*, wenn P n-stellig ist, und wenn für alle $x_1, \ldots, x_n$ gilt:

$$Px_1 \ldots x_n \leftrightarrow Qx_{\pi(1)} \ldots x_{\pi(n)}.$$

(d) Q sei ein n-stelliges Prädikat ($n \geqq 2$). Es sei $1 \leqq i < k \leqq n$. Dann heißt P die *(i,k)-Identifizierung von Q*, wenn P $(n-1)$-stellig ist, und wenn für alle $x_1, \ldots, x_{k-1}, x_{k+1}, \ldots, x_n$ gilt:

$$Px_1 \ldots x_{k-1} x_{k+1} \ldots x_n \leftrightarrow Qx_1 \ldots x_{k-1} x_i x_{k+1} \ldots x_n.$$

(e) Solche Prädikate P, welche man, ausgehend von den Prädikaten Q, R durch Konjunktion und anschließende Permutationen und Identi-

---

und $\bigvee_{\mathfrak{x}}$ eine Abkürzung für $\bigvee_{x_1} \ldots \bigvee_{x_n}$. Schließlich verwenden wir die *beschränkten Quantoren* $\bigwedge_{x=0}^{n}$ (für alle x von 0 bis n mit Einschließung der Grenzen 0, n), und $\bigvee_{x=0}^{n}$ (es gibt ein x zwischen 0 und n mit Einschließung der Grenzen 0, n). $\wedge$ und $\vee$ sollen stärker binden als $\rightarrow$ und $\leftrightarrow$, so daß man z. B. $p \wedge q \rightarrow r$ zu lesen hat: $(p \wedge q) \rightarrow r$ (Klammerersparung).

fizierungen gewinnen kann, sollen *verallgemeinerte Konjunktionen* von Q und R heißen. P ist z.B. dann eine verallgemeinerte Konjunktion von Q und R, wenn für alle x_1, x_2, x_3 gilt:

$$Px_1x_2x_3 \leftrightarrow Qx_2x_3 \wedge Rx_1x_2,$$

oder wenn für alle $\mathfrak{x}$ gilt:

$$P\mathfrak{x} \leftrightarrow Q\mathfrak{x} \wedge R\mathfrak{x}.$$

(f) Q sei ein n-stelliges Prädikat. Es sei $1 \leqq i \leqq n$. Dann heißt das $(n-1)$-stellige Prädikat P *die i-te Generalisierung von Q*, wenn für alle $x_1, \ldots, x_{i-1}, x_{i+1}, \ldots, x_n$ gilt:

$$Px_1 \ldots x_{i-1}x_{i+1} \ldots x_n \leftrightarrow \bigwedge_{x_i} Qx_1 \ldots x_n.$$

(g) Q sei ein n-stelliges Prädikat. Es sei $1 \leqq i \leqq n$. Dann heißt das n-stellige Prädikat P *die i-te beschränkte Generalisierung von Q*, wenn für alle $x_1, \ldots, x_{i-1}, x_{i+1}, \ldots, x_{n+1}$ gilt:

$$Px_1 \ldots x_{i-1}x_{i+1} \ldots x_n x_{n+1} \leftrightarrow \bigwedge_{x_i=0}^{x_{n+1}} Qx_1 \ldots x_n.$$

(h) Es gibt eine Reihe weiterer Prozesse, die wir nur andeutungsweise erwähnen, weil sie sich auf die bereits genannten Prozesse zurückführen lassen. Man kann eine *Alternative* der Prädikate Q und R einführen durch die Definition $P\mathfrak{x}\mathfrak{y} \leftrightarrow Q\mathfrak{x} \vee R\mathfrak{y}$. Die Alternative ist auf Negationen und Konjunktionen zurückführbar wegen $Q\mathfrak{x} \vee R\mathfrak{y} \leftrightarrow \neg(\neg Q\mathfrak{x} \wedge \neg R\mathfrak{y})$. Entsprechendes gilt für die *Implikation* von Q und R, denn $(Q\mathfrak{x} \rightarrow R\mathfrak{y}) \leftrightarrow \neg Q\mathfrak{x} \vee R\mathfrak{y}$. Wie bei der Konjunktion kann man auch von verallgemeinerten Alternativen und Implikationen sprechen.

Man nennt das Prädikat P die *i-te Partikularisierung von Q*, wenn für alle $x_1, \ldots, x_{i-1}, x_{i+1}, \ldots, x_n$ gilt:

$$Px_1 \ldots x_{i-1}x_{i+1} \ldots x_n \leftrightarrow \bigvee_{x_i} Qx_1 \ldots x_n.$$

Da $\bigvee_{x_i} Qx_1 \ldots x_n \leftrightarrow \neg \bigwedge_{x_i} \neg Qx_1 \ldots x_n$, so läßt sich die i-te Partikularisierung auf die i-te Generalisierung zurückführen. Das Entsprechende gilt für die zur i-ten beschränkten Generalisierung analoge *i-te beschränkte Partikularisierung* wegen

$$\bigvee_{x_i=0}^{x_{n+1}} Qx_1 \ldots x_n \leftrightarrow \neg \bigwedge_{x_i=0}^{x_{n+1}} \neg Qx_1 \ldots x_n.$$

(i) Q sei ein n-stelliges Prädikat und f eine m-stellige Funktion. Es sei $1 \leqq i \leqq n$. Man sagt, daß das $(n-1+m)$-stellige Prädikat P *durch Einsetzung von f an der i-ten Stelle aus Q entsteht*, wenn für alle $x_1, \ldots, x_{i-1}, x_{i+1}, \ldots, x_n, \mathfrak{y}$ gilt:

$$Px_1 \ldots x_{i-1}x_{i+1} \ldots x_n\mathfrak{y} \leftrightarrow Qx_1 \ldots x_{i-1}f(\mathfrak{y})\, x_{i+1} \ldots x_n.$$

(j) Abschließend führen wir das n-stellige *leere Prädikat* O_n und das n-stellige *Allprädikat* A_n ein, indem wir für alle $x_1, \ldots, x_n$ festsetzen:

$$O_n x_1 \ldots x_n \leftrightarrow x_1 \neq x_1 \wedge \cdots \wedge x_n \neq x_n, \quad A_n x_1 \ldots x_n \leftrightarrow x_1 = x_1 \wedge \cdots \wedge x_n = x_n.$$

Wir werden uns, dem mathematischen Sprachgebrauch folgend, häufig einer abkürzenden Redeweise bedienen und z. B. von *dem Prädikat*

$$\bigvee_{x_2} \left(f(x_1) = x_2 \wedge Q x_2 y\right)$$

sprechen. Darunter verstehen wir das zweistellige Prädikat P, welches auf x_1 und y (in dieser Reihenfolge!) genau dann zutrifft, wenn die angegebene Bedingung erfüllt ist. Diese abkürzende Bezeichnung setzt voraus, daß eine natürliche Reihenfolge der auftretenden Variablen gegeben ist.[1]

3. Anwendung der eingeführten Prozesse auf primitiv-rekursive Prädikate.

Satz 1: Die Operationen der Negation, der verallgemeinerten Konjunktionen und Alternativen und der beschränkten Quantifizierungen führen von primitiv-rekursiven Prädikaten wieder zu primitiv-rekursiven Prädikaten.

Beweis: Im folgenden seien Q, R primitiv-rekursive Prädikate. Es gibt also primitiv-rekursive Funktionen g, h, derart daß für alle $\mathfrak{x}, \mathfrak{y}$:

$$Q\mathfrak{x} \leftrightarrow g(\mathfrak{x}) = 0, \qquad R\mathfrak{y} \leftrightarrow h(\mathfrak{y}) = 0.$$

(1) P sei die Negation von Q gemäß Nr. 2(a). Dann gilt für jedes $\mathfrak{x}$:

$$\begin{aligned} P\mathfrak{x} &\leftrightarrow \neg Q\mathfrak{x} \\ &\leftrightarrow g(\mathfrak{x}) \neq 0 \\ &\leftrightarrow \overline{sg}\left(g(\mathfrak{x})\right) = 0 \end{aligned}$$

$\overline{sg}\left(g(\mathfrak{x})\right)$ ist primitiv-rekursiv, also auch P.

(2) P sei die Konjunktion von Q und R gemäß Nr. 2(b). Dann gilt für alle $\mathfrak{x}, \mathfrak{y}$:

$$\begin{aligned} P\mathfrak{x}\mathfrak{y} &\leftrightarrow Q\mathfrak{x} \wedge R\mathfrak{y} \\ &\leftrightarrow g(\mathfrak{x}) = 0 \wedge h(\mathfrak{y}) = 0 \\ &\leftrightarrow g(\mathfrak{x}) + h(\mathfrak{y}) = 0, \end{aligned}$$

---

[1] Eine bessere, wenn auch längere, Bezeichnung für das Prädikat P ist

$$\hat{x}_1 \hat{y} \left(\bigvee_{x_2} \left(f(x_1) = x_2 \wedge Q x_2 y\right)\right),$$

in welcher zum Ausdruck gebracht wird, daß die Variablen x_1 und y gebunden sind und in der angegebenen Reihenfolge betrachtet werden sollen. Vgl. die entsprechende Anmerkung in § 10.2.

da eine Summe natürlicher Zahlen genau dann verschwindet, wenn alle Summanden gleich Null sind. Da $g(\mathfrak{x})+h(\mathfrak{y})$ primitiv-rekursiv ist, gilt dasselbe auch für P.

(3) P sei eine π-Permutation von Q gemäß Nr. 2(c). Dann gilt für jedes $x_1, \ldots, x_n$:

$$\begin{aligned} P x_1 \ldots x_n &\leftrightarrow Q x_{\pi(1)} \ldots x_{\pi(n)} \\ &\leftrightarrow g(x_{\pi(1)}, \ldots, x_{\pi(n)}) = 0 \\ &\leftrightarrow g_\pi(x_1, \ldots, x_n) = 0. \end{aligned}$$

g_π ist (nach § 10.2 (b)) primitiv-rekursiv, also auch P.

(4) P sei die (i,k)-Identifizierung von Q gemäß Nr. 2(d). Dann gilt für alle $x_1, \ldots, x_{k-1}, x_{k+1}, \ldots, x_n$:

$$\begin{aligned} P x_1 \ldots x_{k-1} x_{k+1} \ldots x_n &\leftrightarrow Q x_1 \ldots x_{k-1} x_i x_{k+1} \ldots x_n \\ &\leftrightarrow g(x_1, \ldots, x_{k-1}, x_i, x_{k+1}, \ldots, x_n) = 0. \end{aligned}$$

Die Funktion $g(x_1, \ldots, x_{k-1}, x_i, x_{k+1}, \ldots, x_n)$ ist (nach § 10.2(a)) primitiv-rekursiv, also auch P.

(5) Aus (2), (3), (4) ergibt sich nach Nr. 2(e), daß jede verallgemeinerte Konjunktion von Q und R primitiv-rekursiv ist. Hieraus folgt mit (1), daß auch jede verallgemeinerte Alternative von Q und R primitiv-rekursiv ist.

(6) P sei die i-te beschränkte Generalisierung von Q gemäß Nr. 2(g). Dann hat man für alle $x_1, \ldots, x_{i-1}, x_{i+1}, \ldots, x_n, x_{n+1}$:

$$\begin{aligned} P x_1 \ldots x_{i-1} x_{i+1} \ldots x_n x_{n+1} &\leftrightarrow \bigwedge_{x_i=0}^{x_{n+1}} Q x_1 \ldots x_n \\ &\leftrightarrow \bigwedge_{x_i=0}^{x_{n+1}} g(x_1, \ldots, x_n) = 0 \\ &\leftrightarrow g(x_1, \ldots, 0, \ldots, x_n) = 0 \\ &\qquad \wedge g(x_1, \ldots, 1, \ldots, x_n) = 0 \\ &\qquad \wedge \cdots \\ &\qquad \wedge g(x_1, \ldots, x_{n+1}, \ldots, x_n) = 0 \\ &\leftrightarrow g(x_1, \ldots, 0, \ldots, x_n) \\ &\qquad + g(x_1, \ldots, 1, \ldots, x_n) \\ &\qquad + \cdots \\ &\qquad + g(x_1, \ldots, x_{n+1}, \ldots, x_n) = 0 \\ &\leftrightarrow \sum_{x_i=0}^{x_{n+1}} g(x_1, \ldots, x_n) = 0. \end{aligned}$$

Nun sieht man (vgl. den Satz in §10.5), daß in der letzten Zeile rechts eine primitiv-rekursive Funktion steht. Damit ist gezeigt, daß die i-te beschränkte Generalisierung von Q zu einem primitiv-rekursiven Prädikat P führt. Dasselbe gilt für die i-te beschränkte Partikularisierung, da diese nach Nr. 2(h) auf die i-te beschränkte Generalisierung und die Negation zurückgeführt werden kann.

Bemerkung: Aus (2) ersieht man, daß der *Konjunktion* von Prädikaten die *Addition* der charakteristischen Funktionen entspricht. In ähnlicher Weise hat man $Q\mathfrak{x} \vee R\mathfrak{y} \leftrightarrow g(\mathfrak{x})=0 \vee h(\mathfrak{y})=0 \leftrightarrow g(\mathfrak{x})\cdot h(\mathfrak{y})=0$ (da ein Produkt natürlicher Zahlen genau dann verschwindet, wenn wenigstens ein Faktor gleich Null ist). Der *Alternative* von Prädikaten entspricht also das *Produkt* ihrer charakteristischen Funktionen.

Satz 2: P entstehe aus dem primitiv-rekursiven Prädikat Q durch Einsetzung der primitiv-rekursiven Funktion f an der i-ten Stelle. Dann ist P primitiv-rekursiv.

Beweis: Es gibt eine primitiv-rekursive Funktion g, so daß für alle $\mathfrak{x}$: $Q\mathfrak{x} \leftrightarrow g(\mathfrak{x})=0$. Dann hat man (vgl. Nr. 2(i)):

$$Px_1 \ldots x_{i-1}x_{i+1}\ldots x_n\mathfrak{y} \leftrightarrow Qx_1\ldots x_{i-1}f(\mathfrak{y})\,x_{i+1}\ldots x_n$$
$$\leftrightarrow g\big(x_1,\ldots,x_{i-1},f(\mathfrak{y}),x_{i+1},\ldots,x_n\big)=0.$$

In der letzten Zeile steht nach §10.2(c) rechts eine primitiv-rekursive Funktion. Dies zeigt, daß P primitiv-rekursiv ist.

4. Bemerkung über die unbeschränkten Quantifizierungen. Wir haben soeben in Satz 1 gezeigt, daß die *beschränkten* Quantifizierungen aus primitiv-rekursiven Prädikaten wieder primitiv-rekursive Prädikate machen. Dagegen führen die *unbeschränkten Quantifizierungen* $\bigwedge_x$ *und* $\bigvee_x$ *im allgemeinen aus dem Rahmen der primitiven Rekursivität hinaus.* Dies kann man sich folgendermaßen plausibel machen: Nehmen wir als Beispiel den Partikularisator $\bigvee_x$. Gehen wir von einer beliebigen primitiv-rekursiven Funktion $f(\mathfrak{x},y)$ aus und betrachten das Prädikat P, welches mit Hilfe des (unbeschränkten) Partikularisators definiert ist durch die Festsetzung, daß für alle $\mathfrak{x}$:

$$P\mathfrak{x} \leftrightarrow \bigvee_y f(\mathfrak{x},y)=0.$$

Man kann nun zwar für jedes $\mathfrak{x}$ und y den Wert der Funktion $f(\mathfrak{x},y)$ berechnen. Man hat damit aber nicht ohne weiteres die Möglichkeit zu entscheiden, ob es zu einem gegebenen $\mathfrak{x}$ ein y gibt, für welches $f(\mathfrak{x},y)$ verschwindet; wenn es nämlich kein solches y gibt, kann man dies nicht so feststellen, daß man für dieses $\mathfrak{x}$ und *alle* y die Werte $f(\mathfrak{x},y)$ berechnet, weil dies kein endlicher Prozeß ist. Man wird also nicht ohne weiteres erwarten dürfen, daß P entscheidbar oder gar primitiv-rekursiv ist.[1]

5. *Weitere primitiv-rekursive Prädikate.* Wir wollen die Sätze von Nr. 3 anwenden, um für eine Reihe von Prädikaten die primitive Rekursivität nachzuweisen.

Satz 3: Die Prädikate $=$, $\leqq$, $<$, $\geqq$, $>$, $/$ (teilt), G (ist gerade), U (ist ungerade), Pr (ist eine Primzahl), O_n, A_n (vgl. Nr. 2 (j)) sind primitiv-rekursiv.

Beweis: Dies erkennt man sukzessive mittels der folgenden für beliebige x, y geltenden Beziehungen:

$$x = y \leftrightarrow \varepsilon(x, y) = 0$$

$$x \leqq y \leftrightarrow \bigvee_{z=0}^{y} (x + z = y)$$

$$x < y \leftrightarrow x \leqq y \wedge x \neq y$$

$$x \geqq y \leftrightarrow y \leqq x$$

$$x > y \leftrightarrow y < x$$

$$x/y \leftrightarrow \bigvee_{z=0}^{y} xz = y$$

$$Gx \leftrightarrow 2/x$$

$$Ux \leftrightarrow \neg Gx$$

$$Pr\,x \leftrightarrow x \neq 0 \wedge x \neq 1 \wedge \bigwedge_{z=0}^{x} (z/x \rightarrow z = 1 \vee z = x).$$

Für O_n und A_n folgt die Behauptung wegen der primitiven Rekursivität von $=$ unmittelbar aus der Definition dieser Prädikate.

Bei den angegebenen Beziehungen für $\leqq$ und $/$ beachte man, daß die üblichen Definitionen $x \leqq y \leftrightarrow \bigvee_z x + z = y$ bzw. $x/y \leftrightarrow \bigvee_z xz = y$ nicht ausreichen, um aus ihnen unmittelbar die primitive Rekursivität abzulesen, da es sich hier um *unbeschränkte* Partikularisatoren handelt. Man sieht jedoch sofort, daß man sich auf $z = 0, \ldots, y$ beschränken darf. Entsprechendes gilt für die Definition von Pr und für verschiedene Definitionen der folgenden Paragraphen.

6. *Fallunterscheidungen.* Wir wollen nun eingehen auf ein oft angewandtes Verfahren zur Definition einer Funktion f mit Hilfe schon bekannter Funktionen $g_1, \ldots, g_n$ und bereits bekannter Prädikate

[1] Zu einem exakten Beweis vgl. § 22.3.

$P_1, \ldots, P_n$ durch Fallunterscheidung. Eine solche Definition sieht so aus:

$$f(\mathfrak{x}) = \begin{cases} g_1(\mathfrak{x}), & \text{falls } P_1\mathfrak{x} \\ \ldots\ldots, & \ldots\ldots\ldots \\ \ldots\ldots, & \ldots\ldots\ldots \\ g_m(\mathfrak{x}), & \text{falls } P_m\mathfrak{x}. \end{cases}$$

Dabei werde vorausgesetzt, daß auf jedes $\mathfrak{x}$ *genau eines der Prädikate* $P_1, \ldots, P_m$ *zutrifft.* Hier gilt der

Satz 4: Sind $g_1, \ldots, g_m$ primitiv-rekursive Funktionen und $P_1, \ldots, P_m$ primitiv-rekursive Prädikate, so ist auch f eine primitiv-rekursive Funktion.

Beweis: Es gilt für alle $\mathfrak{x}$ und für jedes $r = 1, \ldots, m$: $P_r\mathfrak{x} \leftrightarrow h_r(\mathfrak{x}) = 0$, mit primitiv-rekursiven Funktionen $h_1, \ldots, h_m$. Dann hat man

$$f(\mathfrak{x}) = g_1(\mathfrak{x}) \cdot \overline{sg}\big(h_1(\mathfrak{x})\big) + \cdots + g_m(\mathfrak{x}) \cdot \overline{sg}\big(h_m(\mathfrak{x})\big).$$

Trifft nämlich auf $\mathfrak{x}$ genau das Prädikat P_r zu, so ist $h_r(\mathfrak{x}) = 0$ und es sind die anderen $h_i(\mathfrak{x}) \neq 0$, also ist $\overline{sg}\big(h_r(\mathfrak{x})\big) = 1$ und alle anderen $\overline{sg}\big(h_i(\mathfrak{x})\big)$ verschwinden, so daß die rechte Seite der Gleichung mit $g_r(\mathfrak{x})$ übereinstimmt. Die angegebene Darstellung zeigt die primitive Rekursivität von f.

Korollar 1: Das Schema

$$f(\mathfrak{x}) = \begin{cases} g_1(\mathfrak{x}), & \text{falls } P_1\mathfrak{x} \\ \ldots\ldots\ldots, & \ldots\ldots\ldots \\ g_{m-1}(\mathfrak{x}), & \text{falls } P_{m-1}\mathfrak{x} \\ g_m(\mathfrak{x}), & \text{sonst} \end{cases}$$

liefert eine primitiv-rekursive Funktion f, falls $g_1, \ldots, g_m, P_1, \ldots, P_{m-1}$ primitiv-rekursiv sind und falls sich $P_1, \ldots, P_{m-1}$ gegenseitig ausschließen. Dies ergibt sich daraus, daß der „Sonstfall" genau dann eintritt, wenn $\neg P_1\mathfrak{x} \wedge \cdots \wedge \neg P_{m-1}\mathfrak{x}$, und dies definiert nach Nr. 3 ein primitiv-rekursives Prädikat.

Korollar 2: Ein Prädikat P, welches nur auf endlich viele n-Tupel von Zahlen zutrifft, ist primitiv-rekursiv.

Beweis: Dies gilt für ein leeres Prädikat P nach Satz 3 (Nr. 5). P sei nicht leer und treffe auf die n-Tupel $\mathfrak{x}_1, \ldots, \mathfrak{x}_s$ zu. Dann kann man die charakteristische Funktion f von P wie folgt durch Fallunterscheidung definieren:

$$f(\mathfrak{x}) = \begin{cases} 0 & \text{für } \mathfrak{x} = \mathfrak{x}_1 \vee \cdots \vee \mathfrak{x} = \mathfrak{x}_s \\ 1 & \text{sonst.} \end{cases}$$

Diese Darstellung zeigt, daß f und damit P primitiv-rekursiv sind.

Satz 5: Die Funktionen $\mathrm{Max}(x_1, \ldots, x_n)$ und $\mathrm{Min}(x_1, \ldots, x_n)$ sind primitiv-rekursiv.

Beweis: Zunächst folgt für $n=2$ die primitive Rekursivität von Max aus der Darstellung

$$\mathrm{Max}(x_1, x_2) = \begin{cases} x_1, & \text{wenn } x_1 \geqq x_2 \\ x_2, & \text{wenn } x_1 < x_2 . \end{cases}$$

Hiervon ausgehend folgt die Behauptung für beliebige n schrittweise vermöge der Darstellung:

$$\mathrm{Max}(x_1, \ldots, x_{n+1}) = \mathrm{Max}\big(\mathrm{Max}(x_1, \ldots, x_n), x_{n+1}\big).$$

Für Min zeigt man den Satz durch eine analoge Betrachtung.

Satz 6: Wenn f primitiv-rekursiv ist, so auch die Funktion

$$g(\mathfrak{x}, z) = \underset{y=0}{\overset{z}{\mathrm{Max}}}\, f(\mathfrak{x}, y).$$

Beweis: Es ist

$$g(\mathfrak{x}, 0) = f(\mathfrak{x}, 0)$$
$$g(\mathfrak{x}, z') = \mathrm{Max}\big(g(\mathfrak{x}, z), f(\mathfrak{x}, z')\big).$$

§ 12. Der μ-Operator

μ-Operatoren können auf Prädikate angewandt werden und verwandeln diese in Funktionen. Mit Hilfe des μ-Operators werden wir in §14 den Begriff der μ-rekursiven Funktion einführen.

1. Der unbeschränkte μ-Operator. P sei ein $(n+1)$-stelliges Prädikat für natürliche Zahlen $(n \geqq 0)$. Gibt es zu $\mathfrak{x}$ ein y derart, daß $P\mathfrak{x}y$, so gibt es zu diesem $\mathfrak{x}$ ein eindeutig bestimmtes *kleinstes* y mit $P\mathfrak{x}y$. Dieses von $\mathfrak{x}$ abhängige kleinste y werde mit $\mu y P\mathfrak{x}y$ bezeichnet. (μ nach *μικρός* klein.) Gibt es zu $\mathfrak{x}$ dagegen kein y, für welches $P\mathfrak{x}y$, so soll $\mu y P\mathfrak{x}y = 0$ gesetzt werden. Für jedes Prädikat P ist also $\mu y P\mathfrak{x}y$ eindeutig definiert. μ heißt *der unbeschränkte μ-Operator.* Mit Hilfe von μ läßt sich jedem $(n+1)$-stelligen Prädikat P eine n-stellige Funktion

$$f(\mathfrak{x}) = \mu y P\mathfrak{x}y$$

zuordnen. Man kann die Frage stellen, ob f berechenbar ist, falls man P entscheiden kann. Falls P entscheidbar ist, kann man $f(\mathfrak{x})$ sicher dann berechnen, wenn es zu $\mathfrak{x}$ ein y gibt mit $P\mathfrak{x}y$. Denn dann entscheide man sukzessive, ob $P\mathfrak{x}0, P\mathfrak{x}1, P\mathfrak{x}2, \ldots,$ bis man zum erstenmal auf ein y stößt, für welches $P\mathfrak{x}y$. Dieses y ist definitionsgemäß gleich $f(\mathfrak{x})$.

Wenn es dagegen zu $\mathfrak{x}$ kein y gibt mit $P\mathfrak{x}y$, führt das angegebene Verfahren nicht zur Berechnung von $f(\mathfrak{x})$, da es nicht nach endlich vielen

Schritten abbricht. Es ist auch plausibel, daß nicht bei jedem entscheidbaren P die Funktion f berechenbar sein kann. Es ist nämlich offenbar:

$$\bigvee_y P\mathfrak{x}y \leftrightarrow f(\mathfrak{x}) \neq 0 \vee \big(f(\mathfrak{x}) = 0 \wedge P\mathfrak{x}0\big).$$

Wäre f berechenbar, so wäre die rechte Seite entscheidbar, also auch $\bigvee_y P\mathfrak{x}y$. Daß man dies aber selbst bei entscheidbarem P nicht erwarten darf, haben wir bereits in §11.4 in einem ähnlichen Fall ausgeführt.

Wir wollen sagen, daß *für ein Prädikat P der Normalfall* vorliegt, wenn es zu *jedem* $\mathfrak{x}$ ein y gibt, für welches $P\mathfrak{x}y$. In diesem Fall führt das oben angegebene Verfahren zur Berechnung von $f(\mathfrak{x})$ für jedes $\mathfrak{x}$ zum Ziele. *Bei entscheidbarem P führt also im Normalfall die Anwendung des μ-Operators zu einer berechenbaren Funktion.*

Es gebe zu jedem $\mathfrak{x}$ genau ein y mit $P\mathfrak{x}y$. Hat man nun $P\mathfrak{x}y$, so ist dieses y zugleich *das kleinste* y mit $P\mathfrak{x}y$. Man kann daher in diesem Fall *das* y, *für welches* $P\mathfrak{x}y$, kennzeichnen durch $\mu y P\mathfrak{x}y$.

2. *Der beschränkte μ-Operator.* Man könnte auf Grund dieser Tatsachen vermuten, daß die Anwendung des μ-Operators im Normalfall auf ein primitiv-rekursives Prädikat stets zu einer primitiv-rekursiven Funktion führt. Dies gilt jedoch nicht, wie wir in §13 sehen werden. Wir erhalten dagegen ein Resultat in dieser Richtung, wenn wir (analog zu der Situation bei den Quantoren) von dem bisher betrachteten *unbeschränkten* μ-Operator μy zu einem *beschränkten* μ-Operator $\overset{y}{\underset{z=0}{\mu}}$ übergehen. Zunächst geben wir die

Definition des beschränkten μ-Operators:

$$\overset{y}{\underset{z=0}{\mu}} P\mathfrak{x}z = \begin{cases} \text{das kleinste } z \text{ zwischen } 0 \text{ und } y \text{ (mit Einschließung der Grenzen } 0, y\text{), für welches } P\mathfrak{x}z, \text{ falls es überhaupt ein derartiges } z \text{ gibt,} \\ 0, \text{ falls kein derartiges } z \text{ existiert.} \end{cases}$$

(Der erste Fall ist offenbar der interessantere; die Festlegung des Funktionswertes im zweiten Fall als 0 erweist sich bei manchen Anwendungen als bequem.) Man beachte, daß die Anwendung des beschränkten μ-Operators auf ein $(n+1)$-stelliges Prädikat P zu einer $(n+1)$-stelligen Funktion führt, da der Funktionswert auch von der oberen Grenze y abhängt. Hier gilt der

Satz: Sei P ein primitiv-rekursives Prädikat. Sei

$$f(\mathfrak{x}, y) = \overset{y}{\underset{z=0}{\mu}} P\mathfrak{x}z.$$

Dann ist f eine primitiv-rekursive Funktion.

Zum *Beweis* verifiziert man zunächst die beiden Gleichungen:

$$f(\mathfrak{x}, 0) = 0$$

$$f(\mathfrak{x}, y') = \begin{cases} f(\mathfrak{x}, y), \text{ wenn es ein } z \text{ zwischen } 0 \text{ und } y \text{ (einschließlich der Grenzen) gibt, für welches } P\mathfrak{x}z, \\ y', \text{ wenn dies nicht gilt, wohl aber } P\mathfrak{x}y', \\ 0 \text{ sonst.} \end{cases}$$

Wir führen eine Funktion h ein durch die Definition:

$$h(\mathfrak{x}, y, t) = \begin{cases} t, \text{ wenn es ein } z \text{ zwischen } 0 \text{ und } y \text{ (einschließlich der Grenzen) gibt, für welche } P\mathfrak{x}z, \\ y', \text{ wenn dies nicht gilt, wohl aber } P\mathfrak{x}y', \\ 0 \text{ sonst.} \end{cases}$$

Man sieht sofort, insbesondere mit Hilfe von §11.6, Korollar 1, daß h primitiv-rekursiv ist. Jetzt ist die primitive Rekursivität von f evident, da man die beiden vorhin formulierten Gleichungen für f in der Form schreiben kann:

$$f(\mathfrak{x}, 0) = 0$$
$$f(\mathfrak{x}, y') = h(\mathfrak{x}, y, f(\mathfrak{x}, y)).$$

Bemerkung: Im folgenden werden öfters Ausdrücke auftreten von der Gestalt

$$\overset{y}{\underset{z=0}{\mu}} P\mathfrak{x}yz.$$

Ein solcher Ausdruck ist so zu verstehen, daß man zunächst $\overset{y}{\underset{z=0}{\mu}} P\mathfrak{x}uz$ zu bilden und dann nachträglich u mit y zu identifizieren hat. Der Leser überzeuge sich davon, daß dies auf dasselbe herauskommt, wie wenn man $\overset{y}{\underset{z=0}{\mu}} P\mathfrak{x}yz$ von vornherein wie oben definiert hätte.

3. *Weitere primitiv-rekursive Funktionen.* Mit Hilfe des beschränkten μ-Operators wollen wir nachweisen, daß einige Funktionen, die wir später verwenden werden, primitiv-rekursiv sind.

Zunächst führen wir den Quotienten $\frac{x}{y}$ ein durch die Definition:

$$\frac{x}{y} = \overset{x}{\underset{z=0}{\mu}} yz' > x.$$

Falls $y \neq 0$, so ist $\frac{x}{y}$ die größte Zahl t, für welche $ty \leqq x$. Falls $y \neq 0$ und y/x, so haben wir den gewöhnlichen Quotienten. Falls $y = 0$, so ist $\frac{x}{y}$ gleich 0.

Weiter betrachten wir die *Primzahlfunktion* $p(n)$ oder kurz p_n, welche die n-te Primzahl angibt (also $p(0)=2$, $p(1)=3$, $p(2)=5, \ldots$). Es gilt:

$$p(0)=2$$

$$p(n') = \overset{p(n)!+1}{\underset{z=0}{\mu}} (Pr\, z \wedge p(n) < z).$$

Bei der Festlegung der oberen Grenze des μ-Operators haben wir davon Gebrauch gemacht, daß zwischen p und $p!+1$ stets eine Primzahl liegt.[1]

Ferner führen wir die *Exponentenfunktion* $\exp(n, x)$ ein, welche angibt, mit welchem Exponenten die Primzahl $p(n)$ in der Zahl x aufgeht.[2] Bedenkt man, daß für $x \neq 0$ die Zahl $\exp(n, x)$ stets kleiner ist als x, so kann man schreiben:

$$\exp(n, x) = \overset{x}{\underset{z=0}{\mu}} \neg p(n)^{z+1}/x.$$

Schließlich wollen wir das größte n mit $p(n)/x$ die *Länge* $l(x)$ der Zahl x nennen. Dies gelte für $x>1$. Wir setzen ferner $l(0)=l(1)=0$. Für $x \neq 0$ ist $l(x) < x$. Es ist

$$l(x) = \overset{x}{\underset{z=0}{\mu}} \overset{x}{\underset{w=0}{\bigwedge}} (w > z \to \neg p(w)/x).$$

4. Die σ-Funktionen. Wir werden im folgenden des öfteren die Aufgabe haben, Zahlenpaare, Zahlentripel usf. durch Zahlen zu charakterisieren. Es handelt sich also um eine *Gödelisierung* (vgl. §1.3). Wir beginnen mit den Zahlenpaaren.

Jede (natürliche) Zahl $z \geqq 1$ läßt sich in der Form $z=2^x(2y+1)$ darstellen. Dabei sind x und y eindeutig bestimmt. Daher läßt sich jede Zahl $z \geqq 0$ in der Form $z=2^x(2y+1) \dot{-} 1$ darstellen, wobei ebenfalls x und y eindeutig bestimmt sind. Ordnet man nun dem Zahlenpaar x, y durch die Funktion

$$\sigma_2(x, y) = 2^x(2y+1) \dot{-} 1$$

eine Gödelnummer zu, so hat man eine umkehrbar eindeutige Abbildung der Zahlenpaare auf die natürlichen Zahlen. Die Umkehrfunktionen sind gegeben durch:

$$\sigma_{21}(z) = \exp(0, z+1)$$

$$\sigma_{22}(z) = \frac{\dfrac{z+1}{2^{\exp(0, z+1)}} \dot{-} 1}{2}.$$

[1] Man mache sich klar, daß diese Definition unter das Schema (**) aus § 10.1 fällt: Setzt man zur Abkürzung Qwz für $Pr\, z \wedge w < z$, $k(w, y) = \overset{y}{\underset{z=0}{\mu}} Qwz$ und $h(n, x) = k(U_2^2(n, x), U_2^2(n, x)!+1)$, so sieht man, daß Q, k und h primitiv-rekursiv sind und daß $p(n') = h(n, p(n))$.

[2] Dabei sei $\exp(n, 0) = 0$.

$\sigma_2, \sigma_{21}, \sigma_{22}$ sind primitiv-rekursive Funktionen. $\sigma_{21}(z)$ bzw. $\sigma_{22}(z)$ ist die erste bzw. zweite Komponente des Zahlenpaares, dessen Gödelnummer z ist. Man hat also:

$$\sigma_{21}(\sigma_2(x, y)) = x$$
$$\sigma_{22}(\sigma_2(x, y)) = y$$
$$\sigma_2(\sigma_{21}(z), \sigma_{22}(z)) = z.$$

Mit Hilfe von $\sigma_2, \sigma_{21}, \sigma_{22}$ lassen sich sukzessive Abbildungen $\sigma_3, \sigma_4, \ldots$ der Tripel, Quadrupel, ... natürlicher Zahlen und ihre Umkehrabbildungen gewinnen. Wir definieren zu diesem Zweck $\sigma_{n+1}, \sigma_{n+1,1}, \ldots, \sigma_{n+1,n+1}$ mit Hilfe der als bekannt vorausgesetzten Funktionen σ_n, $\sigma_{n1}, \ldots, \sigma_{nn}$ wie folgt:

$$\sigma_{n+1}(x_1, \ldots, x_{n+1}) = \sigma_2(\sigma_n(x_1, \ldots, x_n), x_{n+1})$$
$$\sigma_{n+1,j}(z) = \sigma_{nj}(\sigma_{21}(z)) \qquad (j = 1, \ldots, n)$$
$$\sigma_{n+1,n+1}(z) = \sigma_{22}(z).$$

$\sigma_{n+1}(x_1, \ldots, x_{n+1})$ wird also gewonnen als die Gödelnummer des Paares $(\sigma_n(x_1, \ldots, x_n), x_{n+1})$. Für $n = 3$ hat man insbesondere:

$$\sigma_3(x, y, z) = \sigma_2(\sigma_2(x, y), z)$$
$$\sigma_{31}(z) = \sigma_{21}(\sigma_{21}(z))$$
$$\sigma_{32}(z) = \sigma_{22}(\sigma_{21}(z))$$
$$\sigma_{33}(z) = \sigma_{22}(z).$$

Alle Funktionen σ_n, σ_{nj} sind primitiv-rekursiv.

5.[1] *Eine induktive Definition, bei der Einsetzungen in Parameter erfolgen.* In dem gewöhnlichen Induktionsschema (§10.1, (**)) wird $f(\mathfrak{x}, y')$ auf $f(\mathfrak{x}, y)$ zurückgeführt. Die Parameter $\mathfrak{x}$ treten also rechts unverändert auf. Eine andere Situation finden wir z.B. vor bei dem folgenden Definitionsschema (wir beschränken uns dabei auf *einen* Parameter x):

$$\text{(i)} \quad \begin{cases} f(x, 0) = g(x) \\ f(x, y') = h\Big(x, y, f(x, y), f(\exp(1, x), y), \sum_{k=0}^{x} f(\exp(k, x), y) \cdot H(k, x, y)\Big). \end{cases}$$

---

[1] Der Rest dieses Paragraphen kann beim ersten Lesen überschlagen werden. Wir werden hier über primitiv-rekursive Prädikate einige Sätze beweisen, die wir in § 21 benutzen. Dabei wird keine systematische Vollständigkeit erstrebt. Die bei diesen Beweisen angewandten Methoden sind charakteristisch für das Arbeiten mit primitiv-rekursiven Funktionen und Prädikaten. Mehr darüber findet man in dem Buch von R. Péter.

Hier ist zur Berechnung von $f(x, y')$ nicht nur die Kenntnis von $f(x, y)$ erforderlich, sondern auch die Kenntnis anderer Werte $f(i, y)$. In dem hier betrachteten Spezialfall ist dabei stets $i \leqq x$ (wegen $i = \exp(k, x) \leqq x$). (Ein induktives Definitionsschema, bei welchem auch $i > x$ zugelassen ist, betrachten wir am Schluß von Nr. 7.) Wir behaupten den

Satz: Wenn g, h, H primitiv-rekursiv sind, und f den Bedingungen (i) genügt, dann ist auch f primitiv-rekursiv.

Beweis: Wir betrachten die Funktion F, welche definiert ist durch

$$F(x, y) = p_0^{f(0,0)} \cdots p_x^{f(x,0)} p_{x+1}^{f(0,1)} \cdots p_{2x+1}^{f(x,1)} p_{2(x+1)}^{f(0,2)} \cdots p_{y(x+1)}^{f(0,y)} \cdots p_{y(x+1)+x}^{f(x,y)}.$$

Für $i \leqq x$ hat man

(i') $$f(i, y) = \exp\big(y(x+1) + i, F(x, y)\big).$$

Wir führen weiter die Funktion G ein durch

$$\begin{cases} G(0) = p_0^{g(0)} & \left(= p_0^{f(0,0)}\right) \\ G(x') = G(x)\, p_x^{g(x')} & \left(= G(x) p_x^{f(x',0)}\right). \end{cases}$$

G ist primitiv-rekursiv. Man sieht sofort, daß $G(x) = F(x, 0)$. Es gilt:

$$F(x, y') = F(x, y) \cdot p_{y'(x+1)}^{f(0,y')} \cdots p_{y'(x+1)+x}^{f(x,y')} = F(x, y) \prod_{l=0}^{x} p_{y'(x+1)+l}^{f(l,y')}.$$

Hier kann man nun $f(l, y')$ vermöge der zweiten Gleichung (i) umformen. Führt man dann wieder mit (i') die Funktion F ein, so erhält man:

(i'') $$\begin{cases} F(x, 0) = G(x) \\ F(x, y') = F(x, y) \cdot \prod\limits_{l=0}^{x} p_{y'(x+1)+l}^{h^*(l, x, y, F(x,y))} \end{cases}$$

mit der primitiv-rekursiven Funktion h^*, welche definiert ist durch

$$h^*(l, x, y, z) = h\Big(l, y, \exp\big(y(x+1) + l, z\big), \exp\big(y(x+1) + \exp(1, l), z\big), \sum_{k=0}^{l} \exp\big(y(x+1) + \exp(k, l), z\big)\, H(k, l, y)\Big).$$

Nun zeigt die Beziehung (i''), daß F primitiv-rekursiv ist (zu $\sum$ und $\prod$ vgl. §10.5). Aus (i') erhält man für $i = x$ die Darstellung

$$f(x, y) = \exp\big(y(x+1) + x,\ F(x, y)\big),$$

womit auch die primitive Rekursivität von f bewiesen ist.

6. *Eine weitere induktive Definition mit Einsetzungen in Parameter.*

Satz: B, R seien primitiv-rekursive Prädikate, f eine primitiv-rekursive Funktion und M eine natürliche Zahl. Es werde für alle r-Tupel

$\mathfrak{x}, \mathfrak{y}, \mathfrak{z}$, und für alle m vorausgesetzt:

(1) $$B\mathfrak{x} \to \operatorname{Max}\mathfrak{x} \leqq M,$$

(2) $$R\mathfrak{x}\mathfrak{y}\mathfrak{z}m \to \operatorname{Max}\mathfrak{x} \leqq f(\mathfrak{y}, \mathfrak{z}, m).$$

Das Prädikat A werde durch Induktion über m eingeführt durch die Beziehungen:

(3) $$A\mathfrak{x}0 \leftrightarrow B\mathfrak{x},$$

(4) $$A\mathfrak{x}m' \leftrightarrow A\mathfrak{x}m \vee \bigvee_{\mathfrak{y}}\bigvee_{\mathfrak{z}}(A\mathfrak{y}m \wedge A\mathfrak{z}m \wedge R\mathfrak{x}\mathfrak{y}\mathfrak{z}m).$$

Dann ist auch A primitiv-rekursiv.

Zum *Beweis* wollen wir zunächst die unbeschränkten Partikularisatoren in (4) in beschränkte Partikularisatoren verwandeln. Mit der primitiv-rekursiven Funktion h, welche eingeführt wird durch die induktive Definition:

$$\begin{cases} h(0) = M \\ h(m') = \operatorname{Max}\left(h(m), \operatorname*{Max}_{y_1=0}^{h(m)} \dots \operatorname*{Max}_{y_r=0}^{h(m)} \operatorname*{Max}_{z_1=0}^{h(m)} \dots \operatorname*{Max}_{z_r=0}^{h(m)} f(\mathfrak{y}, \mathfrak{z}, m)\right), \end{cases}$$

gilt die Abschätzung:

(5) $$A\mathfrak{x}m \to \operatorname{Max}\mathfrak{x} \leqq h(m).$$

Dies zeigt man durch Induktion: Wenn $A\mathfrak{x}0$, so $B\mathfrak{x}$, also $\operatorname{Max}\mathfrak{x} \leqq M = h(0)$ nach (1). Wenn $A\mathfrak{x}m'$, so haben wir zwei Fälle:

(α) $A\mathfrak{x}m$. Dann ist nach Induktionsvoraussetzung $\operatorname{Max}\mathfrak{x} \leqq h(m) \leqq h(m')$.

(β) Es gibt $\mathfrak{y}, \mathfrak{z}$ mit $A\mathfrak{y}m$, $A\mathfrak{z}m$, $R\mathfrak{x}\mathfrak{y}\mathfrak{z}m$. Wegen der Induktionsvoraussetzung ist $\operatorname{Max}\mathfrak{y} \leqq h(m)$, $\operatorname{Max}\mathfrak{z} \leqq h(m)$. Damit erhält man aus $R\mathfrak{x}\mathfrak{y}\mathfrak{z}m$ mit (2):

$$\operatorname{Max}\mathfrak{x} \leqq f(\mathfrak{y}, \mathfrak{z}, m) \leqq \operatorname*{Max}_{y_1=0}^{h(m)} \dots \operatorname*{Max}_{z_r=0}^{h(m)} f(\mathfrak{y}, \mathfrak{z}, m) \leqq h(m').$$

Mit der Abschätzung (5) können wir (4) verschärfen zu

(4′) $$A\mathfrak{x}m' \leftrightarrow A\mathfrak{x}m \vee \bigvee_{y_1=0}^{h(m)} \dots \bigvee_{z_r=0}^{h(m)} (A\mathfrak{y}m \wedge A\mathfrak{z}m \wedge R\mathfrak{x}\mathfrak{y}\mathfrak{z}m).$$

a, b, r seien die charakteristischen Funktionen der Prädikate A, B, R. b, r sind nach Voraussetzung primitiv-rekursiv. Wir haben dasselbe für a zu zeigen. Dies ergibt sich aus der folgenden Darstellung für a, welche man sofort aus (3), (4′) erhält:

$$\begin{cases} a(\mathfrak{x}, 0) = b(\mathfrak{x}) \\ a(\mathfrak{x}, m') = a(\mathfrak{x}, m) \prod_{y_1=0}^{h(m)} \dots \prod_{z_r=0}^{h(m)} \operatorname{sg}\left(a(\mathfrak{y}, m) + a(\mathfrak{z}, m) + r(\mathfrak{x}, \mathfrak{y}, \mathfrak{z}, m)\right). \end{cases}$$

7. *Wertverlaufsrekursionen.* In dem Induktionsschema (**) aus §10.1 wird $f(\mathfrak{x}, y')$ zurückgeführt auf $f(\mathfrak{x}, y)$. Allgemeiner könnte man $f(\mathfrak{x}, y')$ zurückführen auf die vorangehenden Werte $f(\mathfrak{x}, 0), \ldots, f(\mathfrak{x}, y)$, d.h. auf den gesamten vorausgehenden „Wertverlauf" der Funktion f. Man spricht in diesem Fall von einer *Wertverlaufsrekursion.* Als ein typisches Beispiel behandeln wir das Definitionsschema:

$$f(\mathfrak{x}, 0) = g(\mathfrak{x}), \tag{6}$$

$$f(\mathfrak{x}, y') = h\left(\mathfrak{x}, y, \prod_{i=0}^{y} p_i^{f(\mathfrak{x}, G(\mathfrak{x}, y, i)) H(\mathfrak{x}, y, i)}\right), \tag{7}$$

wobei wir *voraussetzen, daß* $G(\mathfrak{x}, y, i) \leqq y$ für $i \leqq y$. *Wir wollen zeigen, daß mit* g, h, G, H *auch* f *primitiv-rekursiv ist.* Zu diesem Zweck führen wir eine Funktion F ein durch

$$F(\mathfrak{x}, y) = p_0^{f(\mathfrak{x}, 0)} p_1^{f(\mathfrak{x}, 1)} \cdot \ldots \cdot p_y^{f(\mathfrak{x}, y)}. \tag{8}$$

Es ist offenbar

$$f(\mathfrak{x}, i) = \exp(i, F(\mathfrak{x}, y)) \quad \textit{für} \quad i \leqq y, \tag{9}$$

also insbesondere

$$f(\mathfrak{x}, y) = \exp(y, F(\mathfrak{x}, y)). \tag{10}$$

Es genügt demnach zu zeigen, daß F primitiv-rekursiv ist. Dies folgt sofort aus den beiden Gleichungen

$$F(\mathfrak{x}, 0) = p_0^{f(\mathfrak{x}, 0)} = p_0^{g(\mathfrak{x})}, \tag{11}$$

$$\begin{aligned} F(\mathfrak{x}, y') &= F(\mathfrak{x}, y)\, p_{y'}^{f(\mathfrak{x}, y')} \\ &= F(\mathfrak{x}, y)\, p_{y'}^{h\left(\mathfrak{x}, y, \prod_{i=0}^{y} p_i^{f(\mathfrak{x}, G(\mathfrak{x}, y, i)) H(\mathfrak{x}, y, i)}\right)} \\ &= F(\mathfrak{x}, y)\, p_{y'}^{h\left(\mathfrak{x}, y, \prod_{i=0}^{y} p_i^{\exp(G(\mathfrak{x}, y, i), F(\mathfrak{x}, y)) H(\mathfrak{x}, y, i)}\right)} \end{aligned} \tag{12}$$

Auf das Schema (6), (7) wollen wir abschließend ein weiteres Definitionsschema zurückführen, welches später (in § 21.3) auftritt. Dieses lautet in unwesentlich modifizierter Schreibweise:

$$f(\mathfrak{x}, 0) = 0, \tag{13}$$

$$f(\mathfrak{x}, y) = K(\mathfrak{x}, y), \quad \textit{wenn } y \textit{ ungerade ist,} \tag{14}$$

$$f(\mathfrak{x}, p_0^{\nu_0} \ldots p_r^{\nu_r}) = p_0^{\nu_0} p_1^{f(\mathfrak{x}, \nu_1)} \ldots p_r^{f(\mathfrak{x}, \nu_r)} \quad \textit{für} \quad \nu_0 > 0. \tag{15}$$

Offensichtlich wird durch (13), (14), (15) eindeutig eine Funktion f definiert. Wir wollen zeigen, daß f primitiv-rekursiv ist, wenn K es ist. Dazu gehen wir aus von einer geraden Zahl y'. Wir können setzen

$$y' = p_0^{\nu_0} p_1^{\nu_1} \cdots p_r^{\nu_r}, \quad \text{und sogar} \quad y' = p_0^{\nu_0} p_1^{\nu_1} \cdots p_y^{\nu_y}.$$

Dann wird die rechte Seite von (15)

$$p_0^{\exp(0,y')} p_1^{f(\mathfrak{x}, \exp(1,y'))} \cdots p_y^{f(\mathfrak{x}, \exp(y,y'))}.$$

Setzt man $G(\mathfrak{x}, y, i) = \exp(i, y')$, so ist offenbar $G(\mathfrak{x}, y, i) \leqq y$ für $i \leqq y$. Setzt man weiter $H(\mathfrak{x}, y, i) = sg(i)$, so kann man das letzte Produkt in der Form

$$p_0^{\exp(0,y')} \prod_{i=0}^{y} p_i^{f(\mathfrak{x}, G(\mathfrak{x}, y, i)) H(\mathfrak{x}, y, i)}$$

schreiben.

Faßt man nun die Gleichungen (14), (15) zusammen zu der Gleichung

$$f(\mathfrak{x}, y') = \overline{sg}(\exp(0,y')) \cdot K(\mathfrak{x}, y') + \\ + sg(\exp(0,y')) \cdot p_0^{\exp(0,y')} \prod_{i=0}^{y} p_i^{f(\mathfrak{x}, G(\mathfrak{x}, y, i)) H(\mathfrak{x}, y, i)},$$

so hat man den Anschluß an Formel (7) und damit den Beweis für die primitive Rekursivität von f.

§ 13. Beispiel einer berechenbaren Funktion, die nicht primitiv-rekursiv ist

In § 10 haben wir den Begriff der primitiv-rekursiven Funktion eingeführt. Wie die Beispiele der letzten Paragraphen zeigen, sind viele Funktionen der mathematischen Praxis, deren Argumente und Werte natürliche Zahlen sind, primitiv-rekursiv. Man könnte daher vermuten, daß jede berechenbare Funktion primitiv-rekursiv ist. Dieses Problem wurde von HILBERT 1926 gestellt. Im Jahre 1928 zeigte ACKERMANN an Hand eines Beispiels, daß diese Vermutung nicht zutrifft.

1. *Die Idee des Ackermannschen Beweises* für die Existenz einer berechenbaren Funktion, welche nicht primitiv-rekursiv ist, besteht darin, eine berechenbare Funktion zu definieren, welche in einem gewissen Sinne schneller wächst als alle primitiv-rekursiven Funktionen. Zu immer stärker wachsenden Funktionen führt bekanntlich die Folge: Summe, Produkt, Potenz. Da die Potenz aus dem Produkt auf ähnliche Weise entsteht, wie das Produkt aus der Summe, so läßt sich dieser Prozeß weiterführen. Man kommt so zu einer Hyperpotenz usf. Verfolgen wir dies genauer: Für $n = 1, 2, 3$ sei $f_n(x, y)$ die Summe, das Produkt und die Potenz. Wir fügen hinzu die Funktion $f_0(x, y) = N(x)$.

Dann hat man:

$$\begin{cases} f_1(x,0) = x \\ f_1(x,y') = f_0(f_1(x,y),x) \end{cases}$$

$$\begin{cases} f_2(x,0) = 0 \\ f_2(x,y') = f_1(f_2(x,y),x) \end{cases}$$

$$\begin{cases} f_3(x,0) = 1 \\ f_3(x,y') = f_2(f_3(x,y),x). \end{cases}$$

Man sieht, daß diese Definitionen (abgesehen von der Ausgangsfunktion $f_0(x,y)$) unter das Schema

$$\begin{cases} f_{n'}(x,0) = g_{n'}(x) \\ f_{n'}(x,y') = f_n(f_{n'}(x,y),x) \end{cases}$$

fallen. Wenn man für $g_{n'}(x)$ geeignete primitiv-rekursive Funktionen nimmt, kommt man zu einer Folge $f_n(x,y)$ von Funktionen $(n = 0, 1, 2, \ldots)$, welche die betrachtete Anfangsfolge: Nachfolgerfunktion, Summe, Produkt, Potenz extrapolieren. Jede solche Funktion $f_n(x,y)$ ist primitiv-rekursiv.

Der entscheidende Schritt besteht nun darin, die *unendliche Folge* $f_n(x,y)$ von Funktionen von zwei Argumenten durch *eine* Funktion $f(n,x,y)$ von *drei* Argumenten zu ersetzen. Anders ausgedrückt: Der bisherige *Index* n soll zum *Argument* gemacht werden. Wir setzen also:

$$f(n,x,y) = f_n(x,y).$$

$f(n,x,y)$ ist offensichtlich berechenbar. $f(n,x,y)$ genügt der Funktionalgleichung

$$f(n',x,y') = f(n, f(n',x,y), x), \tag{0}$$

welche noch zu ergänzen ist für verschwindendes erstes oder drittes Argument. Diese Funktionalgleichung ist eine Art induktiver Definition von f. Sie ist aber von einem allgemeineren Typus als die induktive Definition, welche bei der Definition der primitiv-rekursiven Funktionen aufgetreten ist. Am Ende von § 12 haben wir allgemeinere Schemata auf das bei der Definition der primitiv-rekursiven Funktionen auftretende Induktionsschema reduziert. Dies ist aber für (0) nicht möglich; man kann nämlich zeigen, daß $f(n,x,y)$ nicht primitiv-rekursiv ist.

2. *Definition der Ackermannschen Funktion.* Wir wollen den Beweis für die Existenz einer berechenbaren, aber nicht primitiv-rekursiven Funktion nicht an Hand der soeben besprochenen Funktionen $f(n,x,y)$ führen, sondern eine einfachere Funktion zugrunde legen. In der Gleichung (0) spielt die Variable x, die durchgehend als Parameter auftritt,

offenbar eine weniger wesentliche Rolle als die Variablen n und y, von denen auch die Nachfolger n' und y' vorkommen. Wir wollen daher in (0) die Variable x überhaupt unterdrücken. An Stelle von n verwenden wir dann wieder den Buchstaben x. Damit erhalten wir die dritte Gleichung des folgenden Schemas. Da diese Gleichung aus der Gleichung (0) gewonnen wurde, wollen wir auch im folgenden von der Ackermannschen Funktion sprechen.[1] Die beiden anderen Gleichungen wählen wir in einfacher Weise so, daß die folgenden Überlegungen möglich werden. Wir geben damit die *Definition:*

(1) $$f(0,y)=y',$$

(2) $$f(x',0)=f(x,1),$$

(3) $$f(x',y')=f(x,f(x',y)).$$

Man sieht unmittelbar durch Induktion über x, daß durch diese Gleichungen $f(x,y)$ für jedes x,y in eindeutiger Weise festgelegt ist und berechnet werden kann. Es gibt also genau eine Funktion, die diesen Gleichungen genügt, und diese Funktion ist berechenbar.

3. Der Gedankengang des Beweises. Wir wollen zeigen, daß die Ackermannsche Funktion nicht primitiv-rekursiv ist. Zu diesem Zweck verwenden wir das erst in Nr. 5 bewiesene

Lemma: Zu jeder primitiv-rekursiven Funktion $g(x_1, \ldots, x_n)$ gibt es eine Zahl c derart, daß für alle $x_1, \ldots, x_n$ gilt:

(*) $$g(x_1,\ldots,x_n)<f(c,x_1+\cdots+x_n).$$

Wenn g eine Funktion von *null* Variablen ist, so soll (*) besagen:

$$g<f(c,0).$$

Wäre nun die Ackermannsche Funktion $f(x,y)$ primitiv-rekursiv, so auch die Funktion $g(x)=f(x,x)$. Dann gäbe es nach dem Lemma eine Konstante c, derart daß *für alle* x:

$$g(x)<f(c,x).$$

Dies gälte insbesondere für $x=c$. Damit hätte man den Widerspruch:

$$g(c)<f(c,c)=g(c).^{2}$$

---

[1] Die im folgenden untersuchte Funktion ist also nicht die ursprünglich von ACKERMANN angegebene Funktion. Zu deren Definition und zum Nachweis, daß diese Funktion nicht primitiv-rekursiv ist, vgl. die zitierte Abhandlung von ACKERMANN.

[2] Man spricht bei diesem Beweis von einem „Diagonalverfahren", da man die Werte der Funktion $f(x, y)$ auf der Diagonalen $x=y=c$ heranzieht.

4. Hilfssätze. Als Vorbereitung für den Beweis des Lemmas wollen wir einige Abschätzungen für f herleiten.

(4) $$y < f(x, y).$$

Man zeigt durch Induktion über x, daß $y < f(x, y)$ für jedes y: Für $x = 0$ ist $y < y' = f(0, y)$. Sei nun der Satz als bewiesen vorausgesetzt für ein x und jedes y (Induktionsvoraussetzung). Er soll nun bewiesen werden für x' und jedes y durch Induktion über y. Für x' und $y = 0$ ist $1 < f(x, 1)$ nach der Induktionsvoraussetzung, also $0 < 1 < f(x, 1) = f(x', 0)$. Als zweite Induktionsvoraussetzung haben wir nun die Gültigkeit von (4) für x' und ein gewisses y. Wir haben den Satz zu zeigen für x' und y'. Zunächst haben wir nach der zweiten Induktionsvoraussetzung:

$$y < f(x', y),$$

und dann nach der ersten Induktionsvoraussetzung (4), wenn wir dort speziell $f(x', y)$ für y setzen: $f(x', y) < f(x, f(x', y))$, also mit (3):

$$f(x', y) < f(x', y').$$

Aus den beiden letzten Ungleichungen erhält man $y' < f(x', y')$, w. z. b. w.

(5) $$f(x, y) < f(x, y') \quad \textit{Monotonie im zweiten Argument.}$$

Dies zeigt man durch Induktion über x: Es ist $f(0, y) = y' < y'' = f(0, y')$. Schließlich ist nach (4): $f(x', y) < f(x, f(x', y)) = f(x', y')$.

(6) $$f(x, y') \leqq f(x', y).$$

Beweis durch Induktion über y. Es ist $f(x, 1) = f(x', 0)$ nach (2). Weiter ist $y' < f(x, y')$ nach (4), also $y'' \leqq f(x, y') \leqq f(x', y)$ nach der Induktionsvoraussetzung. Hieraus ergibt sich mit Hilfe von (5):

$$f(x, y'') \leqq f(x, f(x', y)) = f(x', y'), \quad \text{w.z.b.w.}$$

(7) $$f(x, y) < f(x', y) \quad \textit{Monotonie im ersten Argument.}$$

Denn $f(x, y) < f(x, y')$ nach (5) und $f(x, y') \leqq f(x', y)$ nach (6).

Wir wollen nun $f(1, y)$ und $f(2, y)$ durch elementare Funktionen darstellen.

(8) $$f(1, y) = y + 2.$$

Induktion nach y: $f(1, 0) = f(0, 1) = 2$.

$$f(1, y') = f(0, f(1, y)) = f(0, y + 2) = y + 3 = y' + 2.$$

(9) $$f(2, y) = 2y + 3.$$

Induktion nach y: $f(2, 0) = f(1, 1) = 3$ nach (8).

$$f(2, y') = f(1, f(2, y)) = f(1, 2y+3) = 2y+5 = 2y'+3.$$

Schließlich benötigen wir die Abschätzung:

(10) Zu beliebigen $c_1, \ldots, c_r$ gibt es ein c, so daß für alle x gilt:

$$\sum_{j=1}^{r} f(c_j, x) \leqq f(c, x).$$

Es genügt offenbar, diese Behauptung für $r = 2$ zu zeigen. Sei $d = \mathrm{Max}(c_1, c_2)$ und $c = d + 4$. Dann gilt:

$$\begin{aligned} f(c_1, x) + f(c_2, x) &\leqq f(d, x) + f(d, x) && \text{nach (7)} \\ &< 2f(d, x) + 3 \\ &= f(2, f(d, x)) && \text{nach (9)} \\ &< f(d+2, f(d+3, x)) && \text{nach (5), (7)} \\ &= f(d+3, x') \\ &\leqq f(d+4, x) && \text{nach (6)} \\ &= f(c, x). \end{aligned}$$

5. Beweis des Lemmas aus Nr. 3. Wir zeigen (*) zunächst für die Ausgangsfunktionen und beweisen anschließend, daß sich die Abschätzung des Lemmas überträgt auf Funktionen, die man durch den Einsetzungs- und Induktionsprozeß gewinnen kann.

(11) $$N(x) < f(1, x),$$

denn es ist $N(x) = f(0, x) < f(1, x)$ nach (7).

(12) $$U_n^i(x_1, \ldots, x_n) < f(0, x_1 + \cdots + x_n),$$

da $U_n^i(x_1, \ldots, x_n) = x_i < (x_1 + \cdots + x_n)' = f(0, x_1 + \cdots + x_n)$.

(13) $$C_0^0 < f(0, 0),$$

da $f(0, 0) = 1$.

(14) Der Einsetzungsprozeß: Zu den Funktionen $g, g_1, \ldots, g_n$ gebe es Zahlen $c, c_1, \ldots, c_n$ derart, daß

$$g(x_1, \ldots, x_n) < f(c, x_1 + \cdots + x_n)$$

$$g_j(y_1, \ldots, y_r) < f(c_j, y_1 + \cdots + y_r) \qquad (j = 1, \ldots, n).$$

Sei

$$h(y_1, \ldots, y_r) = g(g_1(y_1, \ldots, y_r), \ldots, g_n(y_1, \ldots, y_r)).$$

Dann gibt es ein d, so daß für alle $y_1, \dots, y_r$:

$$h(y_1, \dots, y_r) < f(d, y_1 + \cdots + y_r).$$

Beweis:

$$\begin{aligned} h(y_1, \dots, y_r) &= g\big(g_1(y_1, \dots, y_r), \dots, g_n(y_1, \dots, y_r)\big) \\ &< f\big(c, g_1(y_1, \dots, y_r) + \cdots + g_n(y_1, \dots, y_r)\big) \\ &< f\big(c, f(c_1, y_1 + \cdots + y_r) + \cdots + f(c_n, y_1 + \cdots + y_r)\big) \quad \text{nach (5)} \\ &\leqq f\big(c, f(c^*, y_1 + \cdots + y_r)\big) \quad \text{mit geeignetem } c^* \text{ nach (10)} \\ &\leqq f\big(c + c^*, f(c + c^* + 1, y_1 + \cdots + y_r)\big) \quad \text{nach (5), (7)} \\ &= f(c + c^* + 1, y_1 + \cdots + y_r + 1) \\ &\leqq f(c + c^* + 2, y_1 + \cdots + y_r) \quad \text{nach (6).} \end{aligned}$$

(15) Der Induktionsprozeß: Zu den Funktionen g_1, g_2 gebe es Zahlen c_1, c_2 derart, daß

$$g_1(x_1, \dots, x_n) < f(c_1, x_1 + \cdots + x_n) \quad \text{für alle } x_1, \dots, x_n$$
$$g_2(x_1, \dots, x_n, y, z) < f(c_2, x_1 + \cdots + x_n + y + z) \quad \text{für alle } x_1, \dots, x_n, y, z.$$

Sei die Funktion h induktiv gegeben durch

$$h(x_1, \dots, x_n, 0) = g_1(x_1, \dots, x_n)$$
$$h(x_1, \dots, x_n, y') = g_2\big(x_1, \dots, x_n, y, h(x_1, \dots, x_n, y)\big).$$

Dann gibt es eine Konstante c, so daß für alle $x_1, \dots, x_n, y$

$$h(x_1, \dots, x_n, y) < f(c, x_1 + \cdots + x_n + y).$$

Statt dieser Behauptung zeigen wir die stärkere Aussage: Es gibt ein c, so daß für beliebige $x_1, \dots, x_n, y$ gilt:

$$(**) \qquad h(x_1, \dots, x_n, y) + x_1 + \cdots + x_n + y < f(c, x_1 + \cdots + x_n + y).$$

Zu diesem Zweck zeigen wir zunächst, daß es ein c_1^* gibt, so daß

$$g_1(x_1, \dots, x_n) + x_1 + \cdots + x_n < f(c_1^*, x_1 + \cdots + x_n) \quad \text{für alle } x_1, \dots, x_n.$$

Dies ergibt sich unter Berücksichtigung von (12) und (10) wie folgt:

$$\begin{aligned} &g_1(x_1, \dots, x_n) + x_1 + \cdots + x_n \\ &\quad = g_1(x_1, \dots, x_n) + U_n^1(x_1, \dots, x_n) + \dots + U_n^n(x_1, \dots, x_n) \\ &\quad < f(c_1, x_1 + \cdots + x_n) + f(0, x_1 + \cdots + x_n) + \cdots + f(0, x_1 + \cdots + x_n) \\ &\quad < f(c_1^*, x_1 + \cdots + x_n) \quad \text{mit geeignetem } c_1^*. \end{aligned}$$

Ebenso zeigt man, daß es eine Konstante c_2^* gibt, so daß für alle $x_1, \cdots, x_n, y, z$

$$g_2(x_1, \ldots, x_n, y, z) + x_1 + \cdots + x_n + y + z < f(c_2^*, x_1 + \cdots + x_n + y + z).$$

Wir wollen nun durch Induktion über y (**) beweisen für

$$c = \mathrm{Max}(c_1^*, c_2^*) + 1.$$

Man erhält (**) für $y = 0$ sofort mit Hilfe von (7).

Weiter hat man:

$$\begin{aligned} h(x_1, \ldots, x_n, y') + x_1 + \cdots + x_n + y' \\ &= g_2\big(x_1, \ldots, x_n, y, h(x_1, \ldots, x_n, y)\big) + x_1 + \cdots + x_n + y' \\ &< f\big(c_2^*, x_1 + \cdots + x_n + y + h(x_1, \ldots, x_n, y)\big) + 1 \\ &< f\big(c_2^*, f(c, x_1 + \cdots + x_n + y)\big) + 1 \end{aligned}$$

nach der Induktionsvoraussetzung; und in Verbindung mit (7):

$$\begin{aligned} &\leqq f\big(c - 1, f(c, x_1 + \cdots + x_n + y)\big) + 1 \\ &= f(c, x_1 + \cdots + x_n + y') + 1. \end{aligned}$$

Beachtet man, daß in der Abschätzung zweimal ein Kleinerzeichen auftritt, so sieht man, daß auch

$$h(x_1, \ldots, x_n, y') + x_1 + \cdots + x_n + y' < f(c, x_1 + \cdots + x_n + y'),$$

w.z.b.w.

Aufgabe 1. Man verschärfe das Lemma, indem man zeige: Zu jeder primitiv-rekursiven Funktion $g(x_1, \ldots, x_n)$ gibt es eine Zahl c derart, daß für alle $x_1, \ldots, x_n$ gilt:

$$g(x_1, \ldots, x_n) \leq f\big(c, \mathrm{Max}(x_1, \ldots, x_n)\big).$$

Anleitung: Man bilde die Funktion $G(x) = \underset{\substack{x_1 \leqq x \\ \vdots \\ x_n \leqq x}}{\mathrm{Max}}\, g(x_1, \ldots, x_n)$.

Aufgabe 2. Man zeige, daß nicht alle berechenbaren Funktionen primitiv-rekursiv sind, indem man eine effektive Abzählung aller primitiv-rekursiven Funktionen herstellt und dann einen Diagonalschluß anwendet.

Literatur

Ackermann, W.: Zum Hilbertschen Aufbau der reellen Zahlen. Math. Ann. **99**, 118–133 (1928).

§ 14. μ-rekursive Funktionen und Prädikate

Das im letzten Paragraphen behandelte Beispiel der Ackermannschen Funktion zeigt, daß die Operationen der Einsetzung und der induktiven Definition nicht ausreichen, um alle berechenbaren Funktionen zu erhalten, wenn man mit den Ausgangsfunktionen N, U_n^i und C_0^0 beginnt (vgl. § 10.1). Als eine weitere Operation, die man hinzunehmen kann, bietet sich der μ-Operator an. Wie wir bereits in § 12.1 gesehen haben, ist $\mu y P\mathfrak{x}y$ *(das kleinste* y *mit* $P\mathfrak{x}y$*)* eine berechenbare Funktion von $\mathfrak{x}$, vorausgesetzt, daß P entscheidbar ist, und daß es zu jedem $\mathfrak{x}$ wenigstens ein y gibt mit $P\mathfrak{x}y$ *(Normalfall).*

Wir wollen sagen, daß $f(\mathfrak{x})$ *aus* $g(\mathfrak{x}, y)$ *durch Anwendung des μ-Operators im Normalfall entsteht,* wenn es zu jedem $\mathfrak{x}$ ein y gibt mit $g(\mathfrak{x}, y)=0$, und wenn $f(\mathfrak{x})$ das kleinste solche y ist.

Ist in diesem Falle g berechenbar, so ist $g(\mathfrak{x}, y)=0$ entscheidbar und nach dem Vorangehenden f berechenbar. Die Anwendung des μ-Operators im Normalfall führt also nicht aus dem Bereich der berechenbaren Funktionen heraus.

1. μ-rekursive Funktionen.

Definition: Eine Funktion heißt *μ-rekursiv*[1], wenn sie, ausgehend von den Funktionen N, U_n^i, C_0^0 erzeugt werden kann mittels der folgenden Operationen:

(1) Einsetzung (vgl. S. 61),

(2) induktive Definition (vgl. S. 61),

(3) Anwendung des μ-Operators im Normalfall.

Es ist klar, daß jede μ-rekursive Funktion berechenbar ist, und daß jede primitiv-rekursive Funktion μ-rekursiv ist.

2. μ-rekursive Prädikate. Man kann den Begriff des μ-rekursiven Prädikates einführen analog zum Begriff des primitiv-rekursiven Prädikates (vgl. § 11.1) durch die

Definition: Ein n-stelliges *Prädikat* P $(n \geqq 1)$ heißt *μ-rekursiv,* wenn es eine μ-rekursive n-stellige Funktion f gibt, derart daß für beliebige Zahlen-n-Tupel $\mathfrak{x}$

$$P\mathfrak{x} \text{ genau dann, wenn } f(\mathfrak{x})=0.$$

Jedes μ-rekursive Prädikat ist entscheidbar.

Für die μ-rekursiven Prädikate und Funktionen gelten mutatis mutandis die Sätze, welche wir in § 11 Nr. 3 und 5 für die *primitiv-*

[1] Dieser Begriff stammt von KLEENE.

rekursiven Prädikate und Funktionen hergeleitet haben, mit denselben Beweisen. Wir beschränken uns darauf, als Ergebnis zu notieren den

Satz: Die Operationen der Negation, der verallgemeinerten Konjunktionen und Alternativen, sowie der beschränkten Quantifizierungen führen von μ-rekursiven Prädikaten wieder zu μ-rekursiven Prädikaten. Dasselbe gilt für die Einsetzung einer μ-rekursiven Funktion in ein μ-rekursives Prädikat. Eine durch Fallunterscheidung mit Hilfe von μ-rekursiven Funktionen und μ-rekursiven Prädikaten definierte Funktion ist μ-rekursiv.

3. *μ-Rekursivität der Ackermannschen Funktion.* Daß der Bereich der μ-rekursiven Funktionen größer ist als der Bereich der primitivrekursiven Funktionen, zeigt der

Satz: Die Ackermannsche Funktion $f(x,y)$ ist μ-rekursiv.

Die Berechnung von $f(2, 1)$ für die Ackermannsche Funktion

Schritt	Berechnung	Abgekürzte Schreibweise	Gödelnummern		
0	$f(2,1)$	2, 1	$2^3 3^2$	=	72
1	$f(1,f(2,0))$	1, 2, 0	$2^2 3^3 5^1$	=	540
2	$f(1,f(1,1))$	1, 1, 1	$2^2 3^2 5^2$	=	900
3	$f(1,f(0,f(1,0)))$	1, 0, 1, 0	$2^2 3^1 5^2 7^1$	=	2100
4	$f(1,f(0,f(0,1)))$	1, 0, 0, 1	$2^2 3^1 5^1 7^2$	=	2940
5	$f(1,f(0,2))$	1, 0, 2	$2^2 3^1 5^3$	=	1500
6	$f(1,3)$	1, 3	$2^2 3^4$	=	324
7	$f(0,f(1,2))$	0, 1, 2	$2^1 3^2 5^3$	=	2250
8	$f(0,f(0,f(1,1)))$	0, 0, 1, 1	$2^1 3^1 5^2 7^2$	=	7350
9	$f(0,f(0,f(0,f(1,0))))$	0, 0, 0, 1, 0	$2^1 3^1 5^1 7^2 11^1$	=	16170
10	$f(0,f(0,f(0,f(0,1))))$	0, 0, 0, 0, 1	$2^1 3^1 5^1 7^1 11^2$	=	25410
11	$f(0,f(0,f(0,2)))$	0, 0, 0, 2	$2^1 3^1 5^1 7^3$	=	10290
12	$f(0,f(0,3))$	0, 0, 3	$2^1 3^1 5^4$	=	3750
13	$f(0,4)$	0, 4	$2^1 3^5$	=	486
14	5	5	2^6	=	64
15		5	2^6	=	64
16		5	2^6	=	64
17		5	2^6	=	64
.		.			.
.		.			.
.		.			.

Zum *Beweis* verfolgen wir die Berechnung von $f(x,y)$ mittels der sie definierenden Gleichungen (1), (2), (3) des letzten Paragraphen. In der obigen Tabelle ist die Berechnung von $f(2,1)$ dargestellt. Die

Berechnung erfolgt in Schritten (Spalte 1). Sie ist nach 14 Schritten beendet und liefert den Funktionswert 5. Man sieht (Spalte 2), daß man zum Ziele kommt, wenn man den jeweils am weitesten innen stehenden Ausdruck $f(n, m)$ umformt. Dazu kommt genau eine der Gleichungen (1), (2), (3) in Frage. Auf diese Weise erhält man ein eindeutiges Berechnungsverfahren. Man erkennt, daß bei der Berechnung das Anschreiben des Symbols „f" und der Klammern überflüssig ist, da immer nach rechts geklammert wird. Es genügt völlig, jeweils die Argumente hinzuschreiben (Spalte 3).

An sich ist die Berechnung nach dem 14. Schritt zu Ende. Wir haben jedoch die dritte Spalte nach unten weiter fortgesetzt durch wiederholte Reproduktion des Funktionswertes 5.

In der vierten Spalte geben wir nunmehr die in der dritten Spalte vorkommenden Folgen natürlicher Zahlen jeweils durch eine einzige Zahl wieder. Wir nehmen also eine *Gödelisierung* vor. Dazu ordnen wir der (endlichen) Folge

$$r_0, r_1, \ldots, r_k$$

von natürlichen Zahlen ($k \geqq 0$, $r_j \geqq 0$) als Gödelnummer die Zahl

$$n = p(0)^{r_0+1} p(1)^{r_1+1} \ldots p(k)^{r_k+1}$$

zu, wobei $p(k)$ die Folge der Primzahlen durchläuft (vgl. S. 78). Das Wesentliche bei dieser Darstellung ist, daß man aus der Gödelnummer die ursprüngliche Folge rekonstruieren kann, indem man n in Primfaktoren zerlegt und die Folge der jeweils um 1 verminderten Exponenten betrachtet[1].

Ist die Gödelnummer n gegeben, so ist die Länge k der durch sie dargestellten Folge $r_0, \ldots, r_k$ gleich $l(n)$ (s. S. 78), und für $0 \leqq j \leqq k$ gilt (wobei V die in § 10.4 (9) eingeführte Vorgängerfunktion ist):

$$(*) \qquad r_j = V(\exp(j, n)).$$

Betrachten wir nun die in der vierten Spalte auftretenden Gödelnummern der Folgen, welche in der dritten Spalte stehen, in Abhängigkeit von der Schrittzahl z (erste Spalte), so erhalten wir eine Funktion $g(z)$. Ausführlicher wollen wir im vorliegenden Falle schreiben $g(2, 1, z)$, da wir von dem Argumentpaar 2, 1 ausgegangen sind, für welches wir den Wert von f ermitteln wollten. Gehen wir von einem beliebigen Argumentpaar x, y aus, so erhalten wir allgemein eine Funktion $g(x, y, z)$

---

[1] Wenn man zur Bildung der Gödelnummer der Folge $r_0, r_1, \ldots, r_k$ den Exponenten von $p(j)$ gleich r_j (und nicht gleich $r_j + 1$) nähme, so hätten z. B. die Folgen 4, 3, 6 und 4, 3, 6, 0 dieselbe Nummer. — Man beachte, daß bei der im Text gegebenen Gödelisierung nicht jede Zahl n die Gödelnummer einer Folge ist.

von drei Variablen. Solange bei festem x, y die Berechnung von $f(x, y)$ noch nicht beendet ist, nimmt $g(x, y, z)$ mit wachsendem z lauter verschiedene Werte an, da sonst das Berechnungsverfahren von f zirkulär wäre und nicht zu einem Ende führte. Sobald die Berechnung von $f(x, y)$ beendet ist, bleibt $g(x, y, z)$ konstant. Für die Schrittzahl u, welche das Ende der Berechnung von $f(x, y)$ kennzeichnet, gilt offenbar (vgl. das obige Beispiel):

$$u = \mu z\big(g(x, y, z) = g(x, y, z')\big).$$

Zu u gehört die Gödelnummer $g(x, y, u)$. Diese stellt eine eingliedrige Folge dar. Das Glied dieser Folge ist gleich dem gesuchten Funktionswert $f(x, y)$. Damit hat man wegen (*): $f(x, y) = V\big(\exp(0, g(x, y, u))\big)$. Schreibt man noch $\varepsilon\big(g(x, y, z), g(x, y, z')\big) = 0$ für $g(x, y, z) = g(x, y, z')$, so hat man die Darstellung

$$(**) \qquad f(x, y) = V\big(\exp(0, g(x, y, \mu z(\varepsilon(g(x, y, z), g(x, y, z')) = 0)))\big).$$

Wir werden anschließend zeigen, daß g primitiv-rekursiv ist. Da die Berechnung für beliebige x, y nach endlich vielen Schritten zu einem Ende führt, gibt es sicher ein z, so daß $g(x, y, z) = g(x, y, z')$, also $\varepsilon\big(g(x, y, z), g(x, y, z')\big) = 0$. Für die Anwendung des μ-Operators liegt also der Normalfall vor. *Damit zeigt die Darstellung* (**), *daß f eine μ-rekursive Funktion ist.*

Es ist bemerkenswert, daß der μ-Operator *nur einmal* auftritt. Wir werden in §18 zeigen, daß dies kein Sonderfall ist, daß man vielmehr *jede* μ-rekursive Funktion mit höchstens einem μ-Operator darstellen kann.[1]

4. Nachweis der primitiven Rekursivität von g. Beachtet man das schrittweise Werden von $g(x, y, z)$, so liegt es nahe zu versuchen, g induktiv über z zu definieren. Der Induktionsbeginn ist leicht, denn $g(x, y, 0)$ ist die Gödelnummer des Argumentepaares x, y:

$$\text{(i)} \qquad g(x, y, 0) = 2^{x+1} 3^{y+1}.$$

Der Induktionsschritt geht auf vier verschiedene Weisen vor sich, je nachdem, ob $g(x, y, z)$ eine Folge charakterisiert, zu deren weiteren Umformung man auf die 1., 2. oder 3. Definitionsgleichung der Ackermannschen Funktion zurückgreifen muß, oder aber eine eingliedrige

---

[1] Der in diesem Paragraphen gegebene Beweis für die μ-Rekursivität der Ackermannschen Funktion enthält bereits den wesentlichen Kern der Überlegungen, mit deren Hilfe wir in § 18 zeigen werden, daß jede Turing-berechenbare Funktion μ-rekursiv ist.

Folge, deren Glied damit bereits gleich der Gödelnummer des Funktionswerts $f(x,y)$ ist. Um das näher auszuführen, betrachten wir zunächst vier einstellige Prädikate P_j $(j=1, 2, 3, 4)$, mit deren Hilfe sich die genannten Fälle unterscheiden lassen, und vier einstellige Funktionen h_j $(j=1,2,3,4)$, die in diesen Fällen den Übergang von $g(x,y,z)$ zu $g(x,y,z')$ vermitteln.

Wir definieren:

$$P_1 n \leftrightarrow l(n) > 0 \wedge \exp\big(l(n) \dot{-} 1, n\big) = 1$$
$$P_2 n \leftrightarrow l(n) > 0 \wedge \exp\big(l(n) \dot{-} 1, n\big) > 1 \wedge \exp\big(l(n), n\big) = 1$$
$$P_3 n \leftrightarrow l(n) > 0 \wedge \exp\big(l(n) \dot{-} 1, n\big) > 1 \wedge \exp\big(l(n), n\big) > 1$$
$$P_4 n \leftrightarrow \neg P_1 n \wedge \neg P_2 n \wedge \neg P_3 n .$$

Man sieht leicht, daß $P_1, \ldots, P_4$ primitiv-rekursive Prädikate sind, und daß auf jedes n genau eines dieser Prädikate zutrifft. Wenn n Gödelnummer einer Folge ist, welche mittels der Definitionsgleichung (j) der Ackermannschen Funktion umgeformt werden kann, so gilt $P_j n$ $(j=1, 2, 3)$. Wenn n die Gödelnummer einer eingliedrigen Folge ist, so gilt $P_4 n$.

Wir müssen nun Funktionen h_j definieren, derart daß $h_j(n)$ die Gödelnummer der neuen Folge ist, welche aus der Folge mit der Nummer n entsteht, falls $P_j n$ $(j=1, \ldots, 4)$. Dies leisten die Funktionen

$$h_1(n) = \frac{n\,\big(p(l(n) \dot{-} 1)\big)^{\exp(l(n), n)}}{\big(p(l(n))\big)^{\exp(l(n), n)}}$$
$$h_2(n) = \frac{n\,p(l(n))}{p\big(l(n) \dot{-} 1\big)}$$
$$h_3(n) = \frac{n\,\big(p(l(n)+1)\big)^{\exp(l(n), n) \dot{-} 1} \cdot \big(p(l(n))\big)^{\exp(l(n) \dot{-} 1, n)}}{p\big(l(n) \dot{-} 1\big) \cdot \big(p(l(n))\big)^{\exp(l(n), n)}}$$
$$h_4(n) = n .$$

Wir beschränken uns auf eine Erläuterung für $h_2(n)$. In diesem Falle gilt $P_2 n$ und die Folge ist von der Form $\ldots, t', 0$. Die neu entstehende Folge ist dann von der Form $\ldots, t, 1$. Die Gödelnummer dieser Folge erhält man aus der Gödelnummer n der Ausgangsfolge, indem man n mit $p\big(l(n)\big)$ multipliziert und durch $p\big(l(n) \dot{-} 1\big)$ dividiert.

Setzen wir schließlich

$$h(n) = \begin{cases} h_1(n), & \text{falls } P_1 n \\ h_2(n), & \text{falls } P_2 n \\ h_3(n), & \text{falls } P_3 n \\ h_4(n), & \text{falls } P_4 n, \end{cases}$$

so ist $h(n)$ in jedem Fall die Gödelnummer der neuen aus der Folge mit der Nummer n entstehenden Folge, und damit gilt:

(ii) $$g(x, y, z') = h\big(g(x, y, z)\big).$$

(i) und (ii) geben eine induktive Definition der Funktion g. Diese Definition zeigt, daß g primitiv-rekursiv ist.

Literatur

KLEENE, S. C.: General Recursive Functions of Natural Numbers. Math. Ann. **112**, 727–742 (1936).

VIERTES KAPITEL

DIE ÄQUIVALENZ VON TURING-BERECHENBARKEIT UND μ-REKURSIVITÄT

Wie schon im Vorwort betont wurde, läßt sich die Äquivalenz der vorgeschlagenen Präzisierungen des intuitiven Begriffs der berechenbaren Funktion durch rein mathematische Überlegungen zeigen. Dies wollen wir hier für die Begriffe der Turing-berechenbaren Funktion und der μ-rekursiven Funktion durchführen. (Vgl. auch das fünfte Kapitel, sowie § 31.) Ein derartiger Äquivalenzbeweis führt regelmäßig zu normierten Darstellungen der berechenbaren Funktionen. So gewinnen wir in § 18 das Kleenesche Normalformentheorem.

§ 15. Übersicht. Normierte Turing-Berechenbarkeit

In diesem Paragraphen sollen einige Vor- und Nachbemerkungen zu den Sätzen der beiden folgenden Paragraphen gemacht werden. Dicse Sätze zeigen, daß die μ-rekursiven Funktionen mit den Turing-berechenbaren Funktionen übereinstimmen. Dabei wollen wir in diesem und in den beiden nächsten Paragraphen stets voraussetzen, daß die *vorkommenden Funktionen für alle n-Tupel natürlicher Zahlen definiert sind, und daß die Werte wieder natürliche Zahlen sind.* Es handelt sich also um den Beweis der beiden folgenden Sätze:

Satz A: *Jede μ-rekursive Funktion ist Turing-berechenbar.*

Satz B: *Jede Turing-berechenbare Funktion ist μ-rekursiv.*

Satz A ist *anschaulich* klar: Jede μ-rekursive Funktion ist berechenbar (§ 14.1) und jede berechenbare Funktion ist Turing-berechenbar

(§ 6, Einleitung). Wir wollen jedoch einen exakten Beweis für Satz A geben, der nicht von dem intuitiven Begriff der Berechenbarkeit Gebrauch macht. — Satz B kann man nicht unmittelbar anschaulich einsehen.

1. Normierte Turing-Berechenbarkeit. Es ist leichter, Satz A zunächst in einer modifizierten Form zu beweisen. Zu diesem Zweck führen wir den Begriff der „normierten" Turing-Berechenbarkeit ein. Dieser Begriff unterscheidet sich von dem in § 6.1 eingeführten Begriff der Turing-Berechenbarkeit: Zunächst handelt es sich hier um Funktionen, deren Werte und Argumente natürliche Zahlen (d. h. Strichfolgen) sind, während wir dort als Werte und Argumente beliebige nichtleere Worte zugelassen haben. Zum Alphabet $\mathfrak{A}$ der hier betrachteten Turingmaschinen muß jedenfalls das Symbol | gehören. Darüber hinaus wollen wir sogar $\mathfrak{A} = \{|\}$ setzen. Außerdem haben wir zwei bemerkenswerte Unterschiede: (1) Es wird das ursprüngliche Arbeitsfeld festgelegt, was eine Erleichterung ist. (2) Es werden eine Reihe erschwerender Bedingungen gestellt, auf die wir sogleich eingehen werden. Solche erschwerenden Bedingungen haben, wie wir später sehen werden, den Vorteil, daß man leicht Maschinen, die solchen Bedingungen genügen, zu Maschinen, welche kompliziertere Funktionen berechnen, zusammensetzen kann. Eine wichtige Einschränkung bezieht sich darauf, daß wir nicht mehr voraussetzen wollen, daß das Rechenband zu Beginn der Rechnung bis auf die vorgegebenen Argumente leer ist. Wir wollen vielmehr zulassen, daß (mit einem gewissen Abstand) *links* von den vorgegebenen Argumenten beliebige Inschriften auf dem Band stehen können, während wir jedoch *rechts* von den Argumenten das Band wiederum als leer voraussetzen wollen. Zur bequemeren Formulierung der Definition empfiehlt es sich, zwei Begriffe einzuführen:

(a) Ein *Halbband* ist bestimmt durch ein Feld; es besteht aus diesem als erstem Feld und allen Feldern *rechts* davon.

(b) Unter einem *Argumentstreifen* einer n-stelligen Funktion versteht man ein endliches Bandstück, auf welchem $*W_1*W_2\ldots*W_n$ geschrieben steht. Das erste Feld des Argumentstreifens ist also leer, das letzte durch das letzte Symbol von W_n beschrieben. Dies gelte, wenn $n \geqq 1$. Ein Argumentstreifen für eine 0-stellige Funktion soll kein Feld enthalten.

Wir werden voraussetzen, daß zu Beginn einer Funktionsberechnung die gegebenen Argumente auf einem Argumentstreifen stehen, und daß das unmittelbar rechts davon beginnende Halbband leer ist. Links von diesem Argumentstreifen kann dagegen das Band irgendwie beschrieben sein. Wir haben natürlich dafür Sorge zu tragen, daß die Inschrift links von dem Argumentstreifen die Funktionsberechnung nicht stören kann. Wir werden daher voraussetzen, daß während der Rechnung die Arbeitsfelder sämtlich in dem Argumentstreifen und dem genannten Halbband liegen. — Genauer haben wir die

Definition: Eine n-stellige Funktion ($n \geqq 1$) heißt *normiert Turing-berechenbar*, wenn es eine Turingmaschine M über dem einelementigen Alphabet {|} mit den folgenden Eigenschaften gibt:

Schreibt man das Argumente-n-Tupel $\mathfrak{x}$ auf das Rechenband in der üblichen Weise (vgl. § 6.1), und ist das Halbband H, dessen erstes Feld das Feld unmittelbar rechts vom Argumentstreifen ist, leer, so bleibt die auf das erste Feld von H angesetzte Maschine nach endlich vielen Schritten stehen, und es gilt bei Rechnungsende:

(0) Die gegebenen Argumente stehen an derselben Stelle wie zu Beginn.

(1) Der Funktionswert beginnt auf dem zweiten Feld von H, steht also mit einer Lücke Zwischenraum unmittelbar hinter den Argumenten.

(2) M steht auf dem Feld unmittelbar hinter dem letzten Strich des Funktionswertes.

(3) H ist leer, abgesehen von dem Funktionswert.

Weiterhin gilt:

(4) Während der Rechnung sind nur Felder des durch die Argumente gegebenen Argumentstreifens und Felder von H Arbeitsfelder.

Im Falle einer *nullstelligen Funktion* wollen wir die Definition der normierten Turing-Berechenbarkeit in naheliegender Weise ergänzen:

Definition: Eine nullstellige Funktion heißt *normiert Turing-berechenbar*, wenn es eine Turingmaschine M über dem Alphabet {|} mit den folgenden Eigenschaften gibt:

Setzt man die Maschine auf ein Feld des Rechenbandes an, und ist das Halbband H, dessen erstes Feld dieses Feld ist, leer, so bleibt M nach endlich vielen Schritten stehen, und es gilt am Rechnungsende:

(1') Der Funktionswert beginnt mit dem zweiten Feld von H.

(2') M steht unmittelbar hinter dem letzten Strich des Funktionswertes.

(3') H ist leer, abgesehen von dem Funktionswert.

Weiterhin gilt:

(4') Während der Rechnung sind nur Felder von H Arbeitsfelder.

2. *Turing-Berechenbarkeit und normierte Turing-Berechenbarkeit.* Eine normiert Turing-berechenbare Funktion ist selbstverständlich auch Turing-berechenbar. Dies ergibt sich unmittelbar aus § 9.1, Satz 1. Es

gilt aber auch die umgekehrte Behauptung. Im nächsten Paragraphen zeigen wir nämlich

Satz A_0: Jede μ-rekursive Funktion ist normiert Turing-berechenbar.

Satz A_0 *impliziert offenbar Satz* A.

In Verbindung mit Satz B haben wir dann als

Korollar: Jede Turing-berechenbare Funktion ist normiert Turing-berechenbar.

Man kommt zur Berechnung der berechenbaren Funktionen also mit einer Maschine aus, die (neben dem leeren Symbol) nur *ein* Symbol verwendet (vgl. § 1.3). Außerdem zeigt das Korollar, daß man zur Berechnung einer berechenbaren Funktion mit einem Rechenband auskommt, welches sich nur auf einer Seite ins Unendliche erstreckt (vgl. S. 20, Anm. 2).

3. Normalform für μ-rekursive Funktionen. Wir werden auch Satz B in einer modifizierten, und zwar in einer verschärften Form (Satz B_0) beweisen. Wir werden im Prinzip dieselbe Methode anwenden, die wir in § 14.3 zum Nachweis der μ-Rekursivität der Ackermannschen Funktion $f(x,y)$ angewandt haben. Dort hatten wir die Darstellung gewonnen:

$$f(x,y) = V\big(\exp(0, g(x,y, \mu z(\varepsilon(g(x,y,z), g(x,y,z')) = 0)))\big),$$

wobei $g(x,y,z)$ eine primitiv-rekursive Funktion war. Bemerkenswert ist, daß in dieser Darstellung der μ-Operator nur *einmal* auftritt. Wir werden zeigen, daß man eine Darstellung mit nur einem μ-Operator für *jede* Turing-berechenbare Funktion angeben kann. Daß auch darüber hinaus eine weitgehende Normierung vorgenommen werden kann, zeigt

Satz B_0: Es gibt eine einstellige primitiv-rekursive Funktion U und zu jedem n ein $(n+2)$-stelliges primitiv-rekursives Prädikat T_n mit der Eigenschaft, daß es zu jeder n-stelligen Turing-berechenbaren Funktion f eine Zahl k gibt, so daß gilt:

(i) Zu jedem $\mathfrak{x}$ gibt es ein y mit $T_n k \mathfrak{x} y$,

(ii) $f(\mathfrak{x}) = U(\mu y T_n k \mathfrak{x} y)$ für jedes $\mathfrak{x}$.

(ii) zeigt die μ-Rekursivität von f, da wegen (i) der μ-Operator auf ein Prädikat im Normalfall angewandt wird. Man kann also, nur durch Variation von k, in der angegebenen Form *alle* n-stelligen Turing-berechenbaren Funktionen erhalten[1]. — Zum Beweis von Satz B_0 vgl. § 18.

---

[1] Man beachte, daß nicht verlangt wird, daß (i) für *jedes* k gilt.

Mit Hilfe von Satz A und Satz B_0 erhält man als *Korollar:*

Das Kleenesche Normalformentheorem: Es existiert eine einstellige primitiv-rekursive Funktion U und für jedes n ($n \geqq 0$) *ein* ($n+2$)*-stelliges primitiv-rekursives Prädikat* T_n *mit der folgenden Eigenschaft: Zu jeder n-stelligen μ-rekursiven Funktion f gibt es eine Zahl k, so daß man hat*[1]*:*

(i) *Zu jedem* $\mathfrak{x}$ *gibt es ein y mit* $T_n k \mathfrak{x} y$,

(ii) $f(\mathfrak{x}) = U(\mu y T_n k \mathfrak{x} y)$ *für jedes* $\mathfrak{x}$.

Literatur

KLEENE, S. C.: Introduction to Metamathematics. Amsterdam: North-Holland Publishing Company 1952, 4. Nachdruck 1964.

§ 16. Die Turing-Berechenbarkeit der μ-rekursiven Funktionen

Wir wollen hier Satz A_0 beweisen, den wir in Nr. 2 des letzten Paragraphen formuliert haben und aus dem, wie wir gesehen haben, die Turing-Berechenbarkeit der μ-rekursiven Funktionen folgt. Den Beweis führen wir durch Induktion, indem wir in Nr. 1 die Behauptung für die Ausgangsfunktionen zeigen, und in Nr. 2, 3, 4 beweisen, daß sich die Turing-Berechenbarkeit bei der Einsetzung, bei der induktiven Definition und schließlich bei der Anwendung des μ-Operators im Normalfall fortpflanzt.

1. Normierte Turing-Berechenbarkeit der Ausgangsfunktionen. Die *Nachfolgerfunktion* wird normiert Turing-berechnet durch K l r. Zum Nachweis der Bedingung §15.1 (4) der normierten Turing-Berechenbarkeit beachte man, daß K nicht weiter nach links läuft als ein Feld vor den ersten zu kopierenden Strich. (Vgl. dazu das in der Mitte der Anmerkung auf S. 51 Gesagte. Entsprechendes gilt für die in diesem Paragraphen später anzugebenden Maschinen, worauf hier ein für allemal hingewiesen sei.)

Die *Funktion* U_n^i ($n \geqq 1$, $1 \leqq i \leqq n$) läßt sich normiert Turing-berechnen mittels K_{n+1-i}.

Die *Funktion* C_0^0 wird normiert Turing-berechnet durch r l r.

2. Die normierte Turing-Berechenbarkeit bleibt bei Einsetzungen erhalten. Seien g eine Funktion von r Variablen ($r \geqq 1$) und $h_1, \ldots, h_r$ Funktionen von n Variablen ($n \geqq 0$). Sei die Funktion f von n Variablen definiert durch

$$f(x_1, \ldots, x_n) = g\big(h_1(x_1, \ldots, x_n), \ldots, h_r(x_1, \ldots, x_n)\big).$$

[1] Man beachte, daß nicht verlangt wird, daß (i) für *jedes k* gilt.

Die Funktionen $g, h_1, \ldots, h_r$ seien normiert Turing-berechenbar mit Hilfe der Maschinen $\mathsf{M}, \mathsf{M}_1, \ldots, \mathsf{M}_r$. Dann ist f normiert Turing-berechenbar. Die Berechnung gelingt mittels

$$\mathsf{r} \, \mathsf{l} \, \mathsf{r} \, \mathsf{K}^n_{n+1} \mathsf{L}^n \mathfrak{l} * \mathfrak{R} \, \mathsf{M}_1 \mathsf{K}^n_{n+1} \mathsf{M}_2 \ldots \mathsf{K}^n_{n+1} \mathsf{M}_r \mathsf{K}_{r+(r-1)n} \mathsf{K}_{r+(r-2)n} \ldots \mathsf{K}_r \mathsf{M} \, \mathsf{A}.$$

Um dies einzusehen, verfolgen wir den Rechenprozeß im einzelnen, wobei wir annehmen wollen, daß $n \geqq 1$. (Man kann sich leicht davon überzeugen, daß auch im Falle $n = 0$ die Behauptung gilt.) Dabei wollen wir den Argumentestreifen (vgl. §15.1) mit den aufgeschriebenen Argumenten ebenfalls mit $\mathfrak{x}$ bezeichnen.

Zu Beginn steht also auf dem Rechenband (wobei wir wie in § 8 das Arbeitsfeld durch Unterstreichen kennzeichnen)

$$* \mathfrak{x} \underline{*} \cdots.$$

Die Rechnung verläuft so, daß zunächst mit Hilfe der M_j die Werte $h_j(\mathfrak{x})$ berechnet werden, sodann mit Hilfe von M aus diesen $h_j(\mathfrak{x})$ der Wert $f(\mathfrak{x})$. Schließlich müssen alle Zwischenrechnungen getilgt werden. Dies geschieht mit der Abschlußmaschine A. Um A anwenden zu können, ist es notwendig, zunächst eine dreifeldrige Lücke hinter den Argumenten zu schaffen. Rechts von dieser Lücke müssen jedoch die Argumente $\mathfrak{x}$ zu weiteren Rechnungen zur Verfügung stehen. Wir werden daher zunächst mit Hilfe von $\mathsf{r} \, \mathsf{l} \, \mathsf{r}$ eine „Brücke" bauen:

$$* \mathfrak{x} * | \underline{*} \cdots,$$

über welche wir sodann die Argumente mittels K^n_{n+1} transportieren:

$$* \mathfrak{x} * | * \mathfrak{x} \underline{*} \cdots,$$

worauf wir die Brücke mit Hilfe von $\mathsf{L}^n \mathfrak{l} *$ abbrechen

$$* \mathfrak{x} * \underline{*} * \mathfrak{x} * \cdots$$

und mit $\mathfrak{R}$ hinter den letzten Strich der kopierten Argumente gehen:

$$* \mathfrak{x} *** \mathfrak{x} \underline{*} \cdots.$$

Nun kann man die Maschine M_1 ansetzen, welche $h_1(\mathfrak{x})$ normiert berechnet (man beachte dabei, daß wegen Bedingungen der *normierten* Berechnung die Maschine M_1 während der Rechnung nicht weiter nach links geht, als ein Feld links vom kopierten $\mathfrak{x}$, so daß das ursprüngliche Argument $\mathfrak{x}$ unverändert bleibt und die Berechnung von $h_1(\mathfrak{x})$ nicht stört); damit hat man (h_1 stehe abkürzend für $h_1(\mathfrak{x})$):

$$* \mathfrak{x} *** \mathfrak{x} * h_1 \underline{*} \cdots.$$

Zur Berechnung von $h_2(\mathfrak{x})$ muß man zunächst die Argumente $\mathfrak{x}$ mit Hilfe von K_{n+1}^n an das rechte Ende heranholen:

$$* \mathfrak{x} *** \mathfrak{x} * h_1 * \mathfrak{x} \underline{*} \cdots.$$

Nun berechnet M_2 ohne Schwierigkeiten den Wert $h_2 = h_2(\mathfrak{x})$:

$$* \mathfrak{x} *** \mathfrak{x} * h_1 * \mathfrak{x} * h_2 \underline{*} \cdots.$$

In derselben Weise holt man wieder die Argumente heran, berechnet h_3 usf. Nach Berechnung von h_r mittels M_r steht auf dem Band:

$$* \mathfrak{x} *** \mathfrak{x} * h_1 * \mathfrak{x} * h_2 \cdots * \mathfrak{x} * h_r \underline{*} \cdots.$$

Um nun $g(h_1, \ldots, h_r)$ zu berechnen, muß man zunächst die Werte $h_1, \ldots, h_r$ am rechten Ende zur Verfügung haben. h_1 wird durch $\mathsf{K}_{r+(r-1)n}$ herangeholt, darauf h_2 durch $\mathsf{K}_{r+(r-2)n}, \ldots$, schließlich h_r durch $\mathsf{K}_{r+(r-r)n} = \mathsf{K}_r$. Damit hat man

$$* \mathfrak{x} *** \mathfrak{x} * h_1 * \mathfrak{x} * h_2 \cdots * \mathfrak{x} * h_r * h_1 * h_2 \cdots * h_r \underline{*} \cdots.$$

Jetzt läßt sich mit Hilfe von M sofort $f = g(h_1, \ldots, h_r) = g\big(h_1(\mathfrak{x}), \ldots, h_r(\mathfrak{x})\big)$ berechnen:

$$* \mathfrak{x} *** \mathfrak{x} * h_1 * \mathfrak{x} * h_2 \cdots * \mathfrak{x} * h_r * h_1 * h_2 \cdots * h_r * f \underline{*} \cdots.$$

Die Abschlußmaschine A löst nun die Aufgabe, die Zwischenrechnungen zu tilgen und den Funktionswert f an die ursprünglichen Argumente heranzurücken

$$* \mathfrak{x} * f \underline{*} \cdots.$$

Damit hat man f normiert Turing-berechnet.

3. *Die normierte Turing-Berechenbarkeit bleibt bei induktiven Definitionen erhalten.* Die $(n+1)$-stellige Funktion f ($n \geq 0$) sei induktiv definiert mit Hilfe der beiden Gleichungen:

$$f(\mathfrak{x}, 0) = g_1(\mathfrak{x})$$
$$f(\mathfrak{x}, y') = g_2\big(\mathfrak{x}, y, f(\mathfrak{x}, y)\big).$$

g_1 bzw. g_2 werde normiert Turing-berechnet mittels M_1 bzw. M_2. Dann läßt sich auch f normiert Turing-berechnen, und zwar mit

$$r\,|\,r\,\mathsf{K}_2\mathsf{K}_{n+3}^n \mathsf{L}^{n+1}\mathsf{l} * \mathfrak{R}\,\mathsf{M}_1\mathsf{K}_{n+2}\mathsf{l} * \mathsf{l} \xrightarrow{1} r\,\mathsf{K}_{n+2}^n\, r\,|\,r\,\mathsf{K}_{n+3}\mathsf{M}_2\mathsf{K}_{n+4}\mathsf{l} * \mathsf{l} \xrightarrow{1} r\,\mathsf{K}_{n+4}^{n+1}$$

$$\underbrace{\qquad\qquad\qquad}_{0} \quad \underbrace{\qquad\qquad\qquad}_{0}$$
$$\downarrow$$
$$\mathsf{A}$$

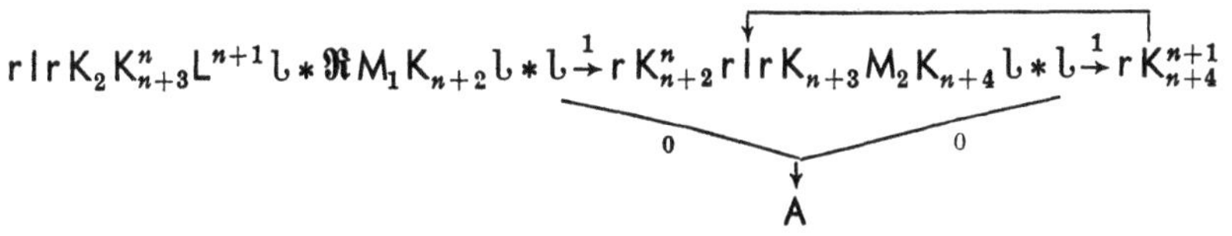

Die Argumente $\mathfrak{x}, y$ seien zu Beginn auf dem Rechenband vorgegeben. Wir geben in der folgenden Liste die wesentlichen Zwischenstadien der

Rechnung an und erläutern sie hernach. Dabei bedienen wir uns der Abkürzung f_y für $f(\mathfrak{x}, y)$. (Wir nehmen wieder an, daß $n > 0$; die Maschine leistet jedoch das Verlangte auch für $n=0$, wie man leicht verifiziert.)

(a) $* \mathfrak{x} * y \underline{*} \ldots$

(b) $* \mathfrak{x} * y *** y * \mathfrak{x} \underline{*} \ldots$

(c) $* \mathfrak{x} * y *** y * \mathfrak{x} * f_0 \underline{*} \ldots$

(d) $* \mathfrak{x} * y *** y * \mathfrak{x} * f_0 * y-1 \underline{*} \ldots$

(e) $* \mathfrak{x} * y *** y * \mathfrak{x} * f_0 * y-1 * \mathfrak{x} * 0 * f_0 * f_1 \underline{*} \ldots$

(f) $* \mathfrak{x} * y *** y * \mathfrak{x} * f_0 * y-1 * \mathfrak{x} * 0 * f_0 * f_1 * y-2 * \mathfrak{x} * 1 * f_1 * f_2 \underline{*} \ldots$

(g) $* \mathfrak{x} * y ***$ wie oben bis schließlich $* y-y * \mathfrak{x} * y-1 * f_{y-1} * f_y \underline{*} \cdots$

(h) $* \mathfrak{x} * y * f_y \underline{*} \ldots .$

(a) kennzeichnet die Ausgangssituation. Mit dem in Nr. 2 im einzelnen ausgeführten Brückenbauverfahren kommen wir mittels

$$\mathsf{r}\,|\,\mathsf{r}\,\mathsf{K}_2\,\mathsf{K}^n_{n+3}\,\mathsf{L}^{n+1}\,\mathsf{l} * \mathfrak{R}$$

zu (b) und hiervon mit

$$\mathsf{M}_1$$

zu (c), also zum Funktionswert f_0. Nun kopieren wir y, nehmen den letzten Strich der Kopie fort, und gehen ein Feld zurück mittels

$$\mathsf{K}_{n+2}\,\mathsf{l} * \mathsf{l}.$$

Wenn wir nun auf einem leeren Feld stehen, so ist $y=0$ und die Berechnung ist mit der Herstellung von f_0 im wesentlichen beendet; der Abschluß wird durch A hergestellt.

Falls sich dagegen ein Strich zeigt, so ist die Berechnung noch nicht beendet; wir gehen mit r ein Feld nach rechts und stehen in (d) hinter $y-1$.

Nun handelt es sich darum, sukzessive $f_1, f_2, \ldots, f_y$ mit Hilfe des Induktionsprozesses zu berechnen. Zu diesem Zwecke wollen wir zunächst $\mathfrak{x}$ kopieren, dahinter 0 anschreiben (was durch einen Strich wiedergegeben wird) und schließlich f_0 kopieren. Damit haben wir rechts $\mathfrak{x} * 0 * f_0$ stehen, also gerade die Argumente, aus denen man unmittelbar f_1 berechnen kann. Dies alles geschieht mit

$$\mathsf{K}^n_{n+2}\,\mathsf{r}\,|\,\mathsf{r}\,\mathsf{K}_{n+3}\,\mathsf{M}_2,$$

wonach wir das Stadium (e) erreicht haben. Nun kopieren wir $y-1$, löschen den letzten Strich und gehen ein Feld zurück mit Hilfe von

$$\mathsf{K}_{n+4}\,\mathsf{l} * \mathsf{l}.$$

Wenn wir jetzt auf einem leeren Feld stehen, ist $y-1=0$, $y=1$, und wir haben bereits f_y berechnet bis auf den Abschluß, der durch A bewirkt wird. Wenn wir dagegen auf einem Strich stehen, so ist $y-1\neq 0$ und wir müssen das Verfahren fortsetzen. Wir verschaffen uns die Argumente $\mathfrak{x}$, 0 durch

$$\mathsf{r}\,\mathsf{K}_{n+4}^{n+1}.$$

Das Argument 0 vergrößern wir nun um eine Einheit durch $\mathsf{|\,r}$ und kopieren f_1 mittels K_{n+3}, wonach sich der zuletzt betrachtete Prozeß wiederholt. Wir können offenbar schon bei $\mathsf{|\,r}$ rückkoppeln. Damit kommen wir zu (f) und schließlich zu (g) und (h).

4. *Die normierte Turing-Berechenbarkeit bleibt erhalten bei der Anwendung des μ-Operators im Normalfall.* Sei g eine Funktion von $n+1$ Variablen ($n\geqq 0$). Es gelte:

$$\bigwedge_{\mathfrak{x}}\bigvee_{y} g(\mathfrak{x},y)=0.$$

Die Funktion f sei definiert durch

$$f(\mathfrak{x})=\mu y\, g(\mathfrak{x},y)=0.$$

Wenn g normiert Turing-berechenbar ist mittels M, so läßt sich f normiert Turing-berechnen mit

$$\mathsf{r}\overset{\overset{0}{\downarrow}}{\mathsf{|}}\mathsf{r\,M\,l*l}\overset{1}{\rightarrow}\underset{\underset{1}{\curvearrowleft}}{\mathsf{*\,l}}.$$

Das Verfahren verläuft folgendermaßen, wobei wir voraussetzen, daß wir wie vorgeschrieben zu Beginn unmittelbar rechts vom Argument $\mathfrak{x}$ stehen und daß das anschließende rechte Halbband frei ist (vgl. § 15.1).

(1) Wir gehen ein Feld nach rechts und verfahren weiter nach (2).

(2) Wir drucken einen Strich und gehen ein Feld weiter nach rechts. Wir haben nun Argumente $\mathfrak{x}, y$ zur Berechnung von g (im Anfang ist $y=0$). Wir berechnen nun $g(\mathfrak{x},y)$ mittels M. Wir löschen den letzten Strich dieses Funktionswertes mittels $\mathsf{l*}$ und gehen mit Hilfe von l ein Feld weiter nach links. Je nachdem, ob wir nunmehr auf einem markierten oder auf einem leeren Feld stehen, verfahren wir weiter nach (3) bzw. (4).

(3) In diesem Falle ist $g(\mathfrak{x},y)\neq 0$, so daß wir es mit dem nächsthöheren y versuchen müssen. Mit Hilfe von $\overset{\overset{1}{\curvearrowleft}}{\mathsf{*\,l}}$ löschen wir die Überreste von $g(\mathfrak{x},y)$. Dann koppeln wir zurück zu (2), wodurch das Verfahren mit $y+1$ statt y fortgesetzt wird.

(4) In diesem Falle ist $g(\mathfrak{x},y)=0$, so daß unmittelbar vor dem augenblicklichen Arbeitsfeld das kleinste y steht, für welches $g(\mathfrak{x},y)=0$ ist.

Da außerdem das Rechenband rechts völlig frei ist, sind wir mit unserer Rechnung fertig.

Da wir vorausgesetzt haben, daß eine Anwendung des μ-Operators *im Normalfall* vorliegt, muß es ein y geben, derart daß $g(\mathfrak{x}, y)=0$. Daher bricht die Berechnung schließlich mit dem Teilverfahren (4) ab. — Für eine spätere Anwendung (in §18.6) vermerken wir, daß die hier angegebene Maschine, *falls kein y existiert mit* $g(\mathfrak{x}, y)=0$, nie stehenbleibt, sondern immer neue Argumente y aufschreibt und den Wert $g(\mathfrak{x}, y)$ berechnet.

5. *Schlußbemerkung.* Der Beweis dafür, daß jede μ-rekursive Funktion f normiert Turing-berechnet werden kann, ist *konstruktiv* in dem Sinne, daß man auf Grund des Beweises zu jeder μ-rekursiven Funktion, für welche eine Kette von Einsetzungen, induktiven Definitionen und μ-Operationen vorliegt, *effektiv* eine Turingmaschine angeben kann, welche f normiert berechnet.

§ 17. Gödelisierung von Turingmaschinen

Zur Vorbereitung der Überlegungen des nächsten Paragraphen werden wir verschiedene Gödelisierungen vornehmen. Wir werden nämlich (1) die Felder des Rechenbandes durch natürliche Zahlen kennzeichnen und auf dieser Basis die Konfigurationen einer Turingmaschine durch Zahlen charakterisieren und (2) beliebigen Turingmaschinen eineindeutig Zahlen zuordnen. Auf dieser Basis wird es möglich sein, Funktionen einzuführen, mit deren Hilfe man die Nummer der Folgekonfiguration aus der Nummer einer vorgegebenen Konfiguration bestimmen kann.

1. *Numerierung der Felder des Rechenbandes.* Wir wollen ein beliebiges Feld des Rechenbandes einer Turingmaschine auszeichnen und ihm die Nummer 0 geben. Die weiteren Felder wollen wir nach folgendem Schema numerieren[1]:

...	9	7	5	3	1	0	2	4	6	8	10	...

Im Sinne dieser Numerierung wollen wir kurz vom „Feld x“ sprechen. Rechts vom Feld x liegt das Feld $R(x)$, links das Feld $L(x)$. Es gilt[2]:

$$R(x)=\begin{cases} x+2, & \text{wenn } Gx \\ 0, & \text{wenn } x=1 \\ x \dot{-} 2, & \text{wenn } Ux \wedge x \neq 1, \end{cases}$$

[1] Wir haben bereits in § 5.2 die Felder eines Rechenbandes durch Zahlen benannt. Die dort angewandte Methode können wir hier jedoch nicht benutzen, da wir nur natürliche Zahlen verwenden wollen.

[2] Gx bzw. Ux bedeutet, daß x gerade bzw. ungerade ist. Vgl. § 11.5.

$$L(x) = \begin{cases} x+2, & \text{wenn } Ux \\ 1, & \text{wenn } x = 0 \\ x \dot{-} 2, & \text{wenn } Gx \wedge x \neq 0. \end{cases}$$

$R(x)$ und $L(x)$ sind primitiv-rekursive Funktionen.

Rxy soll bedeuten, daß das Feld x rechts vom Feld y liegt. Es gilt:

$$Rxy \leftrightarrow (Gx \wedge Gy \wedge x > y) \vee (Gx \wedge Uy) \vee (Ux \wedge Uy \wedge x < y).$$

Diese Definition zeigt, daß *R ein primitiv-rekursives Prädikat ist.*

Wir benötigen schließlich noch eine Funktion $Z(x,y)$, welche für den Fall, daß sich y links von x befindet, die Zahl der zwischen x und y liegenden Felder angibt, wobei das Eckfeld x, aber nicht das Eckfeld y mitgerechnet werden soll. *$Z(x,y)$ ist eine primitiv-rekursive Funktion,* denn

$$Z(x,y) = \begin{cases} \frac{x \dot{-} y}{2}, & \text{falls } Gx \wedge Gy \\ \frac{y \dot{-} x}{2}, & \text{falls } Ux \wedge Uy \\ \frac{(x+y)+1}{2}, & \text{sonst.} \end{cases}$$

2. *Charakterisierung von Bandinschriften durch Zahlen.* Die soeben besprochene Numerierung der Felder erlaubt es in einfacher Weise, eine Bandinschrift durch eine Zahl b zu charakterisieren. Wir sprechen in diesem Sinne kurz von der „Bandinschrift b". Das Feld j enthalte den Buchstaben $a_{\beta(j)}$. Dann definieren wir

$$b = \prod_{j=0}^{\infty} p_j^{\beta(j)}.$$

Man beachte, daß ein leeres Feld den Buchstaben a_0 trägt, so daß ein solches Feld den Faktor 1 zu dem Produkt liefert, welches also nur formal ein unendliches Produkt ist. $b=1$ bedeutet ein leeres Band. Trägt das Band die Inschrift b, so steht auf dem Feld j der Buchstabe $a_{\exp(j,b)}$.

Wir nehmen nun an, daß eine Funktionsberechnung beendet sei. Dann befinde sich auf dem Band die Inschrift b. Das Feld a sei das letzte (leere) Arbeitsfeld. Nach § 6.1 endet das den Funktionswert darstellende Wort unmittelbar vor dem Feld a. Der Wert w der Funktion ist gleich der um eins verminderten Zahl der Striche, die dieses Wort bilden[1].

---

[1] Wir können uns im Hinblick auf die späteren Anwendungen hier auf den Fall beschränken, daß der Funktionswert durch Strichfolgen gegeben wird. Wenn allgemeiner der Funktionswert ein beliebiges Wort sein dürfte, so hätte man die folgenden Formeln leicht zu modifizieren.

w ist durch a und b bestimmt. Wir wollen eine Funktion $W_0(a,b)$ angeben, für welche $w = W_0(a,b)$. Zu diesem Zweck geben wir zunächst das linke Endfeld $E_l(a,b)$ und das rechte Endfeld $E_r(a,b)$ des genannten Wortes an. Das rechte Endfeld ist offenbar:

$$E_r(a,b) = L(a).$$

Das linke Endfeld ist eindeutig charakterisiert durch zwei Bedingungen: (1) Das links benachbarte Feld ist leer, und (2) jedes Feld, welches zwischen dem links benachbarten Feld und dem Feld a liegt, trägt das Symbol a_1. Damit hat man (vgl. § 12.1):

$$E_l(a,b) = \mu x\left[\exp\big(L(x),b\big) = 0 \wedge \bigwedge_y \big(RyL(x) \wedge Ray \to \exp(y,b) = 1\big)\right].$$

E_r und E_l sind primitiv-rekursiv. Dies braucht nur noch für E_l gezeigt zu werden. Dazu muß man Schranken für den vorkommenden μ-Operator und den vorkommenden Generalisator angeben. Für x kommen nur solche Zahlen in Frage, für welche das Feld x markiert ist. p_x muß also b teilen. Damit ist sicher $x \leqq b$. — Für y kann man als Schranke $\mathrm{Max}\big(L(x), a\big)$ wählen. Man braucht nämlich nur diejenigen y zu betrachten, für welche $RyL(x)$ und Ray. Wenn $RyL(x)$, so ist y gerade oder es ist $y < L(x)$. Wenn $y < L(x)$, so $y \leqq \mathrm{Max}\big(L(x), a\big)$. Wenn aber y gerade ist, so ergibt sich aus Ray, daß $y < a$. Dann ist ebenfalls $y \leqq \mathrm{Max}\big(L(x), a\big)$. Damit hat man schließlich[1]:

$$E_l(a,b) = \mathop{\mu}_{x=0}^{b}\left[\exp\big(L(x),b\big) = 0 \wedge \bigwedge_{y=0}^{\mathrm{Max}(L(x),a)} \big(RyL(x) \wedge Ray \to \exp(y,b) = 1\big)\right].$$

Nun gilt offenbar:

$$(*) \qquad W_0(a,b) = Z\big(E_r(a,b), E_l(a,b)\big).$$

Diese Darstellung zeigt, daß W_0 *primitiv-rekursiv ist.*

3. *Die Gödelnummer t einer Turingmaschine* M. M sei durch eine Tafel gegeben. M besitze $m+1$ Zustände $0, \cdots, m$ $(m \geqq 0)$ und arbeite mit den Symbolen $a_0, \ldots, a_N$. In der dritten Spalte stehen die Anweisungen, in der vierten Spalte die neuen Zustände.

Es ist klar, daß man nur die Zahl N sowie die beiden letzten Spalten der Tafel von M zu kennen braucht, da man die beiden ersten Spalten ohne weiteres ergänzen kann. Die Symbole der dritten Spalte, welche die Anweisungen enthält, wollen wir durch Zahlen ersetzen, und zwar

$$l, r, s, a_0, \ldots, a_N$$

der Reihe nach durch $1, 2, 3, 4, \ldots, N+4$.

[1] Man beachte, daß $E_l(a,b)$ nicht *generell* die angegebene Bedeutung hat. Die Funktion ist aber natürlich für *alle* a, b erklärt.

Nach dieser Umänderung haben wir eine Zahlmatrix A_{ij} mit $(N+1)(m+1)$ Zeilen $(i=1, \ldots, (N+1)(m+1))$ und zwei Spalten $(j=3, 4)$. Diese charakterisieren wir durch die Zahl[1]

$$t = p_0^N p_1^m \prod_{i=1}^{(N+1)(m+1)} \prod_{j=3}^{4} p_{\sigma_2(i,j)}^{A_{ij}}.$$

t heiße *die Gödelnummer* von M.

Aus t kann man die Tafel von M *zurückgewinnen.* Zunächst ist nämlich $\sigma_2(i,j) > 1$ für $j=3$ oder $j=4$. Damit hat man offenbar:

$$N = \exp(0, t)$$

$$m = \exp(1, t).$$

Ferner hat man für $i=1, \ldots, (N+1)(m+1)$ und $j=3, 4$

$$A_{ij} = \exp(\sigma_2(i,j), t).$$

Die zum Zustand c $(c=0, \ldots, m)$ gehörenden $N+1$ Zeilen der Tafel von M sehen also so aus (wenn man die dritte Spalte durch die sie charakterisierenden Zahlen wiedergibt):

$$\begin{array}{llll} c & a_0 & \exp(\sigma_2((N+1)c+1, 3), t) & \exp(\sigma_2((N+1)c+1, 4), t) \\ \ldots & \ldots & \ldots\ldots & \ldots\ldots \\ c & a_N & \exp(\sigma_2((N+1)c+N+1, 3), t) & \exp(\sigma_2((N+1)c+N+1, 4), t). \end{array}$$

Setzt man zur Abkürzung:

$$h(p, q, c, t) = \exp(\sigma_2((N+1)c+q+1, p), t),$$

so lautet die mit $c\ a_q$ beginnende Zeile der Tafel von M:

$$(**) \qquad c \quad a_q \quad h(3, q, c, t) \quad h(4, q, c, t).$$

Man beachte, daß h primitiv-rekursiv ist.

Das soeben angegebene Verfahren liefert zugleich ein Entscheidungsverfahren dafür, ob eine beliebig vorgegebene Zahl t die Gödelnummer einer Turingmaschine ist oder nicht. Hierzu berechne man zunächst aus t die Zahlen N und m, wie angegeben. Sodann stelle man gemäß (**) eine $(m+1)(N+1)$-zeilige und vierspaltige Matrix her. Nun prüfe man, ob die folgenden Bedingungen erfüllt sind:

(1) $N \geqq 1$,

(2) $1 \leqq h(3, q, c, t) \leqq N+4$,

(3) $h(4, q, c, t) \leqq m$.

---

[1] Zu σ_2 vgl. § 12.4.

Wenn diese Bedingungen nicht erfüllt sind, so ist t sicher nicht die Gödelnummer einer Turingmaschine. Wenn diese Bedingungen aber erfüllt sind, so wird durch die soeben gekennzeichnete Matrix eine Turingmaschine M_0 gegeben. Für diese Turingmaschine berechne man nun die zugehörige Gödelnummer t_0 nach der Vorschrift zu Beginn dieser Nummer. t ist nun offenbar genau dann die Gödelnummer einer Turingmaschine, wenn $t = t_0$.

4. Die Funktionen A, B, C. Sei t die Gödelnummer einer Turingmaschine. Es liege eine Konfiguration (vgl. § 5.3) vor, gekennzeichnet durch das Arbeitsfeld a, die Bandinschrift b und den Zustand c. Falls die Maschine bei dieser Konfiguration nicht stehenbleibt, entsteht die Folgekonfiguration, gekennzeichnet durch ein neues Arbeitsfeld, das eindeutig durch t, a, b, c bestimmt ist, also in der Form $A(t, a, b, c)$ geschrieben werden kann; ferner entsteht eine neue Bandinschrift $B(t, a, b, c)$ und ein neuer Zustand $C(t, a, b, c)$. Wir wollen die Funktionen A, B, C explizit angeben.

Auf dem Arbeitsfeld a steht zunächst das Symbol $a_{\exp(a,b)}$. Es kommt also für den nächsten Schritt der Maschine die mit $c\ a_{\exp(a,b)}$ beginnende Zeile in Frage, welche nach Nr. 3 (**) lautet:

$$(***) \qquad c\ a_{\exp(a,b)}\ h(3, \exp(a, b), c, t) \qquad h(4, \exp(a, b), c, t).$$

Damit hat man sofort als neuen Zustand

$$C(t, a, b, c) = h\big(4, \exp(a, b), c, t\big).$$

Das neue Arbeitsfeld liegt links bzw. rechts vom alten Arbeitsfeld, wenn $h\big(3, \exp(a, b), c, t\big) = 1$ bzw. 2. Sonst bleibt das Arbeitsfeld erhalten. Es gilt also:

$$A(t, a, b, c) = \begin{cases} L(a), & \text{falls } h\big(3, \exp(a, b), c, t\big) = 1 \\ R(a), & \text{falls } h\big(3, \exp(a, b), c, t\big) = 2 \\ a, & \text{sonst}. \end{cases}$$

Die Bandinschrift wird nur dann verändert, wenn das Arbeitsfeld mit einer anderen Beschriftung versehen werden soll. Die Veränderung wird beschrieben durch Multiplikation bzw. Division mit einer geeigneten Potenz von p_a. Man kann schreiben

$$B(t, a, b, c) = \begin{cases} \dfrac{b \cdot p_a^{h(3, \exp(a,b), c, t)}}{p_a^{\exp(a,b)}}, & \text{falls } 4 \leqq h\big(3, \exp(a, b), c, t\big) \\ b, & \text{falls } 4 > h\big(3, \exp(a, b), c, t\big). \end{cases}$$

Die angegebenen Definitionen zeigen, daß A, B, C *primitiv-rekursive Funktionen* sind.

Die Funktionswerte $A(t,a,b,c)$, $B(t,a,b,c)$, $C(t,a,b,c)$ haben natürlich nur dann die angegebene Bedeutung, wenn (a,b,c) keine Endkonfiguration ist.

Wir wollen schließlich noch ein *Prädikat* E_0tabc betrachten, welches unter der Voraussetzung, daß t die Gödelnummer einer Turingmaschine M ist, besagt, daß die Konfiguration (a,b,c) eine *Endkonfiguration* von M ist. Dies ist genau dann der Fall, wenn in der mit $c\ a_{\exp(a,b)}$ beginnenden Zeile der Tafel an der dritten Stelle das Symbol s steht. Dieses Symbol haben wir durch die Zahl 3 wiedergegeben. Damit gilt nach (***)

$$E_0tabc \leftrightarrow h(3, \exp(a,b), c, t) = 3.$$

Diese Darstellung zeigt, daß E_0 *primitiv-rekursiv* ist.

§ 18. Die μ-Rekursivität der Turing-berechenbaren Funktionen. Die Kleenesche Normalform

Nach den Vorbereitungen des letzten Paragraphen wollen wir hier Satz B_0 von § 15.3 beweisen. Aus diesem Satz folgt, wie wir dort gesehen haben, die μ-Rekursivität der Turing-berechenbaren Funktionen und weiter das Kleenesche Normalformentheorem für μ-rekursive Funktionen.

1. Gödelnummern von Konfigurationen und damit zusammenhängenden Funktionen und Prädikaten. M sei eine beliebige Turingmaschine. Eine Konfiguration von M ist gegeben durch ein Zahlentripel (a, b, c). Wir können diese Konfiguration eindeutig charakterisieren durch die Zahl $k = \sigma_3(a, b, c)$, welche wir die *Gödelnummer der Konfiguration* nennen. Wir sprechen kurz von der *Konfiguration* k. Es gilt natürlich

$$a = \sigma_{31}(k)$$

$$b = \sigma_{32}(k)$$

$$c = \sigma_{33}(k).$$

Falls t die Gödelnummer einer Turingmaschine ist, bedeute Etk, daß k die Gödelnummer einer *End*konfiguration dieser Turingmaschine ist. Nach § 17.4 gilt:

$$Etk \leftrightarrow E_0t\sigma_{31}(k)\,\sigma_{32}(k)\,\sigma_{33}(k).$$

Wir nehmen nun an, daß k eine Folgekonfiguration besitzt. Die Gödelnummer dieser Folgekonfiguration ist gegeben durch eine Funktion $F(t,k)$, für welche nach § 17.4 gilt:

$$\begin{aligned} F(t,k) = \sigma_3\big(&A(t, \sigma_{31}(k), \sigma_{32}(k), \sigma_{33}(k)),\\ &B(t, \sigma_{31}(k), \sigma_{32}(k), \sigma_{33}(k)),\\ &C(t, \sigma_{31}(k), \sigma_{32}(k), \sigma_{33}(k))\big). \end{aligned}$$

Schließlich liege eine Konfiguration k vor, bei der das Arbeitsfeld ein freies Feld ist, welches unmittelbar auf eine Folge von Strichen folgt, vor welcher wieder ein freies Feld liegt. Diese Strichfolge stellt eine natürliche Zahl (z.B. einen Funktionswert) dar. Diese Zahl ist nach §17.2 (*) gegeben durch

$$W(k) = W_0(\sigma_{31}(k), \sigma_{32}(k)).$$

Man erkennt unmittelbar, daß E, F und W primitiv-rekursiv sind.

2. Die Funktion $K(t,\mathfrak{x},z)$. Wir gehen aus von einer *beliebigen* Turingmaschine M mit der Gödelnummer t. Ferner sei $\mathfrak{x}$ ein beliebiges Argumente-n-Tupel. Wir schreiben $\mathfrak{x}$ auf das im übrigen leere Band. Wir wählen als Feld mit der Nummer 0 das Feld unmittelbar vor den Argumenten (also das erste Feld des Argumentestreifens) (ein beliebiges Feld, falls $n=0$). Wir setzen die Turingmaschine M auf das Feld hinter $\mathfrak{x}$ an (auf das Feld Nr. 0, falls $n=0$). Anschließend entsteht eine Folge von Konfigurationen, welche eventuell mit einem letzten Glied abbricht. Die Nummern dieser Konfigurationen bilden eine Folge $K(t,\mathfrak{x},z)$, $z=0, 1, 2, \ldots$. Wenn die Konfigurationsfolge nach dem Schritt z_0 abbricht, dann ist $K(t,\mathfrak{x},z)$ nur für $z \leqq z_0$ erklärt. Wir wollen in diesem Falle jedoch $K(t,\mathfrak{x},z)$ auch für $z > z_0$ erklären durch die Festsetzung $K(t,\mathfrak{x},z) = K(t,\mathfrak{x},z_0)$.

Wir notieren zwei Eigenschaften von K:

(1) *Wenn* $K(t,\mathfrak{x},z) = K(t,\mathfrak{x},z')$, *so* $K(t,\mathfrak{x},z) = K(t,\mathfrak{x},z') = K(t,\mathfrak{x},z'') = \cdots$. Um dies einzusehen, unterscheiden wir zwei Fälle: (a) $K(t,\mathfrak{x},z)$ ist keine Endkonfiguration. Dann ist wegen $K(t,\mathfrak{x},z) = K(t,\mathfrak{x},z')$ die Konfiguration $K(t,\mathfrak{x},z)$ ihre eigene Folgekonfiguration. Wegen der eindeutigen Bestimmtheit der Folgekonfiguration müssen dann alle folgenden Konfigurationen mit $K(t,\mathfrak{x},z)$ übereinstimmen. (b) $K(t,\mathfrak{x},z)$ ist eine Endkonfiguration. Dieser Fall kann nur dann eintreten, wenn M nach endlich vielen Schritten stehenbleibt, etwa nach z_0 Schritten. Dann ist keine der Konfigurationen $K(t,\mathfrak{x},u)$ mit $u < z_0$ eine Endkonfiguration, also $z_0 \leqq z$. Nach der Definition der Funktion K ist aber für *jedes* $z \geqq z_0$ $K(t,\mathfrak{x},z) = K(t,\mathfrak{x},z_0)$, woraus die Behauptung folgt.

(2) *Wenn* M *nach* z_0 *Schritten stehenbleibt, so ist*

$$z_0 = \mu z K(t,\mathfrak{x},z) = K(t,\mathfrak{x},z').$$

Zum Beweis setzen wir $z_1 = \mu z K(t, \mathfrak{x}, z) = K(t, \mathfrak{x}, z')$. Aus der Definition von K folgt $z_1 \leqq z_0$. Wäre $z_1 < z_0$, so wäre nach (1) $K(t, \mathfrak{x}, z_1) = K(t,\mathfrak{x},z_1') = \cdots = K(t,\mathfrak{x},z_0)$ eine Endkonfiguration, im Widerspruch zu der Tatsache, daß $K(t,\mathfrak{x},z_0)$ die erste Endkonfiguration in der Konfigurationsfolge $K(t, \mathfrak{x}, z)$ ist. Also ist $z_1 = z_0$.

Wir stellen uns nun die Aufgabe, $K(t, \mathfrak{x}, z)$ explizit anzugeben.

Zunächst ist $K(t,\mathfrak{x},0)$ die Nummer der Anfangskonfiguration. Hier ist $c=0$. Die anfängliche Inschrift besteht aus dem Argument $\mathfrak{x}$. Beachtet man, daß alle Felder rechts von 0 gerade Nummern haben, so sieht man leicht, daß die Ausgangsinschrift gegeben ist durch

$$b_0(\mathfrak{x}) = \frac{\prod_{j=0}^{x_1+\cdots+x_n+2n} p(2j)}{p(2(x_1+\cdots+x_n+2n))\, p(2(x_1+\cdots+x_{n-1}+2(n-1)))\ldots p(2(x_1+2))\, p(0)}.$$

Für die Anfangskonfiguration haben wir zu Beginn dieser Nummer das Arbeitsfeld angegeben. Dieses trägt die Nummer

$$a_0(\mathfrak{x}) = 2(x_1+\cdots+x_n+2n).$$

Falls $n=0$, so setze man $a_0(\mathfrak{x})=0$ und $b_0(\mathfrak{x})=1$.

Damit hat man

$$(*)\qquad K(t,\mathfrak{x},0)=\sigma_3\big(a_0(\mathfrak{x}),b_0(\mathfrak{x}),0\big).$$

Weiterhin ist, wie wir vorhin gesehen haben, $K(t,\mathfrak{x},z')=K(t,\mathfrak{x},z)$, falls $EtK(t,\mathfrak{x},z)$, und sonst $K(t,\mathfrak{x},z')=F\big(t,K(t,\mathfrak{x},z)\big)$. Führen wir vorübergehend zur Abkürzung eine primitiv-rekursive Funktion φ ein durch

$$\varphi(t,y)=\begin{cases} y, & \text{falls } Ety\\ F(t,y), & \text{sonst,}\end{cases}$$

so haben wir offenbar

$$(**)\qquad K(t,\mathfrak{x},z')=\varphi\big(t,K(t,\mathfrak{x},z)\big).$$

Die Gleichungen $(*)$, $(**)$ zeigen, daß *die Funktion K primitiv-rekursiv ist*[1].

3. *Das Prädikat* T_n, welches $(n+2)$-stellig ist $(n\geqq 0)$, werde definiert durch:

$$(***)\quad T_n t\mathfrak{x}y \leftrightarrow K\big(t,\mathfrak{x},\sigma_{21}(y)\big)=K\big(t,\mathfrak{x},(\sigma_{21}(y))'\big)\wedge\sigma_{22}(y)=K\big(t,\mathfrak{x},\sigma_{21}(y)\big).$$

Diese Definition zeigt unmittelbar, daß T_n *primitiv-rekursiv* ist. Wir zeigen:

(3) *Wenn es ein z gibt mit* $K(t,\mathfrak{x},z)=K(t,\mathfrak{x},z')$, *so gibt es ein y mit* $T_n t\mathfrak{x}y$. Es sei $K(t,\mathfrak{x},z)=K(t,\mathfrak{x},z')$. Wir setzen $y=\sigma_2\big(z,K(t,\mathfrak{x},z)\big)$. Dann ist $z=\sigma_{21}(y)$, also $K\big(t,\mathfrak{x},\sigma_{21}(y)\big)=K\big(t,\mathfrak{x},(\sigma_{21}(y))'\big)$. Ferner ist $K\big(t,\mathfrak{x},\sigma_{21}(y)\big)=K(t,\mathfrak{x},z)=\sigma_{22}(y)$.

(4) *Wenn es ein y gibt mit* $T_n t\mathfrak{x}y$, *so gibt es auch ein z mit* $K(t,\mathfrak{x},z)=K(t,\mathfrak{x},z')$, nämlich $z=\sigma_{21}(y)$.

---

[1] Man beachte, daß durch $(*)$, $(**)$ die Funktion K *für alle t* erklärt ist (nicht nur für diejenigen t, welche Gödelnummern von Turingmaschinen sind).

(5) *Wenn t die Gödelnummer einer Turingmaschine* M *ist, die nach* z_0 *Schritten stehenbleibt, und wenn* $T_n t\mathfrak{x}y$, so ist $\sigma_{22}(y) = K(t, \mathfrak{x}, z_0)$. Wegen $T_n t\mathfrak{x}y$ gilt $K(t,\mathfrak{x},\sigma_{21}(y)) = K(t,\mathfrak{x},(\sigma_{21}(y))')$; andererseits ist nach (2) z_0 die kleinste Zahl z, für welche $K(t,\mathfrak{x},z) = K(t,\mathfrak{x},z')$. Also ist $z_0 \leqq \sigma_{21}(y)$. In Verbindung mit (1) ergibt sich nun $K(t,\mathfrak{x},z_0) = K(t,\mathfrak{x},z_0') = \cdots = K(t,\mathfrak{x}, \sigma_{21}(y))$, und $K(t,\mathfrak{x},\sigma_{21}(y)) = \sigma_{22}(y)$ wegen $T_n t\mathfrak{x}y$.

4. Die Kleenesche Normalform. Wir setzen nunmehr voraus, daß die n-stellige Funktion f durch die Maschine M mit der Gödelnummer t berechnet wird. Wir wollen f mit Hilfe von T_n darstellen. z_0 sei die Zahl der Schritte, die M, angesetzt auf $\mathfrak{x}$, durchführt, bis M stehenbleibt. Nach (3) gibt es ein y, so daß $T_n t\mathfrak{x}y$. Also ist $\mu y T_n t\mathfrak{x}y$ eine Anwendung des μ-Operators *im Normalfall*. Natürlich gilt $T_n t\mathfrak{x}(\mu y T_n t\mathfrak{x}y)$. Nach (5) kann man hieraus schließen: $\sigma_{22}(\mu y T_n t\mathfrak{x}y) = K(t,\mathfrak{x},z_0) =$ Gödelnummer der Endkonfiguration von M. Hieraus erhält man nach Nr. 1 den Funktionswert $f(\mathfrak{x}) = W(K(t,\mathfrak{x},z_0)) = W(\sigma_{22}(\mu y T_n t\mathfrak{x}y))$. Führen wir schließlich eine *primitiv-rekursive* Funktion U ein durch die Definition:

$$U(u) = W(\sigma_{22}(u)), \tag{$\substack{**\\**}$}$$

so erhalten wir die endgültige Darstellung:

$$f(\mathfrak{x}) = U(\mu y T_n t\mathfrak{x}y). \tag{$\substack{***\\**}$}$$

Wir haben damit gezeigt, daß jede Turing-berechenbare Funktion μ-rekursiv ist. In der Darstellung $(\substack{***\\**})$ wird der μ-Operator nur einmal angewandt. *Damit ist Satz* B_0 *bewiesen.*

Da wir bereits wissen, daß jede μ-rekursive Funktion Turing-berechenbar ist, erhalten wir den

Satz von der Kleeneschen Normalform für μ-rekursive Funktionen: Für die in $(\substack{**\\**})$ *definierte einstellige primitiv-rekursive Funktion U und für das in* (***) *eingeführte* $(n+2)$*-stellige primitiv-rekursive Prädikat* T_n *gilt: Zu jeder μ-rekursiven n-stelligen Funktion gibt es wenigstens eine Zahl t, derart daß man für jedes Argumente-n-Tupel* $\mathfrak{x}$ *hat:*

(a) *Es gibt ein* y, *so daß* $T_n t\mathfrak{x}y$,

(b) $f(\mathfrak{x}) = U(\mu y T_n t\mathfrak{x}y)$.

5. Zwei Bemerkungen.

(1) Wir haben im Vorangehenden in der Tat mehr bewiesen, als die Existenz einer Zahl t mit den angegebenen Eigenschaften. Wenn nämlich irgendeine μ-rekursive Funktion f explizit gegeben ist durch Zurückführung auf die Ausgangsfunktionen mit Hilfe von Einsetzungen, induktiven Definitionen und μ-Operationen, welche im Normalfall

angewandt werden, so können wir nach §16 explizit eine Turingmaschine M angeben, welche f berechnet. Wir können nun t gleich der Gödelnummer von M setzen, also effektiv angeben.

(2) Der Leser beachte, daß wir Aussage (a) nicht für ein beliebiges t behauptet haben. Diese Behauptung wäre falsch. Betrachten wir z.B. die Turingmaschine $\mathsf{M} = \overset{\curvearrowleft}{\mathsf{r}\,\mathsf{l}}$. Setzen wir M hinter das Argument 0, d.h. hinter einen Strich an, so sind nie zwei aufeinanderfolgende Konfigurationen gleich. Daher kann es nach (4) kein y geben mit $T_n t \mathfrak{x} y$. — Einen anderen Beweis dafür, daß (a) nicht für jedes t gilt, finden wir wie folgt: Wenn es zu jedem t und $\mathfrak{x}$ ein y gäbe mit $T_n t \mathfrak{x} y$, so wäre die Funktion $\mu y T_n t \mathfrak{x} y$ μ-rekursiv. Es gilt aber der

Satz: Die Funktion $\mu y T_n t \mathfrak{x} y$ ist nicht μ-rekursiv.

Den *Beweis* führen wir indirekt. Wäre $\mu y T_n t \mathfrak{x} y$ μ-rekursiv, so auch die n-stellige Funktion

$$f(\mathfrak{x}) = U(\mu y T_n x_1 \mathfrak{x} y) + 1 \qquad (\mathfrak{x} = (x_1, \cdots, x_n)) .$$

Nach dem Satz von der Kleeneschen Normalform gibt es ein t, derart daß für alle $\mathfrak{x}$:

$$f(\mathfrak{x}) = U(\mu y T_n t \mathfrak{x} y) .$$

Wählt man nun ein Argument $\mathfrak{x}$ derart, daß $x_1 = t$, so erhält man einen Widerspruch (Diagonalverfahren!).

6. *Das Kleenesche Aufzählungstheorem*[1] besagt: *Zu jedem $(n+1)$-stelligen μ-rekursiven Prädikat $R \mathfrak{x} y$ gibt es eine Zahl t, so daß für alle $\mathfrak{x}$ gilt:*

$$\bigvee_y R \mathfrak{x} y \leftrightarrow \bigvee_y T_n t \mathfrak{x} y .$$

Zum *Beweis* gehen wir aus von der *charakteristischen Funktion*[2] $g(\mathfrak{x}, y)$ des Prädikates $R \mathfrak{x} y$. g ist μ-rekursiv, also nach §16 berechenbar durch eine Turingmaschine M. Wir betrachten nun die in §16.4 angegebene mit Hilfe von M gebaute Maschine zur Berechnung von $\mu y g(\mathfrak{x}, y) = 0$, welche wir M_0 nennen wollen. t sei die Gödelnummer von M_0. Wir behaupten, daß für dieses t die im Satz angegebene Beziehung gilt.

(a) Es gelte $\bigvee_y R \mathfrak{x} y$. Dann gibt es ein y derart, daß $g(\mathfrak{x}, y) = 0$. Die Maschine M_0 zur Berechnung von $\mu y g(\mathfrak{x}, y) = 0$ bleibt nach endlich vielen Schritten stehen. Dann gibt es nach Nr. 2(2) und Nr. 3(3) (für M_0 an Stelle von M) ein y, für welches $T_n t \mathfrak{x} y$ gilt.

(b) Es gebe ein y mit $T_n t \mathfrak{x} y$. Nach Nr. 3(4) gibt es ein z mit $K(t, \mathfrak{x}, z) = K(t, \mathfrak{x}, z')$. Nach Nr. 2(1) ist $K(t, \mathfrak{x}, z)$, als Funktion von z

---

[1] Diese Bezeichnung wird erst auf Grund der Betrachtungen von § 28 verständlich.

[2] Vgl. § 11.1.

betrachtet, schließlich konstant. Wäre die Behauptung $\bigvee_y R\mathfrak{x}y$ falsch, so gäbe es kein y mit $g(\mathfrak{x},y)=0$. Dann schriebe die Maschine M_0, wie am Schluß von §16.4 ausgeführt wurde, immer neue Argumente y auf und berechnete die Werte $g(\mathfrak{x},y)$. Daraus folgte unmittelbar, daß die Konfigurationen $K(t,\mathfrak{x},z)$ mit wachsendem z nicht schließlich konstant sein könnten. Damit ist die Behauptung durch reductio ad absurdum bewiesen.

Literatur

Kleene, S. C.: General Recursive Functions of Natural Numbers. Math. Ann. **112**, 727—742 (1936). (Normalformentheorem.)

FÜNFTES KAPITEL

REKURSIVE FUNKTIONEN

In den beiden letzten Kapiteln haben wir die μ-rekursiven Funktionen betrachtet. Es hat sich gezeigt, daß dies dieselben Funktionen sind wie die Turing-berechenbaren Funktionen und damit wie die Funktionen, welche berechenbar im intuitiven Sinne sind. Man kann also sagen, daß der Begriff der μ-rekursiven Funktion ebenso wie der der Turing-berechenbaren Funktion eine Präzisierung des Begriffs der berechenbaren Funktion darstellt. Historisch früher ist aber eine andere Präzisierung, nämlich der Begriff der rekursiven Funktion (Herbrand, Gödel, Kleene). Nach der Definition der Rekursivität in §19 werden wir in den beiden folgenden Paragraphen zeigen, daß die rekursiven Funktionen mit den μ-rekursiven übereinstimmen.

Wenn man von einer *rekursiven Funktion* spricht, will man heute oft damit nur sagen, daß es sich um eine Funktion handelt, die berechenbar ist im Sinne einer präzisen Definition, welche äquivalent ist mit der der rekursiven Funktion *sensu stricto*. In demselben Sinne spricht man häufig von *rekursiven Prädikaten*, *rekursiver Aufzählbarkeit*, *rekursiver Entscheidbarkeit* usf.

§ 19. Definition der rekursiven Funktionen

Bevor wir die exakte Definition in Nr. 4 geben, werden wir Überlegungen durchführen, welche das Ziel haben, es plausibel zu machen, daß die rekursiven Funktionen vom Standpunkt der Berechenbarkeit aus eine interessante Funktionenklasse bilden. Man wird sehen, daß dieser Begriff auf einer recht allgemeinen Vorstellung beruht. Aber man wird doch zugeben müssen, daß diese Allgemeinheit nicht ausreicht, um *unmittelbar* einzusehen — wie im Falle der Turing-Berechenbarkeit —, daß man mit den rekursiven Funktionen *alle* berechenbaren Funktionen erhält.

1. Heuristische Betrachtungen. Wir gehen aus von den Gleichungen, mit denen man herkömmlicherweise das Produkt $P(x,y)$ induktiv definiert (vgl. §10.4). In einer dieser beiden Gleichungen kommt die Summe $S(x,y)$ als „Hilfsfunktion" vor. Will man eine vollständige Definition des Produktes geben, so muß man die Gleichungen, welche $S(x,y)$ definieren, hinzunehmen. So erhalten wir das folgende Gleichungssystem zur Definition des Produkts:

$$(*)\qquad \begin{cases} S(x,0)=x \\ S(x,N(y))=N(S(x,y)) \\ P(x,0)=0 \\ P(x,N(y))=S(P(x,y),x). \end{cases}$$

Dabei steht 0 für die Null und N bezeichnet die Nachfolgerfunktion, so daß man die „Ziffern" $0, N(0), N(N(0)), N(N(N(0))), \ldots$ als Symbole für die natürlichen Zahlen auffassen kann. Wir wollen N nicht als Hilfsfunktion ansehen.

Es gibt offenbar genau ein Paar (S,P) von Funktionen, welche diesen Gleichungen genügen, nämlich das Paar (Summe, Produkt). Das Produkt wird also durch $(*)$ definiert.

In den Betrachtungen, welche in §10 zum Begriff der primitiv-rekursiven Funktion führten, haben wir darauf Wert gelegt, daß es sich bei $(*)$ um gewöhnliche induktive Definitionen handelt. Darauf wollen wir jedoch nun keinen Wert mehr legen, da es sich gezeigt hat, daß man mit den primitiv-rekursiven Funktionen nicht alle berechenbaren Funktionen erfaßt (§13). In der Tat geht z.B. das Gleichungssystem, mit welchem wir in §13 die Ackermannsche Funktion $f(x,y)$ definiert haben, über die gewöhnliche induktive Definition hinaus:

$$(**)\qquad \begin{cases} F(0,y)=N(y) \\ F(N(x),0)=F(x,N(0)) \\ F(N(x),N(y))=F(x,F(N(x),y)). \end{cases}$$

Wir haben uns davon überzeugt, daß es genau eine Funktion F gibt, welche den Gleichungen $(**)$ genügt. (Hier tritt im Gegensatz zu $(*)$ keine Hilfsfunktion auf.)

Es liegt nun nahe, die Funktionen zu betrachten, welche — wie in den vorliegenden Beispielen die Produktfunktion und die Ackermannsche Funktion — durch ein endliches Gleichungssystem eindeutig definiert sind.

Man kann die Frage stellen, ob eine derartige Funktion stets im intuitiven Sinne berechenbar ist. Dies gilt zwar für solche Funktionen, die definiert sind durch Gleichungssysteme, welche wir bei der Definition der primitiv-rekursiven Funktionen in Betracht gezogen hatten, da die dort vorkommenden Gleichungssysteme Einsetzungen bzw. induktive Definitionen kennzeichnen. Man kann jedoch Beispiele für Gleichungssysteme angeben (§ 21.7), welche nicht-berechenbare Funktionen eindeutig definieren.

Um solche Fälle von vorneherein auszuschließen, wollen wir sagen, *wie* man aus dem Gleichungssystem die Funktionswerte errechnen können muß. Wir wollen zu diesem Zwecke gewisse naheliegende Regeln angeben und fordern, daß die Funktionswerte aus den vorgegebenen Gleichungen *unter ausschließlicher Anwendung dieser Regeln* gewonnen werden können. Als derartige Regeln nehmen wir die beiden folgenden, wobei wir in bezug auf eine genaue Formulierung auf Nr. 3 verweisen:

(E1) *Einsetzung* von Ziffern für Variable.

(E2) *Ersetzung* eines Ausdrucks $h(\zeta_1, \ldots, \zeta_n)$ durch eine Ziffer ζ, falls bereits eine „Zifferngleichung" $h(\zeta_1, \ldots, \zeta_n) = \zeta$ hergeleitet worden ist.

Diese Regeln sind plausibel, genauer „korrekt" (vgl. § 20.2) und, wie die Erfahrung zeigt, für viele naheliegende Gleichungssysteme ausreichend zur Berechnung der Funktionswerte. Dies gilt z.B. für die vorhin aufgeführten Gleichungssysteme (*) und (**). Führen wir etwa eine Berechnung von $P(1,1)$ aus (*) durch! Dabei wollen wir die Gleichungen, die in der Berechnung vorkommen, durchnumerieren, und rechts einen Hinweis auf die angewendeten Regeln angeben. (Man überzeuge sich davon, daß die Reihenfolge der Beweiszeilen etwas geändert werden kann!):

(1)	$S(x,0) = x$	Ausgangsgleichung
(2)	$S(x, N(y)) = N(S(x,y))$	Ausgangsgleichung
(3)	$P(x,0) = 0$	Ausgangsgleichung
(4)	$P(x, N(y)) = S(P(x,y), x)$	Ausgangsgleichung
(5)	$S(0,0) = 0$	E1 (1)
(6)	$S(0, N(0)) = N(S(0,0))$	E1 (2)
(7)	$S(0, N(0)) = N(0)$	E2 (5), (6)
(8)	$P(N(0), 0) = 0$	E1 (3)
(9)	$P(N(0), N(0)) = S(P(N(0), 0), N(0))$	E1 (4)
(10)	$P(N(0), N(0)) = S(0, N(0))$	E2 (8), (9)
(11)	$P(N(0), N(0)) = N(0)$.	E2 (7), (10)

Wir werden im folgenden ein Gleichungssystem $\mathfrak{G}$ genau dann zur Definition einer Funktion φ als ausreichend ansehen, wenn — falls wir φ

durch das Symbol F wiedergeben — aus $\mathfrak{G}$ eine Gleichung $F(\zeta_1, \ldots, \zeta_n) = \zeta$ genau dann hergeleitet werden kann, wenn die entsprechende Beziehung zwischen den Argumenten und Funktionswerten der Funktion besteht.

Es wäre möglich, eine entsprechende Anforderung auch an die Symbole zu stellen, welche wie das Symbol S in (*) als „Hilfssymbole" auftreten. Dies ist jedoch nicht üblich, und wir wollen deshalb auch hier darauf verzichten. Wir wollen noch nicht einmal verlangen, daß es überhaupt Funktionen gibt, für welche sämtliche Gleichungen aus $\mathfrak{G}$ gelten (im Sinne von § 20.1).

Man könnte vermuten, daß durch die zusätzlichen Anforderungen an die Gleichungssysteme, wie wir sie soeben angedeutet haben, die Klasse der durch solche Systeme definierbaren Funktionen verengt würde. Dies ist jedoch nicht der Fall, wie sich aus den beiden Sätzen von § 20.3 und § 21 ergibt.

2. Terme, Ziffern, Gleichungen. Wir gehen aus von dem Symbol 0, den (Zahl-)Variablen $x_0, x_1, x_2, \ldots$, der Funktionskonstanten N und den Funktionsvariablen $F_0^0, F_0^1, F_0^2, \ldots, F_1^0, F_1^1, F_1^2, \ldots, F_2^0, F_2^1, F_2^2, \ldots, \ldots$. Bei der Funktionsvariablen F_j^n nennen wir n den *Stellenindex* und j den *Unterscheidungsindex*. Wir wollen 0 anwenden als Bezeichnung für die Zahl Null und N als Bezeichnung für die Nachfolgerfunktion. Wir verwenden ferner Klammern (,) und das Gleichheitssymbol =.

Die *Terme* werden induktiv definiert durch die Festsetzungen:

(a) 0 ist ein Term.

(b) Jede Variable x_i ist ein Term.

(c) Jede nullstellige Funktionsvariable F_i^0 ist ein Term.

(d) Ist τ ein Term, so ist auch $N(\tau)$ ein Term.

(e) Ist F_j^n eine n-stellige Funktionsvariable ($n \geqq 1$) und sind $\tau_1, \ldots, \tau_n$ Terme, so ist auch $F_j^n(\tau_1, \ldots, \tau_n)$ ein Term.

Die nach (a), (b), (c) gebildeten Terme nennen wir *einfache*, die nach (d), (e) gebildeten *zusammengesetzte Terme*.

Die *Ziffern* sind spezielle Terme, welche definiert werden durch:

(a′) 0 ist eine Ziffer.

(b′) Ist ζ eine Ziffer, so ist auch $N(\zeta)$ eine Ziffer.

Die Ziffern sind Namen für die natürlichen Zahlen.

Unter einem *F-Term* verstehen wir einen Term der Form $F_j^n(\zeta_1, \ldots, \zeta_n)$, wobei $\zeta_1, \ldots, \zeta_n$ Ziffern sind, insbesondere jeden Term F_j^n für $n = 0$.

Schließlich soll eine *Gleichung* eine Zeichenreihe der Form $\tau_1 = \tau_2$ sein, wobei τ_1 und τ_2 Terme sind.

Um anzugeben, daß die Terme τ_1 und τ_2, als Zeichenreihen betrachtet, identisch sind, verwenden wir die Schreibweise $\tau_1 \equiv \tau_2$.

3. Die beiden Regeln (E1), (E2). Es sei x_i eine Variable und τ_0 ein beliebiger Term. Wir ordnen jedem Term τ einen Term $\tau' = \tau^{x_i}/\tau_0$ zu. Wir wollen sagen, daß τ' aus τ durch *Einsetzung* von τ_0 für x_i entsteht. Die Einsetzungsoperation wird induktiv wie folgt definiert:

(a) $0^{x_i}/\tau_0 \equiv 0$;

(b) $x_i{}^{x_i}/\tau_0 \equiv \tau_0$; $x_k{}^{x_i}/\tau_0 \equiv x_k$, wenn $k \neq i$;

(c) $F_j^{0\,x_i}/\tau_0 \equiv F_j^0$;

(d) $[N(\tau)]^{x_i}/\tau_0 \equiv N(\tau^{x_i}/\tau_0)$;

(e) $[F_j^n(\tau_1, \ldots, \tau_n)]^{x_i}/\tau_0 \equiv F_j^n(\tau_1{}^{x_i}/\tau_0, \ldots, \tau_n{}^{x_i}/\tau_0)$ für $n \geqq 1$.

Mit Hilfe dieser Operation formulieren wir die beiden Regeln (E1), (E2), die wir andeutungsweise bereits in Nr. 1 angegeben haben.

(E1) *Einsetzungsregel.* Ist x_i eine Variable und ζ eine Ziffer, so kann man von der Gleichung

$$\tau = \tilde{\tau}$$

durch *Einsetzung von ζ für x_i* übergehen zur Gleichung

$$\tau^{x_i}/\zeta = \tilde{\tau}^{x_i}/\zeta .$$

(E2) *Ersetzungsregel.* τ' sei ein F-Term, $\tilde{\tau}'$ eine Ziffer und x_i eine Variable. Ferner seien $\tau'', \tilde{\tau}'', \tau_0, \tilde{\tau}_0, \tau, \tilde{\tau}$ Terme, für welche gilt:

$$\tau'' \equiv \tau_0{}^{x_i}/\tau', \qquad \tilde{\tau}'' \equiv \tilde{\tau}_0{}^{x_i}/\tau'$$

$$\tau \equiv \tau_0{}^{x_i}/\tilde{\tau}', \qquad \tilde{\tau} \equiv \tilde{\tau}_0{}^{x_i}/\tilde{\tau}'.$$

Dann kann man von den beiden Gleichungen

$$\tau' = \tilde{\tau}'$$

$$\tau'' = \tilde{\tau}''$$

übergehen zu der Gleichung

$$\tau = \tilde{\tau} .$$

Man sagt auch, daß $\tau = \tilde{\tau}$ aus $\tau'' = \tilde{\tau}''$ hervorgeht durch Ersetzung von τ' durch $\tilde{\tau}'$ an beliebig vielen Stellen[1].

Die Regeln (E1) und (E2) definieren einen Kalkül, welchen wir den *Gleichungskalkül* nennen wollen.

4. Rekursive Funktionen. Eine n-stellige Funktion f ($n \geqq 0$) heiße *(allgemein-)rekursiv*, wenn es ein endliches Gleichungssystem $\mathfrak{G}$ und

---

[1] So entsteht aus der Gleichung $F_1^2(F_1^2(x_1, x_2), F_1^2(x_1, x_2)) = x_1$ die Gleichung $F_1^2(F_1^2(x_1, x_2), x_2) = x_1$ durch Ersetzung von $F_1^2(x_1, x_2)$ durch x_2 an beliebig vielen Stellen. Um das einzusehen, setze man $\tau_0 \equiv F_1^2(F_1^2(x_1, x_2), x_3)$, $\tilde{\tau}_0 \equiv x_1$ sowie $x_i \equiv x_3$.

eine Funktionsvariable F_j^n gibt, so daß *für alle* Ziffern $\zeta_1, \ldots, \zeta_n, \zeta$ gilt: Bezeichnen $\zeta_1, \ldots, \zeta_n, \zeta$ der Reihe nach die Zahlen $k_1, \ldots, k_n, k$, so ist

$$f(k_1, \ldots, k_n) = k \quad \text{genau dann,}$$

wenn $F_j^n(\zeta_1, \ldots, \zeta_n) = \zeta$ aus $\mathfrak{G}$ mittels (E1) und (E2) ableitbar ist.

Wir wollen in diesem Falle sagen, daß $\mathfrak{G}$ *in bezug auf* F_j^n *die Funktion* f *definiert.*

Statt von einer rekursiven Funktion spricht man auch oft von einer *allgemein-rekursiven Funktion*, um den Unterschied zur primitiv-rekursiven Funktion hervorzuheben.

Eine durch ein Gleichungssystem $\mathfrak{G}$ in bezug auf F_j^n gegebene rekursive Funktion f ist im intuitiven Sinne berechenbar: Die Menge der gültigen[1] Gleichungen $F_j^n(\zeta_1, \ldots, \zeta_n) = \zeta$ ist aufzählbar. Um den Funktionswert für vorgegebene Argumente $\zeta_1, \ldots, \zeta_n$ zu ermitteln, braucht man das durch (E1) und (E2) gegebene Aufzählungsverfahren nur genügend lange systematisch laufen zu lassen; man wird schließlich auf eine Gleichung der Form $F_j^n(\zeta_1, \ldots, \zeta_n) = \zeta$ stoßen, welche den Funktionswert gibt.

5. *Umbenennung von Funktionsvariablen.* Es spielt natürlich keine wesentliche Rolle, welche Funktionsvariablen wir verwenden. In einem Gleichungssystem $\mathfrak{G}$, welches f in bezug auf F_j^n definiert, mögen z.B. neben N und F_j^n die Funktionsvariablen $F_{j_1}^{n_1}, \ldots, F_{j_q}^{n_q}$ vorkommen. Nun verwandle man sukzessive F_j^n in $F_k^n (\neq N)$, $F_{j_1}^{n_1}$ in $F_{k_1}^{n_1}, \ldots, F_{j_q}^{n_q}$ in $F_{k_q}^{n_q}$ (wobei verschiedene Symbole wieder in verschiedene Symbole übergehen sollen). Dann wird in trivialer Weise jeder Term τ in einen korrespondierenden Term τ' umbenannt, und schließlich $\mathfrak{G}$ in $\mathfrak{G}'$. Es ist klar, daß dann $\mathfrak{G}'$ in bezug auf F_k^n wieder die Funktion f definiert. — Von dieser Umbenennungsmöglichkeit werden wir im nächsten Paragraphen wiederholt Gebrauch machen.

6. *Partiell rekursive Funktionen.* Es ist möglich, daß für ein endliches Gleichungssystem $\mathfrak{G}$ und für eine Funktionsvariable F_j^n gilt: Wenn aus $\mathfrak{G}$ mittels (E1) und (E2) Gleichungen der Form

$$F_j^n(\zeta_1, \ldots, \zeta_n) = \zeta \quad \text{und} \quad F_j^n(\zeta_1, \ldots, \zeta_n) = \zeta^*$$

ableitbar sind, so ist stets $\zeta \equiv \zeta^*$. Im Unterschied zu der Situation, die wir in Nr. 4 bei der Definition der rekursiven Funktion ins Auge gefaßt haben, wird also hier nicht verlangt, daß für *jedes* Ziffern-n-Tupel $\zeta_1, \ldots, \zeta_n$ wenigstens eine Gleichung der Form $F_j^n(\zeta_1, \ldots, \zeta_n) = \zeta$ herleitbar ist.

Ein Gleichungssystem der obigen Art gibt Anlaß zur Definition einer n-stelligen Funktion f, welche nur für diejenigen Argumente-n-Tupel

[1] Eine exakte Definition der Gültigkeit einer Gleichung findet man in § 20.1.

erklärt ist, für deren Zifferndarstellung $\zeta_1, \ldots, \zeta_n$ eine Gleichung $F_j^n(\zeta_1, \ldots, \zeta_n) = \zeta$ herleitbar ist, und deren Funktionswert durch ζ gegeben ist. Solche Funktionen nennt man *partiell-rekursive Funktionen.* Zu den Eigenschaften dieser Funktionen sei auf die am Ende des Vorwortes genannten Bücher von KLEENE und DAVIS verwiesen.

Aufgabe. In §1.6 wurde der Begriff des überlagerten Regelsystems eingeführt. Man zeige, wie man den Gleichungskalkül als überlagertes Regelsystem beschreiben kann.

Literatur

HERBRAND, J.: Sur la non-contradiction de l'Arithmétique. J. reine angew. Math. **166**, 1–8 (1931). (Idee der rekursiven Funktion.)

GÖDEL, K.: On Undecidable Propositions of Formal Mathematical Systems. Mimeographed. Institute for Advanced Study, Princeton, N. J. 1934. 30 S. (Erstmalige Angabe von Schlußregeln.)

KLEENE, S. C.: General Recursive Functions of Natural Numbers. Math. Ann. **112**, 727–742 (1936). (Einführung der Bezeichnung „recursive functions" für diese Funktionen, und deren präzise Definition.)

§ 20. Die Rekursivität der μ-rekursiven Funktionen

Wir wollen in diesem Paragraphen den Satz beweisen, daß jede μ-rekursive Funktion durch ein Gleichungssystem definiert werden kann. Wir wollen diesen Satz in einer verschärften Form zeigen. Zunächst beginnen wir mit einigen Vorbemerkungen, um zu erläutern, worin diese Verschärfung besteht.

Daß eine Funktion f durch ein endliches Gleichungssystem $\mathfrak{G}$ in bezug auf die Funktionsvariable F_j^n definiert wird, bedeutet nach der im vorigen Paragraphen gegebenen Definition, daß eine Gleichung der Form

$$F_j^n(\zeta_1, \ldots, \zeta_n) = \zeta$$

aus $\mathfrak{G}$ genau dann ableitbar ist, wenn für die den Ziffern $\zeta_1, \ldots, \zeta_n, \zeta$ entsprechenden Zahlen $k_1, \ldots, k_n, k$ die Beziehung $f(k_1, \ldots, k_n) = k$ besteht. Man kann das letztere auch kurz so ausdrücken, daß man sagt: Die genannte *Gleichung gilt für f.* In $\mathfrak{G}$ werden im allgemeinen noch weitere Funktionsvariablen auftreten, z. B. F_i^r. Es wird bei der Definition der Rekursivität aber nicht verlangt, daß es auch zu F_i^r eine Funktion gibt, so daß diese Funktion durch $\mathfrak{G}$ in bezug auf F_i^r definiert wird. Es kann sein, daß man aus $\mathfrak{G}$ nicht zu jedem $\zeta_1, \ldots, \zeta_r$ eine Gleichung der Form $F_i^r(\zeta_1, \ldots, \zeta_r) = \zeta^*$ herleiten kann. Es kann auch sein, daß es zu einem $\zeta_1, \ldots, \zeta_r$ Ziffern $\zeta^* \neq \zeta^{**}$ gibt, für welche die Gleichungen $F_i^r(\zeta_1, \ldots, \zeta_r) = \zeta^*$ und $F_i^r(\zeta_1, \ldots, \zeta_r) = \zeta^{**}$ aus $\mathfrak{G}$ ableitbar sind. Es kann schließlich sein, daß beide Erscheinungen gleichzeitig auftreten[1].

[1] Für ein Beispiel vgl. die letzte Anmerkung dieses Paragraphen, sowie Aufgabe 2.

Wir werden eine Funktion f durch ein endliches Gleichungssystem $\mathfrak{G}$ in bezug auf die Funktionsvariable F_j^n *normiert definierbar* nennen, wenn es zu *allen* in $\mathfrak{G}$ auftretenden Funktionsvariablen $F_{j_1}^{n_1}, \ldots, F_{j_q}^{n_q}$ entsprechend-stellige Funktionen $f_{j_1}^{n_1}, \ldots, f_{j_q}^{n_q}$ gibt, wobei insbesondere dem Symbol F_j^n die Funktion f entsprechen soll, derart, daß für jedes derartige $F_{j_i}^{n_i}$ eine Gleichung der Form $F_{j_i}^{n_i}(\zeta_1, \ldots, \zeta_{n_i}) = \zeta$ genau dann aus $\mathfrak{G}$ ableitbar ist, wenn sie für die Funktion $f_{j_i}^{n_i}$ gilt. Die ins Auge gefaßte Verschärfung soll darin bestehen, daß wir für jede μ-rekursive Funktion die normierte Definierbarkeit nachweisen wollen.

Wir haben in diesem Fall geeignete Funktionen $f_{j_i}^{n_i}$ anzugeben — wir werden das Funktionensystem der $f_{j_i}^{n_i}$ eine „Deutung" des Systems der Funktionsvariablen $F_{j_i}^{n_i}$ nennen — und für jedes $F_{j_i}^{n_i}$ zweierlei zu zeigen:

(a) Wenn eine Gleichung $F_{j_i}^{n_i}(\zeta_1, \ldots, \zeta_{n_i}) = \zeta$ für die Funktion $f_{j_i}^{n_i}$ gilt, dann kann man sie aus $\mathfrak{G}$ ableiten. Dies werden wir beweisen, indem wir effektiv eine Ableitung angeben.

(b) Wenn eine Gleichung $F_{j_i}^{n_i}(\zeta_1, \ldots, \zeta_{n_i}) = \zeta$ aus $\mathfrak{G}$ ableitbar ist, dann gilt sie für $f_{j_i}^{n_i}$. Dies werden wir so zeigen, daß wir nachweisen:

(b_1) Jede Gleichung aus $\mathfrak{G}$ gilt, wenn wir die Funktionsvariablen $F_{j_i}^{n_i}$ durch die Funktionen $f_{j_i}^{n_i}$ deuten.

(b_2) Die Regeln (E1) und (E2) führen von Gleichungen, die bei dieser Deutung gelten, wieder zu solchen Gleichungen.

Bisher haben wir nur für Gleichungen der Form $F_{j_i}^{n_i}(\zeta_1, \ldots, \zeta_{n_i}) = \zeta$ erklärt, was es heißt, daß sie bei einer Deutung gelten. Wir müssen, um (b_1) einen Sinn zu geben, diesen Begriff erweitern auf beliebige Gleichungen. Damit wollen wir nun beginnen.

1. Deutungen und Gültigkeit. Unter einer *Deutung* $\mathfrak{D}$ wollen wir eine Abbildung verstehen, die für gewisse Funktionsvariablen erklärt ist, und welche diesen gleichstellige Funktionen über dem Bereich der natürlichen Zahlen zuordnet.

Wir betrachten eine Deutung $\mathfrak{D}$ und eine Abbildung φ, welche für gewisse Variablen erklärt ist und diese auf natürliche Zahlen abbildet. Dann kann man jedem Term τ, für dessen Funktionsvariablen $\mathfrak{D}$ und für dessen Variablen φ erklärt ist, eine Zahl $\tau^{\mathfrak{D}\varphi}$ zuordnen nach folgender Vorschrift (welche natürlich nur anzuwenden ist für diejenigen F_j^n und x_i, für welche $\mathfrak{D}$ bzw. φ erklärt ist):

(a) $0^{\mathfrak{D}\varphi} =$ die Zahl Null;

(b) $x_i^{\mathfrak{D}\varphi} = \varphi(x_i)$;

(c) $F_j^{0\mathfrak{D}\varphi} =$ der Funktionswert von $\mathfrak{D}(F_j^0)$;

(d) $N(\tau)^{\mathfrak{D}\varphi} =$ der Nachfolger von $\tau^{\mathfrak{D}\varphi}$;

(e) $F_j^n(\tau_1, \ldots, \tau_n)^{\mathfrak{D}\varphi} = \mathfrak{D}(F_j^n)(\tau_1^{\mathfrak{D}\varphi}, \ldots, \tau_n^{\mathfrak{D}\varphi})$.

(a) besagt, daß 0 als Name für die Zahl Null aufgefaßt wird, und (d), daß N als Bezeichnung für die Nachfolgerfunktion verwandt wird. Damit ist, wie man leicht durch Induktion zeigt, für jede Ziffer ζ das Bild $\zeta^{\mathfrak{D}\varphi}$ so erklärt, daß $\zeta^{\mathfrak{D}\varphi}$ die ζ entsprechende natürliche Zahl ist.

Wir wollen sagen, daß *eine Gleichung* $\tau_1=\tau_2$ *bei einer Deutung* $\mathfrak{D}$ *gilt*, wenn $\mathfrak{D}$ mindestens für alle in τ_1 oder τ_2 vorkommenden Funktionsvariablen erklärt ist, und wenn für jede Abbildung φ, welche für alle in τ_1 oder τ_2 vorkommenden Variablen erklärt ist, die Zahl $\tau_1^{\mathfrak{D}\varphi}$ mit $\tau_2^{\mathfrak{D}\varphi}$ übereinstimmt[1]. Eine (endliche oder unendliche) Menge $\mathfrak{M}$ von Gleichungen soll bei $\mathfrak{D}$ gelten, wenn jede Gleichung aus $\mathfrak{M}$ bei $\mathfrak{D}$ gilt.

2. Die Korrektheit der Regeln (E1) *und* (E2). Die *Korrektheit* dieser Regeln wird ausgesprochen durch den folgenden

Satz: Ist eine Gleichung $\tau_1=\tau_2$ aus einem Gleichungssystem $\mathfrak{G}$ mittels (E1) und (E2) herleitbar, und gilt $\mathfrak{G}$ bei einer vorgegebenen Deutung $\mathfrak{D}$, so gilt auch die Gleichung $\tau_1=\tau_2$ bei $\mathfrak{D}$.

Man beachte dabei, daß eine aus $\mathfrak{G}$ herleitbare Gleichung $\tau_1=\tau_2$ nur solche Funktionsvariablen enthalten kann, welche bereits in $\mathfrak{G}$ vorkommen. Zum Beweis zeigen wir zunächst den

Hilfssatz: τ, τ_0 seien Terme und x_i eine Variable. $\mathfrak{D}$ sei erklärt für alle in τ oder τ_0 vorkommenden Funktionsvariablen. φ sei eine Abbildung der in τ oder τ_0 vorkommenden Variablen auf natürliche Zahlen. Man definiere eine Abbildung ψ für dieselben Variablen durch die Festsetzung, daß $\psi(x_k)=\varphi(x_k)$, falls $k\neq i$, während $\psi(x_i)=\tau_0^{\mathfrak{D}\varphi}$ gesetzt werden soll (dies ist sicher erklärt). Dann gilt:

$$\tau^{\mathfrak{D}\psi}=[\tau^{x_i}/\tau_0]^{\mathfrak{D}\varphi}.$$

Den Beweis führt man leicht induktiv über den Aufbau von τ:

(a) $[0^{x_i}/\tau_0]^{\mathfrak{D}\varphi}=0^{\mathfrak{D}\varphi}=\text{Null}=0^{\mathfrak{D}\psi}$;

(b) $[x_k^{x_i}/\tau_0]^{\mathfrak{D}\varphi}=x_k^{\mathfrak{D}\varphi}=\varphi(x_k)=\psi(x_k)=x_k^{\mathfrak{D}\psi}$, falls $k\neq i$;

$[x_i^{x_i}/\tau_0]^{\mathfrak{D}\varphi}=\tau_0^{\mathfrak{D}\varphi}=\psi(x_i)=x_i^{\mathfrak{D}\psi}$;

(c) $[F_j^{0\,x_i}/\tau_0]^{\mathfrak{D}\varphi}=F_j^{0\,\mathfrak{D}\varphi}=\text{Wert von }\mathfrak{D}(F_j^0)=F_j^{0\,\mathfrak{D}\psi}$;

(d) $$\begin{aligned}[][[N(\tau)]^{x_i}/\tau_0]^{\mathfrak{D}\varphi}&=[N(\tau^{x_i}/\tau_0)]^{\mathfrak{D}\varphi}\\&=\text{Nachfolger von }[\tau^{x_i}/\tau_0]^{\mathfrak{D}\varphi}\\&=\text{Nachfolger von }\tau^{\mathfrak{D}\psi}\\&=[N(\tau)]^{\mathfrak{D}\psi};\end{aligned}$$

[1] Man überzeuge sich davon, daß diese Definition der Gültigkeit im Falle einer Gleichung der Form $F_{j_i}^{n_i}(\zeta_1,\ldots,\zeta_{n_i})=\zeta$ mit dem Sprachgebrauch übereinstimmt, welchen wir in der Einleitung zu diesem Paragraphen eingeführt haben.

(e) $$\begin{aligned}[][F_j^n(\tau_1, \ldots, \tau_n)]^{x_i}/\tau_0]^{\mathfrak{D}\varphi} &= [F_j^n(\tau_1{}^{x_i}/\tau_0, \ldots, \tau_n{}^{x_i}/\tau_0)]^{\mathfrak{D}\varphi} \\ &= \mathfrak{D}(F_j^n)\left([\tau_1{}^{x_i}/\tau_0]^{\mathfrak{D}\varphi}, \ldots, [\tau_n{}^{x_i}/\tau_0]^{\mathfrak{D}\varphi}\right) \\ &= \mathfrak{D}(F_j^n)(\tau_1^{\mathfrak{D}\psi}, \ldots, \tau_n^{\mathfrak{D}\psi}) \\ &= [F_j^n(\tau_1, \ldots, \tau_n)]^{\mathfrak{D}\psi}.\end{aligned}$$

Zum *Nachweis des obigen Satzes* genügt es zu zeigen, daß (E 1) und (E 2) von bei $\mathfrak{D}$ gültigen Gleichungen wieder zu bei $\mathfrak{D}$ gültigen Gleichungen führen.

ad (E 1). *Gilt* $\tau = \tilde{\tau}$ *bei einer Deutung* $\mathfrak{D}$, *so gilt auch* $\tau^{x_i}/\zeta = \tilde{\tau}^{x_i}/\zeta$. Wäre die Behauptung falsch, so gäbe es ein φ, so daß $[\tau^{x_i}/\zeta]^{\mathfrak{D}\varphi} \neq [\tilde{\tau}^{x_i}/\zeta]^{\mathfrak{D}\varphi}$. Wir führen eine Funktion ψ ein durch die Festsetzung: $\psi(x_k) = \varphi(x_k)$ für $k \neq i$, und $\psi(x_i) = \zeta^{\mathfrak{D}\varphi}$. Nach dem vorangehenden Hilfssatz wäre dann $\tau^{\mathfrak{D}\psi} = [\tau^{x_i}/\zeta]^{\mathfrak{D}\varphi}$ und $\tilde{\tau}^{\mathfrak{D}\psi} = [\tilde{\tau}^{x_i}/\zeta]^{\mathfrak{D}\varphi}$. Es wäre also $\tau^{\mathfrak{D}\psi} \neq \tilde{\tau}^{\mathfrak{D}\psi}$ entgegen der vorausgesetzten Gültigkeit von $\tau = \tilde{\tau}$ bei $\mathfrak{D}$.

ad (E 2). Wir zeigen: Es sei $\tau'' \equiv \tau_0{}^{x_i}/\tau'$, $\tilde{\tau}'' \equiv \tilde{\tau}_0{}^{x_i}/\tau'$, $\tau \equiv \tau_0{}^{x_i}/\tilde{\tau}'$, $\tilde{\tau} \equiv \tilde{\tau}_0{}^{x_i}/\tilde{\tau}'$. *Wenn dann* $\tau' = \tilde{\tau}'$ *und* $\tau'' = \tilde{\tau}''$ *bei einer Deutung* $\mathfrak{D}$ *gelten, so gilt auch* $\tau = \tilde{\tau}$. Sonst gäbe es ein φ mit $\tau^{\mathfrak{D}\varphi} \neq \tilde{\tau}^{\mathfrak{D}\varphi}$. Wir führen ψ und $\tilde{\psi}$ ein durch die Festsetzungen: $\psi(x_k) = \tilde{\psi}(x_k) = \varphi(x_k)$ für $k \neq i$, $\psi(x_i) = \tau'^{\mathfrak{D}\varphi}$, $\tilde{\psi}(x_i) = \tilde{\tau}'^{\mathfrak{D}\varphi}$. Dann gilt nach dem Hilfssatz: $\tau_0^{\mathfrak{D}\psi} = \tau''^{\mathfrak{D}\varphi}$, $\tilde{\tau}_0^{\mathfrak{D}\psi} = \tilde{\tau}''^{\mathfrak{D}\varphi}$, $\tau_0^{\mathfrak{D}\tilde{\psi}} = \tau^{\mathfrak{D}\varphi}$, $\tilde{\tau}_0^{\mathfrak{D}\tilde{\psi}} = \tilde{\tau}^{\mathfrak{D}\varphi}$. Weiter ist $\psi = \tilde{\psi}$, da $\psi(x_i) = \tau'^{\mathfrak{D}\varphi} = \tilde{\tau}'^{\mathfrak{D}\varphi} = \tilde{\psi}(x_i)$ wegen der Gültigkeit von $\tau' = \tilde{\tau}'$. Es ist also $\tau_0^{\mathfrak{D}\psi} = \tau^{\mathfrak{D}\varphi}$, $\tilde{\tau}_0^{\mathfrak{D}\psi} = \tilde{\tau}^{\mathfrak{D}\varphi}$. Damit haben wir $\tau''^{\mathfrak{D}\varphi} = \tau^{\mathfrak{D}\varphi}$, $\tilde{\tau}''^{\mathfrak{D}\varphi} = \tilde{\tau}^{\mathfrak{D}\varphi}$, also $\tau''^{\mathfrak{D}\varphi} \neq \tilde{\tau}''^{\mathfrak{D}\varphi}$. Dies widerspricht der Gültigkeit von $\tau'' = \tilde{\tau}''$.

3. Wir zeigen anschließend als *Hauptergebnis* dieses Paragraphen den

Satz: Zu jeder n-stelligen μ-rekursiven Funktion f gibt es ein endliches Gleichungssystem $\mathfrak{G}$ *und eine in* $\mathfrak{G}$ *vorkommende Funktionsvariable* F_j^n, *mit der Eigenschaft: Sind* $F_{j_1}^{n_1}, \ldots, F_{j_q}^{n_q}$ *die in* $\mathfrak{G}$ *vorkommenden Funktionsvariablen, so gibt es entsprechend-stellige Funktionen* $f_{j_1}^{n_1}, \ldots, f_{j_q}^{n_q}$, *wobei insbesondere* $f = f_j^n$ *sein soll, so daß folgendes gilt:*

(a) $\mathfrak{G}$ *gilt bei jeder Deutung* $\mathfrak{D}$, *für welche* $\mathfrak{D}(F_{j_i}^{n_i}) = f_{j_i}^{n_i}$ *ist* $(i = 1, \ldots, q)$.

(b) *Für jedes* $F_{j_i}^{n_i}$ *ist jede für ein solches* $\mathfrak{D}$ *gültige Gleichung der Form* $F_{j_i}^{n_i}(\zeta_1, \ldots, \zeta_{n_i}) = \zeta$ *aus* $\mathfrak{G}$ *mittels der Regeln* (E 1) *und* (E 2) *herleitbar* $(i = 1, \ldots, q)$.

Wir wollen ein Gleichungssystem mit dieser Eigenschaft kurz ein *ausgezeichnetes Gleichungssystem* für f in bezug auf F_j^n nennen.

Aus (a) folgt in Verbindung mit der Korrektheit der Regeln (E 1), (E 2), daß jede aus $\mathfrak{G}$ herleitbare Gleichung der Form $F_{j_i}^{n_i}(\zeta_1, \ldots, \zeta_{n_i}) = \zeta$ für $f_{j_i}^{n_i}$ gilt. Daher hat man in Verbindung mit (b) als

Korollar 1: Jede μ-rekursive Funktion f ist durch ein Gleichungssystem normiert definierbar.

Aus diesem Korollar gewinnt man sofort

Korollar 2: Jede μ-rekursive Funktion ist rekursiv.

Den Beweis des oben genannten Satzes führen wir induktiv, indem wir zunächst in Nr. 4 die Ausgangsfunktionen betrachten, und sodann in den folgenden Nummern die Prozesse, welche von diesen zu den μ-rekursiven Funktionen führen.

Bei dem Beweis werden wir von der folgenden fast selbstverständlichen Bemerkung Gebrauch machen (vgl. § 19.6): $\mathfrak{G}$ sei ein ausgezeichnetes Gleichungssystem für f in bezug auf F_j^n. $\mathfrak{G}^*$ entstehe aus $\mathfrak{G}$ dadurch, daß man die in $\mathfrak{G}$ auftretenden Funktionsvariablen unter Erhaltung der Stellenzahl umbenennt, wobei verschiedene Funktionsvariablen in verschiedene Funktionsvariablen umbenannt werden sollen. Dabei soll insbesondere F_j^n in $F_{j^*}^n$ umbenannt werden. Dann ist $\mathfrak{G}^*$ ein ausgezeichnetes Gleichungssystem für f in bezug auf $F_{j^*}^n$.

4. Wir geben für die *Ausgangsfunktionen* ausgezeichnete Gleichungssysteme an, welche aus je einer Gleichung bestehen, und zwar für die *Nachfolgerfunktion* N die Gleichung

$$(*) \qquad F_0^1(x_0) = N(x_0),$$

für die *Identitätsfunktionen* U_n^i $(n=1, 2, 3, \ldots, 1 \leqq i \leqq n)$ die Gleichungen

$$(**) \qquad F_1^n(x_1, \ldots, x_n) = x_i,$$

und für die *Konstante* C_0^0 die Gleichung

$$(***) \qquad F_0^0 = 0.$$

Der Beweis verläuft in allen drei Fällen nach demselben Schema. Wir führen ihn durch für die Nachfolgerfunktion:

ad (a). Setzen wir $\mathfrak{D}(F_0^1)$ gleich der Nachfolgerfunktion, so gilt für beliebiges φ:

$$F_0^1(x_0)^{\mathfrak{D}\varphi} = \mathfrak{D}(F_0^1)(x_0^{\mathfrak{D}\varphi}) = (x_0^{\mathfrak{D}\varphi})' = N(x_0)^{\mathfrak{D}\varphi}.$$

(Wir geben hier und im folgenden den Nachfolger einer natürlichen Zahl durch das Symbol $'$ wieder.)

ad (b). ζ_1 stelle die Zahl k_1 dar und ζ die Zahl k. Wir setzen voraus, daß $F_0^1(\zeta_1)=\zeta$ gilt, wenn wir F_0^1 durch die Nachfolgerfunktion deuten. Daraus ergibt sich, daß $k_1'=k$ und hieraus, daß $\zeta \equiv N(\zeta_1)$. Man muß also nachweisen, daß $F_0^1(\zeta_1)=N(\zeta_1)$ aus $(*)$ ableitbar ist. Dies ergibt sich sofort mit (E1) durch Einsetzung von ζ_1 für x_0 in $(*)$.

5. Wir behandeln nun den *Einsetzungsprozeß*. Dazu setzen wir voraus, daß die Funktionen $g_1, \ldots, g_r, g_{r+1}$ durch die ausgezeichneten Gleichungssysteme $\mathfrak{G}_1, \ldots, \mathfrak{G}_r, \mathfrak{G}_{r+1}$ in bezug auf die Funktionsvariablen $F_1^n, \ldots,$

F_r^n, F_{r+1}^r definiert werden. Wegen der Möglichkeit der Umbenennung der Funktionsvariablen (vgl. Nr. 3) können wir die genannten verschiedenen Funktionsvariablen wählen. Darüber hinaus können wir annehmen, daß keine Funktionsvariable in verschiedenen $\mathfrak{G}_i$ vorkommt. Schließlich soll F_0^n in keinem dieser Gleichungssysteme auftreten. Nun gelte für die Funktion f

$$(\dagger) \qquad f(k_1, \ldots, k_n) = g_{r+1}\big(g_1(k_1, \ldots, k_n), \ldots, g_r(k_1, \ldots, k_n)\big)$$

für beliebige Zahlen $k_1, \ldots, k_n$. Dann ist das folgende Gleichungssystem ein ausgezeichnetes Gleichungssystem in bezug auf F_0^n für f:

$$\binom{**}{**} \qquad \left\{\begin{array}{c} \mathfrak{G}_1 \\ \vdots \\ \mathfrak{G}_r \\ \mathfrak{G}_{r+1} \\ F_0^n(x_1, \ldots, x_n) = F_{r+1}^r\big(F_1^n(x_1, \ldots, x_n), \ldots, F_r^n(x_1, \ldots, x_n)\big). \end{array}\right.$$

Wir deuten die in $\mathfrak{G}_1, \ldots, \mathfrak{G}_{r+1}$ auftretenden Funktionsvariablen in einer durch die Induktionsvoraussetzung gegebenen Weise, also insbesondere die Variablen $F_1^n, \ldots, F_r^n, F_{r+1}^r$ durch $g_1, \ldots, g_r, g_{r+1}$. F_0^n deuten wir durch f. Dann stellen wir fest:

ad (a). Die Gleichungen $\mathfrak{G}_1, \ldots, \mathfrak{G}_{r+1}$ gelten nach Induktionsvoraussetzung. Die letzte Gleichung von $\binom{**}{**}$ gilt wegen (†).

ad (b). Wegen der Induktionsvoraussetzung braucht man die Behauptung nur zu zeigen für F_0^n. Es kommt also darauf an, zu zeigen, daß jede gültige Gleichung der Form $F_0^n(\zeta_1, \ldots, \zeta_n) = \zeta$ aus $\binom{**}{**}$ ableitbar ist. Bezeichnen $\zeta_1, \ldots, \zeta_n, \zeta$ der Reihe nach die Zahlen $k_1, \ldots, k_n, k$, so ist $f(k_1, \ldots, k_n) = k$; es gibt also Zahlen $k_1^*, \ldots, k_r^*$, derart daß

$$g_1(k_1, \ldots, k_n) = k_1^*, \ldots, g_r(k_1, \ldots, k_n) = k_r^*, g_{r+1}(k_1^*, \ldots, k_r^*) = k.$$

Die Zahlen $k_1^*, \ldots, k_r^*$ seien dargestellt durch die Ziffern $\zeta_1^*, \ldots, \zeta_r^*$. Wegen der vorausgesetzten Eigenschaften von $\mathfrak{G}_1$ ist die Gleichung $F_1^n(\zeta_1, \ldots, \zeta_n) = \zeta_1^*$ aus $\mathfrak{G}_1$ und damit aus $\binom{**}{**}$ ableitbar. Ebenso sind aus $\binom{**}{**}$ ableitbar die Gleichungen $F_2^n(\zeta_1, \ldots, \zeta_n) = \zeta_2^*, \ldots, F_r^n(\zeta_1, \ldots, \zeta_n) = \zeta_r^*$ und schließlich $F_{r+1}^r(\zeta_1^*, \ldots, \zeta_r^*) = \zeta$. Aus der letzten Gleichung von $\binom{**}{**}$ erhält man durch n-fache Anwendung der Regel (E1) die Gleichung

$$F_0^n(\zeta_1, \ldots, \zeta_n) = F_{r+1}^r\big(F_1^n(\zeta_1, \ldots, \zeta_n), \ldots, F_r^n(\zeta_1, \ldots, \zeta_n)\big),$$

hieraus mit Hilfe der soeben als ableitbar nachgewiesenen Gleichungen durch r-fache Anwendung von (E2)

$$F_0^n(\zeta_1, \ldots, \zeta_n) = F_{r+1}^r(\zeta_1^*, \ldots, \zeta_r^*),$$

und schließlich wieder mit (E 2)

$$F_0^n(\zeta_1, \ldots, \zeta_n) = \zeta .$$

6. Wir wenden uns nun der *Induktion* zu. Es gelte für beliebige Zahlen $k_1, \ldots, k_{n+1}$:

$$\begin{cases} f(k_1, \ldots, k_n, 0) = g_1(k_1, \ldots, k_n) \\ f(k_1, \ldots, k_n, k'_{n+1}) = g_2(k_1, \ldots, k_n, k_{n+1}, f(k_1, \ldots, k_n, k_{n+1})) . \end{cases}$$

g_1 und g_2 seien in bezug auf F_1^n und F_2^{n+2} normiert definiert durch die ausgezeichneten Gleichungssysteme $\mathfrak{G}_1$ bzw. $\mathfrak{G}_2$, von denen wir voraussetzen wollen, daß sie keine gemeinsame Funktionsvariable enthalten, und daß F_0^{n+1} nicht vorkommt.

Dann wird f in bezug auf F_0^{n+1} definiert durch das ausgezeichnete Gleichungssystem

$$(\substack{***\\**}) \quad \left| \begin{array}{l} \qquad\qquad \mathfrak{G}_1 \\ \qquad\qquad \mathfrak{G}_2 \\ F_0^{n+1}(x_1, \ldots, x_n, 0) = F_1^n(x_1, \ldots, x_n) \\ F_0^{n+1}(x_1, \ldots, x_n, N(x_{n+1})) \\ \qquad = F_2^{n+2}(x_1, \ldots, x_n, x_{n+1}, F_0^{n+1}(x_1, \ldots, x_n, x_{n+1})) . \end{array} \right.$$

Dazu deuten wir die in $\mathfrak{G}_1$, $\mathfrak{G}_2$ auftretenden Funktionsvariablen in einer Weise, wie sie durch die Induktionsvoraussetzung gegeben ist, also insbesondere F_1^n durch g_1 und F_2^{n+2} durch g_2. Weiter deuten wir F_0^{n+1} durch f. Dann gelten offenbar die Gleichungen $(\substack{***\\**})$. Der Beweis dafür, daß für alle $k_1, \ldots, k_{n+1}$, k mit $f(k_1, \ldots, k_{n+1}) = k$ die entsprechende Gleichung für F_0^{n+1} aus $(\substack{***\\**})$ herleitbar ist, kann leicht durch Induktion über k_{n+1} geführt werden.

7. Aus Nr. 4, 5, 6 ergibt sich, daß jede *primitiv-rekursive Funktion* durch ein Gleichungssystem normiert definiert werden kann. Davon werden wir im folgenden für die in § 10.4 definierten Funktionen sg, $\dot{-}$, $+$, $\cdot$ Gebrauch machen.

8. Anwendung des μ-Operators im Normalfall. Wir nehmen an, daß es zu jedem n-Tupel $k_1, \ldots, k_n$ wenigstens eine Zahl k_{n+1} gibt, für welche $g(k_1, \ldots, k_n, k_{n+1}) = 0$. $f(k_1, \ldots, k_n)$ sei das kleinste k_{n+1} mit dieser Eigenschaft. g sei durch ein ausgezeichnetes Gleichungssystem definiert. Wir wollen zeigen, daß dies auch für f möglich ist.

Wir führen zunächst eine Funktion h^* induktiv ein durch

$$\begin{cases} h^*(k_1, \ldots, k_n, 0) = sg(g(k_1, \ldots, k_n, 0)) \\ h^*(k_1, \ldots, k_n, k'_{n+1}) = sg(g(k_1, \ldots, k_n, k'_{n+1}) \cdot h^*(k_1, \ldots, k_{n+1})) . \end{cases}$$

Man überzeugt sich leicht davon, daß bei festem $k_1, \ldots, k_n$ und laufendem k_{n+1} die Funktion h^* von demjenigen k_{n+1} ab, für welches $g(k_1, \ldots, k_n, k_{n+1})$ zum erstenmal verschwindet, konstant den Wert 0 hat, und für die kleineren k_{n+1} konstant den Wert 1. Damit ist insbesondere

$$f(k_1, \ldots, k_n) = \mu k_{n+1} h^*(k_1, \ldots, k_{n+1}) = 0.$$

Weiter definieren wir eine Funktion h induktiv durch

$$\begin{cases} h(k_1, \ldots, k_n, 0) = h^*(k_1, \ldots, k_n, 0) \\ h(k_1, \ldots, k_n, k'_{n+1}) = \big(1 \dot{-} h^*(k_1, \ldots, k_n, k_{n+1})\big) + h^*(k_1, \ldots, k_n, k'_{n+1}). \end{cases}$$

Wenn $h^*(k_1, \ldots, k'_{n+1}) = 1$, so ist auch $h^*(k_1, \ldots, k_{n+1}) = 1$, also $h(k_1, \ldots, k'_{n+1}) = 1$. Wenn $h^*(k_1, \ldots, k'_{n+1}) = 0$ und $h^*(k_1, \ldots, k_{n+1}) = 1$, so ist $h(k_1, \ldots, k'_{n+1}) = 0$. Wenn $h^*(k_1, \ldots, k'_{n+1}) = h^*(k_1, \ldots, k_{n+1}) = 0$, so ist schließlich $h(k_1, \ldots, k'_{n+1}) = 1$. Daraus ergibt sich, daß bei festem $k_1, \ldots, k_n$ und wachsendem k_{n+1} die Funktion h genau einmal verschwindet, und zwar an der ersten Stelle, an der h^* verschwindet. Daher gilt:

(††) $\quad h(k_1, \ldots, k_{n+1}) = 0$ genau dann, wenn $f(k_1, \ldots, k_n) = k_{n+1}$.

Wenn h nicht verschwindet, hat h den Wert 1.

h ist im Vorangehenden mit Hilfe primitiv-rekursiver Funktionen durch Induktionen auf g zurückgeführt worden. Daher ist h durch ein ausgezeichnetes Gleichungssystem definierbar. $\mathfrak{G}$ sei ein ausgezeichnetes Gleichungssystem, welches h in bezug auf F_0^{n+1} definiert. Wir betrachten nun Funktionsvariablen F_0^n und F_0^{n+2} (von denen wir voraussetzen dürfen, daß sie in $\mathfrak{G}$ nicht auftreten) und das Gleichungssystem

$$\left(\begin{smallmatrix}*&*&*\\*&*&*\end{smallmatrix}\right) \quad \left\{\begin{array}{r} \mathfrak{G} \\ F_0^{n+2}(x_1, \ldots, x_n, x_{n+1}, 0) = x_{n+1} \\ F_0^{n+2}\big(x_1, \ldots, x_n, x_{n+1}, N(x_{n+2})\big) = F_0^n(x_1, \ldots, x_n) \\ F_0^{n+2}\big(x_1, \ldots, x_n, x_{n+1}, N(x_{n+2})\big) = F_0^{n+2}\big(x_1, \ldots, x_n, N(x_{n+1}), \\ F_0^{n+1}(x_1, \ldots, x_n, N(x_{n+1}))\big) \\ F_0^n(x_1, \ldots, x_n) = F_0^{n+2}\big(x_1, \ldots, x_n, 0, \\ F_0^{n+1}(x_1, \ldots, x_n, 0)\big). \end{array}\right.$$

Wir wollen zeigen, daß $\left(\begin{smallmatrix}*&*&*\\*&*&*\end{smallmatrix}\right)$ in bezug auf F_0^n ein ausgezeichnetes Gleichungssystem für f ist.

Wir deuten die in $\mathfrak{G}$ vorkommenden Funktionsvariablen in einer Weise, die durch die Induktionsvoraussetzung nahegelegt wird, also insbesondere F_0^{n+1} durch die Funktion h. Weiter deuten wir F_0^n durch f

und schließlich F_0^{n+2} durch die Funktion Φ, für welche gilt:

$$(\dagger\dagger\dagger) \qquad \Phi(k_1, \ldots, k_{n+2}) = \begin{cases} k_{n+1}, & \text{falls } k_{n+2} = 0 \\ f(k_1, \ldots, k_n), & \text{falls } k_{n+2} \neq 0. \end{cases}$$

ad (a). Bei dieser Deutung $\mathfrak{D}$ gelten zunächst trivialerweise die Gleichungen $\mathfrak{G}$, sowie die beiden folgenden Gleichungen.

Um nachzuweisen, daß die vorletzte Gleichung bei $\mathfrak{D}$ gilt, müssen wir zeigen, daß stets

$$\Phi(k_1, \ldots, k_n, k_{n+1}, k'_{n+2}) = \Phi(k_1, \ldots, k_n, k'_{n+1}, h(k_1, \ldots, k_n, k'_{n+1})).$$

Wegen der Definition $(\dagger\dagger\dagger)$ von Φ hat die linke Seite dieser Gleichung den Wert $f(k_1, \ldots, k_n)$. Dasselbe gilt für die rechte Seite, falls

$$h(k_1, \ldots, k_n, k'_{n+1}) \neq 0.$$

Falls aber $h(k_1, \ldots, k_n, k'_{n+1}) = 0$, so ist nach $(\dagger\dagger\dagger)$ die rechte Seite gleich k'_{n+1}; andererseits gilt aber dann nach $(\dagger\dagger)$

$$k'_{n+1} = f(k_1, \ldots, k_n).$$

Um einzusehen, daß die letzte Gleichung bei $\mathfrak{D}$ gilt, müssen wir zeigen, daß stets $f(k_1, \ldots, k_n) = \Phi(k_1, \ldots, k_n, 0, h(k_1, \ldots, k_n, 0))$. Dies folgt sofort aus $(\dagger\dagger\dagger)$, wenn $h(k_1, \ldots, k_n, 0) \neq 0$. Falls aber $h(k_1, \ldots, k_n, 0) = 0$, so verschwindet die rechte Seite wegen $(\dagger\dagger\dagger)$. Dies gilt aber dann wegen $(\dagger\dagger)$ auch für $f(k_1, \ldots, k_n)$.

ad (b). Es muß nun noch nachgewiesen werden, daß alle für $\mathfrak{D}$ gültigen Gleichungen der Form

$$F_0^n(\zeta_1, \ldots, \zeta_n) = \zeta^* \quad \text{und} \quad F_0^{n+2}(\zeta_1, \ldots, \zeta_{n+2}) = \zeta^{**}$$

aus $\binom{***}{***}$ herleitbar sind. Wir brauchen dazu nur zu zeigen, daß es für jedes $\zeta_1, \ldots, \zeta_{n+2}$ wenigstens ein ζ^* bzw. ζ^{**} gibt derart, daß die obigen Gleichungen herleitbar sind.

Daß diese reduzierte Behauptung ausreicht, ergibt sich aus der folgenden Überlegung: Wie wir soeben gesehen haben, sind alle Gleichungen von $\binom{***}{***}$ bei $\mathfrak{D}$ gültig. Nach Nr. 2 sind dann auch alle aus $\binom{***}{***}$ herleitbaren Gleichungen bei $\mathfrak{D}$ gültig. Bei gegebenen $\zeta_1, \ldots, \zeta_{n+2}$ gibt es aber nur jeweils eine Gleichung der oben angegebenen Form, die bei $\mathfrak{D}$ gültig ist. Wenn wir also gezeigt haben, daß es zu jedem $\zeta_1, \ldots, \zeta_{n+2}$ wenigstens ein ζ^* bzw. ζ^{**} gibt, derart daß die obigen Gleichungen herleitbar sind, so haben wir mit diesen Gleichungen alle bei $\mathfrak{D}$ gültigen Gleichungen dieser Form erfaßt.

Wir brauchen unsere reduzierte Behauptung nur für F_0^n zu zeigen, da dann die Behauptung für F_0^{n+2} sich sofort ergibt, wenn wir geeignete Einsetzungen in die viert- und drittletzte Gleichung von $\binom{***}{***}$ vornehmen.

$\zeta_1, \ldots, \zeta_n$ seien Namen für die Zahlen $k_1, \ldots, k_n$. Zu $k_1, \ldots, k_n$ gibt es genau ein k, für welches $h(k_1, \ldots, k_n, k) = 0$. Dieses k werde durch die Ziffer ζ dargestellt. Dann ist nach der Voraussetzung über $\mathfrak{G}$ aus $\mathfrak{G}$, also auch aus $\binom{***}{***}$, die Gleichung

(1) $$F_0^{n+1}(\zeta_1, \ldots, \zeta_n, \zeta) = 0$$

herleitbar. Aus der letzten Gleichung von $\binom{***}{***}$ ergibt sich durch Einsetzungen:

(2) $$F_0^n(\zeta_1, \ldots, \zeta_n) = F_0^{n+2}(\zeta_1, \ldots, \zeta_n, 0, F_0^{n+1}(\zeta_1, \ldots, \zeta_n, 0)).$$

Wir unterscheiden nunmehr die beiden Fälle $\zeta \equiv 0$ und $\zeta \not\equiv 0$.

Wenn $\zeta \equiv 0$, so können wir aus den beiden letzten Gleichungen mit Hilfe von (E 2) übergehen zu

$$F_0^n(\zeta_1, \ldots, \zeta_n) = F_0^{n+2}(\zeta_1, \ldots, \zeta_n, 0, 0).$$

Andererseits erhalten wir aus der vieıtletzten Gleichung von $\binom{***}{***}$ durch Einsetzungen

$$F_0^{n+2}(\zeta_1, \ldots, \zeta_n, 0, 0) = 0$$

und damit aus den beiden letzten Gleichungen mit (E 2)

$$F_0^n(\zeta_1, \ldots, \zeta_n) = 0, \qquad \text{d.h.} \qquad F_0^n(\zeta_1, \ldots, \zeta_n) = \zeta, \qquad \text{w.z.b.w.}$$

Wir gehen nun über zu dem Fall, daß $\zeta \not\equiv 0$ (in diesem Fall hat man $h(k_1, \ldots, k_n, 0) = 1$, was wir für später vormerken). Es sei $\tilde{\zeta}$ eine beliebige Ziffer. Wir zeigen:

Wenn $N(\tilde{\zeta}) \not\equiv \zeta$, *so ist*

(3) $$F_0^{n+2}(\zeta_1, \ldots, \zeta_n, \tilde{\zeta}, N(0)) = F_0^{n+2}(\zeta_1, \ldots, \zeta_n, N(\tilde{\zeta}), N(0))$$

aus $\binom{***}{***}$ *herleitbar. Wenn dagegen* $N(\tilde{\zeta}) \equiv \zeta$, *so ist*

(4) $$F_0^{n+2}(\zeta_1, \ldots, \zeta_n, \tilde{\zeta}, N(0)) = \zeta$$

aus $\binom{***}{***}$ *herleitbar.*

Beweis: Man erhält zunächst aus der vorletzten Gleichung von $\binom{***}{***}$ durch Einsetzungen:

(5) $$\begin{cases} F_0^{n+2}(\zeta_1, \ldots, \zeta_n, \tilde{\zeta}, N(0)) \\ \qquad = F_0^{n+2}(\zeta_1, \ldots, \zeta_n, N(\tilde{\zeta}), F_0^{n+1}(\zeta_1, \ldots, \zeta_n, N(\tilde{\zeta}))). \end{cases}$$

$\tilde{\zeta}$ kennzeichne die Zahl $\tilde{k}$.

Wenn $N(\tilde{\zeta}) \not\equiv \zeta$, so ist $\tilde{k}' \neq k$, also $h(k_1, \ldots, k_n, \tilde{k}') = 1$.

Daher ist nach der Voraussetzung

(6) $$F_0^{n+1}(\zeta_1, \ldots, \zeta_n, N(\tilde{\zeta})) = N(0)$$

aus $\mathfrak{G}$ und damit aus $(\substack{***\\***})$ herleitbar. Nun erhält man (3) aus (6) und (5) mit (E2).

Wenn dagegen $N(\tilde{\zeta}) \equiv \zeta$, so ist $\tilde{k}' = k$, also $h(k_1, \ldots, k_n, \tilde{k}') = 0$. Daher ist

$$F_0^{n+1}(\zeta_1, \ldots, \zeta_n, N(\tilde{\zeta})) = 0 \tag{7}$$

aus $\mathfrak{G}$ und damit aus $(\substack{***\\***})$ herleitbar. Aus (7) und (5) ergibt sich mit (E2)

$$F_0^{n+2}(\zeta_1, \ldots, \zeta_n, \tilde{\zeta}, N(0)) = F_0^{n+2}(\zeta_1, \ldots, \zeta_n, N(\tilde{\zeta}), 0).$$

Andererseits folgt aus der viertletzten Gleichung von $\mathfrak{G}$ durch Einsetzungen:

$$F_0^{n+2}(\zeta_1, \ldots, \zeta_n, N(\tilde{\zeta}), 0) = N(\tilde{\zeta}).$$

Aus den beiden letzten Gleichungen erhält man mit (E2)

$$F_0^{n+2}(\zeta_1, \ldots, \zeta_n, \tilde{\zeta}, N(0)) = N(\tilde{\zeta}),$$

d.h. (4), da $N(\tilde{\zeta}) \equiv \zeta$.

Wir betrachten nun den durch ζ bestimmten Anfang der Folge der Ziffern $0, N(0), \ldots, \tilde{\tilde{\zeta}}, \tilde{\zeta}, \zeta$. Wir behaupten, daß die Gleichungen

$$\tag{8} \left\{ \begin{aligned} F_0^{n}(\zeta_1, \ldots, \zeta_n) &= F_0^{n+2}(\zeta_1, \ldots, \zeta_n, 0, N(0)) \\ F_0^{n+2}(\zeta_1, \ldots, \zeta_n, 0, N(0)) &= F_0^{n+2}(\zeta_1, \ldots, \zeta_n, N(0), N(0)) \\ F_0^{n+2}(\zeta_1, \ldots, \zeta_n, N(0), N(0)) &= F_0^{n+2}(\zeta_1, \ldots, \zeta_n, N(N(0)), N(0)) \\ \ldots\ldots\ldots\ldots & \ldots\ldots\ldots\ldots\ldots\ldots \\ F_0^{n+2}(\zeta_1, \ldots, \zeta_n, \tilde{\tilde{\zeta}}, N(0)) &= F_0^{n+2}(\zeta_1, \ldots, \zeta_n, \tilde{\zeta}, N(0)) \\ F_0^{n+2}(\zeta_1, \ldots, \zeta_n, \tilde{\zeta}, N(0)) &= \zeta \end{aligned} \right.$$

aus $(\substack{***\\***})$ ableitbar sind. Dies folgt aus (4) für die letzte Gleichung und aus (3) für die vorangehenden, abgesehen von der ersten. Diese erhalten wir so: Aus der letzten Gleichung von $(\substack{***\\***})$ ergibt sich durch Einsetzungen:

$$F_0^{n}(\zeta_1, \ldots, \zeta_n) = F_0^{n+2}(\zeta_1, \ldots, \zeta_n, 0, F_0^{n+1}(\zeta_1, \ldots, \zeta_n, 0)).$$

Da nach unserer Annahme $h(k_1, \ldots, k_n, 0) = 1$, so können wir aus $\mathfrak{G}$ und damit aus $(\substack{***\\***})$ die Gleichung

$$F_0^{n+1}(\zeta_1, \ldots, \zeta_n, 0) = N(0)$$

ableiten. Aus den beiden letztgenannten Gleichungen erhält man die erste Gleichung von (8) mittels (E2).

Aus den Gleichungen (8) ergibt sich, wenn wir (E2) anwenden und mit den beiden letzten Gleichungen anfangen,

$$F_0^{n+2}(\zeta_1, \ldots, \zeta_n, \tilde{\tilde{\zeta}}, N(0)) = \zeta$$

usf., bis schließlich

$$F_0^n(\zeta_1, \ldots, \zeta_n) = \zeta,$$

w. z. b. w.[1]

9. Bemerkungen. Der hier gegebene Beweis ist *konstruktiv* in dem Sinne, daß man zu jeder μ-rekursiven Funktion, welche durch Einsetzungen, Induktionen und Anwendungen des μ-Operators schrittweise auf die Ausgangsfunktionen zurückgeführt ist, effektiv ein Gleichungssystem und eine Funktionsvariable angeben kann, in bezug auf welche diese Funktion normiert definiert wird.

Wir haben den Beweis für die Rekursivität der μ-rekursiven Funktionen unter Zuhilfenahme semantischer Überlegungen geführt. Dies ist in Anbetracht der Korrektheit der Regeln ein naheliegendes Verfahren. Andererseits ist aber der Begriff der Ableitbarkeit aus einem Gleichungssystem ein rein formaler „syntaktischer" Begriff. Man brauchte sich daher eigentlich um Deutungen nicht zu kümmern.

Aufgabe 1. Man zeige *durch rein formale Überlegungen*, daß jede μ-rekursive Funktion durch ein Gleichungssystem definierbar ist. Dabei verwende man die in diesem Paragraphen angegebenen Gleichungssysteme (hier kann man bei dem Gleichungssystem $\binom{***}{***}$ die drittletzte Gleichung fortlassen, oder auch statt dessen das in der letzten Anmerkung angegebene Gleichungssystem $\binom{***}{***}'$ verwenden).

Aufgabe 2. Man zeige für das in der letzten Anmerkung angegebene Gleichungssystem $\binom{***}{***}'$:

(a) Nicht zu jedem $\zeta_1, \zeta_2, \zeta_3$ gibt es ein ζ, so daß $F_1^3(\zeta_1, \zeta_2, \zeta_3) = \zeta$ ableitbar ist.

(b) Es gibt im allgemeinen keine Deutung der auftretenden Funktionsvariablen, bei der alle Gleichungen gelten.

Literatur

KLEENE, S. C.: General Recursive Functions of Natural Numbers. Math. Ann. **112**, 727–742 (1936).

[1] Das für den μ-Operator angewandte Verfahren stammt von KLEENE. Kleene zeigt allerdings nicht die Existenz eines *ausgezeichneten* Gleichungssystems. Er benutzt daher die drittletzte Gleichung von $\binom{***}{***}$ nicht. Diese (oder eine abgeschwächte Form) verwenden wir, um zu zeigen, daß auch die F-Terme $F_0^{n+2}(\zeta_1, \ldots, \zeta_{n+2})$ ausgewertet werden können. Wenn man die drittletzte Gleichung wegließe, ginge dies nicht, falls $F_0^{n+1}(\zeta_1, \ldots, \zeta_n, 0) = 0$ aus den restlichen Gleichungen ableitbar wäre.

KLEENE hat auch ein anderes Verfahren zur Behandlung des μ-Operators angegeben: Das Gleichungssystem $\mathfrak{G}$ definiere die Funktion h^* (vgl. weiter oben im Text) in bezug auf F_0^{n+1}. Man nehme die neuen Funktionsvariablen F_1^3 und F_0^n. Dann definiert das Gleichungssystem

$$\binom{***}{***}' \quad \begin{cases} \mathfrak{G} \\ F_1^3(N(x_1), 0, x_0) = x_0 \\ F_0^n(x_1, \ldots, x_n) = F_1^3(F_0^{n+1}(x_1, \ldots, x_n, x_0), F_0^{n+1}(x_1, \ldots, x_n, N(x_0)), N(x_0)) \end{cases}$$

in bezug auf F_0^n die Funktion f. Vgl. hierzu Aufgabe 2.

§ 21. Die μ-Rekursivität der rekursiven Funktionen

Wir zeigen in diesem Paragraphen den

Satz: Jede rekursive Funktion ist μ-rekursiv.

Der Beweis ist konstruktiv in dem Sinne, daß man bei einem vorliegenden Gleichungssystem, welches eine Funktion f definiert, effektiv die Funktion f mit Hilfe von Einsetzungen, induktiven Definitionen und Anwendungen des μ-Operators im Normalfall zurückführen kann auf die Ausgangsfunktionen. Dabei stellt sich insbesondere heraus, daß man den μ-Operator nur ein einziges Mal zu verwenden braucht, und man erhält in Verbindung mit dem Ergebnis des letzten Paragraphen einen neuen Beweis für das KLEENE*sche Normalformentheorem* (vgl. § 18.4). Am Schluß dieses Paragraphen (Nr. 7) geben wir ein Beispiel für ein Gleichungssystem, welches eine Funktion eindeutig bestimmt, ohne daß man imstande wäre, die Werte dieser Funktion mit einem Algorithmus zu bestimmen.

1. Gödelisierung der Terme. Wir wollen die Terme τ durch Zahlen $\bar{\tau}$ eindeutig charakterisieren. Wir definieren $\bar{\tau}$ induktiv und beginnen mit den einfachen Termen[1]:

$$\bar{0} = 1, \quad \overline{F_j^0} = 4j + 3 \quad (j = 0, 1, 2, \ldots), \qquad \bar{x}_j = 4j + 5 \quad (j = 0, 1, 2, \ldots).$$

Die Nummern der einfachen Terme durchlaufen also die ungeraden Zahlen. Die Nummern der zusammengesetzten Terme müssen also gerade werden. Wir setzen

$$\overline{N(\tau)} = p_0 p_1^{\bar{\tau}}$$

$$\overline{F_j^r(\tau_1, \ldots, \tau_r)} = p_0^{j+2} p_1^{\bar{\tau}_1} \ldots p_r^{\bar{\tau}_r} \qquad (r \geqq 1).$$

Es ist klar, daß $\bar{\tau}_1 \neq \bar{\tau}_2$, falls $\tau_1 \not\equiv \tau_2$.

Wir führen nun einige Funktionen und Prädikate ein, welche mit dieser Gödelisierung zusammenhängen. *Alle diese Funktionen und Prädikate sind primitiv-rekursiv.*

Vx bedeute, daß x die Nummer einer Variablen ist[2]. Offenbar gilt,

$$Vx \leftrightarrow x \geqq 5 \wedge 4/(x \dot{-} 5).$$

$d(k)$ sei die Nummer der Ziffer, welche die Zahl k darstellt. d läßt sich induktiv definieren durch

$$d(0) = 1$$

$$d(k') = p_0 \cdot p_1^{d(k)}.$$

---

[1] Wir schreiben im folgenden aus typographischen Gründen $\bar{x}_j$ an Stelle von $\overline{x_j}$, $\bar{\tau}_1$ an Stelle von $\overline{\tau_1}$, usf.

[2] Man verwechsle das Prädikat V nicht mit der in § 10.4 eingeführten Vorgängerfunktion.

Zx besage, daß x die Gödelnummer einer Ziffer ist. Es gilt

$$Zx \leftrightarrow \bigvee_{k=0}^{x} x = d(k).$$

Die obere Schranke für k ergibt sich daraus, daß stets $k < d(k)$, was man sofort durch Induktion sieht.

Fx bedeute, daß x die Gödelnummer eines F-Termes ist. Es gilt

$$Fx \leftrightarrow \big(x \geqq 3 \wedge 4/(x \dot{-} 3)\big) \vee \big(\exp(0, x) \geqq 2 \wedge$$
$$\wedge \bigvee_{r=0}^{x} \bigwedge_{k=0}^{x} \big((k \neq 0 \wedge k \leqq r \rightarrow Z \exp(k, x)) \wedge ((k > r) \rightarrow \exp(k, x) = 0)\big)\big).$$

r gibt die Stellenzahl der in dem F-Term vorkommenden Funktionsvariablen an. Man sieht leicht ein, daß $r \leqq x$.

Wir definieren nun eine Funktion C, welche für den Fall, daß x die Nummer einer Ziffer ist, als Wert die durch diese Ziffer dargestellte Zahl hat. Dies leistet offenbar die Funktion

$$C(x) = \mu_{k=0}^{x}\, x = d(k).$$

Weiter führen wir eine n-stellige Funktion B_n ein. $B_n(x_1, \ldots, x_n)$ gibt die Nummer des Termes $F_0^n(\zeta_1, \ldots, \zeta_n)$ an, wobei $\zeta_1, \ldots, \zeta_n$ die Ziffern sind, welche die Zahlen $x_1, \ldots, x_n$ darstellen. Es gilt für $n \geqq 1$:

$$B_n(x_1, \ldots, x_n) = p_0^2 p_1^{d(x_1)} \ldots p_n^{d(x_n)}.$$

Für $n = 0$ sei B_0 die Nummer des Terms F_0^0, d.h. 3.

Schließlich führen wir ein Prädikat T ein. Tt bedeutet, daß t die Nummer eines Termes ist. Dazu erinnern wir uns daran, daß der Begriff des Termes in §19.2 induktiv erklärt wurde. Man kann diese Definition unter Verwendung des Hilfsbegriffs „Term n-ter Stufe" offenbar folgendermaßen umschreiben:

τ ist ein Term 0-ter Stufe *genau dann, wenn*

$\tau \equiv 0$ *oder* τ ist eine Variable *oder* τ ist eine Funktionsvariable der Stellenzahl 0.

τ ist ein Term n'-ter Stufe *genau dann, wenn*

τ ist ein Term n-ter Stufe *oder* τ ist von der Form $N(\tau_1)$, wobei τ_1 ein Term n-ter Stufe ist *oder* τ ist von der Form $F_j^r(\tau_1, \ldots, \tau_r)$, wobei $\tau_1, \ldots, \tau_r$ Terme n-ter Stufe sind.

τ ist ein Term *genau dann, wenn*
es gibt ein n, so daß τ ein Term n-ter Stufe ist.

Wir definieren nun ein Prädikat $\mathring{T}$. $\mathring{T}tn$ soll besagen, daß t die Gödelnummer eines Terms n-ter Stufe ist. Beachtet man, daß die ungeraden Zahlen genau die Gödelnummern der Terme 0-ter Stufe sind, so haben wir

$$\mathring{T}t0 \leftrightarrow Ut \text{ (d.h. } t \text{ ist ungerade)}$$

$$\begin{aligned}\mathring{T}tn' \leftrightarrow\ & \mathring{T}tn \\ & \vee \Big(\exp(0,t)=1 \wedge \bigwedge_{k=0}^{t}\big(\exp(k,t) \neq 0 \rightarrow k=0 \vee k=1\big) \wedge \mathring{T}\exp(1,t)\,n\Big) \\ & \vee \Big(\exp(0,t)>1 \wedge \exp(1,t) \neq 0 \wedge \bigwedge_{k=0}^{t}\big(\exp(k,t)>0 \rightarrow \exp(k \dot{-} 1,t)>0\big) \\ & \qquad \wedge \bigwedge_{k=0}^{t}\big(k \geqq 1 \wedge \exp(k,t)>0 \rightarrow \mathring{T}\exp(k,t)\,n\big).\end{aligned}$$

f sei die charakteristische Funktion von $\mathring{T}$. Beachtet man, daß die charakteristische Funktion einer Alternative von Prädikaten durch Multiplikation der zugehörigen charakteristischen Funktionen gewonnen werden kann, und die charakteristische Funktion einer Konjunktion von Prädikaten durch Addition der zugehörigen charakteristischen Funktionen mit nachfolgender sg-Bildung (vgl. die Bemerkung in §11.3), so sieht man, daß sich f durch zwei Gleichungen von der Form §12.5 (i) definieren läßt, mit primitiv-rekursiven Funktionen g, h, H. Nun zeigt der dort bewiesene Satz, daß f und damit $\mathring{T}$ primitiv-rekursiv sind.

Durch Induktion über n zeigt man leicht, daß $\mathring{T}tn \rightarrow \bigvee_{n_0} (\mathring{T}tn_0 \wedge t \geqq n_0)$. Daher ist

$$Tt \leftrightarrow \bigvee_{n=0}^{t} \mathring{T}tn.$$

Diese Darstellung zeigt, daß T primitiv-rekursiv ist.

2. Die Darstellung von $f(x_1, \ldots, x_n)$. Wir nehmen an, daß die n-stellige Funktion f durch ein endliches Gleichungssystem $\mathfrak{G}$ in bezug auf F_0^n definiert werde. In Nr. 6 werden wir ein Prädikat A einführen. $At\tilde{t}m$ besagt, daß t bzw. $\tilde{t}$ die Nummern von Termen τ bzw. $\tilde{\tau}$ sind, und daß die Gleichung $\tau = \tilde{\tau}$ aus $\mathfrak{G}$ in m Schritten *beschränkt* abgeleitet werden kann, d.h. so, daß für jede Zahl l gilt: Falls im l-ten Schritt die Einsetzungsregel (E1) verwendet wird, so wird dabei keine Ziffer eingesetzt, welche eine Zahl bezeichnet, die größer ist als l. Außerdem wird der Übergang von einer Gleichung zu einer damit identischen zugelassen.

Falls die Gleichung $\tau = \tilde{\tau}$ aus $\mathfrak{G}$ ableitbar ist, so gibt es ein m derart, daß $At\tilde{t}m$. Dies ist leicht einzusehen: Man hat die Aufgabe, eine gegebene Ableitung von $\tau = \tilde{\tau}$ in eine beschränkte Ableitung umzuformen. Eine gegebene Ableitung verstößt nur dort gegen die Forderung der Beschränktheit, wo in einem l-ten Schritt eine Ziffer ζ eingesetzt wird, welche eine Zahl $k > l$ bezeichnet. In diesem Falle reproduziere man im l-ten, $(l+1)$-ten, ..., $(k-1)$-ten Schritt die Gleichung, die im $(l-1)$-ten Schritt erhalten wurde, und nehme die beabsichtigte Einsetzung erst im k-ten Schritt vor. Durch derartige Einschübe gewinnt man eine beschränkte Ableitung für $\tau = \tilde{\tau}$. Es wird in Nr. 6 gezeigt, daß A *primitiv-rekursiv* ist.

Wir führen nun ein Prädikat D_n ein durch die Definition:

$$D_n s x_1 \ldots x_n \leftrightarrow A\sigma_{31}(s)\,\sigma_{32}(s)\,\sigma_{33}(s) \wedge \sigma_{31}(s) = B_n(x_1, \ldots, x_n) \wedge Z\sigma_{32}(s).$$

$D_n s x_1 \ldots x_n$ besagt, daß s die Nummer eines Tripels ist, welches die folgenden Eigenschaften hat: Die erste Komponente $\sigma_{31}(s)$ ist die Gödelnummer des Terms $F_0^n(\zeta_1, \ldots, \zeta_n)$, wobei die Ziffern $\zeta_1, \ldots, \zeta_n$ die Zahlen $x_1, \ldots, x_n$ darstellen; die zweite Komponente $\sigma_{32}(s)$ ist die Nummer einer Ziffer ζ und schließlich ist die Gleichung $F_0^n(\zeta_1, \ldots, \zeta_n) = \zeta$ aus $\mathfrak{G}$ in $\sigma_{33}(s)$ Schritten beschränkt ableitbar. Da wir vorausgesetzt haben, daß $\mathfrak{G}$ in bezug auf F_0^n die Funktion f definiert, muß eine Gleichung der Form $F_0^n(\zeta_1, \ldots, \zeta_n) = \zeta$ aus $\mathfrak{G}$ ableitbar sein. Es gibt also ein s derart, daß $D_n s x_1 \ldots x_n$. Bei der Bildung von $\mu s D_n s x_1 \ldots x_n$ handelt es sich daher um eine Anwendung des μ-Operators *im Normalfall.*

$\sigma_{32}(\mu s D_n s x_1 \ldots x_n)$ ist die Gödelnummer einer Ziffer ζ, für welche eine Gleichung der Form $F_0^n(\zeta_1, \ldots, \zeta_n) = \zeta$ (wobei ζ_i die Zahl x_i darstellt) (in $\sigma_{33}(s)$ Schritten) aus $\mathfrak{G}$ beschränkt herleitbar ist. ζ muß daher den Funktionswert $f(x_1, \ldots, x_n)$ darstellen. Wir haben also:

$$f(x_1, \ldots, x_n) = C\left(\sigma_{32}(\mu s D_n s x_1 \ldots x_n)\right).$$

Diese Darstellung zeigt, daß f μ-rekursiv ist.

Die folgenden Nrn. 3 bis 6 dienen zum Nachweis der primitiven Rekursivität des Prädikates A. A hängt natürlich ab von dem zu Beginn dieser Nummer genannten Gleichungssystem $\mathfrak{G}$.

3. Die Einsetzungsfunktion $e(x, y, z)$. Falls x und z die Gödelnummern von Termen τ, τ_0 sind, und y die Gödelnummer einer Variablen x_i ist, dann sei $e(x, y, z)$ die Nummer des Terms τ^{x_i}/τ_0. (Wir wollen e aber auch für die anderen Fälle definieren.) Man überzeugt sich an Hand der Definition der Einsetzung (vgl. §19.3) sofort davon, daß die Funktion, welche durch die folgenden Gleichungen definiert wird, das Verlangte leistet (zu δ und ε vgl. § 10.4):

$$e(0, y, z) = 0,$$

$$e(x, y, z) = \delta(x, y) \cdot z + \varepsilon(x, y) \cdot x, \quad \text{falls } x \text{ ungerade ist},$$

$$e(p_0^{\nu_0} \ldots p_r^{\nu_r}, y, z) = p_0^{\nu_0} p_1^{e(\nu_1, y, z)} \ldots p_r^{e(\nu_r, y, z)}, \quad \text{falls } \nu_0 > 0.$$

Nach §12.7 folgt (s. die dortigen Formeln (13), (14), (15)), daß *e eine primitiv-rekursive Funktion* ist.

Wir leiten im folgenden einige einfache Beziehungen für die Funktion e her, von welchen wir später zu Abschätzungen Gebrauch machen werden. (Man mache sich klar, was diese Formeln für die Einsetzung bedeuten!)

(1) $e(e(x,y,z),y,z)=e(x,y,z)$ für ungerades z,

(2) $e(e(x,y,z),z,y)=e(x,z,y)$ für ungerades z,

(3) $e(e(x,u,v),y,z)=e(e(x,u,e(v,y,z)),y,z)$ für ungerades z,

(4) $e(x,y,z)\geqq x$, falls $z\geqq y$,

(5) $e(x,1,z)\geqq z$, falls x Gödelnummer einer Ziffer ist,

(6) $e(x,1,z)\geqq z$, falls x Gödelnummer eines F-Terms ist, der nicht die Form F_j^0 hat,

(7) $e(e(x,u,v),1,z)\geqq x$ für ungerades z, falls $z\geqq u$ und wenn v Gödelnummer einer Ziffer ist, oder eines solchen F-Terms, der nicht die Form F_j^0 hat.

Beweis: (1) bis (4) zeigt man durch Induktion entsprechend der Definition von $e(x,y,z)$ bzw. $e(x,u,v)$. Wir behandeln ausführlich (1) und geben für (2), (3), (4) nur an, wie man schließt, wenn x ungerade ist, da in allen anderen Fällen analog zu (1) verfahren werden kann.

ad (1). Für $x=0$ steht beiderseits 0.

Ist x ungerade, so steht für $x\neq y$ beiderseits $e(x,y,z)$. Für $x=y$ steht links $e(z,y,z)$. Dies ist, da z ungerade ist, gleich z, und zwar unabhängig davon, ob $z=y$ oder $z\neq y$. Auch rechts hat man den Wert z.

Schließlich sei $x=p_0^{\nu_0}\ldots p_r^{\nu_r}$, mit $\nu_0>0$. Dann hat man

$$\begin{aligned} e(e(p_0^{\nu_0}\ldots p_r^{\nu_r},y,z),y,z) &= e(p_0^{\nu_0}p_1^{e(\nu_1,y,z)}\ldots p_r^{e(\nu_r,y,z)},y,z)\\ &= p_0^{\nu_0}p_1^{e(e(\nu_1,y,z),y,z)}\ldots p_r^{e(e(\nu_r,y,z),y,z)}\\ &= p_0^{\nu_0}p_1^{e(\nu_1,y,z)}\ldots p_r^{e(\nu_r,y,z)} \qquad \text{(Ind. Vor.)}\\ &= e(p_0^{\nu_0}\ldots p_r^{\nu_r},y,z)\,. \end{aligned}$$

ad (2). x sei ungerade. Für $x\neq y$ steht beiderseits $e(x,z,y)$. Für $x=y$ steht links $e(z,z,y)$, also y und rechts ebenfalls y.

ad (3). x sei ungerade. Für $x\neq u$ hat man beiderseits $e(x,y,z)$. Für $x=u$ steht links $e(v,y,z)$ und rechts $e(e(v,y,z),y,z)=e(v,y,z)$ nach (1).

ad (4). x sei ungerade. Für $x\neq y$ ist $e(x,y,z)=x\geqq x$. Für $x=y$ ist $e(x,y,z)=z$, und $z\geqq y=x$ nach Voraussetzung.

ad (5). Die Zahlen $d(m)$ durchlaufen die Gödelnummern der Ziffern. Es genügt daher, $e(d(m),1,z)\geqq z$ zu zeigen durch gewöhnliche Induktion über m. $e(d(0),1,z)=e(1,1,z)=z\geqq z$. $e(d(m'),1,z)=e(p_0p_1^{d(m)},1,z)=p_0p_1^{e(d(m),1,z)}\geqq p_0p_1^z\geqq z$.

ad (6). In diesem Fall hat der Term die Form $F_j^r(\zeta_1, \ldots, \zeta_r)$ (mit $r \geqq 1$), wobei $\zeta_1, \ldots, \zeta_r$ Ziffern sind. Sind $x_1, \ldots, x_r$ die Gödelnummern von $\zeta_1, \ldots, \zeta_r$, so ist $x = p_0^{j+2} p_1^{x_1} \ldots p_r^{x_r}$, und man hat $e(x, 1, z) = e(p_0^{j+2} p_1^{x_1} \ldots p_r^{x_r}, 1, z) = p_0^{j+2} p_1^{e(x_1,1,z)} \ldots p_r^{e(x_r,1,z)} \geqq p_0^{j+2} p_1^{z} \ldots p_r^{z}$ (wegen (5)) $\geqq z$.

ad (7). Nach (3) und (4) hat man $e\big(e(x,u,v),1,z\big) = e\big(e(x,u,e(v,1,z)),1,z\big) \geqq e\big(x,u,e(v,1,z)\big)$. Nach (5) bzw. (6) ist $e(v,1,z) \geqq z$, also nach der Voraussetzung auch $\geqq u$. Damit ist nach (4) $e\big(x,u,e(v,1,z)\big) \geqq x$.

4. Die Schrankenvariable x_k. Um zu zeigen, daß das später einzuführende Prädikat A primitiv-rekursiv ist, benötigen wir eine Abschätzung für die Gödelnummern der Variablen, die in einer Ableitung eine Rolle spielen, sowie für die Gödelnummern der vorkommenden nullstelligen Funktionsvariablen F_j^0. Wir setzen voraus, daß die Funktion f in bezug auf F_0^n durch das Gleichungssystem $\mathfrak{G}$ definiert werde. *Wir führen nun k ein als die kleinste Zahl, für die gilt:*

(1) k ist größer als der Index aller Variablen, welche in $\mathfrak{G}$ vorkommen.

(2) $\bar{x}_k \geqq \overline{F_j^0}$ für alle F_j^0, welche in $\mathfrak{G}$ auftreten.

k behält bis einschließlich Nr. 6 diese feste Bedeutung.

Keine Gleichung, die aus $\mathfrak{G}$ ableitbar ist, enthält eine Variable x_i mit $i > k$. Eine Einsetzung in eine Variable, welche in einer Gleichung nicht auftritt, führt zu derselben Gleichung zurück, ist also überflüssig. *Man braucht daher nur solche Einsetzungen zuzulassen, bei denen in eine Variable x_i mit $i \leqq k$ eingesetzt wird.*

Diskutieren wir ferner die *Ersetzung*. Die Gleichung $\tau = \tilde{\tau}$ gehe aus $\tau'' = \tilde{\tau}''$ durch Ersetzung des F-Terms τ' durch die Ziffer $\tilde{\tau}'$ hervor. Dann gibt es nach der Definition der Ersetzung Terme τ_0 und $\tilde{\tau}_0$ sowie eine Variable x_i derart, daß

$$\tau'' \equiv \tau_0{}^{x_i}/\tau'; \quad \tilde{\tau}'' \equiv \tilde{\tau}_0{}^{x_i}/\tau'; \quad \tau \equiv \tau_0{}^{x_i}/\tilde{\tau}'; \quad \tilde{\tau} \equiv \tilde{\tau}_0{}^{x_i}/\tilde{\tau}'.$$

Wir nehmen nun an, daß die Gleichungen $\tau' = \tilde{\tau}'$ und $\tau'' = \tilde{\tau}''$ aus $\mathfrak{G}$ herleitbar sind. Wir behaupten, daß es dann Terme τ_1 und $\tilde{\tau}_1$ gibt derart, daß

$$\tau'' \equiv \tau_1{}^{x_k}/\tau'; \quad \tilde{\tau}'' \equiv \tilde{\tau}_1{}^{x_k}/\tau'; \quad \tau \equiv \tau_1{}^{x_k}/\tilde{\tau}'; \quad \tilde{\tau} \equiv \tilde{\tau}_1{}^{x_k}/\tilde{\tau}'.$$

Wir können annehmen, daß $x_i \not\equiv x_k$, da wir sonst nichts zu beweisen haben. *Wir können ferner annehmen, daß x_k weder in τ_0 noch in $\tilde{\tau}_0$ vorkommt.* Käme nämlich x_k z.B. in τ_0 vor, so auch in $\tau_0{}^{x_i}/\tau'$, also in τ''. Dies kann aber nicht sein, da die Gleichung $\tau'' = \tilde{\tau}''$ aus $\mathfrak{G}$ ableitbar ist, und x_k in keiner aus $\mathfrak{G}$ ableitbaren Gleichung vorkommt.

Wir setzen nun:

$$\tau_1 \equiv \tau_0{}^{x_i}/x_k, \qquad \tilde{\tau}_1 \equiv \tilde{\tau}_0{}^{x_i}/x_k.$$

Dann ist $\tau_1{}^{x_k}/\tau' \equiv (\tau_0{}^{x_i}/x_k)^{x_k}/\tau' \equiv \tau_0{}^{x_i}/\tau'$ (da x_k nicht in τ_0 auftritt) $\equiv \tau''$. In derselben Weise zeigt man die weiteren Behauptungen.

Aus dem soeben hergeleiteten Resultat ergibt sich, daß man *in dem hier betrachteten Zusammenhang nur solche Ersetzungen zu betrachten braucht, bei denen die in der Definition der Ersetzung auftretende Variable* x_i *mit* x_k *übereinstimmt.*

Wir setzen $K = \bar{x}_k$. Nach den letzten Bemerkungen kann K *als obere Schranke genommen werden für die Gödelnummern aller Variablen, welche bei einer Ableitung aus* 𝔊 *eine Rolle spielen.* Ferner gilt $K \geqq \overline{F_j^0}$ *für alle* F_j^0, *welche in* 𝔊 *oder in aus* 𝔊 *ableitbaren Gleichungen vorkommen.*

5[1]. Wir definieren nun *Prädikate* E_1 *und* E_2

$E_1 t\tilde{t}t'\tilde{t}'m$ soll bedeuten, daß $t, \tilde{t}, t', \tilde{t}'$ Gödelnummern von Termen $\tau, \tilde{\tau}, \tau', \tilde{\tau}'$ sind, und daß die Gleichung $\tau = \tilde{\tau}$ aus der Gleichung $\tau' = \tilde{\tau}'$ entsteht durch *Einsetzung* einer Ziffer, die eine Zahl $\leqq m$ darstellt, in eine Variable x_i mit $i \leqq k$. Das Prädikat E_1 hängt also, wie das anschließend eingeführte Prädikat E_2, von 𝔊 ab. Es gilt $\bar{x}_i \leqq K$, wie wir vorhin gesehen haben. Daher zeigt die Darstellung:

$$E_1 t\tilde{t}t'\tilde{t}'m \leftrightarrow Tt \wedge T\tilde{t} \wedge Tt' \wedge T\tilde{t}' \wedge \bigvee_{v=0}^{K} \bigvee_{z=0}^{d(m)} \left(Vv \wedge Zz \wedge t = e(t', v, z) \wedge \tilde{t} = e(\tilde{t}', v, z)\right)$$

daß E_1 *primitiv-rekursiv* ist.

$E_2 t\tilde{t}t'\tilde{t}'t''\tilde{t}''$ soll bedeuten, daß $t, \tilde{t}, t', \tilde{t}', t'', \tilde{t}''$ Gödelnummern von Termen $\tau, \tilde{\tau}, \tau', \tilde{\tau}', \tau'', \tilde{\tau}''$ sind, wobei insbesondere τ' ein F-Term ist und $\tilde{\tau}'$ eine Ziffer, und daß $\tau = \tilde{\tau}$ aus $\tau'' = \tilde{\tau}''$ durch *Ersetzung* von τ' durch $\tilde{\tau}'$ entsteht, d.h. daß es Terme $\tau_0, \tilde{\tau}_0$ gibt, derart daß $\tau'' \equiv \tau_0{}^{x_k}/\tau'$, $\tilde{\tau}'' \equiv \tilde{\tau}_0{}^{x_k}/\tau'$, $\tau \equiv \tau_0{}^{x_k}/\tilde{\tau}'$, $\tilde{\tau} \equiv \tilde{\tau}_0{}^{x_k}/\tilde{\tau}'$. (Man beachte dabei, daß wir in der vorigen Nummer gesehen haben, daß man sich bei Ableitungen aus 𝔊 — und darum soll es sich hier handeln — auf den Fall beschränken kann, daß die bei der Definition der Ersetzung auftretende Variable mit x_k identisch ist.) Es gilt:

$$\begin{aligned} E_2 t\tilde{t}t'\tilde{t}'t''\tilde{t}'' \leftrightarrow\ & Tt \wedge T\tilde{t} \wedge Ft' \wedge Z\tilde{t}' \wedge Tt'' \wedge T\tilde{t}'' \wedge \\ & \wedge \bigvee_{t_0=0}^{e(t,1,K)} \bigvee_{\tilde{t}_0=0}^{e(\tilde{t},1,K)} \left(Tt_0 \wedge T\tilde{t}_0 \wedge t'' = e(t_0, K, t') \wedge \tilde{t}'' = e(\tilde{t}_0, K, t') \wedge \right. \\ & \left. \wedge\, t = e(t_0, K, \tilde{t}') \wedge \tilde{t} = e(\tilde{t}_0, K, \tilde{t}')\right). \end{aligned}$$

Dabei muß nur noch gezeigt werden, wie die obere Schranke für t_0 (und analog für $\tilde{t}_0$) zustande kommt. $\tilde{t}'$ ist die Gödelnummer einer

[1] Die im folgenden vorkommenden Zahlen t', t'', $\tilde{t}'$ usf. entsprechen den Termen τ', τ'', $\tilde{\tau}'$ usf. *Daher bedeutet hier der Strich nicht den Nachfolger.*

Ziffer. Daher ist nach Nr. 3 (7): $e(e(t_0, K, \tilde{t}'), 1, K) \geqq t_0$, woraus wegen $e(t_0, K, \tilde{t}') = \tilde{t}$ die gewünschte Abschätzung folgt. Man beachte dabei, daß K als Gödelnummer einer Variablen ungerade ist. Die obige Darstellung zeigt, daß E_2 *primitiv-rekursiv* ist.

6. *Das Prädikat* A wurde bereits in Nr. 2 inhaltlich eingeführt. Die in 0 Schritten beschränkt ableitbaren Gleichungen sollen die Gleichungen aus $\mathfrak{G}$ sein. Die in m' Schritten beschränkt ableitbaren Gleichungen sollen außer den in m Schritten beschränkt ableitbaren Gleichungen diejenigen Gleichungen sein, welche man durch m-beschränkte Einsetzung oder durch Ersetzung aus in m Schritten beschränkt ableitbaren Gleichungen erhält. $Gt\tilde{t}$ bedeute, daß $t, \tilde{t}$ Gödelnummern von Termen $\tau, \tilde{\tau}$ sind derart, daß $\tau = \tilde{\tau}$ eine Gleichung aus $\mathfrak{G}$ ist. $Gt\tilde{t}$ trifft nur für endlich viele $t, \tilde{t}$ zu, ist also nach §11.6, Korollar 2, primitiv-rekursiv. Außerdem gibt es ein M, so daß gilt:

$$Gt\tilde{t} \to \mathrm{Max}(t, \tilde{t}) \leqq M.$$

Offenbar kann man schreiben:

$$At\tilde{t}0 \leftrightarrow Gt\tilde{t}$$

$$At\tilde{t}m' \leftrightarrow At\tilde{t}m \vee \bigvee_{t'} \bigvee_{\tilde{t}'} \bigvee_{t''} \bigvee_{\tilde{t}''} [At'\tilde{t}'m \wedge At''\tilde{t}''m \wedge (E_1 t\tilde{t}t'\tilde{t}'m \vee E_2 t\tilde{t}t'\tilde{t}'t''\tilde{t}'')].$$

Wir wollen zeigen, daß A primitiv-rekursiv ist. Dabei können wir das Ergebnis aus §12.6 verwenden. Wir benötigen dazu eine Abschätzung der Form:

$$(0) \qquad E_1 t\tilde{t}t'\tilde{t}'m \vee E_2 t\tilde{t}t'\tilde{t}'t''\tilde{t}'' \to \mathrm{Max}(t, \tilde{t}) \leqq \varphi(t', \tilde{t}', t'', \tilde{t}'', m)$$

mit einer primitiv-rekursiven Funktion φ.

Aus $E_1 t\tilde{t}t'\tilde{t}'m$ folgt $t = e(t', v, z)$ mit $v \leqq K$ und $z \leqq d(m)$. Also gilt:

$$(1) \qquad E_1 t\tilde{t}t'\tilde{t}'m \to t \leqq \mathop{\mathrm{Max}}_{v=0}^{K} \mathop{\mathrm{Max}}_{z=0}^{d(m)} e(t', v, z).$$

Wir nehmen nun an, daß $E_2 t\tilde{t}t'\tilde{t}'t''\tilde{t}''$. Dann gibt es ein t_0 und ein $\tilde{t}_0$ mit

$$t = e(t_0, K, \tilde{t}'), \quad \tilde{t} = e(\tilde{t}_0, K, \tilde{t}'),$$

$$t'' = e(t_0, K, t'), \quad \tilde{t}'' = e(\tilde{t}_0, K, t').$$

t' ist die Gödelnummer eines F-Terms τ'. Wir unterscheiden zwei Fälle:

(a) τ' habe die Form F_j^0. Nach Nr. 3 (2) gilt: $e(e(t_0, K, t'), t', K) = e(t_0, t', K)$, also $e(t'', t', K) = e(t_0, t', K)$. In Nr. 4 wurde K so gewählt, daß $K \geqq t'$. Daher ist nach Nr. 3 (4) $e(t_0, t', K) \geqq t_0$. Wir haben damit

$t_0 \leqq e(t'', t', K)$. Hieraus erhält man mit $t = e(t_0, K, \tilde{t}')$ die Abschätzung:

$$(2a) \qquad E_2 t \tilde{t} t' \tilde{t}' t'' \tilde{t}'' \rightarrow t \leqq \operatorname*{Max}_{t_0=0}^{e(t'',t',K)} e(t_0, K, \tilde{t}'),$$

falls t' einen F-Term der Form F_j^0 bezeichnet.

(b) τ' sei ein F-Term, der nicht die Form F_j^0 hat. Dann kann man Nr. 3 (7) anwenden und erhält: $e(e(t_0, K, t'), 1, K) \geqq t_0$, d.h. $e(t'', 1, K) \geqq t_0$, und hieraus mit $t = e(t_0, K, \tilde{t}')$ schließlich

$$(2b) \qquad E_2 t \tilde{t} t' \tilde{t}' t'' \tilde{t}'' \rightarrow t \leqq \operatorname*{Max}_{t_0=0}^{e(t'',1,K)} e(t_0, K, \tilde{t}'),$$

falls t' einen F-Term bezeichnet, der nicht die Form F_j^0 hat.

Aus den Abschätzungen (1), (2a), (2b) und den entsprechenden für $\tilde{t}$ (die sich aus Symmetriegründen ergeben) gewinnt man leicht eine Abschätzung der Form (0). Damit ist der Beweis für die primitive Rekursivität von A beendet.

7. *Beispiel für ein Gleichungssystem, welches eine nicht-μ-rekursive Funktion eindeutig bestimmt.* Wir haben in §19.1 erwähnt, daß es möglich ist, daß ein Gleichungssystem $\mathfrak{G}$ eine Funktion eindeutig definiert, ohne daß man imstande ist, aus $\mathfrak{G}$ beliebige Funktionswerte effektiv zu berechnen. Wir wollen hierfür ein *Beispiel* angeben, welches von Kalmár stammt. Wir gehen aus von dem primitiv-rekursiven Prädikat T_0, welches wir in §18.3 eingeführt haben. Die charakteristische Funktion dieses Prädikates wollen wir g nennen. g ist primitiv-rekursiv. Es ist $g(x, y) = 0 \leftrightarrow T_0 x y$. (Wir schreiben hier x für t; vgl. §18.3.) Wir setzen $h(x) = \mu y\, g(x, y) = 0 = \mu y\, T_0 x y$. (Zum unbeschränkten μ-Operator vgl. §12.1.) *h ist nicht μ-rekursiv*, wie wir in §18.5 gezeigt haben. Man beachte für das Folgende, daß $h(x) = 0$, wenn es kein y gibt, für welches $g(x, y) = 0$. Man überzeugt sich leicht davon, daß die beiden folgenden Aussagen gelten:

$$(1) \qquad g(x, y) = 0 \wedge \bigwedge_z \left(z < y \rightarrow g(x, z) \neq 0\right) \rightarrow h(x) = y,$$

$$(2) \qquad \bigwedge_z \left(z < y \rightarrow g(x, z) \neq 0\right) \rightarrow h(x) \geqq y \vee h(x) = 0.$$

Darüber hinaus ist h durch diese beiden Beziehungen eindeutig bestimmt: Wir wollen zeigen, daß für jede Funktion h, die (1), (2) genügt, $h(x) = \mu y\, g(x, y) = 0$. Dazu unterscheiden wir zwei Fälle: (a) Zu x gebe es ein y derart, daß $g(x, y) = 0$. Es sei $y_0 = \mu y\, g(x, y) = 0$. Wir setzen in (1) $y = y_0$. Dann gelten die Voraussetzungen, und es muß daher sein: $h(x) = y_0 = \mu y\, g(x, y) = 0$. (b) Es sei $g(x, y) \neq 0$ für alle y. Dann ist für jedes y die Voraussetzung von (2) erfüllt. Daher gilt für jedes y: $h(x) \geqq y \vee h(x) = 0$. Hieraus folgt $h(x) = 0$. Andererseits ist in diesem Falle auch $0 = \mu y\, g(x, y) = 0$.

Die in (1) bzw. (2) auftretenden Voraussetzungen

$$g(x,y)=0 \wedge \bigwedge_z (z<y \to g(x,z) \neq 0) \quad \text{bzw.} \quad \bigwedge_z (z<y \to g(x,z) \neq 0)$$

sind primitiv-rekursive Relationen. Die zugehörigen primitiv-rekursiven charakteristischen Funktionen wollen wir f_1 bzw. f_2 nennen. Wir können dann (1), (2) umformulieren in:

(1′) $$f_1(x,y)=0 \to h(x)=y,$$

(2′) $$f_2(x,y)=0 \to h(x) \geqq y \vee h(x)=0,$$

was nach einer aussagenlogischen Regel[1] gleichbedeutend ist mit

(1″) $$f_1(x,y) \neq 0 \vee h(x)=y,$$

(2″) $$f_2(x,y) \neq 0 \vee h(x) \geqq y \vee h(x)=0.$$

Es gibt primitiv-rekursive Funktionen f_3, f_4, f_5, f_6, derart, daß

$$f_3(x,y)=0 \leftrightarrow f_1(x,y) \neq 0, \qquad f_4(x,y)=0 \leftrightarrow f_2(x,y) \neq 0,$$

$$f_5(u,v)=0 \leftrightarrow u=v, \qquad f_6(u,v)=0 \leftrightarrow u \geqq v.$$

Damit ist (1″), (2″) äquivalent zu

(1‴) $$f_3(x,y)=0 \vee f_5(h(x),y)=0,$$

(2‴) $$f_4(x,y)=0 \vee f_6(h(x),y)=0 \vee h(x)=0$$

und schließlich zu

(1*) $$f_3(x,y) \cdot f_5(h(x),y)=0,$$

(2*) $$f_4(x,y) \cdot f_6(h(x),y) \cdot h(x)=0.$$

Nach dem Hauptergebnis des letzten Paragraphen gibt es zu den primitiv-rekursiven Funktionen f_3, f_4, f_5, f_6 und zu der Produktfunktion $f_7(x,y)$ funktionsvariablenfremde Gleichungssysteme $\mathfrak{G}_3, \mathfrak{G}_4, \mathfrak{G}_5, \mathfrak{G}_6, \mathfrak{G}_7$, und Funktionsvariablen $F_3^2, F_4^2, F_5^2, F_6^2, F_7^2$, so daß die $\mathfrak{G}_j$ die f_j in bezug auf die F_j^2 definieren. Fügt man zu diesen sämtlichen Gleichungen die beiden Gleichungen (mit der neuen Funktionsvariablen F_0^1)

$$F_7^2\left(F_3^2(x_1,x_2),\ F_5^2(F_0^1(x_1),x_2)\right)=0$$

$$F_7^2\left(F_7^2(F_4^2(x_1,x_2),\ F_6^2(F_0^1(x_1),x_2)),\ F_0^1(x_1)\right)=0$$

hinzu, so gilt nach den vorangehenden Überlegungen dieses gesamte Gleichungssystem $\mathfrak{G}$ bei einer Deutung $\mathfrak{D}$ genau dann, wenn $\mathfrak{D}(F_j^2)=f_j$ $(j=3,\ldots,7)$ und $\mathfrak{D}(F_0^1)=h$. $\mathfrak{G}$ charakterisiert dann die Funktion h. Andererseits sind aber die Werte von h aus $\mathfrak{G}$ nicht mit Hilfe der Regeln (E1), (E2) errechenbar, da sonst h rekursiv, also μ-rekursiv wäre.

[1] nämlich, daß $p \to q$ äquivalent ist zu $\neg p \vee q$.

Darüber hinaus gibt es *überhaupt kein Regelsystem*, mit dessen Hilfe man die Werte von h aus $\mathfrak{G}$ berechnen kann, denn die Existenz eines solchen Systems würde die Berechenbarkeit und damit die μ-Rekursivität von h nach sich ziehen.

Literatur

KLEENE, S. C.: General Recursive Functions of Natural Numbers. Math. Ann. **112**, 727–742 (1936).

KALMÁR, L.: Über ein Problem, betreffend die Definition des Begriffes der allgemein-rekursiven Funktion. Z. math. Logik **1**, 93–96 (1955). (Hier befindet sich das in Nr. 7 behandelte Beispiel.)

SECHSTES KAPITEL

UNENTSCHEIDBARE PRÄDIKATE

Nachdem für den Begriff der Entscheidbarkeit eine präzise Definition gegeben ist, wird es möglich, für gewisse Prädikate (Eigenschaften oder Beziehungen) nachzuweisen, daß sie unentscheidbar sind. Es ist leicht, die Unentscheidbarkeit von manchen Prädikaten P zu zeigen, die sich definieren lassen mit Hilfe von Begriffen, welche unmittelbar mit dem Begriff eines Algorithmus zusammenhängen. Typisch für derartige Beweise ist, daß sie mit einem Diagonalverfahren operieren.

Viel mehr als die genannten Prädikate interessieren den Mathematiker aber solche, die im Laufe der historischen Entwicklung aufgetreten sind und die er bisher nicht hat entscheiden können. Dazu gehört in der Gruppentheorie die Beziehung, Folgerelation einer endlichen Menge von definierenden Relationen zu sein. Das *Wortproblem der Gruppentheorie* fragt nach einem Entscheidungsverfahren für diese Beziehung. Ferner ist hier zu nennen das *zehnte Hilbertsche Problem*, welches nach einem Verfahren fragt, mit dessen Hilfe man für eine beliebige vorgelegte diophantische Gleichung entscheiden kann, ob sie lösbar ist oder nicht. Es hat sich nun herausgestellt, daß man, von den oben genannten, unmittelbar als unentscheidbar nachweisbaren Prädikaten P ausgehend, auch für manche den Mathematiker interessierende Prädikate Q die Unentscheidbarkeit nachweisen kann, indem man durch eine Art von Reduktion zeigt, daß die Entscheidbarkeit von Q die Entscheidbarkeit eines Prädikates P nach sich ziehen würde. So ist es gelungen, die Unlösbarkeit des Wortproblems der Gruppentheorie und des zehnten Hilbertschen Problems zu zeigen.

Wir werden hier (§ 23) die Unlösbarkeit des Wortproblems für Thue-Systeme nachweisen, das mit dem Wortproblem für Gruppen verwandt, aber wesentlich leichter zu behandeln ist. Für das Wortproblem für Gruppen muß auf die Literatur (§ 23) verwiesen werden. Weiterhin werden wir in § 25 die Unentscheidbarkeit der Prädikatenlogik beweisen. Als Folgerung daraus zeigen wir in § 26, daß die Prädikatenlogik der zweiten Stufe unvollständig ist. Schließlich beweisen wir in § 27 die Unentscheidbarkeit und Unvollständigkeit der Arithmetik.

Da ein Prädikat genau dann entscheidbar ist, wenn die zugehörige charakteristische Funktion berechenbar ist, ist mit jedem unentscheidbaren Prädikat auch eine *nicht berechenbare Funktion* gegeben.

§ 22. Einfache unentscheidbare Prädikate

Wir beginnen mit einer heuristischen Betrachtung und zeigen anschließend die Unentscheidbarkeit von Prädikaten, welche unmittelbar mit den verschiedenen Präzisierungen des Begriffs des Algorithmus zusammenhängen.

1. Man kann nicht entscheiden, ob ein beliebiger (in einer Umgangssprache verfaßter) Schriftsatz einen Algorithmus beschreibt, welcher zur Berechnung der Werte einer einstelligen Funktion für beliebige Argumente geeignet ist. Dabei wollen wir uns auf den intuitiven Standpunkt stellen. Wir schließen indirekt und nehmen an, daß das genannte Problem lösbar sei. Man kann nun alle möglichen Schriftsätze der betrachteten Sprache nach ihrer Länge und bei gleicher Länge lexikographisch effektiv in eine Reihe $\mathcal{S}_0, \mathcal{S}_1, \mathcal{S}_2, \ldots$ bringen. Nach unserer Annahme können wir jetzt diejenigen Schriftsätze auffinden, welche *keine* einstellige Funktion liefern. Lassen wir diese Schriftsätze fort, so erhalten wir eine Folge $\mathcal{S}'_0, \mathcal{S}'_1, \mathcal{S}'_2, \ldots$, welche wir effektiv beliebig weit herstellen können. Jeder Schriftsatz $\mathcal{S}'_n$ beschreibt einen Algorithmus zur Berechnung einer einstelligen Funktion f_n, und jeder Schriftsatz, welcher die Berechnung einer derartigen Funktion beschreibt, kommt in der Folge $\mathcal{S}'_0, \mathcal{S}'_1, \mathcal{S}'_2, \ldots$ vor.

Nun definieren wir durch ein Diagonalverfahren eine Funktion f wie folgt:

$$f(n) = f_n(n) + 1 .$$

f ist berechenbar. Um $f(n)$ zu berechnen, suche man zunächst den Schriftsatz $\mathcal{S}'_n$ auf. Dann berechne man mit Hilfe der in $\mathcal{S}'_n$ gegebenen Anweisung $f_n(n)$. Zu dieser Zahl addiere man 1. Damit hat man $f(n)$. Wenn man die hiermit kurz angedeutete Berechnungsvorschrift vollständig aufschreibt, so erhält man einen Schriftsatz, der einen Algorithmus zur Berechnung von f beschreibt. Dieser Schriftsatz muß unter den $\mathcal{S}'_0, \mathcal{S}'_1, \mathcal{S}'_2, \ldots$ vorkommen. Er sei identisch mit $\mathcal{S}'_m$. $\mathcal{S}'_m$ beschreibt aber die Berechnung der Funktion f_m. Dies ergibt einen Widerspruch, weil $f(m) = f_m(m) + 1 \neq f_m(m)$ [1].

2. Unentscheidbare Prädikate im Zusammenhang mit Turingmaschinen. Wir wollen zeigen, daß gewisse einfache Eigenschaften von Turingmaschinen unentscheidbar sind. Diese Eigenschaften hängen mit dem Halteproblem zusammen (vgl. § 33). Wir beginnen mit einigen Vorbemerkungen.

(1) Wir betrachten im folgenden nur solche Turingmaschinen, deren Alphabet ein endliches Anfangsstück des festen unendlichen Alphabets $\{a_1, a_2, a_3, \ldots\}$ ist. (Damit verlieren wir nichts Wesentliches; vgl. § 1.2.) Das Symbol a_1 identifizieren wir mit dem Strich |. Damit gehört | zum Alphabet jeder (hier betrachteten) Turingmaschine. (Das leere Symbol geben wir wieder durch a_0 oder $*$.)

(2) Um überhaupt sinnvoll von der Unentscheidbarkeit einer Eigenschaft von Dingen sprechen zu können, muß man diese Dinge durch Worte eines festen endlichen Alphabets beschreiben können (vgl. § 2.3). Wir haben also die Aufgabe, jede Turingmaschine durch ein Wort eines festen Alphabets zu kennzeichnen. In § 17.3 haben wir die Turingmaschinen durch ihre Gödelnummern charakterisiert. Diese Zahlen lassen sich durch Strichfolgen wiedergeben. Die so einer Turingmaschine M zugeordnete und sie eindeutig charakterisierende Strichfolge wollen wir das *Maschinenwort* W_{M} nennen. Nach (1) ist W_{M} ein Wort über dem Alphabet jeder Turingmaschine, also insbesondere von M.

(3) Wenn man im intuitiven Sinne sagt, daß eine Eigenschaft E von Turingmaschinen entscheidbar ist, so meint man damit offenbar bei der in (2) vorgeschlagenen Darstellung der Turingmaschinen, daß es entscheidbar ist, ob eine beliebige Strichfolge, *welche ein Maschinenwort ist,* ein Wort für eine solche Maschine ist, welche die Eigenschaft E hat. Es handelt sich also primär um eine relative Entscheidbarkeit (vgl. § 2.3; man identifiziere dabei eine Eigenschaft mit der Menge der Dinge, die diese Eigenschaft haben). Nun aber ist es sicher entscheidbar, ob eine Strichfolge überhaupt ein Maschinenwort ist, oder nicht (s. dazu § 17.3). Nach einem Resultat aus § 2.3 ist daher die relative Entscheidbarkeit von E mit der absoluten gleichbedeutend. Man hat m.a.W. die Eigenschaft zu betrachten, welche einer *beliebigen* Strichfolge genau dann zukommt, wenn sie das Maschinenwort einer Maschine ist, welche die Eigenschaft E besitzt. Diese zugeordnete Eigenschaft über dem

---

[1] Bei dem Beweis wird ein bestimmter Schriftsatz (nämlich der, welcher zur Berechnung von f dient) definiert mit Bezugnahme auf die Gesamtheit aller Schriftsätze. Das ist ein in der *klassischen* Mathematik durchaus geläufiges Verfahren, welches z. B. angewandt wird, wenn man eine bestimmte reelle Zahl durch einen Dedekindschen Schnitt unter Bezugnahme auf die Gesamtheit aller reellen Zahlen definiert. Dieses Verfahren wird z. B. verwendet bei dem Beweis des Zwischenwertsatzes der reellen Analysis.

Bereich beliebiger Strichfolgen wollen wir $\tilde{E}$ nennen. E ist also genau dann relativ entscheidbar zu der Menge von Maschinenworten, wenn $\tilde{E}$ entscheidbar ist.

(4) Wir erinnern an die Definition der Entscheidbarkeit in § 6.3 in Verbindung mit der Bemerkung in § 6.4. Danach ist ein Prädikat P, welches definiert ist im Bereich aller Worte W über dem Alphabet $\{a_1, \ldots, a_N\}$, entscheidbar genau dann, wenn es eine Turingmaschine M über $\{a_1, \ldots, a_N\}$ gibt, derart daß gilt:

P trifft zu auf W *genau dann, wenn* M, angesetzt hinter W, auf | stoppt.

P trifft nicht zu auf W *genau dann, wenn* M, angesetzt hinter W, auf $*$ stoppt.

Man beachte dazu die Ausführungen in § 6.3 über die Willkür der „anzeigenden" Buchstaben (hier | und $*$).

Wir betrachten nun die Eigenschaften E_1, E_2, E_3 von Maschinen, welche definiert sind durch:

E_1 trifft zu auf M *genau dann, wenn* M, angesetzt hinter W_M, stoppt auf $*$.

E_2 trifft zu auf M *genau dann, wenn* M, angesetzt hinter W_M, stoppt.

E_3 trifft zu auf M *genau dann, wenn* M, angesetzt auf das leere Band, stoppt.

Wir behaupten den

Satz: Es gibt kein allgemeines Verfahren, um für jede beliebige Maschine M *zu entscheiden, ob* M *die Eigenschaft* E_1 *hat. Dasselbe gilt für* E_2 *und* E_3.

Um diesen Satz für E_1 zu beweisen, genügt es nach (3), die Unentscheidbarkeit der folgenden zugeordneten Eigenschaft $\tilde{E}_1$ über dem Alphabet {|} nachzuweisen: $\tilde{E}_1$ trifft zu auf eine Strichfolge genau dann, wenn diese Ziffernfolge das Maschinenwort ist für eine Maschine, welche die Eigenschaft E_1 besitzt.

$\tilde{E}_1$ *ist unentscheidbar:* Wir schließen indirekt und nehmen an, daß $\tilde{E}_1$ entscheidbar sei. Dann gibt es eine Maschine M_1 über {|}, so daß für jede Strichfolge W gilt:

$\tilde{E}_1$ trifft zu auf W *genau dann, wenn* M_1, angesetzt hinter W, auf | stoppt.

$\tilde{E}_1$ trifft nicht zu auf W *genau dann, wenn* M_1, angesetzt hinter W, auf $*$ stoppt.

Wir interessieren uns weiter nur für die zweite der beiden voranstehenden Aussagen. Was für *jede* Strichfolge gilt, muß insbesondere auch für das Maschinenwort W_{M_1} richtig sein. Wir haben also (Diagonalverfahren!):

$\tilde{E}_1$ trifft nicht zu auf W_{M_1} genau dann, wenn M_1, angesetzt hinter W_{M_1}, auf $*$ stoppt. Da W_{M_1} ein Maschinenwort ist, und zwar für die Maschine M_1, trifft $\tilde{E}_1$ auf W_{M_1} nicht zu genau dann, wenn M_1 nicht die Eigenschaft E_1 hat, d.h. wenn M_1, angesetzt hinter W_{M_1}, nicht auf $*$ stoppt. Wir haben daher den *Widerspruch:*

M_1, angesetzt hinter W_{M_1}, stoppt nicht auf $*$ genau dann, wenn M_1, angesetzt hinter W_{M_1}, auf $*$ stoppt.

E_2 ist unentscheidbar. Zum Beweis zeigen wir, daß ein Entscheidungsverfahren für E_2 das folgende Entscheidungsverfahren für E_1 nach sich zöge: Um festzustellen, ob eine Maschine M die Eigenschaft E_1 hat, eruiere man zunächst, ob M die Eigenschaft E_2 besitzt. Wenn dies *nicht* der Fall ist, bleibt M, angesetzt hinter W_M, nicht stehen, d.h. M hat nicht die Eigenschaft E_1. Wenn man dagegen feststellt, daß M die Eigenschaft E_2 besitzt, dann setze man M hinter W_M an. Nach endlich vielen Schritten bleibt M stehen. Man kann dann feststellen, ob M auf $*$ stehengeblieben ist oder auf einem anderen Symbol. Je nachdem hat M die Eigenschaft E_1 oder nicht.

E_3 ist unentscheidbar. Wir schließen wieder indirekt und nehmen an, daß E_3 entscheidbar sei. Wir zeigen, daß dann auch E_2 entscheidbar wäre. M sei eine beliebige Turingmaschine. W_M ist ein endliches Wort. Man kann daher leicht eine Maschine M' angeben, welche auf das zuvor leere Band das Wort W_M druckt, und dann unmittelbar hinter diesem Wort stehenbleibt (vgl. dazu § 6, Aufgabe 3). Nun betrachte man die Maschine $\mathsf{M}''=\mathsf{M}'\mathsf{M}$. Setzen wir M'' auf das leere Band an, so verfährt M'' zunächst wie M', bis das Wort W_M auf dem Band steht und M' hinter diesem Wort zur Ruhe kommt. Dann verfährt M'' weiter wie M, angesetzt hinter W_M. M'' bleibt also, angesetzt auf das leere Band, genau dann nach endlich vielen Schritten stehen, wenn M, angesetzt hinter W_M, nach endlich vielen Schritten stoppt. Könnte man nun E_3 entscheiden, so könnte man entscheiden, ob M'', angesetzt auf das leere Band, stehenbleibt, also auch, ob M, angesetzt hinter W_M, stoppt, d. h., ob M die Eigenschaft E_2 hat.

3. Unentscheidbare Prädikate, die durch μ-rekursive Prädikate definiert sind. In §18.3 hatten wir für jedes $n \geqq 0$ ein μ-rekursives, also entscheidbares, $(n+2)$-stelliges Prädikat T_n eingeführt. Wir zeigen nun den

Satz: Für $n \geqq 1$ ist das $(n+1)$-*stellige Prädikat*

$$S_n t \mathfrak{x} \leftrightarrow \bigvee_y T_n t \mathfrak{x} y$$

unentscheidbar.

Den *Beweis* führen wir indirekt und nehmen an, daß S_n entscheidbar, also μ-rekursiv sei. Wir betrachten nun die folgenden Prädikate (dabei soll x_1 die erste Komponente von $\mathfrak{x}$ sein):

$$S'_n\mathfrak{x} \leftrightarrow S_n x_1\mathfrak{x}$$
$$S''_n\mathfrak{x} \leftrightarrow \neg S'_n\mathfrak{x}$$
$$S^*_n\mathfrak{x}y \leftrightarrow S''_n\mathfrak{x} \wedge y = y.$$

Nach §14.2 sind der Reihe nach S'_n, S''_n, S^*_n μ-rekursiv. Wendet man auf S^*_n das Kleenesche Aufzählungstheorem §18.6 an, so sieht man, daß es eine Zahl t gibt, derart daß

$$\bigwedge_{\mathfrak{x}}\Big(\bigvee_y S^*_n\mathfrak{x}y \leftrightarrow \bigvee_y T_n t\mathfrak{x}y\Big).$$

Beachtet man nun, daß $\bigvee_y S^*_n\mathfrak{x}y \leftrightarrow S''_n\mathfrak{x} \leftrightarrow \neg S_n x_1\mathfrak{x} \leftrightarrow \neg\bigvee_y T_n x_1\mathfrak{x}y$, so erhält man:

$$\bigwedge_{\mathfrak{x}}\Big(\neg\bigvee_y T_n x_1\mathfrak{x}y \leftrightarrow \bigvee_y T_n t\mathfrak{x}y\Big).$$

Nimmt man insbesondere ein derartiges n-Tupel $\mathfrak{x}$, für welches $x_1 = t$ *(Diagonalprozeß!)*, so hat man den Widerspruch:

$$\neg\bigvee_y T_n t\mathfrak{x}y \leftrightarrow \bigvee_y T_n t\mathfrak{x}y.$$

§ 23. Die Unlösbarkeit des Wortproblems für Semi-Thue-Systeme und Thue-Systeme

Alle endlichen und viele abzählbar unendliche Gruppen kann man mit Hilfe von endlich vielen Erzeugenden aufbauen, deren Abhängigkeit durch endlich viele sog. definierende Relationen beschrieben wird. Betrachten wir als Beispiel etwa die Drehungen eines Würfels um seinen Mittelpunkt, welche den Würfel in sich überführen. Man kann zeigen, daß es spezielle Drehungen A, B, C, D, E gibt, so daß jede Drehung als Produkt dieser Drehungen darstellbar ist[1]. Jedes solche Produkt ist ein Wort in den Erzeugenden, z.B. $BBCEAC$. Die identische Drehung, also das Einheitselement der Gruppe, wird durch das leere Wort $\square$ dargestellt. Die Darstellung eines Gruppenelements durch die Erzeugenden ist nicht eindeutig. Es gilt z.B. $AB = CCC$. Aus diesem Grunde nennt man das Wortepaar (AB, CCC) eine „Relation". Es ist möglich, ein endliches

[1] A, B, C, D, E sollen wie folgt gewählt werden: α, β, γ seien drei paarweise orthogonale Achsen durch den Mittelpunkt und die Seitenmitten, welche so orientiert sind, daß sie in der angegebenen Reihenfolge ein Rechtssystem bilden. Damit ist insbesondere für jede Achse ein positiver Drehungssinn für Drehungen um diese Achse festgelegt. A sei eine $-\pi/2$-Drehung um γ, an die sich eine π-Drehung um α anschließt. B sei eine $\pi/2$-Drehung um α, an die sich eine $\pi/2$-Drehung um γ anschließt. C sei eine $\pi/2$-Drehung um β. D sei gleich B^{-1}, E gleich C^{-1}. — Wir verabreden, daß ein Produkt $D_1 D_2$ von Drehungen bedeuten soll, daß zuerst D_1, dann D_2 ausgeführt werden soll.

System solcher Relationen (sog. „definierende Relationen") anzuschreiben und Regeln anzugeben (welche dieselben sind für *jede* Gruppe), so daß man jede Relation aus den definierenden Relationen mit Hilfe der Regeln gewinnen kann. Im betrachteten Beispiel bilden z.B. die folgenden Relationen ein System definierender Relationen:

$$AA = \square, \quad BD = \square, \quad DB = \square, \quad CE = \square, \quad EC = \square, \quad D = BB,$$
$$\square = AA, \quad \square = BD, \quad \square = DB, \quad \square = CE, \quad \square = EC, \quad BB = D,$$
$$E = CCC, \quad ABC = \square,$$
$$CCC = E, \qquad \square = ABC.$$

(Zu einer genauen Definition der genannten Begriffe vgl. Nr. 1 und 2.)

Wenn eine Gruppe in dieser Weise durch endlich viele Erzeugende und definierende Relationen gegeben ist, kann man fragen, ob ein Algorithmus existiert, mit dessen Hilfe man für beliebige Worte W_1, W_2 entscheiden kann, ob diese dasselbe Gruppenelement darstellen oder nicht. Das ist das „Wortproblem" für *diese* Gruppe. Allgemeiner kann man nach einem Algorithmus fragen, der für *beliebige* in dieser Weise gegebene Gruppen das Wortproblem löst. Das ist das *allgemeine Wortproblem* für Gruppen. Es ist in den letzten Jahren gezeigt worden, daß das allgemeine Wortproblem für Gruppen unlösbar ist, und daß es darüber hinaus spezielle Gruppen gibt, für welche das Wortproblem unlösbar ist.

Der Beweis für die Unlösbarkeit des *allgemeinen* Wortproblems für Gruppen geht davon aus, daß es nicht entscheidbar ist, ob eine Turingmaschine, angesetzt hinter ihre Gödelnummer (oder auf das leere Rechenband), nach endlich vielen Schritten stehenbleibt oder nicht (§ 22.2). Daß es eine *spezielle* Gruppe mit unlösbarem Wortproblem gibt, beweist man in derselben Weise durch Reduktion auf die Tatsache, daß es eine spezielle Turingmaschine (Universalmaschine) gibt, für welche man nicht entscheiden kann, ob sie, angesetzt auf ein beliebiges Wort, nach endlich vielen Schritten stehenbleibt oder nicht (§ 30).

In diesem Paragraphen soll der erste Schritt zum Beweis der Unlösbarkeit des Wortproblems für Gruppen durchgeführt werden. Dieser besteht in dem Beweis, daß die entsprechenden Probleme für „Semi-Thue-Systeme" und „Thue-Systeme" unlösbar sind. (Auf das Resultat für Semi-Thue-Systeme werden wir später zurückgreifen, um die Unlösbarkeit des Entscheidungsproblems für die Prädikatenlogik zu beweisen (§ 25).) Das Ergebnis dieses Paragraphen wurde von Post und Markov unabhängig bewiesen. Wir folgen dem Beweis von Post.

1. Semi-Thue-Systeme. Gegeben sei ein endliches Alphabet $\{S_1, \ldots, S_N\}$ $(N \geqq 1)$. Wir betrachten *Worte* über diesem Alphabet, wobei wir in diesem Paragraphen das *leere Wort* $\square$ ausdrücklich *zulassen* wollen. Mit $W_1 W_2$ bezeichnen wir das Wort, das durch Hintereinanderschreiben von W_1 und W_2 in dieser Reihenfolge entsteht. Für diese Operation der *Verkettung* gilt das assoziative Gesetz $(W_1 W_2) W_3 \equiv W_1 (W_2 W_3)$, so daß man klammerfrei $W_1 W_2 W_3$ schreiben kann. Es gilt $W \square \equiv \square W \equiv W$ für jedes Wort W. Die Tatsache, daß man im Bereich der Worte die zweistellige assoziative Operation der Verkettung hat, bezüglich der ein Element $\square$ mit $W \square \equiv \square W \equiv W$ existiert, drückt man auch so aus, daß man sagt: Die Worte über dem Alphabet $\{S_1, \ldots, S_N\}$ bilden bezüglich der Verkettung eine *Halbgruppe mit Einselement.*

Ein *Semi-Thue-System* $\mathfrak{S}$ über $\{S_1, \ldots, S_N\}$ ist gegeben durch eine endliche und nicht leere Menge von geordneten Paaren von Worten über diesem Alphabet:

$$(D_i, D_i') \qquad (i = 1, \ldots, m).$$

Diese Wortepaare heißen die *definierenden Relationen* von $\mathfrak{S}$. Im folgenden seien Worte stets Worte über dem genannten Alphabet. Das Wort W heiße im Hinblick auf $\mathfrak{S}$ *unmittelbar überführbar* in das Wort W', symbolisch $W \Rightarrow_{\mathfrak{S}} W'$ oder kurz $W \Rightarrow W'$, wenn es ein i $(1 \leqq i \leqq m)$ gibt und Worte U, V, so daß

$$W \equiv U D_i V \quad \text{und} \quad W' \equiv U D_i' V,$$

wenn m.a.W. W' aus W dadurch entsteht, daß man ein Teilwort D_i von W durch das korrespondierende D_i' ersetzt. Man beachte dabei, daß U oder V leer sein können. Zum Beispiel gilt, wenn $(S_1 S_2 S_1, S_3)$ eine definierende Relation von $\mathfrak{S}$ ist, $S_1 S_2 S_1 S_2 S_1 \Rightarrow S_3 S_2 S_1$, aber auch $S_1 S_2 S_1 S_2 S_1 \Rightarrow S_1 S_2 S_3$.

W heiße im Hinblick auf $\mathfrak{S}$ *überführbar* in W', symbolisch[1] $W \to_{\mathfrak{S}} W'$ oder kurz $W \to W'$, wenn es eine endliche Kette von Worten $W_0, \ldots, W_p$ $(p \geqq 0)$ gibt, derart daß

$$W \equiv W_0, \; W_0 \Rightarrow W_1, \; W_1 \Rightarrow W_2, \ldots, W_{p-1} \Rightarrow W_p, \; W_p \equiv W'.$$

Es gelten die folgenden Gesetze:

(a) $W \to W$.

(b) Wenn $W \to W'$ und $W' \to W''$, so $W \to W''$.

(c) Wenn $W \to W'$, und $\tilde{W} \to \tilde{W}'$, so $W \tilde{W} \to W' \tilde{W}'$.

(a) folgt aus der Definition für $p = 0$, (b) ergibt sich durch Hintereinanderschreiben der Ketten, die von W zu W' und von W' zu W'' führen, (c) zeigt man so: Es gibt nach Voraussetzung Wortketten $W_0, \ldots, W_p$

[1] Man verwechsle diesen Pfeil nicht mit dem in § 11.1 eingeführten Symbol für „*wenn — so*“.

und $\tilde{W}_0, \ldots, \tilde{W}_q$, so daß:

$$W \equiv W_0 \Rightarrow W_1 \Rightarrow \cdots \Rightarrow W_{p-1} \Rightarrow W_p \equiv W'$$

und

$$\tilde{W} \equiv \tilde{W}_0 \Rightarrow \tilde{W}_1 \Rightarrow \cdots \Rightarrow \tilde{W}_{q-1} \Rightarrow \tilde{W}_q \equiv \tilde{W}'.$$

Dann zeigt die Kette

$$W\tilde{W} \equiv W_0 \tilde{W} \Rightarrow W_1 \tilde{W} \Rightarrow \cdots \Rightarrow W_{p-1} \tilde{W} \Rightarrow W_p \tilde{W} \equiv$$
$$\equiv W' \tilde{W}_0 \Rightarrow W' \tilde{W}_1 \Rightarrow \cdots \Rightarrow W' \tilde{W}_{q-1} \Rightarrow W' \tilde{W}_q \equiv W' \tilde{W}',$$

daß $W\tilde{W} \rightarrow W'\tilde{W}'$.

Das *Wortproblem für* $\mathfrak{S}$ ist das Problem, einen Algorithmus zu finden, der für beliebige Worte W, W' in endlich vielen Schritten entscheidet, ob $W \rightarrow_{\mathfrak{S}} W'$ oder nicht. Das allgemeine *Wortproblem für Semi-Thue-Systeme* ist die Frage nach einem Algorithmus, mit dessen Hilfe man für beliebige vorgegebene Semi-Thue-Systeme $\mathfrak{S}$ und Worte W, W' über dem Alphabet von $\mathfrak{S}$ in endlich vielen Schritten entscheiden kann, ob $W \rightarrow_{\mathfrak{S}} W'$ oder nicht.

2. Thue-Systeme und Gruppensysteme. Ein *Thue-System* ist ein Semi-Thue-System, in welchem für jede definierende Relation (D, D') auch die *inverse Relation* (D', D) eine definierende Relation ist. Ein Thue-System heiße ein *Gruppensystem*, wenn eine involutorische Abbildung σ des Alphabets $\{S_1, \ldots, S_N\}$ auf sich gegeben ist, d.h. eine Abbildung des Alphabets auf sich, die der Bedingung $\sigma(\sigma(S_i)) \equiv S_i$ für jedes S_i genügt, und wenn alle Wortepaare

$$(*) \qquad (S_i \sigma(S_i), \square)$$

zu den definierenden Relationen gehören[1].

Das *Wortproblem* und das *allgemeine Wortproblem* für *Thue-Systeme* bzw. für *Gruppensysteme* werden analog definiert wie die entsprechenden Probleme für Semi-Thue-Systeme.

Für Thue-Systeme (und a fortiori für Gruppensysteme) ergibt sich $W' \Rightarrow W$ aus $W \Rightarrow W'$, und daher $W' \rightarrow W$ aus $W \rightarrow W'$. Die Relation $\rightarrow$ ist also eine *Äquivalenzrelation.* Darüber hinaus ist $\rightarrow$ wegen Nr. 1 (c) eine *Kongruenzrelation* in der Halbgruppe der Worte. Man kann daher in der gewohnten Weise zur Restklassenalgebra übergehen. Diese ist im Falle eines *Thue-Systems* wieder eine *Halbgruppe mit Einselement.* Im Falle eines *Gruppensystems* ist die Restklassenalgebra sogar eine *Gruppe.*

Ein Gruppenelement sei gegeben durch das Wort

$$W \equiv S_{i_1} S_{i_2} \ldots S_{i_r}.$$

[1] Oft setzt man noch voraus, daß $\sigma(S_i) \not\equiv S_i$ für jedes i. In diesem Falle muß man von einem Alphabet mit einer geraden Anzahl von Elementen ausgehen.

Dann ist das hierzu inverse Gruppenelement gegeben durch das Wort

$$W' \equiv \sigma(S_{i_r}) \ldots \sigma(S_{i_2})\, \sigma(S_{i_1}).$$

(W' entsteht also aus W durch Übergang zu den σ-Bildern und Umkehrung der Reihenfolge.) In der Tat ist wegen (*)

$$\begin{aligned} WW' &\equiv S_{i_1} \ldots S_{i_{r-1}} S_{i_r} \sigma(S_{i_r})\, \sigma(S_{i_{r-1}}) \ldots \sigma(S_{i_1}) \\ &\Rightarrow S_{i_1} \ldots S_{i_{r-1}} \sigma(S_{i_{r-1}}) \ldots \sigma(S_{i_1}) \\ &\Rightarrow \cdots \Rightarrow S_{i_1} \sigma(S_{i_1}) \Rightarrow \square . \end{aligned}$$

3. Der Gedankengang des Beweises. Wir gehen aus von einer Turingmaschine M über einem Alphabet $\mathfrak{A}_0$. Wir führen in Nr. 4 ein weiteres Alphabet $\mathfrak{A}_1$ ein und zeigen, daß man jede *Konfiguration* K von M (zu dem Begriff der Konfiguration und weiteren im folgenden auftretenden, mit Konfigurationen zusammenhängenden Begriffen vgl. §§ 5.3 und 5.4) durch ein Wort W_K über dem Alphabet $\mathfrak{A}_1$ beschreiben kann. Ist K bekannt, so kann W_K explizit angegeben werden. Diese Worte W_K, welche die Konfigurationen (bis auf eine Verschiebung, vgl. § 5.5) beschreiben, wollen wir kurz *Konfigurationsworte* nennen. In Nr. 5 und Nr. 6 führen wir ein Semi-Thue-System $\mathfrak{S}$ (M) über einem Alphabet $\mathfrak{A}$ mit $\mathfrak{A}_1 \subset \mathfrak{A}$ ein durch endlich viele definierende Regeln. Weiter definieren wir in Nr. 6 ein Wort W^* über $\mathfrak{A}$. Wir zeigen die Gültigkeit der folgenden Behauptungen:

(1) Ist K' eine Folgekonfiguration von K, so gilt $W_K \Rightarrow W_{K'}$.

(2) Ist K' eine Folgekonfiguration von K, und gilt $W_K \Rightarrow W$, so ist $W \equiv W_{K'}$.

(3) Ist K eine Endkonfiguration, so gilt $W_K \to W^*$.

(4) W^* ist kein Konfigurationswort.

Aus (1) ... (4) folgt das

Lemma: M, *angesetzt auf B in A, bleibt genau dann nach endlich vielen Schritten stehen, wenn für $K = (A, B, c_{\mathsf{M}})$ gilt: $W_K \to W^*$.*

Beweis: (a) M bleibe, angesetzt auf B in A, nach endlich vielen Schritten stehen. K_n sei die dann erreichte Endkonfiguration. Dann gilt nach (1) $W_K \to W_{K_n}$ und nach (3) $W_{K_n} \to W^*$, also $W_K \to W^*$.

(b) Sei umgekehrt $W_K \to W^*$. Dann gibt es eine Kette $W_K \equiv W_0 \Rightarrow W_1 \Rightarrow \cdots \Rightarrow W_p \equiv W^*$. Wir haben zu zeigen, daß M, angesetzt auf B in A, nach endlich vielen Schritten stehenbleibt. Wenn dies *nicht* der Fall wäre, so gäbe es zu jedem i eine i-te Konfiguration K_i. Wir zeigen anschließend, daß $W_i \equiv W_{K_i}$ für alle $i \leqq p$. Damit wäre $W_p \equiv W^*$ ein Konfigurationswort entgegen (4).

Beweis, daß $W_i \equiv W_{K_i}$ für alle $i \leqq p$: Zunächst ist $K_0 = (A, B, c_{\mathsf{M}}) = K$, also $W_0 \equiv W_K \equiv W_{K_0}$. Sei für ein $i < p$ bereits gezeigt, daß $W_i \equiv W_{K_i}$.

K_{i+1} ist eine Folgekonfiguration von K_i. Es gilt $W_{K_i} \equiv W_i \Rightarrow W_{i+1}$. Also ist $W_{i+1} \equiv W_{K_{i+1}}$ nach (2).

Wäre nun das allgemeine Wortproblem für Semi-Thue-Systeme lösbar, so könnte man auf Grund des soeben bewiesenen Lemmas entscheiden, ob eine Maschine M, angesetzt auf eine beliebige Bandinschrift B in einem beliebigen Feld A, nach endlich vielen Schritten stehenbleibt. Dazu wende man das folgende Verfahren an:

(α) Man bilde das M entsprechende Semi-Thue-System $\mathfrak{S}(\mathsf{M})$ (was auf Grund der in Nr. 5 und 6 gegebenen Definition von $\mathfrak{S}(\mathsf{M})$ effektiv möglich ist).

(β) Man stelle für $K = (A, B, c_{\mathsf{M}})$ das Wort W_K her. (Auch das ist effektiv möglich.)

(γ) Man entscheide, ob $W_K \to_{\mathfrak{S}} W^*$, oder nicht. (Dies geht nach unserer Voraussetzung.)

Da man aber auf Grund von § 22.2 nicht mit einem allgemeinen Verfahren feststellen kann, ob eine Maschine, angesetzt auf ihr Maschinenwort, nach endlich vielen Schritten stehenbleibt oder nicht, so folgt, daß das *allgemeine* Wortproblem für Semi-Thue-Systeme unlösbar ist.

Wenn das Wortproblem für das einer *speziellen Turingmaschine* M zugeordnete Semi-Thue-System $\mathfrak{S}(\mathsf{M})$ lösbar wäre, so könnte man auf die soeben besprochene Weise entscheiden, ob M, angesetzt hinter ein beliebiges Wort, nach endlich vielen Schritten stehenbleibt. Dies ist jedoch für die *universelle Maschine* U_0, die wir in § 30 betrachten werden, nicht möglich. Daher ist das Wortproblem für $\mathfrak{S}(\mathsf{U}_0)$ unlösbar. Zusammenfassend haben wir den

Satz: Das allgemeine Wortproblem für Semi-Thue-Systeme ist unlösbar. Darüber hinaus ist für das der universellen Maschine U_0 *zugeordnete Semi-Thue-System* $\mathfrak{S}(\mathsf{U}_0)$ *das Wortproblem unlösbar.*

4. *Konfigurationsworte.* M sei eine Turingmaschine über dem Alphabet $\mathfrak{A}_0 = \{a_1, \ldots, a_N\}$. Die Konfigurationsworte sind Worte über dem Alphabet $\mathfrak{A}_1 = \{A_0, \ldots, A_N, Q_0, \ldots, Q_M, E\}$. A_0 entspricht dem leeren Symbol; $A_1, \ldots, A_N$ entsprechen den Symbolen $a_1, \ldots, a_N$; $Q_0, \ldots, Q_M$ den Zuständen $0, \ldots, M$; E ist ein Buchstabe, der zu Anfang und Ende eines Konfigurationswortes auftritt. Das der Konfiguration $K = (A, B, C)$ entsprechende Konfigurationswort W_K erhält man durch die folgende Vorschrift (vgl. die Beispiele an Hand der Figur!):

(a) Man betrachte den kleinsten zusammenhängenden Abschnitt des Rechenbandes, der die markierten Felder von B sowie das Feld A enthält.

(b) Die Inschrift dieses Abschnittes gebe man durch ein Wort wieder, und zwar schreibe man A_0 für das leere Feld und A_j für ein Feld mit dem Buchstaben a_j ($j=1, \ldots, N$). (Auf diese Weise wird die Inschrift B des Rechenbandes bis auf „Parallelverschiebung" (§ 5.5) wiedergegeben.)

(c) Unmittelbar links von dem Symbol für das Feld A füge man das Symbol Q_C ein. (Auf diese Weise werden das Arbeitsfeld A sowie der Zustand C wiedergegeben.)

(d) Man füge links und rechts je einen Buchstaben E an. Das so erhaltene Wort ist das Konfigurationswort W.

Man beachte, daß W_K genau einen der Buchstaben $Q_0, \ldots, Q_m$ enthält.

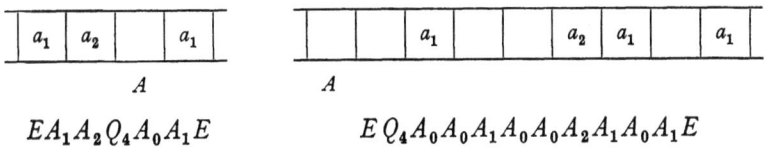

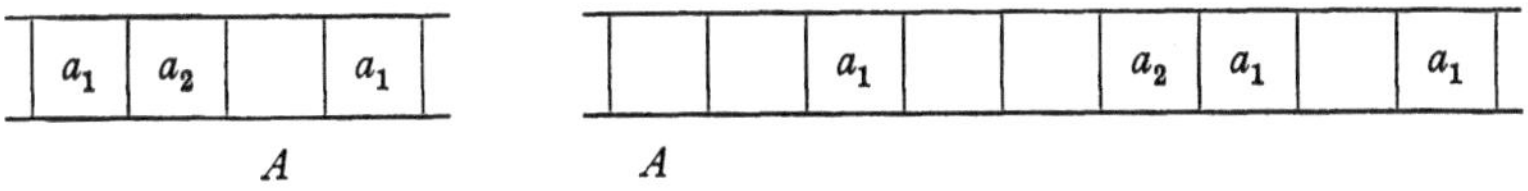

$E A_1 A_2 Q_4 A_0 A_1 E$ $\qquad$ $E Q_4 A_0 A_0 A_1 A_0 A_0 A_2 A_1 A_0 A_1 E$

Figur 23.1: Beispiele für Konfigurationsworte (in beiden Fällen sei $C=4$).

5. *Die Regeln von* $\mathfrak{S}(\mathsf{M})$. *Erster Teil.* Wir wollen nun der Maschine M ein Semi-Thue-System $\mathfrak{S}(\mathsf{M})$ zuordnen derart, daß Nr. 3 (1), ..., (4) erfüllt sind. Das Alphabet von $\mathfrak{S}(\mathsf{M})$ ist

$$\mathfrak{A} = \{A_0, A_1, \ldots, A_N, Q_0, \ldots, Q_M, E, R, R', S\}.$$

Wir wollen zunächst einen Teil der definierenden Regeln von $\mathfrak{S}(\mathsf{M})$ angeben. Diese Regeln sollen so gewählt werden, daß (1) gilt. Daß so etwas möglich ist, liegt nahe, wenn man beachtet, daß, wenn K' eine Folgekonfiguration von K ist, bei dem Übergang von W_K zu $W_{K'}$ nur in der Nähe des Symbols Q_C von W_K eine Umänderung vorgenommen wird.

Wir werden jeder Zeile $i a_j v k$ von M eine oder mehrere Regeln von $\mathfrak{S}(\mathsf{M})$ zuordnen. Zunächst haben wir es nur mit den Zeilen zu tun, für welche $v \neq s$, da nur diese für (1) von Bedeutung sind.

Einer Zeile $i a_j a_l k$ von M ordnen wir zu die definierende Regel

(a) $$(Q_i A_j, Q_k A_l).$$

Einer Zeile $i a_j r k$ von M mit $j \neq 0$ ordne man zu die definierenden Regeln

(b$'_r$) $$\begin{cases} (Q_i A_j A_t, A_j Q_k A_t) & (t=0, \ldots, N) \\ (Q_i A_j E, A_j Q_k A_0 E). \end{cases}$$

Die letztgenannte Regel entspricht dem Fall, daß das Arbeitsfeld das letzte Abschnittsfeld von K ist, so daß beim Übergang zu K' der Abschnitt durch Anhängen eines leeren Feldes verlängert werden muß.

Der Endbuchstabe E dient dazu, diesen Fall anzuzeigen. — Entsprechende Randregeln werden in den folgenden Fällen angegeben.

Einer Zeile $i a_0 r k$ von M ordne man zu die Regeln

$$(\mathrm{b}_r'') \quad \begin{cases} (A_u Q_i A_0 A_t, A_u A_0 Q_k A_t) & (u, t = 0, \ldots, N) \\ (E Q_i A_0 A_t, E Q_k A_t) & (t = 0, \ldots, N) \\ (A_u Q_i A_0 E, A_u A_0 Q_k A_0 E) & (u = 0, \ldots, N). \\ (E Q_i A_0 E, E Q_k A_0 E) & \end{cases}$$

Entsprechende Regeln für eine Zeile $i a_j l k$ mit $j \neq 0$

$$(\mathrm{b}_l') \quad \begin{cases} (A_u Q_i A_j, Q_k A_u A_j) & (u = 0, \ldots, N) \\ (E Q_i A_j, E Q_k A_0 A_j), & \end{cases}$$

und schließlich für eine Zeile $i a_0 l k$ die Regeln

$$(\mathrm{b}_l'') \quad \begin{cases} (A_u Q_i A_0 A_t, Q_k A_u A_0 A_t) & (u, t = 0, \ldots, N) \\ (A_u Q_i A_0 E, Q_k A_u E) & (u = 0, \ldots, N) \\ (E Q_i A_0 A_t, E Q_k A_0 A_0 A_t) & (t = 0, \ldots, N). \\ (E Q_i A_0 E, E Q_k A_0 E) & \end{cases}$$

Auf Grund der bisher angegebenen Regeln verifiziert man leicht die Behauptung (1) aus Nr. 3.

6. Die Regeln von $\mathfrak{S}(\mathsf{M})$. *Zweiter Teil.* Die restlichen Regeln von $\mathfrak{S}(\mathsf{M})$ dienen dazu, Endkonfigurationen in ein Wort W^* gemäß Nr. 3 (3) überzuführen. Wir definieren:

$$W^* \equiv S.$$

Da jedes Konfigurationswort nach Nr. 4 einen Buchstaben Q_k enthält, ist W^* kein Konfigurationswort, wie es in Nr. 3 (4) behauptet wurde.

Eine Konfiguration ist genau dann eine Endkonfiguration, wenn die zugehörige Konfigurationszeile $i a_j s k$ lautet. Wir ordnen einer derartigen Zeile von M die folgenden definierenden Regeln von $\mathfrak{S}(\mathsf{M})$ zu:

$$(\mathrm{c}) \quad \begin{cases} (Q_i A_j, R) & \\ (A_u R, R) & (u = 0, \ldots, N) \\ (E R, R') & \\ (R' A_t, R') & (t = 0, \ldots, N) \\ (R' E, S). & \end{cases}$$

Es ist klar, daß man mit Hilfe dieser Regeln das Wort W_K, für welches K eine Endkonfiguration ist, in das Wort W^* überführen kann, wie es in Nr. 3 (3) behauptet wird: Durch die erste der zuletzt angegebenen Regeln kann $Q_i A_j$ durch R ersetzt werden, so daß ein Wort der Gestalt

$EA_{u_p}\dots A_{u_2}A_{u_1}RA_{t_1}A_{t_2}\dots A_{t_q}E$ entsteht. Durch die an zweiter Stelle genannten Regeln geht man über zu $EA_{u_p}\dots A_{u_2}RA_{t_1}A_{t_2}\dots A_{t_q}E$ usf. bis zu $ERA_{t_1}A_{t_2}\dots A_{t_q}E$; die dritte Regel liefert $R'A_{t_1}A_{t_2}\dots A_{t_q}E$, die an vierter Stelle genannten Regeln hieraus $R'A_{t_2}\dots A_{t_q}E$ usf. bis $R'E$, und schließlich die letzte Regel S, also W^*.[1]

7. *Normalworte.* Es bleibt Nr. 3 (2) zu zeigen. Dazu nennen wir ein Wort über dem zu $\mathfrak{S}(\mathsf{M})$ gehörenden Alphabet ein *Normalwort*, wenn es genau einen der Buchstaben $Q_0, \dots, Q_{\mathsf{M}}, R, R', S$ enthält. Es gilt:

(5) Für jede Konfiguration K ist W_K nach der in Nr. 4 gegebenen Konstruktion ein Normalwort.

(6) Ist W ein Normalwort und $W \Rightarrow_{\mathfrak{S}(\mathsf{M})} W'$, so ist W' eindeutig bestimmt.

Man kann nämlich auf ein Wort höchstens eine der Regeln (a), (b_r'), (b_r''), (b_l'), (b_l''), (c) anwenden.

Aus (5), (6) und (1) ergibt sich Nr. 3 (2). — Für spätere Anwendung notieren wir noch:

(7) Ist W ein Normalwort und $W \Rightarrow_{\mathfrak{S}(\mathsf{M})} W'$ oder $W' \Rightarrow_{\mathfrak{S}(\mathsf{M})} W$, so ist auch W' ein Normalwort. Dies ergibt sich aus der Tatsache, daß in jeder Regel von $\mathfrak{S}$ in beiden Komponenten genau einer der Buchstaben $Q_0, \dots, Q_{\mathsf{M}}, R, R', S$ auftritt.

(8) Es gibt kein W, so daß $W^* \Rightarrow_{\mathfrak{S}(\mathsf{M})} W$. Auf W^* ist nämlich keine der Regeln von $\mathfrak{S}$ anwendbar.

8. *Das Wortproblem für Thue-Systeme.* Wir wollen zeigen, daß der Satz aus Nr. 3 über die Unlösbarkeit des Wortproblems für Semi-Thue-Systeme auch für Thue-Systeme gilt. Dazu ordnen wir dem Semi-Thue-System $\mathfrak{S}(\mathsf{M})$ ein *Thue-System* $\mathfrak{T}(\mathsf{M})$ zu. Das Alphabet von $\mathfrak{T}(\mathsf{M})$ ist gleich dem Alphabet von $\mathfrak{S}(\mathsf{M})$. Ein Wortepaar (W, W') ist definierende Regel von $\mathfrak{T}(\mathsf{M})$ genau dann, wenn (W, W') oder (W', W) definierende Regel von $\mathfrak{S}(\mathsf{M})$ ist. $\mathfrak{T}(\mathsf{M})$ entsteht also aus $\mathfrak{S}(\mathsf{M})$ durch Hinzunahme der inversen Regeln als zusätzliche definierende Regeln. Für $\mathfrak{T}(\mathsf{M})$ behaupten wir das

Lemma: Für jedes Konfigurationswort W_K gilt:

$$W_K \rightarrow_{\mathfrak{T}(\mathsf{M})} W^* \quad \textit{genau dann, wenn} \quad W_K \rightarrow_{\mathfrak{S}(\mathsf{M})} W^*.$$

---

[1] Wenn man nur einen Beweis des Satzes aus Nr. 3 geben wollte, und nicht die Anwendung in Nr. 8 auf Thue-Systeme haben wollte, so könnte man $W^* \equiv ESE$ setzen und an Stelle der in Nr. 6 genannten Regeln die folgenden wählen:

$$(Q_i A_j, S)$$
$$(A_u S, S) \qquad (u = 0, \dots, N)$$
$$(S A_t, S) \qquad (t = 0, \dots, N).$$

Zum *Beweis* braucht nur gezeigt zu werden: Wenn $W_K \rightarrow_{\mathfrak{T}(\mathsf{M})} W^*$, so $W_K \rightarrow_{\mathfrak{S}(\mathsf{M})} W^*$. Wir führen den Beweis indirekt und nehmen an, daß es eine Konfiguration K gibt, für welche zwar $W_K \rightarrow_{\mathfrak{T}(\mathsf{M})} W^*$, aber nicht $W_K \rightarrow_{\mathfrak{S}(\mathsf{M})} W^*$. Wegen $W_K \rightarrow_{\mathfrak{T}(\mathsf{M})} W^*$ gibt es eine Kette von Worten, so daß

$$W_K \equiv W_0 \Rightarrow_{\mathfrak{T}(\mathsf{M})} W_1 \Rightarrow_{\mathfrak{T}(\mathsf{M})} \cdots \Rightarrow_{\mathfrak{T}(\mathsf{M})} W_p \equiv W^*.$$

Aus (5) und (7) ergibt sich, daß alle Worte $W_0, \ldots, W_p$ Normalworte sind. Da nach unserer Annahme nicht $W_0 \rightarrow_{\mathfrak{S}(\mathsf{M})} W^*$, aber sicher $W_p \rightarrow_{\mathfrak{S}(\mathsf{M})} W^*$, so gibt es einen Index $i < p$, so daß nicht $W_i \rightarrow_{\mathfrak{S}(\mathsf{M})} W^*$, jedoch $W_{i+1} \rightarrow_{\mathfrak{S}(\mathsf{M})} W^*$. $\mathfrak{R}$ sei eine definierende Regel von $\mathfrak{T}(\mathsf{M})$, die den Übergang $W_i \Rightarrow_{\mathfrak{T}(\mathsf{M})} W_{i+1}$ liefert. $\mathfrak{R}$ ist keine Regel von $\mathfrak{S}(\mathsf{M})$, da sonst $W_i \rightarrow_{\mathfrak{S}(\mathsf{M})} W^*$. Also ist die Inverse $\overline{\mathfrak{R}}$ eine Regel von $\mathfrak{S}(\mathsf{M})$. Durch Anwendung von $\overline{\mathfrak{R}}$ ergibt sich $W_{i+1} \Rightarrow_{\mathfrak{S}(\mathsf{M})} W_i$. Weiter gibt es wegen $W_{i+1} \rightarrow_{\mathfrak{S}(\mathsf{M})} W^*$ eine Kette

$$W_{i+1} \equiv \overline{W}_0 \Rightarrow_{\mathfrak{S}(\mathsf{M})} \overline{W}_1 \Rightarrow_{\mathfrak{S}(\mathsf{M})} \cdots \Rightarrow_{\mathfrak{S}(\mathsf{M})} \overline{W}_q \equiv W^*.$$

Dabei ist $q \geqq 1$, da sonst $W_{i+1} \equiv W^*$. Letzteres ist aber unmöglich, da dann $W^* \Rightarrow_{\mathfrak{S}(\mathsf{M})} W_i$, was (8) widerspricht. Aus $W_{i+1} \Rightarrow_{\mathfrak{S}(\mathsf{M})} W_i$ und $W_{i+1} \Rightarrow_{\mathfrak{S}(\mathsf{M})} \overline{W}_1$ ergibt sich mit Hilfe von (6), daß $\overline{W}_1 \equiv W_i$. Dann zeigt aber die zuletzt genannte Kette, daß $W_i \rightarrow_{\mathfrak{S}(\mathsf{M})} W^*$, womit unsere Annahme zum Widerspruch geführt ist.

Wir haben bei dem Beweis des Satzes in Nr. 3 festgestellt, daß es keinen Algorithmus gibt, mit dessen Hilfe man für beliebige K und M entscheiden kann, ob $W_K \rightarrow_{\mathfrak{S}(\mathsf{M})} W^*$, und daß es keinen Algorithmus gibt, mit dessen Hilfe man bei der *universellen Turingmaschine* U_0 für beliebige K entscheiden kann, ob $W_K \rightarrow_{\mathfrak{S}(\mathsf{U}_0)} W^*$. Daraus ergibt sich wegen der durch das soeben bewiesene Lemma ausgesprochenen Äquivalenz der

Satz: Das allgemeine Wortproblem für Thue-Systeme ist unlösbar. Darüber hinaus ist für das der universellen Maschine U_0 *zugeordnete Thue-System* $\mathfrak{T}(\mathsf{U}_0)$ *das Wortproblem unlösbar.*

Literatur

THUE, A.: Probleme über Veränderungen von Zeichenreihen nach gegebenen Regeln. Skr. Vidensk. Selsk. Kristiania **I**, **10**, 34 S. (1914).

POST, E. L.: Recursive Unsolvability of a Problem of Thue. J. Symbolic Logic **12**, 1–11 (1947).

MARKOV, A. A.: Die Unmöglichkeit gewisser Algorithmen in der Theorie assoziativer Systeme [russ.]. Dokl. Akad. Nauk SSSR. **55**, 587–590 (1947).

TURING, A. M.: The Word Problem in Semi-Groups with Cancellation. Ann. Math., Princeton **52**, 491–505 (1950).

KALMÁR, L.: Another Proof of the Markov-Post Theorem. Acta math. Hungaricae **3**, 1–25; 26–27 (1952) [russ.].

Zur Unlösbarkeit des Wortproblems vergleiche

NOVIKOV, P. S.: Algorithmische Unlösbarkeit des Wortproblems in der Gruppentheorie [russ.]. Akad. Nauk SSSR., Matém. Inst. Trudy **44**, Moskau 1955. Engl. Übers. von K. A. HIRSCH: Amer. Math. Soc. Translations **9**, 122 pp. (1958).

Boone, W. W.: Certain Simple, Unsolvable Problems of Group Theory. V. Proc. Kon. Nederl. Akad. (A) **60**, 22–27 (1957).
— Certain Simple, Unsolvable Problems of Group Theory. VI. Ibid., 227—232.
— The Word Problem. Ann. Math. **70**, 207—265 (1959).
Britton, J. L.: The Word Problem for Groups. Proc. London math. Soc. **8**, 493–506 (1958).

§ 24. Die Prädikatenlogik

Unter den heute bekannten formalen Sprachen muß die Sprache der *Prädikatenlogik* (Prädikatenlogik der ersten Stufe; engere Prädikatenlogik) als die wichtigste betrachtet werden. Für diese Sprache werden gewisse Zeichenreihen als *Formeln* (Ausdrücke) ausgezeichnet. Es ist entscheidbar, ob eine Zeichenreihe eine Formel ist oder nicht. Formeln können *interpretiert* werden, und es wird erklärt, was es heißt, daß eine Formel bei einer Interpretation *gilt*. *Allgemeingültig* heißt eine Formel, wenn sie bei *jeder* Interpretation gilt. Diese Art der Definition der allgemeingültigen Formeln rechnet man zur *Semantik* der Prädikatenlogik. Wenn man die allgemeingültigen Formeln kennt, so beherrscht man die logischen Folgerungen, welche zum Bereich der Prädikatenlogik gehören.

Man kann (auf verschiedene Art) einen Kalkül angeben, mit dessen Hilfe sich genau die allgemeingültigen Formeln der Prädikatenlogik ableiten lassen. Diese Tatsache nennt man den *Vollständigkeitssatz* der Prädikatenlogik (Gödel 1930)[1]. Der Vollständigkeitssatz besagt, daß die Menge $\mathfrak{M}_0$ der allgemeingültigen Formeln eine *aufzählbare* Menge ist. Church hat 1936 gezeigt, daß die Menge der allgemeingültigen Formeln *nicht entscheidbar* ist. Daraus ergibt sich zusammen mit dem Gödelschen Vollständigkeitssatz, daß die Menge der *nicht* allgemeingültigen Formeln nicht aufzählbar sein kann, wie wir in § 28.2, Satz 4 sehen werden.

Wir wollen im nächsten Paragraphen einen Beweis für die Unentscheidbarkeit der Menge der allgemeingültigen Formeln der Prädikatenlogik führen. Als Vorbereitung dazu soll in diesem Paragraphen die Prädikatenlogik so weit aufgebaut werden, wie es für diesen Beweis notwendig ist. Wir greifen später nur auf die Theoreme (T1) ... (T8) von Nr. 3, sowie auf (T9) von Nr. 4 und (T10) von Nr. 5 zurück.

Die Prädikatenlogik wird in der Literatur in recht verschiedener Weise aufgebaut. Wenn man von einem anderen Aufbau als dem hier gegebenen ausgeht, braucht man nur die genannten Theoreme (T1) ... (T10) zu verifizieren und hat damit einen Zugang zu dem hier geführten Unentscheidbarkeitsbeweis (vgl. dabei insbesondere die Anmerkung auf S. 160).

[1] Die Bezeichnung „Vollständigkeitssatz" kann damit erklärt werden, daß dieser Satz die Existenz eines Kalküls behauptet, welcher die allgemeingültigen Formeln vollständig erfaßt. — Zum folgenden vgl. auch die Literaturangaben am Schluß des nächsten Paragraphen.

1. Formeln der Prädikatenlogik. Die Formeln sind spezielle Worte über dem Alphabet $\{\circ, \bigcirc, |, *, \neg, \wedge, \bigwedge, (,)\}$. Die Worte o|, o||, o|||, ... heißen *Individuenvariablen*, die Worte O*|, O*||, O*|||, ..., O**|, O**||, O**|||, ..., O***|, ..., ... *Prädikatenvariablen*[1]. Die Anzahl der in einer Prädikatenvariablen Π vorkommenden Sterne heißt die *Stellenzahl* von Π. Die Stellenzahl von O**||| ist also 2.

Ein Wort α heißt eine *atomare Formel*, wenn es mit einer Prädikatenvariablen Π beginnt, gefolgt von so vielen Individuenvariablen, wie die Stellenzahl von Π angibt. Von diesen Individuenvariablen wollen wir sagen, daß sie in α *vorkommen*. O*||o| und O***|o|o|||o| sind Beispiele für atomare Formeln. In der letztgenannten Formel kommt o| und o||| (aber nicht o||) vor.

Formeln sind alle atomaren Formeln sowie solche Worte, die man ausgehend von den atomaren Formeln durch ein- oder mehrmalige Anwendung der folgenden Prozesse gewinnen kann:

(i) Übergang von α zu $\neg\alpha$.

(ii) Übergang von α und β zu $(\alpha\wedge\beta)$.

(iii) Übergang von α zu $\bigwedge\xi\alpha$, wobei ξ eine beliebige Individuenvariable ist.

Beispiele für Formeln sind:

¬¬O**|o|||o|, ⋀o|O**|o||o|, ⋀o|¬⋀o||(O*|o||∧¬O**|o|||o|).

Statt $\bigwedge\xi\alpha$ schreiben wir auch $\bigwedge_{\xi}\alpha$, statt $\neg\bigwedge_{\xi}\neg\alpha$ kürzer $\bigvee_{\xi}\alpha$, und statt $\neg(\alpha\wedge\neg\beta)$ kürzer $(\alpha\to\beta)$.

2. Semantik der Prädikatenlogik. Ein *Individuenbereich* ω ist eine beliebige nichtleere Menge. Die Elemente von ω sollen *Individuen* heißen. Eine (leere oder nichtleere) Menge von geordneten n-Tupeln von Elementen aus ω heißt ein *n-stelliges Prädikat* über ω. Eine Interpretation $\mathfrak{J}$ über ω ist eine Abbildung der Individuenvariablen ξ auf Individuen $\mathfrak{J}(\xi)$ aus ω und der Prädikatenvariablen Π auf Prädikate $\mathfrak{J}(\Pi)$ über ω, wobei wir verlangen, daß $\mathfrak{J}(\Pi)$ eine Menge von n-Tupeln ist, wenn die Stellenzahl von Π gleich n ist.

Wir wollen erklären, was es heißt, daß eine Formel α bei einer Interpretation $\mathfrak{J}$ *gilt*. Wir geben dazu eine Definition durch *Induktion über den Aufbau der Formeln*. Dabei soll $\mathfrak{J} \underset{\xi}{=} \mathfrak{J}'$ (gelesen: $\mathfrak{J} = \mathfrak{J}'$ *bis auf* ξ) bedeuten, daß $\mathfrak{J}$ und $\mathfrak{J}'$ Interpretationen über demselben Individuenbereich sind, und daß sich $\mathfrak{J}$ und $\mathfrak{J}'$ höchstens für das Argument ξ unterscheiden.

---

[1] Manchmal auch Prädikaten*konstanten* genannt. Ebenso spricht man manchmal von Individuen*konstanten* bei Individuenvariablen, welche bei der hier in Nr. 4 eingeführten Terminologie *frei* in einer Formel vorkommen.

Definition 1:

(a) Eine atomare Formel $\Pi\xi_1 \ldots \xi_n$ *gilt bei* $\mathfrak{J}$ genau dann, wenn das n-Tupel $\langle\mathfrak{J}(\xi_1), \ldots, \mathfrak{J}(\xi_n)\rangle \in \mathfrak{J}(\Pi)$.

(b) $\neg\alpha$ *gilt bei* $\mathfrak{J}$ genau dann, wenn α bei $\mathfrak{J}$ nicht gilt.

(c) $(\alpha \wedge \beta)$ *gilt bei* $\mathfrak{J}$ genau dann, wenn sowohl α als auch β bei $\mathfrak{J}$ gelten.

(d) $\bigwedge_{\xi}\alpha$ *gilt bei* $\mathfrak{J}$ genau dann, wenn α bei jedem $\mathfrak{J}'$ gilt, für welches $\mathfrak{J} \underset{\xi}{=} \mathfrak{J}'$.

$\neg$ entspricht gemäß (b) der Negation, $\wedge$ gemäß (c) der Konjunktion und $\bigwedge$ gemäß (d) der Generalisierung, wobei durch den Übergang zu den Interpretationen $\mathfrak{J}'$ „für alle x" zum Ausdruck gebracht wird.

Bezüglich der durch Definition eingeführten Abkürzungen $\rightarrow$ und $\bigvee$ gilt:

(e) $(\alpha \rightarrow \beta)$ *gilt bei* $\mathfrak{J}$ ist gleichbedeutend mit *wenn* α *bei* $\mathfrak{J}$ *gilt, so gilt auch* β *bei* $\mathfrak{J}$.

Zum *Beweis* nehmen wir zunächst an, daß $(\alpha \rightarrow \beta)$ und α (bei $\mathfrak{J}$) gelten. Dann muß auch β gelten. Sonst gälte $\neg\beta$, also $(\alpha \wedge \neg\beta)$ entgegen der Annahme, daß $\neg(\alpha \wedge \neg\beta)$ (d.h. $(\alpha \rightarrow \beta)$) gilt. — Nehmen wir umgekehrt an, daß β gilt, wenn α gilt. Dann muß auch $(\alpha \rightarrow \beta)$ gelten. Sonst gälte $\neg(\alpha \wedge \neg\beta)$ nicht; dann müßte aber $(\alpha \wedge \neg\beta)$ gelten, also auch α und $\neg\beta$, und damit β nicht. Dem widerspricht, daß sich aus der Gültigkeit von α nach der Annahme die Gültigkeit von β ergibt.

(f) $\bigvee_{\xi}\alpha$ *gilt bei* $\mathfrak{J}$ genau dann, *wenn es ein* $\mathfrak{J}'$ *gibt, mit* $\mathfrak{J}' \underset{\xi}{=} \mathfrak{J}$, *bei welchem* α gilt.

Beweis: $\neg\bigwedge_{\xi}\neg\alpha$ gilt bei $\mathfrak{J}$ genau dann, wenn $\bigwedge_{\xi}\neg\alpha$ bei $\mathfrak{J}$ nicht gilt, d.h., wenn es nicht wahr ist, daß $\neg\alpha$ bei allen $\mathfrak{J}'$ mit $\mathfrak{J}' \underset{\xi}{=} \mathfrak{J}$ gilt, m.a.W., wenn es nicht wahr ist, daß α bei allen $\mathfrak{J}'$ mit $\mathfrak{J}' \underset{\xi}{=} \mathfrak{J}$ nicht gilt. Dies besagt, daß es ein $\mathfrak{J}'$ gibt mit $\mathfrak{J}' \underset{\xi}{=} \mathfrak{J}$, bei welchem α gilt.

Definition 1': Eine Menge $\mathfrak{M}$ *von Formeln gilt bei* $\mathfrak{J}$ genau dann, wenn jedes Element von $\mathfrak{M}$ bei $\mathfrak{J}$ gilt.

Beispiele: ω sei die Menge der natürlichen Zahlen, M die Menge der Primzahlen, und K die Menge aller geordneten Paare $\langle\mathfrak{x}, \mathfrak{y}\rangle$ natürlicher Zahlen mit $\mathfrak{x} < \mathfrak{y}$. Sei $x = \circ|$, $y = \circ||$, $P = \bigcirc{*}|$, $Q = \bigcirc{*}{*}|$. $\mathfrak{J}$ sei eine Interpretation über ω, für welche insbesondere gilt: $\mathfrak{J}(x) = 3$, $\mathfrak{J}(y) = 4$, $\mathfrak{J}(P) = M$, $\mathfrak{J}(Q) = K$. Für ein solches $\mathfrak{J}$ gelten die Formeln Px, $\neg Py$ und $\bigwedge_{x}\left(Px \rightarrow \bigvee_{y}(Py \wedge Qxy)\right)$, da 3 eine Primzahl, 4 keine Primzahl ist, und da es zu jeder Primzahl eine größere gibt.

Definition 2: Eine Formel α heißt *allgemeingültig*, symbolisch $\Vdash\alpha$, wenn sie bei jeder Interpretation über einem beliebigen Individuenbereich gilt.

Definition 3: Eine Formel α *folgt* aus einer endlichen Menge $\mathfrak{M}$ von Formeln, symbolisch $\mathfrak{M}\Vdash\alpha$, wenn α bei jeder solchen Interpretation $\mathfrak{I}$ über einem beliebigen Individuenbereich gilt, bei der jede Formel aus $\mathfrak{M}$ gilt.

3. Einfache Folgerungen[1]. (T1) ... (T8) in dieser Nummer, sowie (T9) in Nr. 4 und (T10) in Nr. 5 sind im Hinblick auf möglichst bequeme spätere Anwendungen ausgewählt worden. Es wurde kein Wert darauf gelegt, mit einem Minimalsystem von derartigen Theoremen auszukommen.

(T1) $0\Vdash\alpha$ *genau dann, wenn* $\Vdash\alpha$ (0 sei die leere Formelmenge).

(T2) *Wenn* $\alpha\in\mathfrak{M}$, *so* $\mathfrak{M}\Vdash\alpha$.

(T3) *Wenn* $\mathfrak{M}\Vdash\alpha$, *so* $\mathfrak{M}\cup\mathfrak{N}\Vdash\alpha$.

(T4) *Wenn* $\alpha\Vdash\beta$ *und* $\beta\Vdash\gamma$, *so* $\alpha\Vdash\gamma$.
(Wir schreiben kürzer $\alpha\Vdash\gamma$ für $\{\alpha\}\Vdash\gamma$.)

(T5) *Wenn* $\mathfrak{M}\Vdash\alpha$ *und* $\mathfrak{N}\Vdash\beta$, *so* $\mathfrak{M}\cup\mathfrak{N}\Vdash(\alpha\wedge\beta)$.

(T6) *Wenn* $\mathfrak{M}\Vdash(\alpha\rightarrow\beta)$ *und* $\mathfrak{N}\Vdash\alpha$, *so* $\mathfrak{M}\cup\mathfrak{N}\Vdash\beta$.

(T7) $\mathfrak{M}\Vdash(\alpha\rightarrow\beta)$ *genau dann, wenn* $\mathfrak{M}\cup\{\alpha\}\Vdash\beta$.

(T8) $\bigwedge_{\xi}\alpha\Vdash\alpha$.

(T1), ..., (T4) ergeben sich unmittelbar aus den Definitionen.

Zum Beweis von (T5) ist zu zeigen, daß $(\alpha\wedge\beta)$ bei jeder Interpretation $\mathfrak{I}$ gilt, bei welcher $\mathfrak{M}\cup\mathfrak{N}$ gilt. Wegen $\mathfrak{M}\Vdash\alpha$ gilt α bei $\mathfrak{I}$, wegen $\mathfrak{N}\Vdash\beta$ auch β, also nach Definition 1 (c) auch $(\alpha\wedge\beta)$.

Für (T8) muß man nachweisen, daß α bei jeder Interpretation $\mathfrak{I}$ gilt, bei welcher $\bigwedge_{\xi}\alpha$ gilt. Nach Definition 1 (d) gilt α bei jedem $\mathfrak{I}'$ mit $\mathfrak{I}' \underset{\xi}{=} \mathfrak{I}$, also insbesondere bei $\mathfrak{I}$.

Zum Nachweis von (T6) nehmen wir an, daß $\mathfrak{M}\cup\mathfrak{N}$ bei $\mathfrak{I}$ gilt. Dann gilt wegen $\mathfrak{N}\Vdash\alpha$ auch α bei $\mathfrak{I}$ und damit wegen $\mathfrak{M}\Vdash(\alpha\rightarrow\beta)$ unter Berücksichtigung von (e) auch β.

---

[1] Man kann in Definition 3 auf die Forderung der Endlichkeit von $\mathfrak{M}$ verzichten. Die Theoreme (T1) ... (T10) gelten auch (mit demselben Beweis) für den Fall, daß $\mathfrak{M}$ unendlich ist, werden jedoch in dieser Allgemeinheit nicht benötigt. Man könnte die Beziehung $\mathfrak{M}\Vdash\alpha$ auch definieren durch $\Vdash(\alpha_1\rightarrow(\alpha_2\rightarrow\cdots(\alpha_n\rightarrow\alpha)\ldots))$, falls $\mathfrak{M}=\{\alpha_1,\ldots,\alpha_n\}$, und durch $\Vdash\alpha$, falls $\mathfrak{M}$ leer ist. Diese Bemerkung ist von Interesse z.B. für den Fall, daß man die allgemeingültigen Formeln *syntaktisch* einführt als die Formeln, welche man durch einen geeigneten Kalkül erhält.

Der Beweis von links nach rechts in (T7) ergibt sich aus (T6) für $\mathfrak{N}=\{\alpha\}$, da $\{\alpha\}\Vdash\alpha$ nach (T2). — Nehmen wir umgekehrt an, daß $\mathfrak{M}\cup\{\alpha\}\Vdash\beta$ und daß $\mathfrak{M}$ bei $\mathfrak{J}$ gilt. Wenn nun α bei $\mathfrak{J}$ gilt, so gilt auch β bei $\mathfrak{J}$. Dies bedeutet aber nach (e), daß $(\alpha\rightarrow\beta)$ bei $\mathfrak{J}$ gilt.

4. Freies Vorkommen einer Individuenvariablen. Wir wollen erklären, was es heißt, daß eine Individuenvariable η *frei in einer Formel* α *vorkommt.*

Definition 4:

(a) In einer atomaren Formel α kommen genau die Individuenvariablen frei vor, welche in α gemäß Nr. 1 vorkommen.

(b) In $\neg\alpha$ kommt η genau dann frei vor, wenn η in α frei vorkommt.

(c) In $(\alpha\wedge\beta)$ kommt η genau dann frei vor, wenn η in α oder in β frei vorkommt.

(d) In $\bigwedge_{\xi}\alpha$ kommt η genau dann frei vor, wenn η in α frei vorkommt und von ξ verschieden ist.

Definition 4': η *kommt in einer Menge* $\mathfrak{M}$ *von Formeln frei vor,* wenn η in wenigstens einem Element von $\mathfrak{M}$ frei vorkommt.

Lemma 1: Wenn die Individuenvariable η in der Formel α nicht frei vorkommt, und wenn $\mathfrak{J}_1 \underset{\eta}{=} \mathfrak{J}_2$, so gilt α bei $\mathfrak{J}_1$ genau dann, wenn α bei $\mathfrak{J}_2$ gilt. Es kommt m.a.W. in dem betrachteten Zusammenhang nicht darauf an, wie die Individuenvariable η interpretiert wird.

Den *Beweis* führt man, indem man durch Induktion über den Aufbau von α zeigt, daß das Lemma bei beliebigen Interpretationen $\mathfrak{J}_1$ und $\mathfrak{J}_2$ gilt:

(a) Eine atomare Formel $\Pi\xi_1\ldots\xi_n$ gilt bei $\mathfrak{J}_1$ genau dann, wenn $\langle\mathfrak{J}_1(\xi_1),\ldots,\mathfrak{J}_1(\xi_n)\rangle\in\mathfrak{J}_1(\Pi)$. Wegen $\mathfrak{J}_1 \underset{\eta}{=} \mathfrak{J}_2$ und $\eta\neq\xi_1,\ldots,\xi_n$ ist $\mathfrak{J}_1(\xi_1)=\mathfrak{J}_2(\xi_1),\ldots$ und $\mathfrak{J}_1(\Pi)=\mathfrak{J}_2(\Pi)$. Wir können also äquivalent übergehen zu $\langle\mathfrak{J}_2(\xi_1),\ldots,\mathfrak{J}_2(\xi_n)\rangle\in\mathfrak{J}_2(\Pi)$, d.h. $\Pi\xi_1\ldots\xi_n$ gilt bei $\mathfrak{J}_2$.

(b) Wir wollen das Lemma für $\neg\alpha$ zeigen, unter der Voraussetzung, daß es für α bewiesen ist. Wenn η in $\neg\alpha$ nicht frei vorkommt, so kommt η auch nicht in α frei vor. Wir haben somit der Reihe nach die folgenden äquivalenten Aussagen:

$\neg\alpha$ gilt bei $\mathfrak{J}_1$

α gilt nicht bei $\mathfrak{J}_1$

α gilt nicht bei $\mathfrak{J}_2$ (Induktionsvoraussetzung)

$\neg\alpha$ gilt bei $\mathfrak{J}_2$.

(c) Den Induktionsbeweis für die Konjunktion führt man ähnlich wie den für die Negation.

(d) Wir haben schließlich zu zeigen, daß die Behauptung für $\bigwedge_\xi \alpha$ gilt, wenn sie für α richtig ist. Aus Symmetriegründen genügt es zu zeigen, daß $\bigwedge_\xi \alpha$ bei $\mathfrak{J}_2$ gilt, wenn diese Formel bei $\mathfrak{J}_1$ gilt. Dazu müssen wir nachweisen: Gilt $\bigwedge_\xi \alpha$ bei $\mathfrak{J}_1$ und ist $\mathfrak{J}_2' \underset{\xi}{=} \mathfrak{J}_2$, so gilt α bei $\mathfrak{J}_2'$. Wir führen eine Interpretation $\mathfrak{J}_1'$ ein durch die folgende Definition:

$$\mathfrak{J}_1' \underset{\xi}{=} \mathfrak{J}_1$$
$$\mathfrak{J}_1'(\xi) = \mathfrak{J}_2'(\xi).$$

α gilt bei $\mathfrak{J}_1'$, da $\bigwedge_\xi \alpha$ bei $\mathfrak{J}_1$ gilt. Wir vergleichen $\mathfrak{J}_1'$ mit $\mathfrak{J}_2'$: Wegen $\mathfrak{J}_1' \underset{\xi}{=} \mathfrak{J}_1$, $\mathfrak{J}_1 \underset{\eta}{=} \mathfrak{J}_2$, $\mathfrak{J}_2 \underset{\xi}{=} \mathfrak{J}_2'$ können sich $\mathfrak{J}_1'$ und $\mathfrak{J}_2'$ höchstens für die Argumente ξ, η unterscheiden. Nun ist aber definitionsgemäß $\mathfrak{J}_1'(\xi) = \mathfrak{J}_2'(\xi)$, also $\mathfrak{J}_1' \underset{\eta}{=} \mathfrak{J}_2'$.

Wir machen nun davon Gebrauch, daß η in $\bigwedge_\xi \alpha$ nicht frei vorkommt. Nach Definition 4(d) müssen wir zwei Fälle unterscheiden:

Fall 1: η kommt in α nicht frei vor. Dann können wir wegen $\mathfrak{J}_1' \underset{\eta}{=} \mathfrak{J}_2'$ die Induktionsvoraussetzung anwenden (man beachte hierbei, daß wir durch Induktion zeigen, daß das Lemma *für alle Interpretationen* $\mathfrak{J}_1, \mathfrak{J}_2$ gilt). Danach gilt α bei $\mathfrak{J}_1'$ genau dann, wenn α bei $\mathfrak{J}_2'$ gilt. Wir wissen, daß α bei $\mathfrak{J}_1'$ gilt. Also gilt α bei $\mathfrak{J}_2'$, w.z.b.w.

Fall 2: η ist mit ξ identisch. Dann sind wegen $\mathfrak{J}_1' \underset{\eta}{=} \mathfrak{J}_2'$ und $\mathfrak{J}_1'(\xi) = \mathfrak{J}_2'(\xi)$ die beiden Interpretationen $\mathfrak{J}_1'$ und $\mathfrak{J}_2'$ sogar völlig identisch. Damit gilt α bei $\mathfrak{J}_2'$, weil α bei $\mathfrak{J}_1'$ gilt.

(T9) *Wenn* ξ *in* $\mathfrak{M} \cup \{\beta\}$ *nicht frei vorkommt, und wenn* $\mathfrak{M} \cup \{\alpha\} \Vdash \beta$, *so* $\mathfrak{M} \cup \{\bigvee_\xi \alpha\} \Vdash \beta$.

Beweis: $\mathfrak{J}$ sei eine beliebige Interpretation, bei welcher $\mathfrak{M} \cup \{\bigvee_\xi \alpha\}$ gilt. Wir haben zu zeigen, daß auch β bei $\mathfrak{J}$ gilt. Wegen Nr. 2(f) gibt es ein $\mathfrak{J}'$ mit $\mathfrak{J}' \underset{\xi}{=} \mathfrak{J}$, bei welchem α gilt. Aus Lemma 1 ergibt sich, daß auch $\mathfrak{M}$ bei $\mathfrak{J}'$ gilt. Nun schließt man aus $\mathfrak{M} \cup \{\alpha\} \Vdash \beta$, daß β bei $\mathfrak{J}'$ gilt, und hieraus wieder mit Lemma 1, daß β bei $\mathfrak{J}$ gilt.

5. *Substitution.* Ersetzt man in einer Formel α eine Individuenvariable η an allen Stellen, in denen η nicht „im Wirkungsbereich eines $\bigwedge_\eta$ vorkommt", durch die Individuenvariable η', und erscheint keine auf diese Weise eingeführte Variable η' „im Wirkungsbereich eines $\bigwedge_{\eta'}$", so wollen wir sagen, daß die entstandene Formel α' durch Substitution

von η' für η aus α hervorgeht, symbolisch: $Sub\,\alpha\eta\eta'\alpha'$. Wir geben eine exakte Definition für die Substitution durch Induktion über den Aufbau von α.

Definition 5:

(a) Ist α atomar, so gelte $Sub\,\alpha\eta\eta'\alpha'$ genau dann, wenn α' aus α dadurch entsteht, daß man η an allen Stellen, an denen diese Variable in α vorkommt, durch η' ersetzt.

(b) $Sub\neg\alpha\eta\eta'\beta$ gelte genau dann, wenn es eine Formel α' gibt, so daß $Sub\,\alpha\eta\eta'\alpha'$ und $\beta=\neg\alpha'$.

(c) $Sub(\alpha\wedge\beta)\eta\eta'\gamma$ gelte genau dann, wenn es Formeln α' und β' gibt, so daß $Sub\,\alpha\eta\eta'\alpha'$, $Sub\,\beta\eta\eta'\beta'$ und $\gamma=(\alpha'\wedge\beta')$.

(d) $Sub\bigwedge_{\xi}\alpha\eta\eta'\beta$ gelte genau in den folgenden beiden Fällen:

(1) Wenn η nicht frei in $\bigwedge_{\xi}\alpha$ vorkommt und $\beta=\bigwedge_{\xi}\alpha$.

(2) Wenn η frei in $\bigwedge_{\xi}\alpha$ vorkommt, $\eta'\neq\xi$, und es eine Formel α' gibt, für welche $Sub\,\alpha\eta\eta'\alpha'$ und $\beta=\bigwedge_{\xi}\alpha'$.

Definition 5': $Sub\,\mathfrak{M}\eta\eta'\mathfrak{M}'$ soll bedeuten, daß es zu jedem Element α von $\mathfrak{M}$ ein Element α' von $\mathfrak{M}'$ gibt, so daß $Sub\,\alpha\eta\eta'\alpha'$, und daß jedes Element von $\mathfrak{M}'$ auf diese Weise entsteht.

Lemma 2: Unter den Voraussetzungen:

1) $$Sub\,\alpha_1\eta_1\eta_2\alpha_2$$

2) $$\mathfrak{J}_1 \underset{\eta_1}{=} \mathfrak{J}_2$$

3) $$\mathfrak{J}_1(\eta_1)=\mathfrak{J}_2(\eta_2)$$

gilt α_1 bei $\mathfrak{J}_1$ genau dann, wenn α_2 bei $\mathfrak{J}_2$ gilt.

Beweis: Wir zeigen durch Induktion über den Aufbau von α_1, daß Lemma 2 für beliebige Interpretationen $\mathfrak{J}_1, \mathfrak{J}_2$ gilt. Wir überlassen dem Leser die einfachen Fälle, daß α_1 atomar oder eine Negation oder eine Konjunktion ist, und wenden uns sofort dem Fall zu, daß $\alpha_1=\bigwedge_{\xi}\alpha_1'$. Nach Definition 5(d) haben wir zwei Fälle zu unterscheiden:

Fall 1: η_1 kommt nicht in $\bigwedge_{\xi}\alpha_1'$ frei vor. In diesem Fall folgt Lemma 2 sofort aus Lemma 1, da $\alpha_2=\alpha_1$.

Fall 2: η_1 kommt in $\bigwedge_{\xi}\alpha_1'$ frei vor, $\eta_2\neq\xi$, und es gibt eine Formel α_2', für welche Sub $\alpha_1'\eta_1\eta_2\alpha_2'$ und $\alpha_2=\bigwedge_{\xi}\alpha_2'$. Wir zeigen die behauptete Äquivalenz in beiden Richtungen:

(1) α_1 gelte bei $\mathfrak{J}_1$. Es sei $\mathfrak{J}_2' \underset{\xi}{=} \mathfrak{J}_2$. Wir haben zu zeigen, daß α_2' bei $\mathfrak{J}_2'$ gilt. Zu diesem Zweck definieren wir eine Interpretation $\mathfrak{J}_1'$ wie

folgt:

$$\mathfrak{J}_1' \underset{\xi}{=} \mathfrak{J}_1$$

$$\mathfrak{J}_1'(\xi) = \mathfrak{J}_2'(\xi).$$

Wir wollen $\mathfrak{J}_1'$ und $\mathfrak{J}_2'$ vergleichen. Es ist $\mathfrak{J}_1' \underset{\xi}{=} \mathfrak{J}_1$, $\mathfrak{J}_1 \underset{\eta_1}{=} \mathfrak{J}_2$, $\mathfrak{J}_2 \underset{\xi}{=} \mathfrak{J}_2'$. $\mathfrak{J}_1'$ und $\mathfrak{J}_2'$ stimmen also überein bis auf höchstens die Argumente ξ, η_1. Wegen $\mathfrak{J}_1'(\xi) = \mathfrak{J}_2'(\xi)$ ist sogar $\mathfrak{J}_1' \underset{\eta_1}{=} \mathfrak{J}_2'$. Es ist $\mathfrak{J}_1'(\eta_1) = \mathfrak{J}_1(\eta_1)$, da $\mathfrak{J}_1' \underset{\xi}{=} \mathfrak{J}_1$ und $\xi \neq \eta_1$ (weil η_1 in $\bigwedge_{\xi} \alpha_1'$ frei vorkommt). Es ist ferner $\mathfrak{J}_2'(\eta_2) = \mathfrak{J}_2(\eta_2)$, weil $\mathfrak{J}_2' \underset{\xi}{=} \mathfrak{J}_2$ und $\xi \neq \eta_2$ (nach Voraussetzung). Wegen $\mathfrak{J}_1(\eta_1) = \mathfrak{J}_2(\eta_2)$ ist also $\mathfrak{J}_1'(\eta_1) = \mathfrak{J}_2'(\eta_2)$. Damit ist auf $\mathfrak{J}_1', \mathfrak{J}_2', \alpha_1', \eta_1, \eta_2, \alpha_2'$ die Induktionsvoraussetzung anwendbar. Also gilt α_1' bei $\mathfrak{J}_1'$ genau dann, wenn α_2' bei $\mathfrak{J}_2'$ gilt. Da wegen $\mathfrak{J}_1' \underset{\xi}{=} \mathfrak{J}_1$ offenbar α_1' bei $\mathfrak{J}_1'$ gilt, muß α_2' bei $\mathfrak{J}_2'$ gelten, w. z. b. w.

(2) α_2 gelte bei $\mathfrak{J}_2$. Es sei $\mathfrak{J}_1' \underset{\xi}{=} \mathfrak{J}_1$. Wir haben zu zeigen, daß α_1' bei $\mathfrak{J}_1'$ gilt. Dazu führen wir eine Interpretation $\mathfrak{J}_2'$ ein durch die Festsetzungen:

$$\mathfrak{J}_2' \underset{\xi}{=} \mathfrak{J}_2$$

$$\mathfrak{J}_2'(\xi) = \mathfrak{J}_1'(\xi).$$

Man hat jetzt dieselben Beziehungen zwischen $\mathfrak{J}_1, \mathfrak{J}_1', \mathfrak{J}_2, \mathfrak{J}_2'$ wie in (1). Man kann also wieder auf $\mathfrak{J}_1', \mathfrak{J}_2', \alpha_1', \eta_1, \eta_2, \alpha_2'$ die Induktionsvoraussetzung anwenden, wonach α_1' bei $\mathfrak{J}_1'$ genau dann gilt, wenn α_2' bei $\mathfrak{J}_2'$ gilt. α_2' gilt bei $\mathfrak{J}_2'$. Also gilt α_1' bei $\mathfrak{J}_1'$, w. z. b. w.

(T 10) *Wenn* $Sub\,\mathfrak{M}_1\eta_1\eta_2\mathfrak{M}_2$, $Sub\,\alpha_1\eta_1\eta_2\alpha_2$ *und* $\mathfrak{M}_1 \Vdash \alpha_1$, *so* $\mathfrak{M}_2 \Vdash \alpha_2$.

Zum *Beweis* betrachten wir eine beliebige Interpretation $\mathfrak{J}_2$, bei der $\mathfrak{M}_2$ gilt. Wir haben zu zeigen, daß auch α_2 bei $\mathfrak{J}_2$ gilt. Dazu definieren wir eine Interpretation $\mathfrak{J}_1$ durch die Festsetzungen:

$$\mathfrak{J}_1 \underset{\eta_1}{=} \mathfrak{J}_2$$

$$\mathfrak{J}_1(\eta_1) = \mathfrak{J}_2(\eta_2).$$

Auf Grund des soeben bewiesenen Lemmas gilt $\mathfrak{M}_1$ bzw. α_1 bei $\mathfrak{J}_1$ genau dann, wenn $\mathfrak{M}_2$ bzw. α_2 bei $\mathfrak{J}_2$ gilt. Damit haben wir sukzessive: $\mathfrak{M}_2$ gilt bei $\mathfrak{J}_2$, $\mathfrak{M}_1$ gilt bei $\mathfrak{J}_1$, α_1 gilt bei $\mathfrak{J}_1$ (weil $\mathfrak{M}_1 \Vdash \alpha_1$), α_2 gilt bei $\mathfrak{J}_2$, w. z. b. w.

Literatur

GÖDEL, K.: Die Vollständigkeit der Axiome des logischen Funktionenkalküls. Mh. Math. Phys. **37**, 349—360 (1930).

TARSKI, A.: Der Wahrheitsbegriff in den formalisierten Sprachen. Studia Philosophica **1**, 261—405 (1935). Auch in: Logic, Semantics, Metamathematics, pp. 152—278. Papers from 1923 to 1938 by A. TARSKI. Translated by J. H. WOODGER. Oxford: Clarendon Press 1956.

HERMES, H., und H. SCHOLZ: Mathematische Logik. Enzyklopädie math. Wiss. I. 1, Heft 1, I. Leipzig: B. G. Teubner 1952.

SCHOLZ, H., und G. HASENJAEGER: Grundzüge der mathematischen Logik. Berlin-Göttingen-Heidelberg: Springer 1961.

Man vergleiche auch andere Lehrbücher der Logik, die aber nicht immer vom semantischen Standpunkt ausgehen.

§ 25. Die Unentscheidbarkeit der Prädikatenlogik

Wir wollen in diesem Paragraphen zeigen, daß es keinen Algorithmus gibt, mit dessen Hilfe man entscheiden kann, ob eine beliebige vorgelegte Formel der Prädikatenlogik allgemeingültig ist oder nicht. Daraus ergibt sich im Hinblick auf § 24, Nr. 3 (T1), a fortiori, daß es auch keinen Algorithmus gibt, mit dessen Hilfe man für beliebige vorgegebene endliche Mengen $\mathfrak{M}$ von Formeln und eine beliebige Formel α entscheiden kann, ob α aus $\mathfrak{M}$ folgt oder nicht.

1. Die Beweisidee. Wir stellen eine Beziehung zwischen Semi-Thue-Systemen und der Prädikatenlogik her. Wir betrachten dabei nur solche Semi-Thue-Systeme, deren Alphabet in dem ein für allemal festliegenden abzählbaren Alphabet $\{S_1, S_2, S_3, \ldots\}$ enthalten ist. Jedem solchen Semi-Thue-System $\mathfrak{T}$ zusammen mit einem geordneten Paar von Worten W', W'' über dem Alphabet von $\mathfrak{T}$ ordnen wir eine Formel $\varphi(\mathfrak{T}, W', W'')$ der Prädikatenlogik zu, so daß gilt:

(1) Bei gegebenen $\mathfrak{T}, W', W''$ kann $\varphi(\mathfrak{T}, W', W'')$ durch ein effektives Verfahren hergestellt werden.

(2) Es ist $W' \to_{\mathfrak{T}} W''$ genau dann, wenn $\Vdash \varphi(\mathfrak{T}, W', W'')$.

Wäre die Prädikatenlogik entscheidbar, so könnte man auf Grund von (1), (2) für ein beliebiges Semi-Thue-System $\mathfrak{T}_0$ und beliebige Worte W_0', W_0'' über dem Alphabet von $\mathfrak{T}_0$ in endlich vielen Schritten feststellen, ob $W_0' \to_{\mathfrak{T}_0} W_0''$ oder nicht: Man ordne den Buchstaben $A_1, \ldots, A_n$ des Alphabets $\{A_1, \ldots, A_n\}$ von $\mathfrak{T}_0$ der Reihe nach die Buchstaben $S_1, \ldots, S_n$ zu. Damit erhält man eine triviale Übersetzung jedes Wortes über dem Alphabet von $\mathfrak{T}_0$ in ein Wort über $\{S_1, \ldots, S_n\}$. Durch Übersetzung der definierenden Relationen von $\mathfrak{T}_0$ erhält man ein Semi-Thue-System $\mathfrak{T}$ über dem Alphabet $\{S_1, \ldots, S_n\}$. W' bzw. W'' seien die Übersetzungen von W_0' bzw. W_0''. Offenbar gilt $W_0' \to_{\mathfrak{T}_0} W_0''$ genau dann, wenn $W' \to_{\mathfrak{T}} W''$. Dies ist aber nach den obigen Ausführungen äquivalent zu $\Vdash \varphi(\mathfrak{T}, W', W'')$, was entscheidbar ist, wenn die Prädikatenlogik entscheidbar wäre. Die Entscheidbarkeit der Prädikatenlogik würde also die Lösbarkeit des allgemeinen Wortproblems für Semi-Thue-Systeme nach sich ziehen. Da wir in § 23 nachgewiesen haben, daß das allgemeine Wortproblem für Semi-Thue-Systeme unlösbar ist, haben wir den

Satz (Unentscheidbarkeit der Prädikatenlogik): Es gibt kein allgemeines Verfahren, mit dessen Hilfe man für jede vorgelegte Formel der Prädikatenlogik in endlich vielen Schritten feststellen kann, ob sie allgemeingültig ist oder nicht.

2. Definitionen. Ein Lemma. Wir haben die Aufgabe, eine Formel $\varphi(\mathfrak{T}, W', W'')$ anzugeben, welche den Bedingungen (1), (2) aus Nr. 1 genügt. Zu diesem Zweck ordnen wir zunächst jedem Wort W über $\{S_1, S_2, S_3, \ldots\}$ eine Gödelnummer $g(W)$ zu durch die Vorschrift:

$$g(\square) = 1 \text{ für das leere Wort } \square$$
$$g(S_{i_0} \ldots S_{i_r}) = p_0^{i_0} \ldots p_r^{i_r}.$$

Kennt man W, so kann man $g(W)$ berechnen; umgekehrt kann man W finden, wenn $g(W)$ bekannt ist.

Jedem Wort W ordnen wir umkehrbar eindeutig die Individuenvariable zu, welche $g(W)$ Striche enthält (vgl. § 24.1). Diese soll kurz mit x_W bezeichnet werden.

Den Worten werden auf diese Weise nicht alle Individuenvariablen zugeordnet, z.B. nicht die Individuenvariablen mit 3^j Strichen ($j = 1, 2, 3, \ldots$), und nicht die Individuenvariablen, deren Strichzahl eine Primzahl $5, 7, 11, \ldots$ ist. Wir wollen die Individuenvariablen mit 3^j Strichen mit s_j bezeichnen ($j = 1, 2, 3, \ldots$) und die Individuenvariablen mit $5, 7, 11, 13, 17, 19$ Strichen der Reihe nach mit x, y, z, u, v, w.

Weiter setzen wir zur Abkürzung T für die zweistellige Prädikatenvariable O**I und C für die dreistellige Prädikatenvariable O***I.

Wir ordnen nun jedem Wort W induktiv eine *endliche* Menge $\mathfrak{D}_W$ von Formeln zu durch die Definition:

$$\mathfrak{D}_\square = 0 \qquad \text{(leere Formelmenge)}$$
$$\mathfrak{D}_{WS_j} = \mathfrak{D}_W \cup \{C x_W s_j x_{WS_j}\}.$$

Bemerkung: Aus der Konstruktion von $\mathfrak{D}_W$ ergibt sich sofort: Kommt in einem Element von $\mathfrak{D}_W$ eine Variable x_{US_j} vor, so ist $C x_U s_j x_{US_j}$ ein Element von $\mathfrak{D}_W$.

Sei nun $\mathfrak{T}$ ein Semi-Thue-System über einem in $\{S_1, S_2, S_3, \ldots\}$ enthaltenen Alphabet mit den definierenden Relationen:

$$(L_k, R_k) \qquad (k = 1, \ldots, m).$$

Diesem Semi-Thue-System $\mathfrak{T}$ ordnen wir eine *endliche Formelmenge* $\mathfrak{A}_\mathfrak{T}$ zu, *welche die folgenden Formeln enthält:*

A1: $\bigwedge_x \bigwedge_y \bigvee_z C x y z$

A2: $\bigwedge_x \bigwedge_y \bigwedge_z \bigwedge_u \bigwedge_v \bigwedge_w (((C x y z \wedge C y u v) \wedge C z u w) \rightarrow C x v w)$

A3: $\bigwedge_x C x x_\square x$

A4: $\bigwedge_x T x x$

A5: $\bigwedge_x \bigwedge_y \bigwedge_z ((T x y \wedge T y z) \rightarrow T x z)$

$A6_k$: $\bigwedge\limits_x\bigwedge\limits_y\bigwedge\limits_z\bigwedge\limits_u\bigwedge\limits_v\bigwedge\limits_w((((Cux_{L_k}w \wedge Cwvx) \wedge Cux_{R_k}z) \wedge Czvy) \rightarrow Txy)$ $(k=1,\ldots,m)$

$A7_k$: *alle Elemente von* $\mathfrak{D}_{L_k}$ $(k=1,\ldots,m)$

$A8_k$: *alle Elemente von* $\mathfrak{D}_{R_k}$ $(k=1,\ldots,m)$.

Die angegebenen Formeln beschreiben in einem gewissen Sinne das Semi-Thue-System $\mathfrak{T}$. Das ergibt sich daraus, daß diese Formeln bei der in Nr. 3 angegebenen Interpretation $\mathfrak{J}$ gelten, wie wir in Nr. 4 zeigen werden.

Für spätere Anwendungen beachte man, daß die Variablen x, y, z, u, v, w in $\mathfrak{A}_{\mathfrak{T}}$ *nicht frei* vorkommen.

Wir werden in Nr. 3 und 4 einen Beweis geben für das folgende

Lemma: Für jedes Semi-Thue-System $\mathfrak{T}$ *und je zwei Worte* W', W'' *über dem Alphabet von* $\mathfrak{T}$ *gilt:*

$$\mathfrak{A}_{\mathfrak{T}} \cup \mathfrak{D}_{W'} \cup \mathfrak{D}_{W''} \Vdash T x_{W'} x_{W''} \text{ genau dann, wenn } W' \rightarrow_{\mathfrak{T}} W''.$$

Aus diesem Lemma ergeben sich leicht (1) und (2) von Nr. 1.

Beachtet man nämlich (T7) aus § 24.3, so sieht man, daß man, ausgehend von $\mathfrak{A}_{\mathfrak{T}} \cup \mathfrak{D}_{W'} \cup \mathfrak{D}_{W''} \Vdash T x_{W'} x_{W''}$, sukzessive alle Elemente der *endlichen* Menge $\mathfrak{A}_{\mathfrak{T}} \cup \mathfrak{D}_{W'} \cup \mathfrak{D}_{W''}$ nach rechts herübernehmen kann, bis links von $\Vdash$ die leere Menge 0 erscheint. Legt man für diese Herübernahme eine Reihenfolge fest, so erhält man schließlich rechts von $\Vdash$ eine eindeutig bestimmte Formel, welche wir $\varphi(\mathfrak{T}, W', W'')$ nennen wollen. Wir haben angegeben, wie $\varphi(\mathfrak{T}, W' W'')$ hergestellt wird. Demnach gilt (1).

$\mathfrak{A}_{\mathfrak{T}} \cup \mathfrak{D}_{W'} \cup \mathfrak{D}_{W''} \Vdash T x_{W'} x_{W''}$ ist nach (T7) äquivalent zu $0 \Vdash \varphi(\mathfrak{T}, W', W'')$ und dies nach (T1) zu $\Vdash \varphi(\mathfrak{T}, W', W'')$. Damit ist auch (2) aus dem Lemma hergeleitet.

3. Beweis des Lemmas, Teil 1. Wir wollen hier zeigen, daß man aus $\mathfrak{A}_{\mathfrak{T}} \cup \mathfrak{D}_{W'} \cup \mathfrak{D}_{W''} \Vdash T x_{W'} x_{W''}$ schließen kann, daß $W' \rightarrow_{\mathfrak{T}} W''$, vorausgesetzt, daß W' und W'' Worte über dem Semi-Thue-System $\mathfrak{T}$ sind. Zu diesem Zweck wollen wir eine Interpretation $\mathfrak{J}$ angeben, bei der jede Formel von $\mathfrak{A}_{\mathfrak{T}} \cup \mathfrak{D}_{W'} \cup \mathfrak{D}_{W''}$ gilt, also wegen $\mathfrak{A}_{\mathfrak{T}} \cup \mathfrak{D}_{W'} \cup \mathfrak{D}_{W''} \Vdash T x_{W'} x_{W''}$ auch $T x_{W'} x_{W''}$. $\mathfrak{J}$ ist so gewählt, daß die Gültigkeit von $T x_{W'} x_{W''}$ bei $\mathfrak{J}$ mit $W' \rightarrow_{\mathfrak{T}} W''$ gleichbedeutend ist.

Als Individuenbereich ω nehmen wir die nichtleere Menge aller Worte über dem Alphabet von $\mathfrak{T}$. Wir setzen fest:

$\mathfrak{J}(x_W) = W$ für jedes Wort über dem Alphabet von $\mathfrak{T}$,

$\mathfrak{J}(s_j) = S_j$ für jedes Symbol S_j aus dem Alphabet von $\mathfrak{T}$,

$\mathfrak{J}(C)$ = Menge der geordneten Wortetripel $\langle W_1, W_2, W_3 \rangle$ mit $W_1 W_2 = W_3$.[1]

$\mathfrak{J}(T)$ = Menge der geordneten Wortepaare $\langle W_1, W_2 \rangle$ mit $W_1 \rightarrow_{\mathfrak{T}} W_2$.

[1] Es spielt keine Rolle, ob man sich hier auf die Worte über dem Alphabet von $\mathfrak{T}$ beschränkt, oder ob man alle Worte über $\{S_1, S_2, S_3, \ldots\}$ zuläßt.

Die Interpretation der nicht angegebenen Variablen spielt keine Rolle. Sie kann beliebig festgelegt werden. $\mathfrak{J}(C)$ ist die Verkettungsrelation, $\mathfrak{J}(T)$ die Transformationsbeziehung (Überführbarkeitsbeziehung) in $\mathfrak{T}$.

Sind W', W'' Worte über dem Alphabet von $\mathfrak{T}$, so bedeutet die Gültigkeit von $Tx_{W'}x_{W''}$ bei $\mathfrak{J}$ offenbar, daß $W' \to_{\mathfrak{T}} W''$. Wir brauchen also nur noch zu zeigen, daß jedes Element von $\mathfrak{A}_{\mathfrak{T}} \cup \mathfrak{D}_{W'} \cup \mathfrak{D}_{W''}$ bei $\mathfrak{J}$ gilt, falls W', W'' Worte über dem Alphabet von $\mathfrak{T}$ sind.

A1 gilt bei $\mathfrak{J}$. Dazu ist nach § 24, Nr. 2(d) zu zeigen, daß $\bigvee_z Cxyz$ bei jedem $\mathfrak{J}^*$ gilt, welches sich von $\mathfrak{J}$ höchstens für die Argumente x, y unterscheidet. Dies bedeutet nach § 24, Nr. 2(f), daß $Cxyz$ gilt bei wenigstens einer Interpretation $\mathfrak{J}^{*\prime}$, welche sich von $\mathfrak{J}^*$ für z unterscheiden darf. Sei $\mathfrak{J}^*(x) = X$, $\mathfrak{J}^*(y) = Y$. Setzt man $\mathfrak{J}^{*\prime} \underset{z}{=} \mathfrak{J}^*$ und $\mathfrak{J}^{*\prime}(z) = XY$, so sieht man unmittelbar, daß $Cxyz$ bei $\mathfrak{J}^{*\prime}$ gilt.

Um zu zeigen, daß A2 bei $\mathfrak{J}$ gilt, muß man unter Berücksichtigung von § 24, Nr. 2(e) für jede Interpretation $\mathfrak{J}^*$, welche sich von $\mathfrak{J}$ höchstens für die Argumente x, y, z, u, v, w unterscheidet, nachweisen, daß $Cxvw$ gilt, wenn $((Cxyz \wedge Cyuv) \wedge Czuw)$ gilt. Setzt man vorübergehend $\mathfrak{J}^*(x) = X$, $\mathfrak{J}^*(y) = Y$, $\mathfrak{J}^*(z) = Z$, $\mathfrak{J}^*(u) = U$, $\mathfrak{J}^*(v) = V$, $\mathfrak{J}^*(w) = W$, so hat man zu zeigen: Wenn $XY = Z$, $YU = V$ und $ZU = W$, so ist $XV = W$. In der Tat hat man unter Beachtung des *assoziativen Gesetzes* für die Verkettungsbeziehung (§ 23.1) $XV = X(YU) = (XY)U = ZU = W$.

A3 gilt bei $\mathfrak{J}$. Dazu muß man zeigen, daß $Cxx_{\square}x$ bei jeder Interpretation $\mathfrak{J}'$ mit $\mathfrak{J}' \underset{x}{=} \mathfrak{J}$ gilt. Dies bedeutet, daß $\mathfrak{J}'(x)\mathfrak{J}'(x_{\square}) = \mathfrak{J}'(x)$ ist, was in der Tat richtig ist, da $\mathfrak{J}'(x_{\square}) = \mathfrak{J}(x_{\square}) = \square$.

Daß A4 bei $\mathfrak{J}$ gilt, bedeutet, daß Txx bei jedem $\mathfrak{J}'$ mit $\mathfrak{J}' \underset{x}{=} \mathfrak{J}$ gilt; $\mathfrak{J}'(x)$ ist ein Wort über dem Alphabet von $\mathfrak{T}$; und jedes solche Wort ist in sich transformierbar.

Entsprechend zeigt man, daß A5 bei $\mathfrak{J}$ gilt, unter Berücksichtigung des transitiven Gesetzes für die Beziehung $\to_{\mathfrak{T}}$.

Ferner gilt A6_k für jedes k bei $\mathfrak{J}$. Dazu muß man für jedes $\mathfrak{J}^*$, welches sich von $\mathfrak{J}$ höchstens für die Argumente x, y, z, u, v, w unterscheidet, zeigen, daß Txy gilt, wenn $(((Cux_{L_k}w \wedge Cwvx) \wedge Cux_{R_k}z) \wedge Czvy)$ gilt. Setzt man wieder vorübergehend $\mathfrak{J}^*(x) = X, \ldots, \mathfrak{J}^*(w) = W$, so muß man wegen $\mathfrak{J}^*(x_{L_k}) = \mathfrak{J}(x_{L_k}) = L_k$ und $\mathfrak{J}^*(x_{R_k}) = \mathfrak{J}(x_{R_k}) = R_k$ zeigen, daß $X \to_{\mathfrak{T}} Y$, wenn $UL_k = W$, $WV = X$, $UR_k = Z$, $ZV = Y$. Dies ist aber richtig, da $X = UL_kV$, $Y = UR_kV$, also sogar $X \Rightarrow_{\mathfrak{T}} Y$, da (L_k, R_k) eine definierende Relation von $\mathfrak{T}$ ist.

Wir haben schließlich zu zeigen, daß jedes Element von $\mathfrak{D}_{L_k} \cup \mathfrak{D}_{R_k} \cup \mathfrak{D}_{W'} \cup \mathfrak{D}_{W''}$ bei $\mathfrak{J}$ gilt. Dazu genügt es nachzuweisen, daß $\mathfrak{D}_W$ für jedes Wort W über dem Alphabet von $\mathfrak{T}$ bei $\mathfrak{J}$ gilt. Beachtet man die Definition von $\mathfrak{D}_W$, so sieht man, daß es genügt, die Gültigkeit für alle Formeln

$C x_W s_j x_{W S_j}$ zu beweisen, wobei W ein Wort und S_j ein Element aus dem Alphabet von $\mathfrak{T}$ sind. In der Tat ist $\mathfrak{J}(x_W)\mathfrak{J}(s_j) = W S_j = \mathfrak{J}(x_{W S_j})$, was im Hinblick auf die Definition von C mit der Gültigkeit von $C x_W s_j x_{W S_j}$ gleichbedeutend ist.

4. Beweis des Lemmas, Teil 2. Es bleibt zu zeigen, daß

$$\mathfrak{A}_{\mathfrak{T}} \cup \mathfrak{D}_{W'} \cup \mathfrak{D}_{W''} \Vdash T x_{W'} x_{W''}, \text{ wenn } W' \rightarrow_{\mathfrak{T}} W''.$$

Dazu verwenden wir die Theoreme (T1), ..., (T10) aus § 24.

Wir beginnen mit einem

Hilfssatz: $\mathfrak{A}_{\mathfrak{T}} \cup \mathfrak{D}_V \cup \mathfrak{D}_{UV} \Vdash C x_U x_V x_{UV}$ für beliebige Worte U, V.

Wir führen den *Beweis* durch Induktion über den Aufbau von V. Für $V = \square$ ist $UV = U$, so daß wir zu zeigen haben:

(*) $$\mathfrak{A}_{\mathfrak{T}} \cup \mathfrak{D}_{\square} \cup \mathfrak{D}_U \Vdash C x_U x_{\square} x_U.$$

Nach (T8) haben wir $\bigwedge_x C x x_{\square} x \Vdash C x x_{\square} x$, woraus nach (T10) folgt, daß $\bigwedge_x C x x_{\square} x \Vdash C x_U x_{\square} x_U$.[1]

Damit hat man (*) wegen A3, denn $\{A3\} \subset \mathfrak{A}_{\mathfrak{T}} \cup \mathfrak{D}_{\square} \cup \mathfrak{D}_U$.

Wir müssen nun unter der Induktionsvoraussetzung

1) $$\mathfrak{A}_{\mathfrak{T}} \cup \mathfrak{D}_V \cup \mathfrak{D}_{UV} \Vdash C x_U x_V x_{UV}$$

zeigen, daß

(**) $$\mathfrak{A}_{\mathfrak{T}} \cup \mathfrak{D}_{V S_j} \cup \mathfrak{D}_{U V S_j} \Vdash C x_U x_{V S_j} x_{U V S_j} \quad \text{für } j = 1, 2, 3, \ldots .$$

Beachtet man, daß $C x_V s_j x_{V S_j} \in \mathfrak{D}_{V S_j}$ und $C x_{UV} s_j x_{U V S_j} \in \mathfrak{D}_{U V S_j}$, so hat man wegen (T2):

$$\mathfrak{D}_{V S_j} \Vdash C x_V s_j x_{V S_j} \quad \text{und} \quad \mathfrak{D}_{U V S_j} \Vdash C x_{UV} s_j x_{U V S_j}.$$

Dies ergibt mit 1) nach (T5) und (T3), wenn man berücksichtigt, daß $\mathfrak{D}_V \subset \mathfrak{D}_{V S_j}$ und $\mathfrak{D}_{UV} \subset \mathfrak{D}_{U V S_j}$:

2) $$\mathfrak{A}_{\mathfrak{T}} \cup \mathfrak{D}_{V S_j} \cup \mathfrak{D}_{U V S_j} \Vdash \left((C x_U x_V x_{UV} \wedge C x_V s_j x_{V S_j}) \wedge C x_{UV} s_j x_{U V S_j} \right).$$

Nach (T8) gilt $A2 \Vdash \left(((C xyz \wedge C yuv) \wedge C zuw) \rightarrow C xvw \right)$, woraus mit (T10) folgt

3) $$A2 \Vdash \left(((C x_U x_V x_{UV} \wedge C x_V s_j x_{V S_j}) \wedge C x_{UV} s_j x_{U V S_j}) \rightarrow C x_U x_{V S_j} x_{U V S_j} \right).$$

Aus 3) und 2) folgt (**) wegen (T6), womit der Hilfssatz bewiesen ist.

---

[1] Man beachte hierbei, daß

$$Sub \bigwedge_x C x x_{\square} x \; x \; x_U \bigwedge_x C x x_{\square} x \quad \text{und} \quad Sub\, C x x_{\square} x \; x \; x_U\, C x_U x_{\square} x_U.$$

Entsprechende Überlegungen müssen in allen späteren Anwendungen von (T10) angestellt werden.

Wir wenden uns nun dem Beweis dafür zu, daß sich aus $W' \rightarrow_{\mathfrak{T}} W''$ die Aussage $\mathfrak{A}_{\mathfrak{T}} \cup \mathfrak{D}_{W'} \cup \mathfrak{D}_{W''} \Vdash T x_{W'} x_{W''}$ ergibt. Es genügt offenbar, durch Induktion über n zu zeigen:

(†) *Wenn* $W_1 \Rightarrow_{\mathfrak{T}} W_2 \Rightarrow_{\mathfrak{T}} W_3 \Rightarrow_{\mathfrak{T}} \cdots \Rightarrow_{\mathfrak{T}} W_n$, *so* $\mathfrak{A}_{\mathfrak{T}} \cup \mathfrak{D}_{W_1} \cup \mathfrak{D}_{W_n} \Vdash T x_{W_1} x_{W_n}$.

Für $n=1$ müssen wir nachweisen, daß $\mathfrak{A}_{\mathfrak{T}} \cup \mathfrak{D}_{W_1} \Vdash T x_{W_1} x_{W_1}$. Nach (T8) ist $\bigwedge_x T x x \Vdash T x x$. Hieraus ergibt sich wegen (T10) $\bigwedge_x T x x \Vdash T x_{W_1} x_{W_1}$, womit wir wegen (T3) fertig sind, denn $\bigwedge_x T x x$ ist ein Element von $\mathfrak{A}_{\mathfrak{T}}$.

Zum Induktionsschritt nehmen wir an, daß (†) bewiesen sei. Wir nehmen weiter an, daß $W_1 \Rightarrow_{\mathfrak{T}} \cdots \Rightarrow_{\mathfrak{T}} W_n \Rightarrow_{\mathfrak{T}} W_{n+1}$, und haben zu zeigen, daß

(††) $$\mathfrak{A}_{\mathfrak{T}} \cup \mathfrak{D}_{W_1} \cup \mathfrak{D}_{W_{n+1}} \Vdash T x_{W_1} x_{W_{n+1}}.$$

Nach der Induktionsvoraussetzung haben wir

4) $$\mathfrak{A}_{\mathfrak{T}} \cup \mathfrak{D}_{W_1} \cup \mathfrak{D}_{W_n} \Vdash T x_{W_1} x_{W_n}.$$

$W_n \Rightarrow_{\mathfrak{T}} W_{n+1}$ bedeutet, daß es ein k, ein U und ein V gibt, so daß

5) $$W_n = U L_k V \quad \text{und} \quad W_{n+1} = U R_k V.$$

Mit Hilfe von (T 8) und (T 10) erhält man

6) $$A6_k \Vdash \big((((C x_U x_{L_k} x_{UL_k} \wedge C x_{UL_k} x_V x_{UL_kV}) \wedge C x_U x_{R_k} x_{UR_k}) \wedge C x_{UR_k} x_V x_{UR_kV}) \rightarrow T x_{UL_kV} x_{UR_kV} \big).$$

Nun wenden wir viermal den soeben bewiesenen Hilfssatz an:

$$\mathfrak{A}_{\mathfrak{T}} \cup \mathfrak{D}_{L_k} \cup \mathfrak{D}_{UL_k} \Vdash C x_U x_{L_k} x_{UL_k}$$
$$\mathfrak{A}_{\mathfrak{T}} \cup \mathfrak{D}_{V} \cup \mathfrak{D}_{UL_kV} \Vdash C x_{UL_k} x_V x_{UL_kV}$$
$$\mathfrak{A}_{\mathfrak{T}} \cup \mathfrak{D}_{R_k} \cup \mathfrak{D}_{UR_k} \Vdash C x_U x_{R_k} x_{UR_k}$$
$$\mathfrak{A}_{\mathfrak{T}} \cup \mathfrak{D}_{V} \cup \mathfrak{D}_{UR_kV} \Vdash C x_{UR_k} x_V x_{UR_kV}.$$

Nun beachte man, daß $\mathfrak{D}_{UL_k} \subset \mathfrak{D}_{UL_kV}$, $\mathfrak{D}_{UR_k} \subset \mathfrak{D}_{UR_kV}$, $\mathfrak{D}_{L_k} \subset \mathfrak{A}_{\mathfrak{T}}$ und $\mathfrak{D}_{R_k} \subset \mathfrak{A}_{\mathfrak{T}}$. Hieraus erhält man mit (T5)

$$\mathfrak{A}_{\mathfrak{T}} \cup \mathfrak{D}_{UL_kV} \cup \mathfrak{D}_{UR_kV} \cup \mathfrak{D}_V \Vdash \big(((C x_U x_{L_k} x_{UL_k} \wedge C x_{UL_k} x_V x_{UL_kV}) \wedge C x_U x_{R_k} x_{UR_k}) \wedge C x_{UR_k} x_V x_{UR_kV} \big).$$

Nun hat man mit 6) wegen (T6), wenn man W_n und W_{n+1} nach 5) einführt:

$$\mathfrak{A}_{\mathfrak{T}} \cup \mathfrak{D}_{W_n} \cup \mathfrak{D}_{W_{n+1}} \cup \mathfrak{D}_V \Vdash T x_{W_n} x_{W_{n+1}},$$

und jetzt mit 4) wegen (T5)

7) $$\mathfrak{A}_{\mathfrak{T}} \cup \mathfrak{D}_{W_1} \cup \mathfrak{D}_{W_{n+1}} \cup \mathfrak{D}_{W_n} \cup \mathfrak{D}_V \Vdash (T x_{W_1} x_{W_n} \wedge T x_{W_n} x_{W_{n+1}}).$$

Weiterhin gewinnen wir mit (T8), (T4) und (T10)

$$A5 \Vdash ((Tx_{W_1}x_{W_n} \wedge Tx_{W_n}x_{W_{n+1}}) \rightarrow Tx_{W_1}x_{W_{n+1}}),$$

und nun mit 7) wegen (T6)

$$\mathfrak{A}_{\mathfrak{T}} \cup \mathfrak{D}_{W_1} \cup \mathfrak{D}_{W_{n+1}} \cup \mathfrak{D}_{W_n} \cup \mathfrak{D}_V \Vdash Tx_{W_1}x_{W_{n+1}}.$$

Wir wollen die Elemente von $\mathfrak{D}_{W_n} \cup \mathfrak{D}_V$, welche nicht schon Elemente von $\mathfrak{A}_{\mathfrak{T}} \cup \mathfrak{D}_{W_1} \cup \mathfrak{D}_{W_{n+1}}$ sind, zu einer Menge $\mathfrak{D}$ zusammenfassen. Wir können dann schreiben

8) $$\mathfrak{A}_{\mathfrak{T}} \cup \mathfrak{D}_{W_1} \cup \mathfrak{D}_{W_{n+1}} \cup \mathfrak{D} \Vdash Tx_{W_1}x_{W_{n+1}}$$

und haben damit unser Ziel (††) nahezu erreicht. Wir müssen nur noch $\mathfrak{D}$ beseitigen. Jedes Element von $\mathfrak{D}$ ist nach Nr. 2 von der Form $Cx_U s_j x_{Us_j}$. Wir betrachten ein solches Element δ von $\mathfrak{D}$, in welchem U eine maximale Länge besitzt, verglichen mit den anderen Elementen von $\mathfrak{D}$. $\mathfrak{D}'$ sei die Menge der von $\delta = Cx_U s_j x_{Us_j}$ verschiedenen Elemente von $\mathfrak{D}$.

Wir haben also

9) $$\mathfrak{A}_{\mathfrak{T}} \cup \mathfrak{D}_{W_1} \cup \mathfrak{D}_{W_{n+1}} \cup \mathfrak{D}' \cup \{Cx_U s_j x_{Us_j}\} \Vdash Tx_{W_1}x_{W_{n+1}}.$$

Wir wollen zeigen, daß die Variable x_{Us_j} in keiner in 9) auftretenden Formel frei vorkommt, abgesehen natürlich von $\delta = Cx_U s_j x_{Us_j}$. Dazu genügt es offenbar nachzuweisen, daß x_{Us_j} in keiner von δ verschiedenen Formel in 9) überhaupt vorkommt.

Dies ist zunächst klar für die Elemente von $\mathfrak{D}'$, weil U mit maximaler Länge gewählt war.

Käme x_{Us_j} in einem Element von $\mathfrak{D}_{W_1}$ vor, so wäre nach der *Bemerkung* in Nr. 2 die Formel δ ein Element von $\mathfrak{D}_{W_1}$, entgegen der Konstruktion von $\mathfrak{D}$. Ebenso sieht man, daß x_{Us_j} in keinem Element von $\mathfrak{D}_{W_{n+1}}$ vorkommt, und auch nicht in einem Element von $\mathfrak{D}_{L_k}$ oder $\mathfrak{D}_{R_k}$ aus $\mathfrak{A}_{\mathfrak{T}}$. Betrachten wir die anderen Elemente von $\mathfrak{A}_{\mathfrak{T}}$. A1, A2, A4 und A5 enthalten überhaupt keine Variable der Form x_W, A3 enthält nur $x_\square$, was sicher von x_{Us_j} verschieden ist. A6_k enthält die Variablen x_{L_k} und x_{R_k}. Diese Variablen kommen aber auch in $\mathfrak{D}_{L_k}$ und $\mathfrak{D}_{R_k}$ vor, sind also von x_{Us_j} verschieden, wie wir soeben gesehen haben. Endlich treten in $Tx_{W_1}x_{W_{n+1}}$ die Variablen x_{W_1} und $x_{W_{n+1}}$ auf. Diese kommen aber auch in $\mathfrak{D}_{W_1}$ und $\mathfrak{D}_{W_{n+1}}$ vor und sind also von x_{Us_j} verschieden.

Nun wollen wir in allen Formeln, welche in 9) vorkommen, für die Variable x_{Us_j} die Variable z substituieren. Dann bleiben alle von δ verschiedenen Formeln unverändert, und wir erhalten mit Hilfe von (T10)

$$\mathfrak{A}_{\mathfrak{T}} \cup \mathfrak{D}_{W_1} \cup \mathfrak{D}_{W_{n+1}} \cup \mathfrak{D}' \cup \{Cx_U s_j z\} \Vdash Tx_{W_1}x_{W_{n+1}}.$$

Man überzeugt sich jetzt unmittelbar davon, daß hier z nur in der Formel $Cx_u s_j z$ frei vorkommt. Wir können also (T9) anwenden und übergehen zu

$$\mathfrak{A}_{\mathfrak{T}} \cup \mathfrak{D}_{W_1} \cup \mathfrak{D}_{W_{n+1}} \cup \mathfrak{D}' \cup \{\bigvee_z Cx_U s_j z\} \Vdash Tx_{W_1} x_{W_{n+1}}$$

und hiervon mit (T7) zu

10) $$\mathfrak{A}_{\mathfrak{T}} \cup \mathfrak{D}_{W_1} \cup \mathfrak{D}_{W_{n+1}} \cup \mathfrak{D}' \Vdash (\bigvee_z Cx_U s_j z \rightarrow Tx_{W_1} x_{W_{n+1}}).$$

Schließlich erhalten wir mit Hilfe von (T8), (T4) und (T10) $A1 \Vdash \bigvee_z Cx_U s_j z$, und damit zusammen mit 10) wegen (T6)

11) $$\mathfrak{A}_{\mathfrak{T}} \cup \mathfrak{D}_{W_1} \cup \mathfrak{D}_{W_{n+1}} \cup \mathfrak{D}' \Vdash Tx_{W_1} x_{W_{n+1}}.$$

Mit derselben Methode, mit der wir *ein* Element von $\mathfrak{D}$ beseitigt haben, läßt sich jetzt offenbar auch ein geeignetes Element von $\mathfrak{D}'$ entfernen, usf., so daß man schließlich zu (††) kommt.

Literatur

Church, A.: A Note on the Entscheidungsproblem. J. symbolic Logic **1**, 40–41 (1936); Correction ibid. S. 101–102.

Kalmár, L.: Ein direkter Beweis für die allgemein-rekursive Unlösbarkeit des Entscheidungsproblems des Prädikatenkalküls der ersten Stufe mit Identität. Z. math. Logik **2**, 1–14 (1956).

Trachténbrot, B. A.: Über die algorithmische Unlösbarkeit des Entscheidungsproblems für endliche Individuenbereiche [russ.]. Dokl. Akad. Nauk SSSR. **70**, 569–572 (1950). (Zeigt, daß es keinen Algorithmus gibt, mit dessen Hilfe man entscheiden kann, ob eine beliebige vorgelegte Formel der Prädikatenlogik in beliebigen endlichen Individuenbereichen gilt oder nicht.)

Für spezielle Klassen von Formeln der Prädikatenlogik gibt es Algorithmen, mit deren Hilfe man entscheiden kann, ob irgendeine Formel dieser Klasse allgemeingültig ist oder nicht. Man vergleiche hierzu

Ackermann, W.: Solvable Cases of the Decision Problem. Amsterdam: North-Holland Publishing Company 1954.

Für andere spezielle Klassen von Formeln der Prädikatenlogik kann man jedoch zeigen, daß es keinen derartigen Algorithmus gibt, dadurch daß man das (unlösbare) Entscheidungsproblem der gesamten Prädikatenlogik auf das Entscheidungsproblem für diese Klasse reduziert. Dazu sehe man

Surányi, J.: Reduktionstheorie des Entscheidungsproblems im Prädikatenkalkül der ersten Stufe. Budapest-Berlin: Ungarische Akademie der Wissenschaften-VEB Deutscher Verlag der Wissenschaften 1959.

§ 26. Die Unvollständigkeit der Prädikatenlogik der zweiten Stufe

Es soll gezeigt werden, daß für die Logik der zweiten Stufe, deren Aufbau wir in Nr. 1 skizzieren, kein Algorithmus existiert, mit dessen Hilfe man genau die allgemeingültigen Formeln dieser Logik ableiten kann. Für die gewöhnliche Prädikatenlogik, die auch Prädikatenlogik der ersten Stufe heißt, existiert ein derartiger Algorithmus, d.h. die Prädikatenlogik der ersten Stufe ist *vollständig* (vgl. die Einleitung zu § 24). Man sagt daher, daß die Prädikatenlogik der zweiten Stufe *unvollständig* ist. (Dasselbe gilt für die Prädikatenlogiken höherer Stufen, die man nach dem Muster der Prädikatenlogik der zweiten Stufe definieren kann.)

Die Unvollständigkeit der Prädikatenlogik der zweiten Stufe wurde zuerst 1931 von GÖDEL bewiesen. Wir führen hier den Beweis durch Reduktion auf die im letzten Paragraphen bewiesene Unentscheidbarkeit der gewöhnlichen Prädikatenlogik (nach einer Idee von HASENJAEGER).

1. Aufbau der Prädikatenlogik der zweiten Stufe. In dem Formalismus der Prädikatenlogik, den wir zu Beginn von § 24 entwickelt haben, durften nur Individuenvariablen *(Variablen erster Stufe)* ξ mit Hilfe von $\bigwedge_{\xi}$ quantifiziert werden, aber nicht die Prädikatenvariablen *(Variablen zweiter Stufe)*. Deshalb nennt man die Prädikatenlogik auch *Prädikatenlogik erster Stufe* im Gegensatz zur *Prädikatenlogik der zweiten Stufe*, in der auch Prädikatenvariablen π mit Hilfe von $\bigwedge_{\pi}$ quantifiziert werden dürfen. Darüber hinaus könnte man in der Prädikatenlogik zweiter Stufe eine neue Sorte von Variablen einführen, die Prädikatenvariablen der zweiten Stufe, welche jedoch nicht quantifiziert werden dürfen. Wir wollen hier jedoch der Einfachheit halber eine Sprache betrachten, in der solche Prädikatenvariablen zweiter Stufe nicht auftreten. Das Hauptergebnis gilt mit demselben Beweis auch für die volle Prädikatenlogik der zweiten Stufe.

Wir wollen den Aufbau des hier betrachteten Teils der Prädikatenlogik der zweiten Stufe kurz skizzieren. Dabei beziehen wir uns auf den Aufbau der gewöhnlichen Prädikatenlogik, wie er in § 24 gegeben wurde. Zur Konstruktion der Formeln wird als weitere Möglichkeit der Übergang von α zu $\bigwedge\pi\alpha$ erlaubt, wobei π eine Prädikatenvariable ist. Statt $\bigwedge\pi\alpha$ schreiben wir $\bigwedge_{\pi}\alpha$, statt $\neg\bigwedge_{\pi}\neg\alpha$ kürzer $\bigvee_{\pi}\alpha$. Die semantische Beziehung α *gilt bei* $\mathfrak{J}$ der gewöhnlichen Prädikatenlogik (§ 24.2) wird auf die Prädikatenlogik der zweiten Stufe ausgedehnt mit der zusätzlichen Definition:

(d') $\bigwedge_{\pi}\alpha$ *gilt bei* $\mathfrak{J}$ genau dann, wenn α bei jedem $\mathfrak{J}'$ gilt, wobei $\mathfrak{J}$ und $\mathfrak{J}'$ Interpretationen über demselben Individuenbereich sind, und $\mathfrak{J}'$ sich von $\mathfrak{J}$ höchstens für das Argument π unterscheidet.

Die Aussagen § 24.2(e) und (f) lassen sich offenbar auch auf die Prädikatenlogik der zweiten Stufe übertragen. Die Definitionen 2 und 3 aus § 24.2 werden übernommen. Wir wollen jedoch das Symbol $\Vdash_{\text{II}}$ verwenden, um anzudeuten, daß wir es mit Formeln der Logik zweiter Stufe zu tun haben. $\Vdash_{\mathrm{I}}$ ist mit $\Vdash$ gleichbedeutend. Für eine Formel α der Logik erster Stufe (die natürlich auch eine Formel der Logik zweiter Stufe ist) gilt $\Vdash_{\mathrm{I}}\alpha$ genau dann, wenn $\Vdash_{\mathrm{II}}\alpha$ gilt.

2. Bemerkungen über Interpretationen in der Prädikatenlogik der ersten und zweiten Stufe. Wir können in sinngemäßer Übertragung von Definition 4 aus § 24.4 davon sprechen, daß eine *Prädikatenvariable* π in einem Ausdruck α *frei* vorkommt. Lemma 1 aus § 24.4 läßt sich auch für den Fall einer Prädikatenvariablen beweisen; das hierzu verwendete Verfahren zeigt sogar, daß ein Ausdruck α gleichzeitig gilt bzw. nicht gilt für zwei Interpretationen $\mathfrak{J}_1$ und $\mathfrak{J}_2$ über demselben Individuenbereich, welche übereinstimmen für alle in α frei vorkommenden Individuen- und Prädikatenvariablen. Es gibt in der Logik zweiter Stufe (im Gegensatz zur ersten Stufe) Formeln ohne freie Variablen. Für solche Formeln hat man nach den vorangehenden Bemerkungen:

(1) Ist α eine Formel der Logik zweiter Stufe ohne freie Variablen, und ist ω ein beliebiger (nichtleerer) Individuenbereich, so gilt α entweder bei *allen* Interpretationen über ω, oder α gilt bei *keiner* Interpretation über ω.

Wir führen v (griechisches Ypsilon) ein als Abkürzung für

$$\bigvee_R \Big(\bigwedge_x \bigvee_y Rxy \wedge \bigwedge_x \bigwedge_y \bigwedge_z ((Rxy \wedge Ryz) \rightarrow Rxz) \wedge \bigwedge_x \neg Rxx\Big).$$

Die Gültigkeit von v in einem Individuenbereich ω besagt, daß ω unendlich ist, denn es gilt, wie man leicht erkennt:

(2) v gilt bei keiner Interpretation über einem endlichen Individuenbereich. v gilt bei jeder Interpretation über einem unendlichen Individuenbereich, insbesondere über dem Individuenbereich der natürlichen Zahlen.

Wir benutzen für die folgenden Betrachtungen noch zwei Bemerkungen über die Prädikatenlogik der ersten Stufe, welche wir hier ohne Beweis angeben wollen[1].

(3) α sei eine Formel der Prädikatenlogik der ersten Stufe. Gilt α bei einer Interpretation über einem Individuenbereich ω_1 und ist ω_2 ein Individuenbereich, dessen Kardinalzahl nicht kleiner ist als die von ω_1, so gibt es auch eine Interpretation über ω_2, bei der α gilt.

(4) α sei eine Formel der Prädikatenlogik der ersten Stufe. Gilt α bei einer Interpretation über irgendeinem Individuenbereich, so gibt es eine Interpretation über dem Individuenbereich der natürlichen Zahlen, bei der α gilt *(Satz von Löwenheim und Skolem)*.

---

[1] Man vergleiche z.B. SCHOLZ-HASENJAEGER (s. Literaturverzeichnis zu § 24), S. 199 bzw. 207.

Sei nun α eine Formel der Prädikatenlogik der ersten Stufe. $\xi_1, \ldots, \xi_r$, $\pi_1, \ldots, \pi_s$ seien die in α frei vorkommenden Variablen in einer irgendwie vorgeschriebenen normierten Reihenfolge, bei der die Prädikatenvariablen zuletzt kommen. Es kann sein, daß keine Individuenvariable in α frei vorkommt, sicher kommt aber wenigstens eine Prädikatenvariable in α frei vor. Dann nennt man den Ausdruck

$$\bigvee_{\xi_1} \ldots \bigvee_{\xi_r} \bigvee_{\pi_1} \ldots \bigvee_{\pi_s} \alpha$$

die Partikularisierung von α. *Zur Abkürzung schreiben wir hierfür* $\bigvee\alpha$. $\bigvee\alpha$ ist eine Formel der Logik zweiter Stufe ohne freie Variable. Man beachte, daß in $\bigvee\alpha$ die letzte quantifizierte Prädikatenvariable unmittelbar vor α steht. Damit verifiziert man leicht:

(5) Für jede Formel β der Logik *zweiter* Stufe läßt sich entscheiden, ob β die Partikularisierung $\bigvee\alpha$ einer Formel α erster Stufe ist. Wenn dies der Fall ist, ist α eindeutig festgelegt und aus β effektiv herstellbar.

3. Zusammenhang zwischen $\Vdash_{\mathrm{I}}$ *und* $\Vdash_{\mathrm{II}}$.

Satz: Ist α eine Formel der Logik erster Stufe, so gilt

$$\textit{nicht} \Vdash_{\mathrm{I}}\alpha \textit{ genau dann, wenn } \Vdash_{\mathrm{II}}(v \to \bigvee\neg\alpha).$$

Zum *Beweis* zeigen wir:

(*) $\Vdash_{\mathrm{I}}\alpha$ und $\Vdash_{\mathrm{II}}(v \to \bigvee\neg\alpha)$ widersprechen sich. Sei nämlich $\mathfrak{J}$ eine beliebige Interpretation über dem Individuenbereich der natürlichen Zahlen. Wegen $\Vdash_{\mathrm{II}}(v \to \bigvee\neg\alpha)$ gilt $(v \to \bigvee\neg\alpha)$, d.h. $\neg(v \wedge \neg\bigvee\neg\alpha)$ bei $\mathfrak{J}$. Daher gilt $(v \wedge \neg\bigvee\neg\alpha)$ nicht bei $\mathfrak{J}$. Da v nach (2) bei $\mathfrak{J}$ gilt, kann $\neg\bigvee\neg\alpha$ nicht bei $\mathfrak{J}$ gelten. $\bigvee\neg\alpha$ gilt also bei $\mathfrak{J}$. Hieraus folgt (vgl. § 24.2 (f); das Analogon gilt auch für Prädikatenvariablen), daß es eine Interpretation $\mathfrak{J}'$ über dem Bereich der natürlichen Zahlen gibt, bei der $\neg\alpha$ gilt, also α nicht gilt. Dies steht aber im Widerspruch zu $\Vdash_{\mathrm{I}}\alpha$.

(**) *Nicht* $\Vdash_{\mathrm{I}}\alpha$ und *nicht* $\Vdash_{\mathrm{II}}(v \to \bigvee\neg\alpha)$ widersprechen sich. Dazu gehen wir aus von *nicht* $\Vdash_{\mathrm{II}}(v \to \bigvee\neg\alpha)$. Es gibt also eine Interpretation $\mathfrak{J}_2$ über einem Individuenbereich ω_2, bei der $(v \to \bigvee\neg\alpha)$, d.h. $\neg(v \wedge \neg\bigvee\neg\alpha)$ nicht gilt, d.h. $(v \wedge \neg\bigvee\neg\alpha)$ gilt. Es gelten also v und $\neg\bigvee\neg\alpha$. Da v bei $\mathfrak{J}_2$ gilt, so muß ω_2 nach (2) unendlich sein. Da $\neg\bigvee\neg\alpha$ keine freie Variable enthält, gilt nach (1) $\neg\bigvee\neg\alpha$ bei *jeder* Interpretation über ω_2.

Weiterhin schließen wir aus *nicht* $\Vdash_{\mathrm{I}}\alpha$, daß es eine Interpretation $\mathfrak{J}_1$ über einem Individuenbereich ω_1 gibt, bei der α nicht gilt, also $\neg\alpha$ gilt. Hieraus folgt mit (4), daß es eine Interpretation über dem Individuenbereich der natürlichen Zahlen gibt, bei der $\neg\alpha$ gilt. Der Individuenbereich der natürlichen Zahlen hat die kleinste unendliche Kardinalzahl. ω_2 ist unendlich. Man kann nun mit (3) folgern, daß es eine Interpretation $\mathfrak{J}_2^*$ über dem Individuenbereich ω_2 gibt, bei der $\neg\alpha$ gilt.

Bei $\mathfrak{I}_2^*$ gilt dann auch $\bigvee\neg\alpha$ (vgl. § 24.2(f)). Hieraus folgt, daß $\neg\bigvee\neg\alpha$ bei $\mathfrak{I}_2^*$ nicht gilt, im Widerspruch dazu, daß $\neg\bigvee\neg\alpha$ bei jeder Interpretation über ω_2 gilt.

4. Unvollständigkeitsbeweis. Nun läßt sich leicht die Unvollständigkeit der Logik zweiter Stufe erschließen. Diese besagt, daß es keinen Algorithmus gibt, mit dessen Hilfe man genau die allgemeingültigen Formeln der Logik der zweiten Stufe gewinnen kann; m.a.W., daß die Menge der allgemeingültigen Formeln der Logik zweiter Stufe nicht aufzählbar ist.

Wir führen den Beweis indirekt und nehmen an, daß die Menge der allgemeingültigen Formeln der Logik zweiter Stufe aufzählbar sei. Es gibt also eine berechenbare Folge $\beta_0, \beta_1, \beta_2, \beta_3, \ldots$ von allgemeingültigen Formeln der Logik zweiter Stufe, in der jede allgemeingültige Formel vorkommt. Unter Verwendung von (5) kann man für jede Formel β_i dieser Folge effektiv feststellen, ob sie die Form $(\upsilon \rightarrow \gamma)$ hat, wobei γ die Partikularisierung einer Formel $\neg\,\alpha$ erster Stufe ist, und $\neg\,\alpha$ läßt sich, wenn dies der Fall ist, effektiv herstellen. Man gewinnt so eine Folge $\alpha_0, \alpha_1, \alpha_2, \ldots$ von Formeln erster Stufe. Aus dem letzten Satz folgt nun, daß die Folge $\alpha_0, \alpha_1, \alpha_2, \ldots$ die Menge der *nicht* allgemeingültigen Formeln erster Stufe durchläuft. Diese Menge wäre also aufzählbar. Da aber andererseits die Menge der allgemeingültigen Formeln erster Stufe auf Grund des Gödelschen Vollständigkeitssatzes (vgl. die Einleitung zu § 24) aufzählbar ist, wäre diese Menge nach § 2.4 (f) entscheidbar. Dies widerspricht aber der Unentscheidbarkeit der Logik erster Stufe, wie wir in § 25.1 ausgeführt haben. Damit haben wir den

Satz (*Gödel* 1931): *Die Logik zweiter Stufe ist unvollständig, d.h. es gibt keinen Algorithmus, mit dessen Hilfe man genau die allgemeingültigen Formeln der Logik zweiter Stufe gewinnen kann.*

Literatur

Gödel, K.: Über formal unentscheidbare Sätze der Principia Mathematica und verwandter Systeme. I. Mh. Math. Phys. **38**, 173—198 (1931).

§ 27. Die Unentscheidbarkeit und die Unvollständigkeit der Arithmetik

Mit Hilfe von Symbolen $+$ für die Addition und $\cdot$ für die Multiplikation kann man die *arithmetischen Ausdrücke* einführen (Nr. 1). Die arithmetischen Ausdrücke (wir werden diese in § 29 eingehender untersuchen) enthalten im allgemeinen freie Variablen für natürliche Zahlen. Die arithmetischen Ausdrücke *ohne* freie Variablen heißen *arithmetische Aussagen.* Arithmetische Aussagen sind wahr oder falsch. Wir zeigen in diesem Paragraphen den

Satz (Unvollständigkeit der Arithmetik): Es gibt keinen Algorithmus, mit dessen Hilfe man genau alle wahren arithmetischen Aussagen ableiten kann[1].

Hieraus erhält man sofort als

Korollar (Unentscheidbarkeit der Arithmetik): Es gibt keinen Algorithmus, mit dessen Hilfe man für jede arithmetische Aussage in endlich vielen Schritten entscheiden kann, ob sie wahr ist oder falsch.

Der Beweis des obigen Satzes verläuft nach dem folgenden Gedankengang: Wir werden in § 28, wo wir die *aufzählbaren* Prädikate zusammenfassend behandeln werden, in Nr. 3 ein zweistelliges primitiv-rekursives Prädikat P_1 angeben, derart daß das einstellige Prädikat P, welches dadurch definiert ist, daß für alle x

$$Px \leftrightarrow \bigwedge_y P_1 xy,$$

nicht aufzählbar ist.

Wir zeigen in Lemma 3 (Nr. 2 u. 3), daß man zu jeder primitiv-rekursiven Funktion f, welche mittels Einsetzungen und Induktionen auf die Ausgangsfunktionen zurückgeführt ist, effektiv einen arithmetischen Ausdruck α_f finden kann, der das durch die Beziehung $f(x_1, \ldots, x_n) = y$ gegebene Prädikat „definiert" (vgl. Nr. 1, Definition 2). Damit beweisen wir in Lemma 4 (Nr. 2), daß man zu dem Prädikat P und jeder Zahl r eine arithmetische Aussage α_r effektiv finden kann, derart daß Pr *genau dann, wenn* α_r wahr ist. Gäbe es nun einen Algorithmus, mit dessen Hilfe man genau die wahren arithmetischen Aussagen herleiten könnte, so könnte man diesen Algorithmus dazu verwenden, um alle wahren Aussagen unter den α_r aufzuzählen. Damit hätte man auch eine Aufzählung aller r, auf welche das Prädikat P zutrifft, im Widerspruch zu der Nichtaufzählbarkeit von P.

Wir definieren hier die arithmetischen Aussagen durch Bezugnahme auf die natürlichen Zahlen, also semantisch. Die Semantik ist in moderner Form aufgebaut worden von Tarski (1935). In seiner Abhandlung (vgl. die unten angegebene Literatur) zeigt Tarski, daß der Begriff der arithmetisch wahren Aussage nicht in der Arithmetik definierbar ist, woraus sich die Unentscheidbarkeit der Arithmetik ergibt.

Statt von semantischen Vorstellungen auszugehen, kann man aber auch von einem Axiomensystem A_0 für die natürlichen Zahlen ausgehen, z.B. von dem Peanoschen Axiomensystem, zu welchem als weitere Axiome die Gleichungen hinzugenommen werden, die man herkömmlicherweise zur Definition der Addition und der Multiplikation verwendet (s. § 10.4). Dabei sei das Peanosche Induktionsaxiom, in welchem von beliebigen Eigenschaften die Rede ist, aufgelöst in ein *Schema*,

[1] Zur Bezeichnung „Unvollständigkeit" vgl. die entsprechende Bemerkung für die Prädikatenlogik der zweiten Stufe (§ 26).

welches für jede durch einen arithmetischen Ausdruck definierte Eigenschaft den Induktionsschluß erlaubt. Man kann nun die Menge A derjenigen Aussagen betrachten, welche sich aus A_0 herleiten lassen mit Hilfe der Schlußregeln der Prädikatenlogik (vermehrt um naheliegende Regeln bezüglich des Umgangs mit Funktionssymbolen). Die Menge A ist auf Grund ihrer Definition aufzählbar. GÖDEL hat unter Verwendung einer Schlußweise, die der Antinomie des Lügners nachgebildet ist, 1931 gezeigt, daß es zu jedem solchen Axiomensystem A_0 (unter Voraussetzung der sog. ω-Widerspruchsfreiheit) eine arithmetische Aussage α gibt, derart, daß weder α noch $\neg\alpha$ aus A_0 herleitbar sind. ROSSER hat 1936 bewiesen, daß man die Voraussetzung der ω-Widerspruchsfreiheit ersetzen kann durch die einfache Forderung, daß A widerspruchsfrei sein soll, d.h., daß A nicht mit der Menge aller arithmetischen Aussagen zusammenfällt. Von den Aussagen α, $\neg\alpha$ ist bei semantischer Auffassung wenigstens eine wahr, und diese wahre Aussage kann demnach nicht aus A hergeleitet werden. CHURCH hat 1936 für das oben genannte Axiomensystem A_0 bewiesen, daß die (aufzählbare) Menge A der aus A_0 herleitbaren Aussagen nicht entscheidbar ist. Diese Aussage der Nicht-Entscheidbarkeit der Arithmetik ist wohl zu unterscheiden von der Behauptung des zu Beginn erwähnten Korollars, da A nicht mit der Menge aller arithmetischen wahren Aussagen zusammenfällt. ROSSER hat darüber hinaus bewiesen, daß nicht nur A, sondern jede widerspruchsfreie „Obertheorie" von A unentscheidbar ist, eine Eigenschaft, welche von TARSKI *wesentliche Unentscheidbarkeit* von A genannt worden ist. Man hat die Eigenschaft der wesentlichen Unentscheidbarkeit inzwischen für merklich schwächere Axiomensysteme zeigen können. Auf diese Resultate soll hier nicht eingegangen werden. Es sei verwiesen auf das Buch von TARSKI-MOSTOWSKI-ROBINSON, in welchem auch noch die wesentliche Unentscheidbarkeit anderer Theorien behandelt wird.

1. Arithmetische Ausdrücke, Aussagen und Prädikate. Die arithmetischen Aussagen sind spezielle arithmetische Ausdrücke. Die arithmetischen Ausdrücke werden aufgebaut aus (Individuen-)Variablen $x_1, x_2, x_3, \ldots$ für natürliche Zahlen, den Symbolen $+$, $\cdot$ für Addition und Multiplikation, dem Gleichheitszeichen $=$, den aussagenlogischen Symbolen $\neg, \wedge$, dem prädikatenlogischen Operator $\bigwedge$ und Klammern (,). Der Aufbau hat viel Gemeinsames mit dem Aufbau der Prädikatenlogik (§ 24). Für Klammerersparungsregeln und die Verwendung der Abkürzungen $\rightarrow, \bigvee$ verweisen wir auf § 11.1, Anmerkung, sowie auf § 24.1. Zusätzlich verwenden wir die Abkürzung $\alpha_1 \wedge \cdots \wedge \alpha_n$ für $(\ldots(\alpha_1 \wedge \alpha_2) \ldots \wedge \alpha_n)$.

Zunächst führen wir die *arithmetischen Terme* ein: Jede Variable ist ein Term. Sind t_1 und t_2 Terme, so sind auch $(t_1 + t_2)$ und $(t_1 \cdot t_2)$ Terme. Unnötige Außenklammern lassen wir oft fort.

Die *arithmetischen Ausdrücke* werden induktiv folgendermaßen definiert: Sind t_1 und t_2 arithmetische Terme, so ist $t_1 = t_2$ ein arithmetischer Ausdruck. Sind α, β arithmetische Ausdrücke und ist ξ eine Variable, so sind $\neg\alpha$, $(\alpha \wedge \beta)$, $\bigwedge_{\xi}\alpha$ arithmetische Ausdrücke.

Wir schreiben wie üblich $t_1 t_2$ an Stelle von $t_1 \cdot t_2$ und verwenden die bekannten Abkürzungen $\xi \neq \eta$ für $\neg\xi = \eta$, $\xi \leqq \eta$ für $\bigvee_{\zeta}\xi + \zeta = \eta$ (dabei sei um der Eindeutigkeit willen ζ die erste auf ξ und η folgende Variable), $\xi < \eta$ für $\xi \leqq \eta \wedge \xi \neq \eta$.

Daß eine Variable x *frei* in einem arithmetischen Ausdruck vorkommt, wird definiert analog der Definition in § 24.4. Ein arithmetischer Ausdruck heißt eine *arithmetische Aussage*, wenn er keine freie Variable enthält.

Die Variablen haben eine *natürliche Reihenfolge*, welche durch die Reihenfolge ihrer Indizes gegeben wird. Wir verwenden die Bezeichnungsweise $\alpha(\xi_1, \ldots, \xi_n)$, um anzudeuten, daß α ein Ausdruck ist, der genau die Variablen $\xi_1, \ldots, \xi_n$ als freie Variablen enthält, wobei die $\xi_1, \ldots, \xi_n$ in ihrer natürlichen Reihenfolge aufgezählt sind. Sind $\eta_1, \ldots, \eta_n$ Variablen, aufgezählt in ihrer natürlichen Reihenfolge, für welche gilt: $\eta_i \equiv \xi_i$ oder η_i kommt überhaupt nicht in α vor $(i = 1, \ldots, n)$, so gibt es genau einen Ausdruck β, für welchen gilt: (1) β entsteht aus α durch sukzessive Substitution von η_1 für ξ_1, von η_2 für $\xi_2, \ldots$, von η_n für ξ_n, und (2) α entsteht umgekehrt aus β durch sukzessive Substitution von ξ_1 für $\eta_1, \ldots$, von ξ_n für η_n. Diesen Ausdruck β wollen wir mit $\alpha(\eta_1, \ldots, \eta_n)$ bezeichnen.

Unter einer *Interpretation* $\mathfrak{I}$ verstehen wir eine Abbildung der *Variablen* auf natürliche Zahlen. Diese Abbildung läßt sich in natürlicher Weise auf die *Terme* fortsetzen durch die Festsetzungen, daß $\mathfrak{I}(t_1 + t_2)$ bzw. $\mathfrak{I}(t_1 t_2)$ gleich der Summe bzw. dem Produkt von $\mathfrak{I}(t_1)$ und $\mathfrak{I}(t_2)$ sein soll. Wir wollen sagen, daß eine *Gleichung* $t_1 = t_2$ *bei der Interpretation* $\mathfrak{I}$ *gilt*, wenn $\mathfrak{I}(t_1)$ dieselbe Zahl ist wie $\mathfrak{I}(t_2)$. Man kann nun für einen beliebigen arithmetischen *Ausdruck* α erklären, was es heißt, daß α *bei* $\mathfrak{I}$ *gilt*. Diese Definition stimmt überein mit § 24.2, Definition 1, (b), (c), (d)[1]. Die in § 24 auf Grund von Definition 1, (b), (c), (d) abgeleiteten Sätze gelten auch für die arithmetischen Ausdrücke. Wir werden uns ihrer bedienen, ohne sie immer explizit zu erwähnen. Insbesondere gilt Lemma 1 aus § 24.4. Daraus folgt, daß eine arithmetische *Aussage* α, welche ja keine freien Individuenvariablen enthält, entweder

[1] Man beachte, daß die arithmetischen Ausdrücke keine Prädikatenvariablen enthalten. Eine Interpretation der arithmetischen Ausdrücke bildet also im Gegensatz zu den Interpretationen der Formeln der Prädikatenlogik nur die Individuenvariablen ab. Ein weiterer Unterschied zur Prädikatenlogik ist der, daß $\mathfrak{I}(x)$ in der Prädikatenlogik ein Element eines *beliebigen* Individuenbereiches ω sein kann, während hier $\mathfrak{I}(x)$ stets eine *natürliche Zahl* ist.

bei jeder Interpretation gilt, oder bei keiner. Im ersten Falle wollen wir α *wahr*, und im zweiten Falle *falsch* nennen. Es ist z.B. die Aussage $\bigwedge_{x_1}\bigwedge_{x_2} x_1+x_2=x_2+x_1$ wahr, dagegen $\bigwedge_{x_1}\bigwedge_{x_2} x_1+x_2=x_1$ falsch.

Für jede natürliche Zahl n wollen wir $\xi=n$ als Abkürzung für einen arithmetischen Ausdruck verwenden, nämlich

$$\xi=0 \quad \text{für} \quad \xi+\xi=\xi$$

$$\xi=n' \quad \text{für} \quad \bigvee_{\eta}\bigvee_{\zeta}(\eta=n\wedge\neg\zeta=0\wedge\zeta\zeta=\zeta\wedge\xi=\eta+\zeta).$$

Dabei sei (um der Eindeutigkeit willen) η die auf ξ und ζ die auf η folgende Variable. Schließlich setzen wir

$$\xi+1=\eta \quad \text{für} \quad \bigvee_{\zeta}(\zeta=1\wedge\xi+\zeta=\eta).$$

Dabei sei ζ die erste Variable, die sowohl auf ξ als auch auf η folgt.

Null ist die einzige Zahl n, welche zu sich selbst addiert, wieder n ergibt. $\xi=0$ gilt also genau dann, wenn ξ durch 0 interpretiert wird. Null und Eins sind die einzigen Zahlen n, welche mit sich selbst multipliziert, wieder n ergeben. Nunmehr folgt allgemein, daß $\xi=n$ genau dann gilt, wenn ξ durch n interpretiert wird. $\xi+1=\eta$ gilt genau dann, wenn η durch den Nachfolger von ξ interpretiert wird.

Einem Ausdruck $\alpha(\xi_1,\ldots,\xi_n)$ werden wir ein n-stelliges Prädikat P_α zuordnen (zum Begriff des Prädikats vgl. §11.1) durch die

Definition 1: Für beliebige $r_1,\ldots,r_n$: $P_\alpha r_1\ldots r_n$ genau dann, wenn es eine Interpretation $\mathfrak{I}$ gibt, bei der α gilt, und für welche $\mathfrak{I}(\xi_1)=r_1$ und ... und $\mathfrak{I}(\xi_n)=r_n$.

Definition 2: α definiere das Prädikat P genau dann, wenn $P=P_\alpha$.

Definition 3: Ein *Prädikat P heiße arithmetisch,* wenn es einen arithmetischen Ausdruck α gibt, mit $P=P_\alpha$.

Wir zeigen das

Lemma 1: $\alpha(\xi_1,\ldots,\xi_n)$ definiert das Prädikat P genau dann, wenn man für jede Interpretation $\mathfrak{I}$ hat:

α gilt bei $\mathfrak{I}$ genau dann, wenn $P\mathfrak{I}(\xi_1)\ldots\mathfrak{I}(\xi_n)$.

Beweis: Wir gehen davon aus, daß α das Prädikat P definiert. Dies bedeutet nach Definition 2, daß $P=P_\alpha$, d.h., daß für alle $r_1,\ldots,r_n$: $Pr_1\ldots r_n$ genau dann, wenn $P_\alpha r_1\ldots r_n$. Dafür kann man auch sagen, daß für alle Interpretationen $\mathfrak{I}$: $P\mathfrak{I}(\xi_1)\ldots\mathfrak{I}(\xi_n)$ genau dann, wenn $P_\alpha\mathfrak{I}(\xi_1)\ldots\mathfrak{I}(\xi_n)$. Nach Definition 1 besagt $P_\alpha\mathfrak{I}(\xi_1)\ldots\mathfrak{I}(\xi_n)$, daß es eine Interpretation $\mathfrak{I}'$ gibt, bei der α gilt, und für welche $\mathfrak{I}'(\xi_1)=\mathfrak{I}(\xi_1)$ und ... und $\mathfrak{I}'(\xi_n)=\mathfrak{I}(\xi_n)$. Es gibt eine solche Interpretation $\mathfrak{I}'$ aber genau dann, wenn α bei $\mathfrak{I}$ gilt: Daß in diesem Falle α bei $\mathfrak{I}$ gilt, folgt aus

Lemma 1 von § 24.4; wenn umgekehrt α bei $\mathfrak{J}$ gilt, so kann man $\mathfrak{J}'=\mathfrak{J}$ setzen. Damit haben wir bewiesen, daß α das Prädikat P genau dann definiert, wenn für jede Interpretation $\mathfrak{J}$: $P\mathfrak{J}(\xi_1)\ldots\mathfrak{J}(\xi_n)$ genau dann, wenn α bei $\mathfrak{J}$ gilt, w.z.b.w.

Lemma 2: $\alpha(\xi_1, \ldots, \xi_n)$ und $\alpha(\eta_1, \ldots, \eta_n)$ definieren dieselben Prädikate.

Beweis: Wir gehen aus von beliebigen $r_1, \ldots, r_n$ und nehmen an, daß $P_{\alpha(\xi_1,\ldots,\xi_n)} r_1 \ldots r_n$. Es gibt nach Definition 1 eine Interpretation $\mathfrak{J}$, bei der α gilt, und für welche $\mathfrak{J}(\xi_1)=r_1, \ldots, \mathfrak{J}(\xi_n)=r_n$. Nun definiere man eine Interpretation $\mathfrak{J}'$ durch die Festsetzungen[1]:

$$\mathfrak{J}' \underset{\eta_1,\ldots,\eta_n}{=} \mathfrak{J}, \quad \mathfrak{J}'(\eta_1)=\mathfrak{J}(\xi_1), \ldots, \mathfrak{J}'(\eta_n)=\mathfrak{J}(\xi_n).$$

Dann gilt nach Lemma 2 (§ 24.5) $\alpha(\eta_1, \ldots, \eta_n)$ bei $\mathfrak{J}'$ genau dann, wenn $\alpha(\xi_1, \ldots, \xi_n)$ bei $\mathfrak{J}$ gilt. Also gilt $\alpha(\eta_1, \ldots, \eta_n)$ bei $\mathfrak{J}'$. Weiter hat man $\mathfrak{J}'(\eta_1)=\mathfrak{J}(\xi_1)=r_1$ usf. Damit ist gezeigt, daß $P_{\alpha(\eta_1,\ldots,\eta_n)} r_1 \ldots r_n$. Aus Symmetriegründen folgt auch umgekehrt $P_{\alpha(\xi_1,\ldots,\xi_n)} r_1 \ldots r_n$ aus $P_{\alpha(\eta_1,\ldots,\eta_n)} r_1 \ldots r_n$. Damit ist $P_{\alpha(\xi_1,\ldots,\xi_n)} = P_{\alpha(\eta_1,\ldots,\eta_n)}$.

2. *Beweis von Lemma 4.* Wir beweisen in Nr. 3 das

Lemma 3: Zu jeder n-stelligen primitiv-rekursiven Funktion f, die effektiv gegeben ist in dem Sinne, daß sie mittels Einsetzungen und induktiven Definitionen auf die Ausgangsfunktionen zurückgeführt ist, läßt sich ein arithmetischer Ausdruck $\alpha_f(\xi_1, \ldots, \xi_n, \xi)$ effektiv angeben, derart daß für jede Interpretation $\mathfrak{J}$:

$$\alpha_f(\xi_1, \ldots, \xi_n, \xi) \textit{ gilt bei } \mathfrak{J} \textit{ genau dann, wenn } f\big(\mathfrak{J}(\xi_1), \ldots, \mathfrak{J}(\xi_n)\big)=\mathfrak{J}(\xi).$$

In § 28.3 geben wir effektiv eine zweistellige primitiv-rekursive Funktion f an, derart daß das einstellige Prädikat P, welches dadurch definiert ist, daß für alle r_1

$$P r_1 \text{ genau dann, wenn } f(r_1, r_2)=0 \text{ für alle } r_2,$$

nicht aufzählbar ist. Zu dieser primitiv-rekursiven Funktion f bestimmen wir einen arithmetischen Ausdruck $\alpha_f(\xi_1, \xi_2, \xi_3)$ nach Lemma 3. Dann bilden wir die arithmetische Aussage:

$$\alpha_{r_1} \equiv \bigvee_{\xi_1} \big(\bigwedge_{\xi_2} \bigvee_{\xi} (\alpha_f(\xi_1, \xi_2, \xi) \wedge \xi = 0) \wedge \xi_1 = r_1\big).$$

Wenn diese Aussage wahr ist, so gibt es eine Interpretation, bei der sie gilt. Dann gibt es auch (vgl. § 24.2, Def. 1 (f)) eine Interpretation $\mathfrak{J}$,

---

[1] In § 24.2 hatten wir die Bezeichnung $\mathfrak{J}_1 \underset{\xi}{=} \mathfrak{J}_2$ eingeführt. Diese erweitern wir durch die Festsetzung, daß $\mathfrak{J}_1 \underset{\xi_1,\ldots,\xi_r}{=} \mathfrak{J}_2$ bedeuten soll, daß $\mathfrak{J}_1$ und $\mathfrak{J}_2$ Interpretationen über demselben Individuenbereich sind und daß sich $\mathfrak{J}_1$ und $\mathfrak{J}_2$ höchstens für die Argumente $\xi_1, \ldots, \xi_r$ unterscheiden.

bei der $\bigwedge_{\xi_2}\bigvee_{\xi}(\alpha_f(\xi_1,\xi_2,\xi)\wedge\xi=0)\wedge\xi_1=r_1$ gilt. Es folgt $\mathfrak{J}(\xi_1)=r_1$. Weiter gilt $\bigvee_{\xi}(\alpha_f(\xi_1,\xi_2,\xi)\wedge\xi=0)$ bei *jedem* $\mathfrak{J}'$ mit $\mathfrak{J}'\underset{\xi_2}{=}\mathfrak{J}$. $\mathfrak{J}'(\xi_2)$ ist also eine beliebige Zahl r_2. Zu jedem solchen $\mathfrak{J}'$ gibt es ein $\mathfrak{J}''$ mit $\mathfrak{J}''\underset{\xi}{=}\mathfrak{J}'$, derart daß $\alpha_f(\xi_1,\xi_2,\xi)\wedge\xi=0$ bei $\mathfrak{J}''$ gilt. Aus der Gültigkeit von $\alpha_f(\xi_1,\xi_2,\xi)$ bei $\mathfrak{J}''$ ergibt sich, daß $f(\mathfrak{J}''(\xi_1),\mathfrak{J}''(\xi_2))=\mathfrak{J}''(\xi)$. Aus der Gültigkeit von $\xi=0$ bei $\mathfrak{J}''$ folgt $\mathfrak{J}''(\xi)=0$. Es ist also $f(\mathfrak{J}''(\xi_1),\mathfrak{J}''(\xi_2))=0$. Wegen $\mathfrak{J}''(\xi_1)=\mathfrak{J}'(\xi_1)=\mathfrak{J}(\xi_1)=r_1$ und da $\mathfrak{J}''(\xi_2)=\mathfrak{J}'(\xi_2)=r_2$ eine beliebige Zahl ist, ergibt sich, daß $f(r_1,r_2)=0$ für alle r_2, d.h. Pr_1.

Wir gehen nun umgekehrt aus von Pr_1. Dann hat man $f(r_1,r_2)=0$ für alle r_2. Wählt man eine Interpretation $\mathfrak{J}$ so, daß $\mathfrak{J}(\xi_1)=r_1$, $\mathfrak{J}(\xi)=0$, während $\mathfrak{J}(\xi_2)$ beliebig sein kann, so hat man $f(\mathfrak{J}(\xi_1),\mathfrak{J}(\xi_2))=\mathfrak{J}(\xi)$. Damit gilt für jedes solche $\mathfrak{J}$

$\alpha_f(\xi_1,\xi_2,\xi)$	nach Lemma 3
$\alpha_f(\xi_1,\xi_2,\xi)\wedge\xi=0$	wegen $\mathfrak{J}(\xi)=0$
$\bigvee_{\xi}(\alpha_f(\xi_1,\xi_2,\xi)\wedge\xi=0)$	da der letztgenannte Ausdruck gilt
$\bigwedge_{\xi_2}\bigvee_{\xi}(\alpha_f(\xi_1,\xi_2,\xi)\wedge\xi=0)$	da $\mathfrak{J}(\xi_2)$ beliebig war
$\bigwedge_{\xi_2}\bigvee_{\xi}(\alpha_f(\xi_1,\xi_2,\xi)\wedge\xi=0)\wedge\xi_1=r_1$	wegen $\mathfrak{J}(\xi_1)=r_1$
$\bigvee_{\xi_1}(\bigwedge_{\xi_2}\bigvee_{\xi}(\alpha_f(\xi_1,\xi_2,\xi)\wedge\xi=0)\wedge\xi_1=r_1)$	da der letztgenannte Ausdruck gilt.

Dies zeigt, daß α_{r_1} wahr ist. — Zusammenfassend haben wir das

Lemma 4: Man kann ein nicht aufzählbares Prädikat P angeben, derart daß sich zu jeder Zahl r_1 ein arithmetischer Ausdruck α_{r_1} konstruieren läßt, der genau dann wahr ist, wenn Pr_1.

3. *Beweis von Lemma 3 aus Nr. 2.* Wir zeigen die Behauptung zunächst für die Ausgangsfunktionen und betrachten anschließend die Prozesse der Einsetzung und induktiven Definition.

(a) *Die Ausgangsfunktionen.*

(a_1) f sei die *Nachfolgerfunktion.* Wir setzen

$$\alpha_f \equiv x_1+1=x_2.$$

Nach Nr. 1 gilt α_f bei $\mathfrak{J}$ genau dann, wenn $\mathfrak{J}(x_1)+1=\mathfrak{J}(x_2)$, d.h., wenn $f(\mathfrak{J}(x_1))=\mathfrak{J}(x_2)$.

(a_2) f sei die Identitätsfunktion U_n^i. Wir setzen

$$\alpha_f \equiv x_1=x_1\wedge\cdots\wedge x_n=x_n\wedge x_i=x_{n+1}.$$ [1]

[1] Die ersten n Konjunktionsglieder dienen dazu, zu sichern, daß $x_1,\ldots,x_n$ als freie Variablen in α_f auftreten.

α_f gilt bei $\mathfrak{J}$ genau dann, wenn $\mathfrak{J}(x_i)=\mathfrak{J}(x_{n+1})$, d.h., wenn $U_n^i(\mathfrak{J}(x_1),\ldots,\mathfrak{J}(x_n))=\mathfrak{J}(x_{n+1})$.

(a_3) f sei die *Konstante* C_0^0. Wir setzen

$$\alpha_f \equiv x_1 = 0.$$

α_f gilt bei $\mathfrak{J}$ genau dann, wenn $\mathfrak{J}(x_1)=0$, d.h. wenn $C_0^0=\mathfrak{J}(x_1)$.

(b) *Der Einsetzungsprozeß*. Es sei für alle $\mathfrak{r}$

$$f(\mathfrak{r}) = g(h_1(\mathfrak{r}), \ldots, h_m(\mathfrak{r})).$$

Zu den Funktionen $h_1, \ldots, h_m, g$ möge es Ausdrücke gemäß Lemma 3 geben. Unter Berücksichtigung von Lemma 2 kann man paarweise verschiedene Variablen $\xi_1, \ldots, \xi_n, \eta_1, \ldots, \eta_m, \zeta$ finden, derart daß man die Ausdrücke genauer schreiben kann in der Form

$$\alpha_{h_1}(\xi_1, \ldots, \xi_n, \eta_1), \ldots, \alpha_{h_m}(\xi_1, \ldots, \xi_n, \eta_m), \alpha_g(\eta_1, \ldots, \eta_m, \zeta).$$

Wir setzen nun

$$\alpha_f(\xi_1, \ldots, \xi_n, \zeta) \equiv \bigvee_{\eta_1}\cdots\bigvee_{\eta_m}(\alpha_{h_1}(\xi_1, \ldots, \xi_n, \eta_1) \wedge \cdots \wedge \alpha_{h_m}(\xi_1, \ldots, \xi_n, \eta_m) \wedge \alpha_g(\eta_1, \ldots, \eta_m, \zeta)).$$

Dieser Ausdruck gelte bei einer Interpretation $\mathfrak{J}$. Dann gibt es ein $\mathfrak{J}' \underset{\eta_1,\ldots,\eta_m}{=} \mathfrak{J}$, derart, daß $\alpha_{h_1} \wedge \cdots \wedge \alpha_{h_m} \wedge \alpha_g$ bei $\mathfrak{J}'$ gilt. Daraus folgt nach der Voraussetzung über die $\alpha_{h_1}, \ldots, \alpha_{h_m}, \alpha_g$, daß

$$h_1(\mathfrak{J}'(\xi_1), \ldots, \mathfrak{J}'(\xi_n)) = \mathfrak{J}'(\eta_1), \ldots, h_m(\mathfrak{J}'(\xi_1), \ldots, \mathfrak{J}'(\xi_n)) = \mathfrak{J}'(\eta_m),$$
$$g(\mathfrak{J}'(\eta_1), \ldots, \mathfrak{J}'(\eta_m)) = \mathfrak{J}'(\zeta),$$

woraus sich $f(\mathfrak{J}'(\xi_1), \ldots, \mathfrak{J}'(\xi_n))=\mathfrak{J}'(\zeta)$, d.h. $f(\mathfrak{J}(\xi_1), \ldots, \mathfrak{J}(\xi_n))=\mathfrak{J}(\zeta)$ ergibt.

Sei umgekehrt $f(\mathfrak{J}(\xi_1), \ldots, \mathfrak{J}(\xi_n)) = \mathfrak{J}(\zeta)$. Wir definieren eine Interpretation $\mathfrak{J}'$ durch die Festsetzungen, daß

$$\mathfrak{J}' \underset{\eta_1,\ldots,\eta_m}{=} \mathfrak{J}$$

und

$$\mathfrak{J}'(\eta_1) = h_1(\mathfrak{J}(\xi_1), \ldots, \mathfrak{J}(\xi_n)), \ldots, \mathfrak{J}'(\eta_m) = h_m(\mathfrak{J}(\xi_1), \ldots, \mathfrak{J}(\xi_n)).$$

Damit gilt $\alpha_{h_1} \wedge \cdots \wedge \alpha_{h_m} \wedge \alpha_g$ bei $\mathfrak{J}'$ und infolgedessen α_f bei $\mathfrak{J}$.

Damit ist Lemma 3 für f bewiesen.

(c) *Der Induktionsprozeß*. Zur Behandlung des Induktionsprozesses benötigen wir ein von GÖDEL eingeführtes *vierstelliges Prädikat* G mit den Eigenschaften:

(I) Zu jedem a, b, i gibt es genau ein k mit $Gabik$.

(II) Zu jeder endlichen Folge $k_0, \ldots, k_n$ kann man ein a und ein b finden, derart daß $Gabik_i$ für jedes $i \leq n$.

Wir werden G in Nr. 4 definieren und zeigen, daß G ein *arithmetisches Prädikat* ist.

Es sei für alle $\mathfrak{r}$, r

$$\begin{cases} f(\mathfrak{r}, 0) = g(\mathfrak{r}) \\ f(\mathfrak{r}, r+1) = h\big(\mathfrak{r}, r, f(\mathfrak{r}, r)\big). \end{cases}$$

Zu den Funktionen g und h möge es Ausdrücke α_g und α_h gemäß Lemma 3 geben. Ferner gibt es zu dem arithmetischen Prädikat G einen definierenden arithmetischen Ausdruck γ. Unter Berücksichtigung von Lemma 2 kann man paarweise verschiedene Variablen $\xi_1, \ldots, \xi_n, \vartheta_1, \vartheta_2, \eta, \zeta, \eta_1, \zeta_1, \eta_2, \zeta_2$ (welche in der natürlichen Reihenfolge aufgezählt seien) so finden, daß man die genannten Ausdrücke genauer schreiben kann in der Form:

$$\alpha_g(\xi_1, \ldots, \xi_n, \zeta), \alpha_h(\xi_1, \ldots, \xi_n, \eta, \zeta, \zeta_1), \gamma(\vartheta_1, \vartheta_2, \eta, \zeta),$$

und daß man voraussetzen darf, daß die Ausdrücke

$$\gamma(\vartheta_1, \vartheta_2, \eta_1, \zeta_1) \quad \text{und} \quad \gamma(\vartheta_1, \vartheta_2, \eta_2, \zeta_2)$$

erklärt sind (vgl. Nr. 1). Dann bilden wir den arithmetischen Ausdruck:

$$\begin{aligned} &\alpha_f(\xi_1, \ldots, \xi_n, \eta_2, \zeta_2) \equiv \\ &\bigvee_{\vartheta_1}\bigvee_{\vartheta_2}\Big(\bigwedge_{\eta}\bigwedge_{\zeta}(\gamma(\vartheta_1, \vartheta_2, \eta, \zeta) \wedge \eta = 0 \rightarrow \alpha_g(\xi_1, \ldots, \xi_n, \zeta)) \\ &\quad \wedge \bigwedge_{\eta}\bigwedge_{\zeta}\bigwedge_{\eta_1}\bigwedge_{\zeta_1}(\eta < \eta_2 \wedge \gamma(\vartheta_1, \vartheta_2, \eta, \zeta) \wedge \gamma(\vartheta_1, \vartheta_2, \eta_1, \zeta_1) \wedge \eta + 1 = \eta_1 \\ &\qquad\qquad\qquad\qquad \rightarrow \alpha_h(\xi_1, \ldots, \xi_n, \eta, \zeta, \zeta_1)) \\ &\quad \wedge \gamma(\vartheta_1, \vartheta_2, \eta_2, \zeta_2)\Big). \end{aligned}$$

Wir wollen zeigen, daß für diesen Ausdruck α_f die Behauptung von Lemma 3 gilt.

1) *Wir nehmen zunächst an, daß* $f\big(\mathfrak{J}(\xi_1), \ldots, \mathfrak{J}(\xi_n), \mathfrak{J}(\eta_2)\big) = \mathfrak{J}(\zeta_2)$ für eine Interpretation $\mathfrak{J}$. Wir setzen zur Abkürzung:

$$r_1 = \mathfrak{J}(\xi_1), \ldots, r_n = \mathfrak{J}(\xi_n), \quad r = \mathfrak{J}(\eta_2), \quad s = \mathfrak{J}(\zeta_2).$$

Dann ist $f(r_1, \ldots, r_n, r) = s$. Wir bilden nun die endliche Folge:

$$\begin{aligned} k_0 &= f(r_1, \ldots, r_n, 0) \\ k_1 &= f(r_1, \ldots, r_n, 1) \\ &\cdots\cdots \\ k_r &= f(r_1, \ldots, r_n, r). \end{aligned}$$

Zu dieser Folge wählen wir ein a und ein b nach (II). Man hat also

$$(0) \qquad G\,a\,b\,i\,f(r_1, \ldots, r_n, i) \qquad \text{für jedes } i \leqq r.$$

Wir setzen

$$\mathfrak{I}^* \underset{\vartheta_1, \vartheta_2}{=} \mathfrak{I}, \ \mathfrak{I}^*(\vartheta_1) = a, \ \mathfrak{I}^*(\vartheta_2) = b.$$

Um nachzuweisen, daß α_f bei $\mathfrak{I}$ gilt, genügt es zu zeigen, daß bei $\mathfrak{I}^*$ die folgenden Ausdrücke gelten:

(1) $\bigwedge\limits_{\eta}\bigwedge\limits_{\zeta}(\gamma(\vartheta_1, \vartheta_2, \eta, \zeta) \wedge \eta = 0 \rightarrow \alpha_g(\xi_1, \ldots, \xi_n, \zeta))$,

(2) $\bigwedge\limits_{\eta}\bigwedge\limits_{\zeta}\bigwedge\limits_{\eta_1}\bigwedge\limits_{\zeta_1}(\eta < \eta_2 \wedge \gamma(\vartheta_1, \vartheta_2, \eta, \zeta) \wedge \gamma(\vartheta_1, \vartheta_2, \eta_1, \zeta_1) \wedge \eta + 1 = \eta_1$
$\rightarrow \alpha_h(\xi_1, \ldots, \xi_n, \eta, \zeta, \zeta_1))$,

(3) $\gamma(\vartheta_1, \vartheta_2, \eta_2, \zeta_2)$.

ad (1). Sei $\mathfrak{I}_1^* \underset{\eta, \zeta}{=} \mathfrak{I}^*$. Es ist zu zeigen, daß α_g bei $\mathfrak{I}_1^*$ gilt, wenn $\gamma(\vartheta_1, \vartheta_2, \eta, \zeta) \wedge \eta = 0$ gilt. Das letzte besagt, daß $Gab\mathfrak{I}_1^*(\eta)\mathfrak{I}_1^*(\zeta)$ und daß $\mathfrak{I}_1^*(\eta) = 0$, d.h., daß $Gab0\,\mathfrak{I}_1^*(\zeta)$. Wegen (0) und (I) ist dann $\mathfrak{I}_1^*(\zeta) = f(r_1, \ldots, r_n, 0) = g(r_1, \ldots, r_n) = g(\mathfrak{I}_1(\xi_1), \ldots, \mathfrak{I}_1(\xi_n)) = g(\mathfrak{I}_1^*(\xi_1), \ldots, \mathfrak{I}_1^*(\xi_n))$, woraus sich wegen der Voraussetzung über α_g ergibt, daß α_g bei $\mathfrak{I}_1^*$ gilt.

ad (2). Sei $\mathfrak{I}_1^* \underset{\eta, \zeta, \eta_1, \zeta_1}{=} \mathfrak{I}^*$. Es ist zu zeigen, daß α_h bei $\mathfrak{I}_1^*$ gilt, wenn $\eta < \eta_2$, $\gamma(\vartheta_1, \vartheta_2, \eta, \zeta)$, $\gamma(\vartheta_1, \vartheta_2, \eta_1, \zeta_1)$ und $\eta + 1 = \eta_1$ gelten. Das aber besagt, daß $\mathfrak{I}_1^*(\eta) < r$, $Gab\mathfrak{I}_1^*(\eta)\mathfrak{I}_1^*(\zeta)$, $Gab\mathfrak{I}_1^*(\eta_1)\mathfrak{I}_1^*(\zeta_1)$, $\mathfrak{I}_1^*(\eta) + 1 = \mathfrak{I}_1^*(\eta_1)$. Unter Berücksichtigung von (0) und (I) ergibt sich hieraus, daß $\mathfrak{I}_1^*(\zeta) = f(r_1, \ldots, r_n, \mathfrak{I}_1^*(\eta))$, $\mathfrak{I}_1^*(\zeta_1) = f(r_1, \ldots, r_n, \mathfrak{I}_1^*(\eta) + 1)$, und damit wegen der induktiven Definition von f, daß

$$\mathfrak{I}_1^*(\zeta_1) = h(r_1, \ldots, r_n, \mathfrak{I}_1^*(\eta), \mathfrak{I}_1^*(\zeta)),$$

d.h. $\mathfrak{I}_1^*(\zeta_1) = h(\mathfrak{I}_1^*(\xi_1), \ldots, \mathfrak{I}_1^*(\xi_n), \mathfrak{I}_1^*(\eta), \mathfrak{I}_1^*(\zeta))$. Wegen der Voraussetzung über h gilt also α_h bei $\mathfrak{I}_1^*$.

ad (3). Wir haben vorausgesetzt, daß $f(r_1, \ldots, r_n, r) = s$. Daraus erhält man mit (0) und (I) $Gabrs$, d.h. $G\,\mathfrak{I}^*(\vartheta_1)\,\mathfrak{I}^*(\vartheta_2)\,\mathfrak{I}^*(\eta_2)\,\mathfrak{I}^*(\zeta_2)$. Damit gilt $\gamma(\vartheta_1, \vartheta_2, \eta_2, \zeta_2)$ bei $\mathfrak{I}^*$, da dieser Ausdruck G definiert.

2) *Wir nehmen nun umgekehrt an, daß α_f bei einer Interpretation $\mathfrak{I}$ gelte.* Dann gibt es ein $\mathfrak{I}^*$ mit $\mathfrak{I}^* \underset{\vartheta_1, \vartheta_2}{=} \mathfrak{I}$ derart, daß bei $\mathfrak{I}^*$ die Ausdrücke (1), (2), (3) gelten.

Wir haben zu zeigen, daß $f(\mathfrak{I}(\xi_1), \ldots, \mathfrak{I}(\xi_n), \mathfrak{I}(\eta_2)) = \mathfrak{I}(\zeta_2)$, d.h. daß $f(\mathfrak{I}^*(\xi_1), \ldots, \mathfrak{I}^*(\xi_n), \mathfrak{I}^*(\eta_2)) = \mathfrak{I}^*(\zeta_2)$.

Wir setzen $a = \mathfrak{I}^*(\vartheta_1)$, $b = \mathfrak{I}^*(\vartheta_2)$, $r_1 = \mathfrak{I}^*(\xi_1), \ldots, r_n = \mathfrak{I}^*(\xi_n)$, $r = \mathfrak{I}^*(\eta_2)$, $s = \mathfrak{I}^*(\zeta_2)$ und behaupten:

(') $Gab0\,f(r_1, \ldots, r_n, 0)$. *Beweis:* Es gibt nach (I) eine Zahl k mit $Gab0k$. Wir setzen $\mathfrak{I}_1^* \underset{\eta, \zeta}{=} \mathfrak{I}^*$ und $\mathfrak{I}_1^*(\eta) = 0$, $\mathfrak{I}_1^*(\zeta) = k$. Dann gelten bei $\mathfrak{I}_1^*$ die Ausdrücke

$\gamma(\vartheta_1, \vartheta_2, \eta, \zeta) \wedge \eta = 0 \rightarrow \alpha_g(\xi_1, \ldots, \xi_n, \zeta)$	(weil (1) bei $\mathfrak{I}^*$ gilt)
$\gamma(\vartheta_1, \vartheta_2, \eta, \zeta)$	(weil $Gab0k$)
$\eta = 0$	(weil $\mathfrak{I}_1^*(\eta) = 0$)

und damit auch $\alpha_g(\xi_1, \ldots, \xi_n, \zeta)$. Hieraus folgt, daß $g(r_1, \ldots, r_n) = k$, d.h., daß $k = f(r_1, \ldots, r_n, 0)$. Nun folgt die Behauptung wegen $Gab0k$.

('') Wenn $Gabi\, f(r_1, \ldots, r_n, i)$ *für* $i < r$, *so* $Gab(i+1) f(r_1, \ldots, r_n, i+1)$.
Beweis: Nach (I) gibt es ein k mit $Gab(i+1)k$. Wir setzen $\mathfrak{J}_1^* \underset{\eta,\zeta,\eta_1,\zeta_1}{=} \mathfrak{J}^*$ und $\mathfrak{J}_1^*(\eta) = i$, $\mathfrak{J}_1^*(\zeta) = f(r_1, \ldots, r_n, i)$, $\mathfrak{J}_1^*(\eta_1) = i+1$, $\mathfrak{J}_1^*(\zeta_1) = k$. Dann gelten bei $\mathfrak{J}_1^*$ die Ausdrücke

$$\eta < \eta_2 \wedge \gamma(\vartheta_1, \vartheta_2, \eta, \zeta) \wedge \gamma(\vartheta_1, \vartheta_2, \eta_1, \zeta_1) \wedge \eta + 1 = \eta_1 \to \alpha_h(\xi_1, \ldots, \xi_n, \eta, \zeta, \zeta_1)$$
(weil (2) bei $\mathfrak{J}^*$ gilt)

$\eta < \eta_2$ (weil $i < r$)

$\gamma(\vartheta_1, \vartheta_2, \eta, \zeta)$ (weil $Gabi f(r_1, \ldots, r_n, i)$)

$\gamma(\vartheta_1, \vartheta_2, \eta_1, \zeta_1)$ (weil $Gab(i+1)k$)

$\eta + 1 = \eta_1$ (weil $\mathfrak{J}_1^*(\eta) + 1 = \mathfrak{J}_1^*(\eta_1)$)

und damit auch $\alpha_h(\xi_1, \ldots, \xi_n, \eta, \zeta, \zeta_1)$. Hieraus folgt, daß

$$h(r_1, \ldots, r_n, i, f(r_1, \ldots, r_n, i)) = k,$$

d.h., daß $k = f(r_1, \ldots, r_n, i+1)$. Nun folgt die Behauptung wegen $Gab(i+1)k$.

Jetzt können wir den Beweis folgendermaßen beenden:

Bei $\mathfrak{J}^*$ gilt (3). Es folgt $Gabrs$. Aus (') und ('') ergibt sich $Gabrf(r_1, \ldots, r_n, r)$. Wegen (I) hat man $f(r_1, \ldots, r_n, r) = s$, d.h. $f(\mathfrak{J}(\xi_1), \ldots, \mathfrak{J}(\xi_n), \mathfrak{J}(\eta_2)) = \mathfrak{J}(\zeta_2)$, w.z.b.w.

4. *Das* GÖDEL*sche Prädikat G.* Wir setzen

$$\gamma^*(\vartheta_1, \vartheta_2, \eta, \zeta) \equiv \zeta < 1 + (\eta+1)\vartheta_2 \wedge \bigvee_{\xi} (1 + (\eta+1)\vartheta_2)\xi + \zeta = \vartheta_1.$$

Man kann γ^* in einen arithmetischen Ausdruck γ verwandeln, wenn man die Ziffer 1 mit Hilfe der arithmetischen Prädikate $\zeta = 1$ und $\zeta_1 + 1 = \zeta_2$ (vgl. Nr. 1) eliminiert. γ^* (oder γ) definiert also ein arithmetisches Prädikat G. Aus der Definition von G folgt, daß $Gabik$ *genau dann, wenn k der Rest ist, den man erhält, wenn man a durch die (von Null verschiedene) Zahl*

$$b_i = 1 + (i+1)b$$

dividiert. Es gibt also zu a, b, i genau ein k mit $Gabik$, wie in Nr. 3 (I) behauptet wurde.

Um Nr. 3 (II) zu zeigen, gehen wir von einer beliebigen Zahlenfolge $k_0, \ldots, k_n$ aus. Es sei $m = \mathrm{Max}(n, k_0, \ldots, k_n)$. Wir setzen $b = m!$.

Zunächst zeigen wir, *daß für $0 \leqq i \leqq n$, $0 \leqq j \leqq n$, $i \neq j$ die Zahlen b_i und b_j teilerfremd sind.* Sonst gäbe es eine Primzahl p mit p/b_i, p/b_j. Dann hätte man $p/b_i - b_j = (i-j)\,b$, also $p/i-j$ oder p/b. Es ist $|i-j| \leqq n \leqq m$ und $b = m!$. Daher ergibt sich aus $p/i-j$, daß p/b. Es braucht also nur p/b widerlegt zu werden. Aus p/b und p/b_i folgt $p/b_i - (i+1)\,b$, also $p/1$, was nicht sein kann.

Nun zeigen wir, daß (II) gilt, wenn man a in geeigneter Weise unter den Zahlen $0, 1, 2, \ldots, b_0 b_1 \ldots b_n - 1$ wählt. (Diese Behauptung ist auch unter dem Namen „chinesischer Restsatz“ bekannt.) Seien

$$0 \leqq \bar{a} < b_0 b_1 \ldots b_n, \quad 0 \leqq \bar{\bar{a}} < b_0 b_1 \ldots b_n, \quad \bar{a} \neq \bar{\bar{a}}.$$

Wir betrachten die Restsysteme:

$$\bar{k}_i = \text{Rest von } \bar{a} \text{ modulo } b_i \qquad (i = 0, \ldots, n)$$

$$\bar{\bar{k}}_i = \text{Rest von } \bar{\bar{a}} \text{ modulo } b_i \qquad (i = 0, \ldots, n).$$

Das Restsystem $(\bar{k}_0, \ldots, \bar{k}_n)$ *ist verschieden von dem Restsystem* $(\bar{\bar{k}}_0, \ldots, \bar{\bar{k}}_n)$. Sonst wäre für jedes i: $\bar{k}_i = \bar{\bar{k}}_i$, also $b_i / \bar{a} - \bar{\bar{a}}$. Wegen der Teilerfremdheit der b_i folgt hieraus $b_0 b_1 \ldots b_n / \bar{a} - \bar{\bar{a}}$, was nicht sein kann.

Da die Zahlen a mit $0 \leqq a \leqq b_0 b_1 \ldots b_n - 1$ lauter verschiedene Restsysteme liefern, so erhält man insgesamt $b_0 b_1 \ldots b_n$ verschiedene Restsysteme. Nun gibt es aber insgesamt $b_0 b_1 \ldots b_n$ verschiedene Zahlfolgen $b_0^*, \ldots, b_n^*$ mit $b_0^* < b_0, \ldots, b_n^* < b_n$. Also muß jede dieser Zahlfolgen einmal (und genau einmal) als ein solches Restsystem auftreten. Andererseits ist wegen $k_i \leqq m \leqq m! = b < 1 + (i+1)\,b = b_i$ die Folge $k_0, \ldots, k_n$ eine derartige Zahlenfolge. Damit ist bewiesen, daß es ein $a < b_0 \ldots b_n$ gibt, derart daß die Behauptung Nr. 3 (II) gilt.

Literatur

Gödel, K.: Über formal unentscheidbare Sätze der Principia Mathematica und verwandter Systeme I. Mh. Math. Phys. **38**, 173—198 (1931).

— On Undecidable Propositions of Formal Mathematical Systems. Mimeographed. Institute for Advanced Study, Princeton, N. J. 1934. 30 S.

Tarski, A.: Der Wahrheitsbegriff in den formalisierten Sprachen. Studia Philosophica **1**, 261—405 (1935).

Church, A.: An Unsolvable Problem of Elementary Number Theory. Amer. J. Math. **58**, 345—363 (1936).

Rosser, B.: Extensions of Some Theorems of Gödel and Church. J. symbolic Logic **1**, 87—91 (1936).

Skolem, Th.: Einfacher Beweis der Unmöglichkeit eines allgemeinen Lösungsverfahrens für arithmetische Probleme. Norske Vidensk. Selsk. Forhandl., Trondheim **13**, 1—4 (1940).

Kalmár, L.: Ein einfaches Beispiel für ein unentscheidbares arithmetisches Problem [ungarisch, mit deutschem Auszug]. Mat. fis. Lapok **50**, 1—23 (1943).

Mostowski, A.: Sentences Undecidable in Formalized Arithmetic. Amsterdam: North-Holland Publishing Company 1952.

Tarski, A., A. Mostowski und R. M. Robinson: Undecidable Theories. Amsterdam: North-Holland Publishing Company 1953. (Hier wird insbesondere auf die wesentliche Unentscheidbarkeit der behandelten Theorien eingegangen.)

SIEBENTES KAPITEL

VERSCHIEDENES

Die in § 27.1 eingeführten arithmetischen Prädikate sind eine Verallgemeinerung der rekursiven Prädikate. Man kann die arithmetischen Prädikate in (nicht elementfremde) Klassen einteilen (§ 29), wobei die kleinste Klasse die der rekursiven Prädikate ist und eine weitere Klasse die der rekursiv aufzählbaren Prädikate, welche wir in § 28 besprechen werden.

Wir haben in § 23 (Einleitung, Nr. 3; Nr. 8) darauf hingewiesen, daß man spezielle Gruppen, Semi-Thue-Systeme und Thue-Systeme mit unlösbarem Wortproblem mit Hilfe einer universellen Turingmaschine **U** angeben kann. Eine derartige Maschine werden wir in § 30 aufbauen. Dabei werden wir auf primitiv-rekursive Prädikate zurückgreifen, welche wir in § 18 eingeführt haben.

In den §§ 31, 32, 33 besprechen wir einige weitere Vorschläge zur Präzisierung konstruktiver Begriffe.

Schließlich zeigen wir in § 34 an einfachen Beispielen, wie die Theorie der konstruktiven Begriffe auf die Analysis angewandt werden kann.

§ 28. Aufzählbare Prädikate

Wir haben in § 2.2 vom anschaulichen Standpunkt aus die aufzählbaren Mengen und allgemeiner die aufzählbaren Prädikate eingeführt. Eine Menge von natürlichen Zahlen nannten wir aufzählbar, wenn sie entweder leer ist oder aber der Wertebereich einer berechenbaren Funktion. Ein n-stelliges Prädikat hieß aufzählbar, wenn es entweder leer ist oder wenn es n berechenbare einstellige Funktionen $f_1, \ldots, f_n$ gibt, derart, daß für alle $\mathfrak{x}$ $P\mathfrak{x}$ äquivalent ist mit der Existenz einer natürlichen Zahl y, so daß $x_1 = f_1(y), \ldots, x_n = f_n(y)$. Nachdem wir den Begriff der berechenbaren Funktion präzisiert haben, können wir ohne weiteres zu dem präzisen Begriff des sog. rekursiv aufzählbaren Prädikates übergehen (Nr. 1). Wir werden in Nr. 2 einige Sätze beweisen, welche die rekursiv aufzählbaren Prädikate mit den rekursiven Prädikaten in Verbindung bringen. Die rekursiv aufzählbaren Prädikate sind wie die rekursiven Prädikate spezielle arithmetische Prädikate (vgl. § 29).

Wir verwenden in diesem Paragraphen das Wort „*rekursiv*", um anzudeuten, daß wir einen der Begriffe meinen, die als Präzisierung des zunächst intuitiv gegebenen Begriffes dienen, ohne uns mit der Verwendung des Wortes „rekursiv" auf eine bestimmte dieser Präzisierungen festzulegen (vgl. die Bemerkung in der Einleitung zum fünften Kapitel).

1. Definition. Ein n-stelliges Prädikat P heiße rekursiv aufzählbar, wenn P leer ist, oder wenn es n einstellige rekursive Funktionen $f_1, \ldots, f_n$

gibt, derart daß für alle $x_1, \ldots, x_n$ *gilt:*

(1) $$Px_1 \ldots x_n \leftrightarrow \bigvee_y \bigl(f_1(y) = x_1 \wedge \cdots \wedge f_n(y) = x_n\bigr).$$

2. Sätze über rekursiv aufzählbare Prädikate.

Satz 1: Ein n-stelliges Prädikat P ist rekursiv aufzählbar genau dann, wenn es ein $(n+1)$*-stelliges rekursives Prädikat Q gibt, derart daß für alle* $\mathfrak{x}$

(2) $$P\mathfrak{x} \leftrightarrow \bigvee_y Q\mathfrak{x}y.$$

Beweis: (a) Sei zunächst P rekursiv aufzählbar. Wenn P leer ist, so ist P als leeres Prädikat rekursiv (§11.5). Man setze $Q\mathfrak{x}y \leftrightarrow P\mathfrak{x} \wedge y = y$. Dann hat man $P\mathfrak{x} \leftrightarrow \bigvee_y (P\mathfrak{x} \wedge y = y)$, also $P\mathfrak{x} \leftrightarrow \bigvee_y Q\mathfrak{x}y$. — Wenn P nicht leer ist, so ist P in der Form (1) darstellbar, bei der $f_1(y) = x_1 \wedge \cdots \wedge f_n(y) = x_n$ ein rekursives Prädikat $Q\mathfrak{x}y$ ist, womit (2) bewiesen ist.

(b) Sei P in der Form (2) mit rekursivem Q darstellbar. Wir können annehmen, daß P nicht leer ist (da sonst die Behauptung trivial ist). Sei $\bar{\mathfrak{x}} = (\bar{x}_1, \ldots, \bar{x}_n)$ ein im folgenden festes n-Tupel von Zahlen mit $P\bar{\mathfrak{x}}$. Wir definieren für $j = 1, \ldots, n$

(3) $$f_j(y) = \begin{cases} \sigma_{n+1,j}(y), & \text{wenn } Q\sigma_{n+1,1}(y) \ldots \sigma_{n+1,n+1}(y) \\ \bar{x}_j & \text{sonst}. \end{cases}$$

Diese Definition zeigt, daß die Funktionen f_j rekursiv sind (§11.6, §12.4 und §14.2). Wir wollen zeigen, daß für diese Funktionen die Aussage (1) zutrifft.

3_1) Wenn $Px_1 \ldots x_n$, so gibt es nach (2) ein z mit $Q\mathfrak{x}z$. Wir setzen $y = \sigma_{n+1}(x_1, \ldots, x_n, z)$. Dann hat man $Q\sigma_{n+1,1}(y) \ldots \sigma_{n+1,n+1}(y)$, also ist $f_j(y) = \sigma_{n+1,j}(y) = x_j$ für $j = 1, \ldots, n$.

3_2) Wir gehen nun davon aus, daß es ein y gibt mit $f_1(y) = x_1, \ldots, f_n(y) = x_n$. Wir haben zu zeigen, daß $Px_1 \ldots x_n$. Nach der Definition der Funktionen f_j haben wir zwei Fälle zu unterscheiden: (I) Man hat $Q\sigma_{n+1,1}(y) \ldots \sigma_{n+1,n+1}(y)$. Dann ist $f_j(y) = \sigma_{n+1,j}(y)$. Man hat also $Qf_1(y) \ldots f_n(y)\sigma_{n+1,n+1}(y)$, d.h. $Qx_1 \ldots x_n\sigma_{n+1,n+1}(y)$. Es gibt also ein z mit $Qx_1 \ldots x_n z$, womit die linke Hälfte von (1) nämlich $P\mathfrak{x}$ bewiesen ist. (II) Es ist nicht $Q\sigma_{n+1,1}(y) \ldots \sigma_{n+1,n+1}(y)$. Dann ist nach (3) $f_j(y) = \bar{x}_j$, also nach Voraussetzung von 3_2) $x_j = \bar{x}_j$ $(j = 1, \ldots, n)$. Dann hat man $Px_1 \ldots x_n$, weil $P\bar{x}_1 \ldots \bar{x}_n$.

Die Prädikate $\bigvee_y Q\mathfrak{x}y$ mit rekursivem Kern Q stellen also genau alle rekursiv aufzählbaren Prädikate dar. So erklärt sich die Bezeichnung für einen Satz, den wir bereits in §18.6 hergeleitet haben, und den wir in einer etwas anderen Formulierung hier noch einmal aufführen wollen:

Satz 2: Kleenesches Aufzählungstheorem. Zu jedem n-stelligen rekursiv aufzählbaren Prädikat P gibt es eine Zahl t, derart daß für alle $\mathfrak{x}$:

(4) $$P\mathfrak{x} \leftrightarrow \bigvee_y T_n t\mathfrak{x}y.$$

Nehmen wir nun an, daß P ein nichtleeres rekursiv aufzählbares Prädikat sei. Dann können wir, dem Teil (b) des obigen Beweises für Satz 1 folgend, n Funktionen $f_j(y)$ gemäß (3) definieren (mit $T_n t\mathfrak{x}y$ (bei festem t) an Stelle von $Q\mathfrak{x}y$), und erhalten damit eine Darstellung von P der Form (1). Die hier auftretenden Funktionen $f_j(y)$ sind aber nicht nur rekursiv, sondern sogar *primitiv-rekursiv*, wie man aus der Definition (3) (für den hier betrachteten Fall) mühelos abliest, weil T_n primitiv-rekursiv ist. Wir haben damit den von ROSSER herrührenden

Satz 3: Ein n-stelliges Prädikat P ist genau dann rekursiv aufzählbar, wenn P leer ist, oder wenn es n einstellige primitiv-rekursive Funktionen $f_1, \ldots, f_n$ *gibt, derart daß man für alle* $\mathfrak{x}$ *die Darstellung* (1) *hat.*

Ein besonders einfacher Zusammenhang besteht zwischen rekursiven und rekursiv aufzählbaren Prädikaten:

Satz 4: Ein Prädikat P ist genau dann rekursiv, wenn sowohl P als auch das Komplementärprädikat (die Negation) $\overline{P}$ (vgl. §11.2) *rekursiv aufzählbar sind.*

Beweis: (a) P sei rekursiv. Wir führen ein neues rekursives Prädikat Q ein durch die Festsetzung, daß für alle $\mathfrak{x}$ und y $Q\mathfrak{x}y \leftrightarrow P\mathfrak{x} \wedge y = y$. Dann hat man für alle $\mathfrak{x}$: $\bigvee_y Q\mathfrak{x}y \leftrightarrow \bigvee_y (P\mathfrak{x} \wedge y = y) \leftrightarrow P\mathfrak{x}$. Diese Darstellung zeigt nach Satz 1, daß P rekursiv aufzählbar ist. Mit P ist nach dem Satz in §14.2 auch $\overline{P}$ rekursiv, also nach der obigen Überlegung auch rekursiv aufzählbar.

(b) Wir gehen nun davon aus, daß sowohl P als auch $\overline{P}$ rekursiv aufzählbar sind. Es gibt daher nach Satz 1 rekursive Prädikate Q, R, derart daß für alle $\mathfrak{x}$

(5) $$P\mathfrak{x} \leftrightarrow \bigvee_y Q\mathfrak{x}y, \quad \neg P\mathfrak{x} \leftrightarrow \bigvee_y R\mathfrak{x}y.$$

Nach dem *Tertium non datur* der Logik ist $P\mathfrak{x} \vee \neg P\mathfrak{x}$, also nach (5): $\bigvee_y Q\mathfrak{x}y \vee \bigvee_y R\mathfrak{x}y$, d.h. $\bigvee_y (Q\mathfrak{x}y \vee R\mathfrak{x}y)$. Daher ist die Bildung von $\mu y(Q\mathfrak{x}y \vee R\mathfrak{x}y)$ eine Anwendung des μ-Operators *im Normalfall*, und damit $\mu y(Q\mathfrak{x}y \vee R\mathfrak{x}y)$ nach Definition der μ-rekursiven Funktion eine rekursive Funktion. Nach §11.2 ist nun $Q\mathfrak{x}\,\mu y(Q\mathfrak{x}y \vee R\mathfrak{x}y)$ ein rekursives Prädikat. Wir sind daher mit dem Beweis fertig, wenn wir gezeigt haben werden, daß für alle $\mathfrak{x}$:

(6) $$P\mathfrak{x} \leftrightarrow Q\mathfrak{x}\,\mu y(Q\mathfrak{x}y \vee R\mathfrak{x}y).$$

(a) Wir nehmen an, daß $Q\mathfrak{x}\ \mu y(Q\mathfrak{x}y \vee R\mathfrak{x}y)$. Es gibt also ein y mit $Q\mathfrak{x}y$ (nämlich $\mu y(Q\mathfrak{x}y \vee R\mathfrak{x}y)$). Dann hat man nach (5) $P\mathfrak{x}$.

(b) Wir gehen aus von $P\mathfrak{x}$. Daraus folgt nach (5) $\neg \bigvee_y R\mathfrak{x}y$, so daß für dieses $\mathfrak{x}$ und alle y gilt:

$$Q\mathfrak{x}y \vee R\mathfrak{x}y \leftrightarrow Q\mathfrak{x}y.$$

Man hat daher für dieses $\mathfrak{x}$

$$\mu y(Q\mathfrak{x}y \vee R\mathfrak{x}y) = \mu y\, Q\mathfrak{x}y, \tag{7}$$

wobei in beiden Fällen eine Anwendung des μ-Operators im Normalfall vorliegt. Nun ist wegen des Normalfalls $Q\mathfrak{x}\ \mu y\, Q\mathfrak{x}y$, also nach (7) auch $Q\mathfrak{x}\ \mu y(Q\mathfrak{x}y \vee R\mathfrak{x}y)$, womit der Beweis für (6) beendet ist.

Satz 5: Die Prädikate Q und R seien rekursiv. Für das Prädikat P habe man die beiden Darstellungen

$$P\mathfrak{x} \leftrightarrow \bigvee_y Q\mathfrak{x}y, \qquad P\mathfrak{x} \leftrightarrow \bigwedge_y R\mathfrak{x}y \tag{8}$$

für alle $\mathfrak{x}$. *Dann ist P rekursiv.*

Diesen Satz kann man sofort auf den vorangehenden zurückführen, denn man hat $\neg P\mathfrak{x} \leftrightarrow \neg\bigwedge_y R\mathfrak{x}y \leftrightarrow \bigvee_y \neg R\mathfrak{x}y \leftrightarrow \bigvee_y \overline{R}\mathfrak{x}y$, und $\overline{R}$ ist ebenso wie R rekursiv.

3. Wir wollen noch drei *Beispiele* geben, und zwar 1. ein Beispiel für ein nicht aufzählbares Prädikat, welches wir in § 27.2 benötigten, 2. ein Beispiel für ein aufzählbares, aber nicht entscheidbares Prädikat, und schließlich 3. ein Beispiel für ein aufzählbares Prädikat, von welchem man bis heute nicht weiß, ob es entscheidbar ist oder nicht.

Beispiel 1. Wir greifen zurück auf das dreistellige primitiv-rekursive Kleenesche Prädikat T_1 (vgl. § 18.3). Wir führen ein einstelliges Prädikat P ein durch die Festsetzung, daß für jede Zahl x

$$Px \leftrightarrow \bigwedge_y \neg T_1 xxy.$$

Wir behaupten, daß P *nicht rekursiv aufzählbar* ist. Wir schließen indirekt. Wäre P rekursiv aufzählbar, so gäbe es nach Satz 2 eine Zahl t derart, daß für alle x

$$\bigwedge_y \neg T_1 xxy \leftrightarrow \bigvee_y T_1 txy.$$

Daraus folgt insbesondere für $x = t$ (Diagonalschluß!)

$$\bigwedge_y \neg T_1 tty \leftrightarrow \bigvee_y T_1 tty.$$

Beachtet man nun, daß stets $\bigwedge_y \neg\alpha$ äquivalent ist mit $\neg\bigvee_y \alpha$, so erhält man den Widerspruch

$$\neg\bigvee_y T_1 tty \leftrightarrow \bigvee_y T_1 tty.$$

Beispiel 2. Das einstellige Prädikat Q sei definiert durch die Festsetzung, daß für alle x

$$Qx \leftrightarrow \bigvee_y T_1 xxy.$$

Q ist nach Satz 1 rekursiv aufzählbar. Ferner hat man $Qx \leftrightarrow \neg Px$ für jedes x (vgl. das vorige Beispiel). Q und P sind also Komplementärprädikate. Wäre Q rekursiv, so wäre nach Satz 4 das Prädikat P rekursiv aufzählbar, was nicht der Fall ist. *Q ist also rekursiv aufzählbar, aber nicht rekursiv.*

Beispiel 3. Wir führen ein einstelliges Prädikat F ein, welches mit dem ungelösten Fermatschen Problem zusammenhängt. Wir setzen fest, daß für alle n

$$Fn \leftrightarrow \bigvee_x \bigvee_y \bigvee_z (xyz \neq 0 \wedge x^n + y^n = z^n).$$

Man hat $F1$ und $F2$. Man weiß nicht, ob $\neg Fn$ für alle übrigen n. Wenn dies der Fall wäre, so wäre F entscheidbar. Man weiß nicht, ob F entscheidbar ist. F ist aber rekursiv aufzählbar. Um dies nachzuweisen, muß man zu einer Darstellung für F übergehen, welche nur *einen* Existenzoperator bei rekursivem Kern besitzt. Das gelingt leicht, wenn man $t = \sigma_3(x, y, z)$ einführt, denn man hat offenbar:

$$Fn \leftrightarrow \bigvee_t \left(\sigma_{31}(t)\,\sigma_{32}(t)\,\sigma_{33}(t) \neq 0 \wedge \sigma_{31}(t)^n + \sigma_{32}(t)^n = \sigma_{33}(t)^n\right).$$

Literatur

Post, E.: Recursively Enumerable Sets of Positive Integers and their Decision Problems. Bull. Amer. math. Soc. **50**, 284–316 (1944).

Robinson, R. M.: Arithmetical Representation of Recursively Enumerable Sets. J. symbolic Logic **21**, 162–186 (1956).

Rosser, B.: Extensions of Some Theorems of Gödel and Church. J. symbolic Logic **1**, 87–91 (1936).

§ 29. Arithmetische Prädikate

In § 27.1 haben wir die arithmetischen Ausdrücke eingeführt und die durch sie definierten arithmetischen Prädikate. Wir wollen hier zeigen, daß die arithmetischen Prädikate eng zusammenhängen mit den rekursiven Prädikaten. Der wesentliche hierbei benötigte Hilfssatz ist Lemma 3 aus § 27.2. Mit Hilfe der rekursiven Prädikate haben Kleene und Mostowski eine abzählbare Folge („Hierarchie") von Klassen von Prädikaten eingeführt, deren Vereinigung die Klasse aller arithmetischen Prädikate ist. Die kleinste dieser Klassen ist die Klasse der rekursiven Prädikate, eine weitere die der rekursiv aufzählbaren Prädikate. Die späteren Klassen umfassen die vorangehenden. Es kommen jeweils immer neue Prädikate hinzu, welche „in einem höheren Grad unentscheidbar" sind als die vorangehenden. — Wir beschließen den Paragraphen mit einigen Bemerkungen zum zehnten Hilbertschen Problem.

1. Die Kleene-Mostowski-Hierarchie. $\mathsf{O}, \mathsf{V}, \mathsf{\Lambda}, \mathsf{V\Lambda}, \mathsf{\Lambda V}, \mathsf{V\Lambda V}, \ldots$ seien Klassen von Prädikaten beliebiger Stellenzahl, die folgendermaßen definiert sind:

$P \in \mathsf{O} =_{Df}$ es gibt ein rekursives Prädikat R, so daß für alle $\mathfrak{x}$: $P\mathfrak{x} \leftrightarrow R\mathfrak{x}$

$P \in \mathsf{V} =_{Df}$ es gibt ein rekursives Prädikat R, so daß für alle $\mathfrak{x}$: $P\mathfrak{x} \leftrightarrow \bigvee_{y_1} R\mathfrak{x}y_1$

$P \in \mathsf{\Lambda} =_{Df}$ es gibt ein rekursives Prädikat R, so daß für alle $\mathfrak{x}$: $P\mathfrak{x} \leftrightarrow \bigwedge_{y_1} R\mathfrak{x}y_1$

$P \in \mathsf{V\Lambda} =_{Df}$ es gibt ein rekursives Prädikat R, so daß für alle $\mathfrak{x}$: $P\mathfrak{x} \leftrightarrow \bigvee_{y_1} \bigwedge_{y_2} R\mathfrak{x}y_1y_2$

$P \in \mathsf{\Lambda V} =_{Df}$ es gibt ein rekursives Prädikat R, so daß für alle $\mathfrak{x}$: $P\mathfrak{x} \leftrightarrow \bigwedge_{y_1} \bigvee_{y_2} R\mathfrak{x}y_1y_2$

$P \in \mathsf{V\Lambda V} =_{Df}$ es gibt ein rekursives Prädikat R, so daß für alle $\mathfrak{x}$: $P\mathfrak{x} \leftrightarrow \bigvee_{y_1} \bigwedge_{y_2} \bigvee_{y_3} R\mathfrak{x}y_1y_2y_3$

usf.

O ist also die Klasse der rekursiven Prädikate, V die Klasse der rekursiv aufzählbaren Prädikate.

Die Klassen lassen sich in einem zweizeiligen Schema folgendermaßen anordnen, wobei die Klasse O doppelt genannt wird:

$$(*) \qquad \begin{cases} \mathsf{O} & \mathsf{V} & \mathsf{V\Lambda} & \mathsf{V\Lambda V} & \mathsf{V\Lambda V\Lambda} & \ldots \\ \mathsf{O} & \mathsf{\Lambda} & \mathsf{\Lambda V} & \mathsf{\Lambda V\Lambda} & \mathsf{\Lambda V\Lambda V} & \ldots \end{cases}$$

Klassen, welche in diesem Schema übereinanderstehen, wollen wir *korrespondierende* Klassen nennen. Zum Beispiel sind O und O, sowie $\mathsf{\Lambda}$ und V korrespondierende Klassen. — Wir behaupten den

Satz: (a) Jede der in Schema (∗) genannten Klassen enthält nur arithmetische Prädikate.

(b) Jedes arithmetische Prädikat gehört zu wenigstens einer Klasse des Schemas (∗).

(c) Jede Klasse des Schemas (∗) ist enthalten in jeder (oben oder unten) weiter rechts stehenden Klasse.

(d) Von zwei korrespondierenden Klassen enthält jede die Komplementärprädikate der anderen.

(e) In jeder Klasse, abgesehen von O, gibt es ein Prädikat, welches in keiner (oben und unten) links stehenden Klasse vorkommt, und außerdem auch nicht in der korrespondierenden Klasse. Es gibt sogar solche Prädikate beliebiger Stellenzahl $\geqq 1$.

(f) Für alle $\mathfrak{x}$ sei

$$P_3\mathfrak{x} \leftrightarrow P_1\mathfrak{x} \wedge P_2\mathfrak{x}, \qquad P_4\mathfrak{x} \leftrightarrow P_1\mathfrak{x} \vee P_2\mathfrak{x}.$$

Wenn P_1 und P_2 in einer Klasse des Schemas (*) liegen, so liegen auch P_3 und P_4 in dieser Klasse. Jede Klasse ist also abgeschlossen gegenüber Durchschnitts- und Vereinigungsbildung.

(g) Der Durchschnitt der beiden Klassen V und Λ ist gleich O.

(h) Abgesehen von dem in (g) erwähnten Fall enthält der Durchschnitt von zwei korrespondierenden Klassen mehr Elemente als die Vereinigung der beiden vorangehenden korrespondierenden Klassen.

Die Behauptungen (b), (c), (e), (g), (h) sind in der folgenden *Figur* dargestellt. Dabei gilt:

O wird durch das Eckquadrat links unten dargestellt.

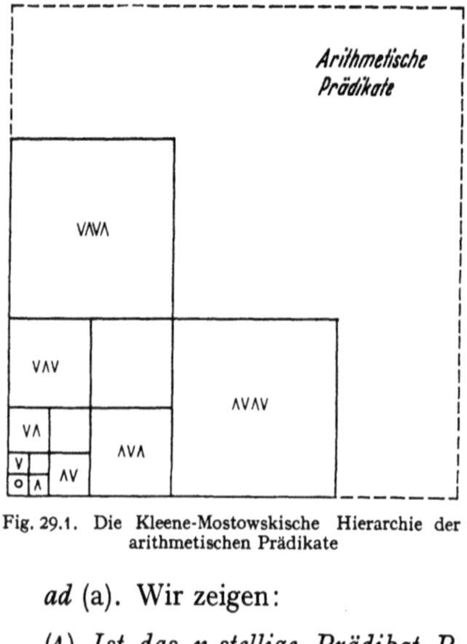

Fig. 29.1. Die Kleene-Mostowskische Hierarchie der arithmetischen Prädikate

Die Klassen V... werden durch das Quadrat wiedergegeben, in welches das Zeichen „V..." eingetragen ist, *zusammen* mit dem *unten* benachbarten Quadrat.

Die Klassen Λ... werden durch das Quadrat wiedergegeben, in welches das Zeichen „Λ..." eingetragen ist, *zusammen* mit dem *links* benachbarten Quadrat.

2. Den *Beweis* für die Behauptungen (a), ..., (h) führen wir in einer teilweise geänderten Reihenfolge:

ad (a). Wir zeigen:

(1) *Ist das n-stellige Prädikat P arithmetisch und geht das* $(n-1)$-*stellige Prädikat Q durch i-te Generalisierung oder i-te Partikularisierung aus P hervor, so ist auch Q arithmetisch.* Wenn nämlich $\alpha(\xi_1, \ldots, \xi_n)$ das

Prädikat P definiert, so definiert $\bigwedge_{\xi_i}\alpha(\xi_1, \ldots, \xi_n)$ bzw. $\bigvee_{\xi_i}\alpha(\xi_1, \ldots, \xi_n)$ das Prädikat Q. Wir zeigen dies ausführlich für den Fall der Generalisierung. Nach § 27, Lemma 1 ist zu zeigen, daß für eine beliebige Interpretation $\mathfrak{J}$ der Ausdruck $\bigwedge_{\xi_i}\alpha$ bei $\mathfrak{J}$ genau dann gilt, wenn

$$Q\,\mathfrak{J}(\xi_1)\ldots\mathfrak{J}(\xi_{i-1})\,\mathfrak{J}(\xi_{i+1})\ldots\mathfrak{J}(\xi_n),$$

wobei der analoge Sachverhalt für α und P vorausgesetzt werden darf. Man hat in der Tat

$\bigwedge_{\xi_i}\alpha$ gilt bei $\mathfrak{J}$ genau dann, wenn α gilt bei jedem $\mathfrak{J}' \underset{\xi_i}{=} \mathfrak{J}$
genau dann, wenn $P\mathfrak{J}'(\xi_1)\ldots\mathfrak{J}'(\xi_n)$ für jedes $\mathfrak{J}' \underset{\xi_i}{=} \mathfrak{J}$
genau dann, wenn $P\mathfrak{J}(\xi_1)\ldots\mathfrak{J}'(\xi_i)\ldots\mathfrak{J}(\xi_n)$ für jedes $\mathfrak{J}' \underset{\xi_i}{=} \mathfrak{J}$
genau dann, wenn $P\mathfrak{J}(\xi_1)\ldots\mathfrak{r}_i\ldots\mathfrak{J}(\xi_n)$ für jedes $\mathfrak{r}_i$
genau dann, wenn $Q\,\mathfrak{J}(\xi_1)\ldots\mathfrak{J}(\xi_{i-1})\,\mathfrak{J}(\xi_{i+1})\ldots\mathfrak{J}(\xi_n)$.

(2) *Jedes primitiv-rekursive Prädikat P ist arithmetisch.* Zu P gibt es eine primitiv-rekursive Funktion f, so daß $P\mathfrak{x}$ genau dann, wenn $f(\mathfrak{x}) = 0$. Aus § 27, Lemma 3, ergibt sich, daß das Prädikat Q, für welches $Q\mathfrak{x}y$ genau dann, wenn $f(\mathfrak{x}) = y$, durch einen arithmetischen Ausdruck $\alpha_f(\xi_1, \ldots, \xi_n, \xi)$ definiert wird. Dann wird P offenbar durch den Ausdruck $\bigvee_{\xi}(\alpha_f(\xi_1, \ldots, \xi_n, \xi) \wedge \xi = 0)$ definiert, ist also arithmetisch.

(3) *Jedes rekursive Prädikat P ist arithmetisch.* P ist nach § 28.2, Satz 4 rekursiv aufzählbar. Daher gibt es nach dem Kleeneschen Aufzählungstheorem eine Zahl t, derart daß $P\mathfrak{x} \leftrightarrow \bigvee_{y} T_n t\mathfrak{x}y$ für alle $\mathfrak{x}$. Das $(n+1)$-stellige Prädikat Q, welches definiert ist durch $Q\mathfrak{x}y \leftrightarrow T_n t\mathfrak{x}y$ (für dieses feste t) ist nach (2) arithmetisch. (Q ist nämlich primitiv rekursiv, weil Q aus T_n durch eine Einsetzung entsteht.) Man hat $P\mathfrak{x} \leftrightarrow \bigvee_{y} Q\mathfrak{x}y$. P ist also nach (1) arithmetisch.

(4) *Jedes Prädikat aus* O *ist nach* (3) *arithmetisch.* Daß auch *die Prädikate der späteren Klassen arithmetisch* sind, ergibt sich hieraus mit (1).

ad (c). Es genügt zu zeigen, daß ein Prädikat P, welches in irgendeiner der Kleene-Mostowskischen Klassen liegt, auch in den beiden oben und unten unmittelbar rechts stehenden Klassen liegt. Wir führen den Beweis durch für die Klasse $\bigwedge\bigvee\bigwedge$. (In allen anderen Fällen führt man ihn analog.) Man hat für alle $\mathfrak{x}$:

$$\begin{aligned} P\mathfrak{x} &\leftrightarrow \bigwedge_{y_1}\bigvee_{y_2}\bigwedge_{y_3} R\mathfrak{x}y_1y_2y_3 \\ &\leftrightarrow \bigwedge_{y_2}\bigvee_{y_3}\bigwedge_{y_4} R\mathfrak{x}y_2y_3y_4 \\ &\leftrightarrow \bigvee_{y_1}\bigwedge_{y_2}\bigvee_{y_3}\bigwedge_{y_4}(y_1 = y_1 \wedge R\mathfrak{x}y_2y_3y_4). \end{aligned}$$

Da $y_1 = y_1 \wedge R\mathfrak{x} y_2 y_3 y_4$ rekursiv ist, zeigt diese Darstellung, daß $P \in \vee\wedge\vee\wedge$. Daß auch $P \in \wedge\vee\wedge\vee$, folgt daraus, daß für alle $\mathfrak{x}$

$$P\mathfrak{x} \leftrightarrow \bigwedge_{y_1} \bigvee_{y_2} \bigwedge_{y_3} R\mathfrak{x} y_1 y_2 y_3$$
$$\leftrightarrow \bigwedge_{y_1} \bigvee_{y_2} \bigwedge_{y_3} \bigvee_{y_4} (R\mathfrak{x} y_1 y_2 y_3 \wedge y_4 = y_4).$$

ad (d). Diese Behauptung besagt für die Klasse O, daß ein Prädikat genau dann das Komplement eines rekursiven Prädikates ist, wenn es selbst rekursiv ist. Das folgt unmittelbar aus dem Satz in § 14.2. Nehmen wir nun irgendeine andere Klasse. Wir führen die Überlegung durch an dem Beispiel $\vee\wedge\vee$ (für die anderen Fälle verläuft der Beweis analog). Wir haben zu zeigen, daß für ein beliebiges $P \in \vee\wedge\vee$ das Komplement $\overline{P}$ in $\wedge\vee\wedge$ liegt, und daß umgekehrt für ein beliebiges $Q \in \wedge\vee\wedge$ das Komplement $\overline{Q}$ in $\vee\wedge\vee$ liegt. Wir beweisen nur die erste Hälfte (die zweite folgt analog). Falls $P \in \vee\wedge\vee$, so gibt es ein rekursives Prädikat R, so daß für alle $\mathfrak{x}$:

$$P\mathfrak{x} \leftrightarrow \bigvee_{y_1} \bigwedge_{y_2} \bigvee_{y_3} R\mathfrak{x} y_1 y_2 y_3$$

und damit

$$\neg P\mathfrak{x} \leftrightarrow \neg \bigvee_{y_1} \bigwedge_{y_2} \bigvee_{y_3} R\mathfrak{x} y_1 y_2 y_3$$
$$\leftrightarrow \bigwedge_{y_1} \bigvee_{y_2} \bigwedge_{y_3} \neg R\mathfrak{x} y_1 y_2 y_3.$$

Da $\overline{R}$ rekursiv ist, zeigt diese Darstellung, daß $\overline{P} \in \wedge\vee\wedge$.

ad (b). Die arithmetischen Prädikate sind durch die arithmetischen Ausdrücke definiert. Wir wollen durch Induktion über den Aufbau dieser Ausdrücke zeigen, daß jeder solche Ausdruck ein Prädikat definiert, welches in einer der Klassen des Schemas (*) liegt.

(b_1) Zu jedem Term t, der höchstens die Variablen $\xi_1, \ldots, \xi_n$ in irgendeiner Reihenfolge enthält, gibt es offenbar eine primitiv-rekursive Funktion f, derart daß für jede Interpretation $\mathfrak{I}(t) = f(\mathfrak{I}(\xi_1), \ldots, \mathfrak{I}(\xi_n))$. Es sei ein arithmetischer Ausdruck $t_1 = t_2$ gegeben, in welchem die Variablen $\xi_1, \ldots, \xi_n$ vorkommen mögen, in der natürlichen Reihenfolge geordnet. Diese Gleichung definiert ein arithmetisches Prädikat P, für welches

$P\mathfrak{r}_1 \ldots \mathfrak{r}_n$ genau dann,

wenn es ein $\mathfrak{I}$ gibt mit $\mathfrak{I}(\xi_1) = \mathfrak{r}_1, \ldots, \mathfrak{I}(\xi_n) = \mathfrak{r}_n$,

bei welchem $t_1 = t_2$ gilt.

Daß $t_1 = t_2$ bei $\mathfrak{I}$ gilt, bedeutet $\mathfrak{I}(t_1) = \mathfrak{I}(t_2)$, also $f_1(\mathfrak{I}(\xi_1), \ldots, \mathfrak{I}(\xi_n)) = f_2(\mathfrak{I}(\xi_1), \ldots, \mathfrak{I}(\xi_n))$, wenn f_1, f_2 die den Termen t_1, t_2 nach der vorangehenden Bemerkung zugeordneten Funktionen sind. Damit hat man

$$P\mathfrak{r}_1 \ldots \mathfrak{r}_n \text{ genau dann, wenn } f_1(\mathfrak{r}_1, \ldots, \mathfrak{r}_n) = f_2(\mathfrak{r}_1, \ldots, \mathfrak{r}_n).$$

Diese Darstellung zeigt, daß P (sogar primitiv-) rekursiv ist, also zur Klasse O gehört.

(b$_2$) Das durch α definierte arithmetische Prädikat P gehöre zu einer Klasse des Schemas (*). Das durch $\neg\alpha$ definierte Prädikat Q ist das Komplement von P, gehört also zur Komplementärklasse, wie bereits *ad* (d) bewiesen wurde.

(b$_3$) Die durch die Ausdrücke α_1, α_2 definierten Prädikate P_1, P_2 mögen zu Klassen des Schemas (*) gehören. Wir haben zu zeigen, daß auch das durch den Ausdruck $\alpha_1 \wedge \alpha_2$ definierte Prädikat Q zu einer solchen Klasse gehört. Die freien in α_1 oder in α_2 vorkommenden Variablen seien $\xi_1, \ldots, \xi_n$, aufgezählt in ihrer natürlichen Reihenfolge. Wir verwenden im folgenden die Schreibweise $\alpha_i[\xi_1, \ldots, \xi_n]$, um damit zum Ausdruck zu bringen, daß nicht notwendig alle $\xi_1, \ldots, \xi_n$ in α_i frei vorkommen. Man hat nun nach Lemma 1 aus § 27.1 für alle $\mathfrak{I}$:

$$\alpha_1[\xi_1, \ldots, \xi_n] \text{ gilt bei } \mathfrak{I} \text{ genau dann, wenn } P_1[\mathfrak{I}(\xi_1) \ldots \mathfrak{I}(\xi_n)]$$

$$\alpha_2[\xi_1, \ldots, \xi_n] \text{ gilt bei } \mathfrak{I} \text{ genau dann, wenn } P_2[\mathfrak{I}(\xi_1) \ldots \mathfrak{I}(\xi_n)],$$

wobei die Schreibweise $P_i[\mathfrak{I}(\xi_1) \ldots \mathfrak{I}(\xi_n)]$ andeuten soll, daß die $\mathfrak{I}(\xi_j)$ fortzulassen sind, für welche ξ_j in α_i nicht frei auftritt. Schließlich hat man für jedes $\mathfrak{I}$

$$(\alpha_1 \wedge \alpha_2)(\xi_1, \ldots, \xi_n) \text{ gilt bei } \mathfrak{I} \text{ genau dann, wenn } Q\mathfrak{I}(\xi_1) \ldots \mathfrak{I}(\xi_n).$$

Aus diesen drei Beziehungen folgt, daß für jedes $\mathfrak{I}$

$$Q\mathfrak{I}(\xi_1) \ldots \mathfrak{I}(\xi_n) \text{ genau dann, wenn } P_1[\mathfrak{I}(\xi_1) \ldots \mathfrak{I}(\xi_n)] \text{ und } P_2[\mathfrak{I}(\xi_1) \ldots \mathfrak{I}(\xi_n)].$$

Dies ist gleichbedeutend damit, daß für alle $\mathfrak{x}$

$$Q\mathfrak{x} \leftrightarrow P_1[\mathfrak{x}] \wedge P_2[\mathfrak{x}].$$

Wir können wegen (c) annehmen, daß P_1 in einer Klasse $\ldots\vee$ und daß P_2 in einer Klasse $\wedge\ldots$ liegt. Um kompliziertere Formeln zu vermeiden, nehmen wir an, daß $P_1 \in \wedge\vee$, $P_2 \in \wedge\vee\wedge$. Dann gibt es rekursive Prädikate R_1, R_2, so daß für alle $\mathfrak{x}$

$$P_1[\mathfrak{x}] \leftrightarrow \bigwedge_{y_1}\bigvee_{y_2} R_1[\mathfrak{x}]y_1y_2 \qquad P_2[\mathfrak{x}] \leftrightarrow \bigwedge_{y_1}\bigvee_{y_2}\bigwedge_{y_3} R_2[\mathfrak{x}]y_1y_2y_3.$$

Es folgt

$$Q\mathfrak{x} \leftrightarrow P_1[\mathfrak{x}] \wedge P_2[\mathfrak{x}] \leftrightarrow \bigwedge_{y_1}\bigvee_{y_2} R_1[\mathfrak{x}]y_1y_2 \wedge \bigwedge_{y_3}\bigvee_{y_4}\bigwedge_{y_5} R_2[\mathfrak{x}]y_3y_4y_5$$

$$\leftrightarrow \bigwedge_{y_1}\bigvee_{y_2}\bigwedge_{y_3}\bigvee_{y_4}\bigwedge_{y_5}\left(R_1[\mathfrak{x}]y_1y_2 \wedge R_2[\mathfrak{x}]y_3y_4y_5\right).$$

Diese Darstellung zeigt, daß $Q \in \wedge\vee\wedge\vee\wedge$, da der Kern ein Prädikat beschreibt, welches nach §14.2 rekursiv ist.

(b_4) Das durch α definierte Prädikat P liege in einer Klasse des Schemas (*). Wegen (c) können wir annehmen, daß $P \in \vee \ldots$. Wir wollen zeigen, daß das durch $\bigwedge_\xi \alpha$ definierte Prädikat in der Klasse $\wedge\vee\ldots$ liegt. Dies folgt sofort aus den Betrachtungen *ad* (a) (1).

ad (e). Wegen (c) genügt es zu zeigen, daß es in jeder von O verschiedenen Klasse ein Prädikat P gibt, welches nicht in der korrespondierenden Klasse vorkommt. Wir zeigen, daß es in der Klasse $\wedge\vee\wedge$ ein Prädikat gibt, welches nicht in der korrespondierenden Klasse liegt. Entsprechend kann der Beweis für jede Klasse $\ldots\wedge$ geführt werden. Zu den Klassen $\ldots\vee$ vgl. die abschließende Bemerkung. Einen Spezialfall haben wir bereits in § 28.3, Beispiel 2, besprochen.

Wir zeigen, daß das durch $\bigwedge_{y_1}\bigvee_{y_2}\bigwedge_{y_3}\neg T_3xxy_1y_2y_3$ gegebene Prädikat, welches offenbar in der Klasse $\wedge\vee\wedge$ liegt, nicht zu $\vee\wedge\vee$ gehört. Sonst gäbe es ein rekursives Prädikat R, so daß für alle x

$$\bigwedge_{y_1}\bigvee_{y_2}\bigwedge_{y_3}\neg T_3xxy_1y_2y_3 \leftrightarrow \bigvee_{y_1}\bigwedge_{y_2}\bigvee_{y_3} Rxy_1y_2y_3.$$

Nach dem Kleeneschen Aufzählungstheorem (in der Formulierung in §18.6) gibt es eine Zahl t, derart daß für alle x, y_1, y_2

$$\bigvee_{y_3} Rxy_1y_2y_3 \leftrightarrow \bigvee_{y_3} T_3txy_1y_2y_3.$$

Es folgt für ein solches t und für alle x

$$\bigwedge_{y_1}\bigvee_{y_2}\bigwedge_{y_3}\neg T_3xxy_1y_2y_3 \leftrightarrow \bigvee_{y_1}\bigwedge_{y_2}\bigvee_{y_3} T_3txy_1y_2y_3.$$

Diese Beziehung hat man für alle x, also insbesondere für $x = t$ *(Diagonalverfahren!)*. Damit erhält man den *Widerspruch*

$$\bigwedge_{y_1}\bigvee_{y_2}\bigwedge_{y_3}\neg T_3tty_1y_2y_3 \leftrightarrow \bigvee_{y_1}\bigwedge_{y_2}\bigvee_{y_3} T_3tty_1y_2y_3.$$

Wir können so zeigen, daß es in jeder Klasse $\ldots\wedge$ ein Prädikat P gibt, welches nicht in der korrespondierenden Klasse $\ldots\vee$ liegt. Dann liegt das Komplement $\overline{P}$ eines solchen Prädikates P nach (d) in $\ldots\vee$, aber nicht in $\ldots\wedge$, da sonst $\overline{\overline{P}}$, d.h. P, in $\ldots\vee$ läge.

Hiermit ist zunächst die Existenz eines *ein*stelligen Prädikates mit der verlangten Eigenschaft gezeigt. Die Existenz mehrstelliger solcher Prädikate ergibt sich hieraus wie folgt, wobei wir als typisches Beispiel den Fall der Zweistelligkeit behandeln wollen. Das bereits gefundene einstellige Prädikat sei P, wobei für alle x genau dann Px, wenn

$$\prod_{y_1,\ldots,y_n} Rxy_1\ldots y_n.$$

Hierbei charakterisiere das Präfix Π die Hierarchieklasse von P, und R sei ein rekursives Prädikat. Wir betrachten nun das zweistellige Prädikat Q, wobei für alle x, z genau dann Qxz, wenn

$$\prod_{y_1, \ldots, y_n} Rxy_1 \ldots y_n \wedge z = z .$$

Trivialerweise ist dieses Prädikat schreibbar in der Form

$$\prod_{y_1, \ldots, y_n} (Rxy_1 \ldots y_n \wedge z = z) .$$

Dies zeigt, daß das Prädikat Q in der Hierarchieklasse Π liegt. Läge Q sogar in einer Hierarchieklasse Π', die links von Π vorkommt, oder die mit Π korrespondiert, so hätten wir für alle x, z genau dann Qxz, wenn

$$\prod_{u_1, \ldots, u_r}' Sxzu_1 \ldots u_r$$

mit rekursivem S. Daraus ergibt sich, daß für alle x genau dann Px, wenn

$$\prod_{u_1, \ldots, u_r}' Sxxu_1 \ldots u_r .$$

Dann läge also auch P in der Klasse Π', was nicht der Fall ist.

ad (g). Dies ist der Inhalt von § 28.2, Satz 5.

ad (f). Wir führen den Beweis durch für die Klasse $\bigvee\bigwedge\bigvee$ (für die anderen Klassen folgt die Behauptung analog). Zunächst hat man für beliebige Prädikate Q_1, Q_2 (bei denen wir nur die wesentliche Argumentstelle vermerken):

$$\bigwedge_y Q_1 y \wedge \bigwedge_y Q_2 y \leftrightarrow \bigwedge_y (Q_1 y \wedge Q_2 y)$$

$$\bigvee_y Q_1 y \vee \bigvee_y Q_2 y \leftrightarrow \bigvee_y (Q_1 y \vee Q_2 y)$$

$$\bigvee_y Q_1 y \wedge \bigvee_y Q_2 y \leftrightarrow \bigvee_y \big(Q_1 \sigma_{21}(y) \wedge Q_2 \sigma_{22}(y)\big)$$

$$\bigwedge_y Q_1 y \vee \bigwedge_y Q_2 y \leftrightarrow \bigwedge_y \big(Q_1 \sigma_{21}(y) \vee Q_2 \sigma_{22}(y)\big) .$$

Die beiden ersten Äquivalenzen sind rein logischer Natur. Wir zeigen die vorletzte (die letzte zeigt man in ähnlicher Weise). Es bedarf nur einer Überlegung, daß $\bigvee_y \big(Q_1 \sigma_{21}(y) \wedge Q_2 \sigma_{22}(y)\big)$, wenn $\bigvee_y Q_1 y$ und $\bigvee_y Q_2 y$. Dazu nehme man ein y_1 mit $Q_1 y_1$ und ein y_2 mit $Q_2 y_2$ und setze $y = \sigma_2(y_1, y_2)$.

Wir zeigen nun die Behauptung von (f) für P_3 (für P_4 ergibt sie sich analog).

Wegen $P_1 \in \bigvee\bigwedge\bigvee$ und $P_2 \in \bigvee\bigwedge\bigvee$ haben wir Darstellungen

$$P_1\mathfrak{x} \leftrightarrow \bigvee_{y_1}\bigwedge_{y_2}\bigvee_{y_3} R_1\mathfrak{x}y_1y_2y_3, \qquad P_2\mathfrak{x} \leftrightarrow \bigvee_{y_1}\bigwedge_{y_2}\bigvee_{y_3} R_2\mathfrak{x}y_1y_2y_3$$

mit rekursiven Prädikaten R_1, R_2. Es folgt für jedes $\mathfrak{x}$

$$\begin{aligned} P_3\mathfrak{x} &\leftrightarrow \bigvee_{y_1}\bigwedge_{y_2}\bigvee_{y_3} R_1\mathfrak{x}y_1y_2y_3 \wedge \bigvee_{y_1}\bigwedge_{y_2}\bigvee_{y_3} R_2\mathfrak{x}y_1y_2y_3 \\ &\leftrightarrow \bigvee_{y_1}\Big(\bigwedge_{y_2}\bigvee_{y_3} R_1\mathfrak{x}\sigma_{21}(y_1)y_2y_3 \wedge \bigwedge_{y_2}\bigvee_{y_3} R_2\mathfrak{x}\sigma_{22}(y_1)y_2y_3\Big) \\ &\leftrightarrow \bigvee_{y_1}\bigwedge_{y_2}\Big(\bigvee_{y_3} R_1\mathfrak{x}\sigma_{21}(y_1)y_2y_3 \wedge \bigvee_{y_3} R_2\mathfrak{x}\sigma_{22}(y_1)y_2y_3\Big) \\ &\leftrightarrow \bigvee_{y_1}\bigwedge_{y_2}\bigvee_{y_3}\Big(R_1\mathfrak{x}\sigma_{21}(y_1)y_2\sigma_{21}(y_3) \wedge R_2\mathfrak{x}\sigma_{22}(y_1)y_2\sigma_{22}(y_3)\Big). \end{aligned}$$

Die letzte Formel enthält einen rekursiven Kern und zeigt damit, daß $P_3 \in \bigvee\bigwedge\bigvee$.

ad (h). Wir wollen zeigen, daß es ein Prädikat Q gibt, welches sowohl in der Klasse $\bigvee\bigwedge\cdots$, als auch in der korrespondierenden Klasse $\bigwedge\bigvee---$ liegt (wobei $---$ aus $\cdots$ durch Vertauschung der Symbole $\bigwedge$ und $\bigvee$ entsteht), aber weder in der Klasse $\bigvee---$ (welche $\bigvee\bigwedge\cdots$ vorangeht) noch in der dazu korrespondierenden Klasse $\bigwedge\cdots$ (welche $\bigwedge\bigvee---$ vorangeht). Zu diesem Zweck gehen wir aus von einem einstelligen Prädikat P, welches in $\bigvee---$, aber nicht in $\bigwedge\cdots$ liegt (siehe (e)). Dann liegt das Komplement $\overline{P}$ in $\bigwedge\cdots$, aber nicht in $\bigvee---$ (siehe (d)). Wir haben also die Darstellungen:

$$Px \leftrightarrow \bigvee_{y_1}---Rxy_1\ldots, \qquad \neg Px \leftrightarrow \bigwedge_{y_1}\cdots\neg Rxy_1\ldots$$

mit rekursivem R. Nun definieren wir das zweistellige Prädikat Q durch die Festsetzung, daß für alle x, z

$$Qxz \leftrightarrow (Px \wedge z=0) \vee (\neg Px \wedge z=1).$$

Wegen $Px \wedge z=0 \leftrightarrow \bigvee_{y_1}---(Rxy_1\ldots \wedge z=0)$ liegt das durch $Px\wedge z=0$ definierte zweistellige Prädikat P_1 in $\bigvee---$. Wegen

$$\neg Px \wedge z=1 \leftrightarrow \bigwedge_{y_1}\cdots(\neg Rxy_1\ldots \wedge z=1)$$

liegt das durch $\neg Px\wedge z=1$ definierte zweistellige Prädikat P_2 in $\bigwedge\cdots$. Nach (c) liegen daher P_1 und P_2 sowohl in $\bigvee\bigwedge\cdots$, als auch in $\bigwedge\bigvee---$. Wegen

$$Qxz \leftrightarrow P_1xz \vee P_2xz$$

liegt nach (f) auch das Prädikat Q sowohl in $\bigvee\bigwedge\cdots$, als auch in $\bigwedge\bigvee---$, also im Durchschnitt dieser beiden Klassen.

Es bleibt zu zeigen, daß Q weder in $\bigvee---$ noch in $\bigwedge\cdots$ liegt. Wir beschränken uns aus Symmetriegründen auf den Nachweis, daß $Q \notin \bigvee---$.

Wir schließen indirekt. Läge Q in $\bigvee$---, so gäbe es ein rekursives Prädikat R_0, derart daß für alle x, z

$$Qxz \leftrightarrow \bigvee_{y_1} \text{---} R_0 xzy_1 \ldots .$$

Es folgt $Qx1 \leftrightarrow \bigvee_{y_1} \cdots R_0 x1y_1 \ldots$, so daß also auch das durch $Qx1$ gegebene einstellige Prädikat in der Klasse $\bigvee$--- liegt. Andererseits verifiziert man sofort, daß $Qx1 \leftrightarrow \neg Px$. Es wäre also $\overline{P} \in \bigvee$---, entgegen unserer Annahme.

2. *Das zehnte Hilbertsche Problem* fragt nach einem Algorithmus, mit dessen Hilfe man für jede diophantische Gleichung entscheiden kann, ob sie lösbar ist oder nicht. Wir wollen diese 1970 von MATIJASEVIČ negativ beantwortete Frage in unsere Problemstellungen einordnen.

Eine *diophantische Gleichung* ist eine Gleichung der Form $P=0$, wobei P ein Polynom in n Variablen $x_1, \ldots, x_n$ mit *ganzzahligen* Koeffizienten ist. Man sagt, daß $P=0$ *lösbar* ist, wenn es *ganze* Zahlen $g_1, \ldots, g_n$ gibt, welche P annullieren.

Wir wollen zunächst zeigen, daß man das Problem reduzieren kann auf ein Problem, bei dem nur Polynome mit Koeffizienten auftreten, die *natürliche Zahlen* sind, und bei dem nach einer Lösung durch *natürliche Zahlen* gefragt wird. Beginnen wir mit dem letzten Anliegen: $(\varepsilon_1, \ldots, \varepsilon_n)$ sei eine Folge von Zahlen ε_i mit $\varepsilon_i = \pm 1$. Jeder dieser 2^n Folgen ordnen wir ein Polynom $P_{\varepsilon_1, \ldots, \varepsilon_n}$ zu durch die Definition:

$$P_{\varepsilon_1, \ldots, \varepsilon_n}(z_1, \ldots, z_n) = P(\varepsilon_1 z_1, \ldots, \varepsilon_n z_n).$$

Wenn nun $P_{\varepsilon_1, \ldots, \varepsilon_n}$ eine Lösung in natürlichen Zahlen $r_1, \ldots, r_n$ besitzt, so hat P die ganzzahlige Lösung $\varepsilon_1 r_1, \ldots, \varepsilon_n r_n$. Wenn andererseits P eine ganzzahlige Lösung $g_1, \ldots, g_n$ besitzt, und wenn ε_i so gewählt wird, daß $\varepsilon_i g_i \geqq 0$ $(i=1, \ldots, n)$, so besitzt $P_{\varepsilon_1, \ldots, \varepsilon_n}$ die Lösung $\varepsilon_1 g_1, \ldots, \varepsilon_n g_n$ in natürlichen Zahlen. Aus diesen Bemerkungen ergibt sich, daß P genau dann eine ganzzahlige Lösung besitzt, wenn wenigstens eines der Polynome $P_{\varepsilon_1, \ldots, \varepsilon_n}$ eine Lösung in natürlichen Zahlen besitzt. Man kann statt dessen auch sagen, daß das Polynom $Q = \prod_{\varepsilon_1, \ldots, \varepsilon_n} P_{\varepsilon_1, \ldots, \varepsilon_n}$ eine Lösung in *natürlichen Zahlen* hat. Man braucht daher nur nach der Lösbarkeit in natürlichen Zahlen zu fragen.

Man kann die in einer Polynomgleichung $Q_1=0$ auftretenden negativen Koeffizienten in trivialer Weise beseitigen, dadurch daß man die entsprechenden Glieder auf die rechte Seite herübernimmt. Damit erhält man eine Gleichung der Form $P=Q$, wobei P und Q Terme sind, welche sich aus Variablen und Symbolen für die Konstanten $0, 1, 2, \ldots$ aufbauen lassen. Solche Gleichungen wollen wir *Polynomgleichungen* nennen. Sind $x_1, \ldots, x_n$ die in $P=Q$ vorkommenden Variablen, so hat diese Polynomgleichung genau dann eine Lösung, wenn $\bigvee_{x_1} \ldots \bigvee_{x_n} P=Q$

wahr ist. Das *zehnte Hilbertsche Problem fragt also nach einem Algorithmus, mit dessen Hilfe man entscheiden kann, ob eine beliebige arithmetische Aussage der speziellen Form*

$$\bigvee_{x_1}\ldots\bigvee_{x_n} P=Q$$

wahr ist oder nicht.

Man kann den Zusammenhang mit den arithmetischen Aussagen noch pointierter formulieren: Man kann nämlich *jeder arithmetischen Aussage* α *effektiv eine Polynomgleichung* $P=Q$ *zuordnen, und ein Präfix der Gestalt* $\mathop{\bigvee\!\!\!\!\!\bigwedge}_{x_1}\cdots\mathop{\bigvee\!\!\!\!\!\bigwedge}_{x_n}$ (wobei $\bigvee\!\!\!\!\!\bigwedge$ gleich $\bigwedge$ oder gleich $\bigvee$ ist), *derart daß* α *genau dann wahr ist, wenn*

$$(**)\qquad \mathop{\bigvee\!\!\!\!\!\bigwedge}_{x_1}\cdots\mathop{\bigvee\!\!\!\!\!\bigwedge}_{x_n} P=Q$$

wahr ist. Wir zeigen allgemeiner, daß man jedem arithmetischen *Ausdruck* einen äquivalenten Ausdruck der angegebenen Form zuordnen kann (wobei im allgemeinen in P, Q Variablen auftreten, welche nicht durch das „Präfix" $\mathop{\bigvee\!\!\!\!\!\bigwedge}_{x_1}\cdots\mathop{\bigvee\!\!\!\!\!\bigwedge}_{x_n}$ gebunden werden). Wir beschränken uns auf die Angabe der wesentlichen Schritte.

Wir machen bei dem Beweis Gebrauch von den folgenden Beziehungen:

$$(1)\qquad \begin{aligned} P_1=Q_1\wedge P_2=Q_2 &\leftrightarrow (P_1-Q_1)=0\wedge(P_2-Q_2)=0\\ &\leftrightarrow (P_1-Q_1)^2+(P_2-Q_2)^2=0\\ &\leftrightarrow P_1^2+Q_1^2+P_2^2+Q_2^2=2P_1Q_1+2P_2Q_2 \end{aligned}$$

$$(2)\qquad \begin{aligned} P_1=Q_1\vee P_2=Q_2 &\leftrightarrow (P_1-Q_1)=0\vee(P_2-Q_2)=0\\ &\leftrightarrow (P_1-Q_1)(P_2-Q_2)=0\\ &\leftrightarrow P_1P_2+Q_1Q_2=P_1Q_2+Q_1P_2 \end{aligned}$$

$$(3)\qquad z\neq 0 \leftrightarrow \bigvee_u z=u+1$$

$$(4)\qquad P\neq Q \leftrightarrow \bigvee_z\big(z\neq 0\wedge(P+z=Q\vee P=Q+z)\big)$$

$$(5)\qquad \begin{aligned} \neg\bigwedge_x\delta &\leftrightarrow \bigvee_x\neg\delta\\ \neg\bigvee_x\delta &\leftrightarrow \bigwedge_x\neg\delta \end{aligned}$$

(6) $\mathop{\bigvee\!\!\!\!\!\bigwedge}_{x_1}\cdots\mathop{\bigvee\!\!\!\!\!\bigwedge}_{x_n}\delta_1\wedge\mathop{\bigvee\!\!\!\!\!\bigwedge}_{y_1}\cdots\mathop{\bigvee\!\!\!\!\!\bigwedge}_{y_m}\delta_2 \leftrightarrow \mathop{\bigvee\!\!\!\!\!\bigwedge}_{x_1}\cdots\mathop{\bigvee\!\!\!\!\!\bigwedge}_{x_n}\mathop{\bigvee\!\!\!\!\!\bigwedge}_{z_1}\cdots\mathop{\bigvee\!\!\!\!\!\bigwedge}_{z_m}(\delta_1\wedge\delta_2')$, wobei δ_2' aus δ_2 durch Umbenennung der y_i in solche z_i entsteht, welche von den x_k verschieden sind.

Der Beweis wird geführt durch Induktion über den Aufbau von α. Wenn α die Form $t_1=t_2$ hat, ist nichts zu beweisen. Wenn $\alpha\equiv\neg\beta$, $\beta\leftrightarrow\mathop{\bigvee\!\!\!\!\!\bigwedge}_{x_1}\cdots\mathop{\bigvee\!\!\!\!\!\bigwedge}_{x_n} P=Q$, so kann man mit (5) das Negationszeichen nach innen ziehen, und den Ausdruck $P\neq Q$ mit Hilfe von (1), …, (4), (6) weiter behandeln. Wenn

$$\alpha \equiv \beta_1 \wedge \beta_2, \ \beta_1 \leftrightarrow \bigvee\!\!\!\!\bigvee_{x_1} \cdots \bigvee\!\!\!\!\bigvee_{x_n} P_1 = Q_1, \ \beta_2 \leftrightarrow \bigvee\!\!\!\!\bigvee_{y_1} \cdots \bigvee\!\!\!\!\bigvee_{y_m} P_2 = Q_2,$$

so führt (6) in Verbindung mit (1) zum Ziel. Wenn schließlich $\alpha \equiv \bigwedge_x \beta$, $\beta \leftrightarrow \bigvee\!\!\!\!\bigvee_{x_1} \cdots \bigvee\!\!\!\!\bigvee_{x_n} P = Q$, so ist $\alpha \leftrightarrow \bigwedge_x \bigvee\!\!\!\!\bigvee_{x_1} \cdots \bigvee\!\!\!\!\bigvee_{x_n} P = Q$.

Nach J. Robinson heißt ein Prädikat *diophantisch*, wenn es in der Form

(***) $$\bigvee_{x_1} \ldots \bigvee_{x_n} P = Q$$

darstellbar ist. Jedes diophantische Prädikat ist aufzählbar, da es durch Partikularisierungen aus einem entscheidbaren Prädikat $P = Q$ hervorgeht. Matijasevič hat bewiesen, daß auch umgekehrt jedes aufzählbare Prädikat diophantisch ist. Wäre das zehnte Hilbertsche Problem lösbar, so könnte man offenbar jedes diophantische Prädikat entscheiden. Dies widerspricht der Tatsache, daß es unentscheidbare aufzählbare Prädikate gibt (vgl. § 28.3).

Literatur

Kleene, S. C.: Recursive Predicates and Quantifiers. Trans. Amer. math. Soc. **53**, 41—73 (1943).

Mostowski, A.: On Definable Sets of Positive Integers. Fundam. Math. **34**, 81—112 (1947).

— On a Set of Integers not Definable by Means of One-Quantifier Predicates. Ann. Soc. Polonaise Math. **21**, 114—119 (1948).

Kleene, S. C.: Introduction to Metamathematics. Amsterdam: North-Holland Publishing Company [3]1959.

Mostowski, A.: Development and Applications of the „Projective" Classification of Sets of Integers. Proc. internat. Congr. Math. Amsterdam **1** (1954).

Kleene, S. C.: Hierarchies of Number-Theoretic Predicates. Bull. Amer. math. Soc. **61**, 193—213 (1955).

Davis, M.: Computability & Unsolvability. New York-Toronto-London: McGraw-Hill Book Company 1958.

Zum zehnten Hilbertschen Problem vergleiche außer dem soeben genannten Buch von Davis

Hilbert, D.: Mathematische Probleme. Vortrag, gehalten auf dem internationalen Mathematiker-Kongreß zu Paris 1900. Nachr. Ges. Wiss. Göttingen, math.-phys. Kl., 253—297 (1900).

Matijasevič, J. V.: Enumerable sets are diophantic. Soviet Math. Dokl. **11**, 345—357 (1970).

Davis, M.: Hilbert's tenth problem is unsolvable. The Amer. Math. Monthly **80**, 233—269 (1973).

§ 30. Universelle Turingmaschinen

Wir wollen in diesem Paragraphen zeigen, daß es „universelle" Turingmaschinen U gibt, welchen man in einem gewissen Sinne die Arbeit einer beliebigen Turingmaschine M anvertrauen kann. In einer Terminologie, welche im Bereich der elektronischen Rechenmaschinen verwendet wird, könnte man sagen, daß U fähig ist, jede beliebige Turingmaschine M zu *simulieren*. Wir werden dabei voraussetzen, daß das Alphabet einer Maschine M ein Anfangsstück des unendlichen Alphabets $\{a_1, a_2, a_3, \ldots\}$ ist (vgl. §5.7). Die Maschine U, welche wir konstruieren, ist eine Maschine über dem Alphabet $\{a_1\}$. Wir verwenden die am Schluß von § 6.5 eingeführten Bezeichnungen.

1. Vorbemerkungen. Wir verwenden im folgenden grundlegende Begriffe aus der Theorie der Turingmaschinen, welche wir in § 5 eingeführt haben. In §17.3 haben wir die Turingmaschinen M in einer bestimmten Weise durch ihre Gödelnummern t charakterisiert. Wir schreiben $t = G(\mathsf{M})$. Auf Grund einer speziellen Numerierung der Felder des Rechenbandes haben wir in §17.2 die Bandinschrift B durch Zahlen b wiedergegeben. In § 18.1 haben wir eine Konfiguration $K = (A, B, C)$ von M durch eine Gödelnummer $k = \sigma_3(a, b, c)$ charakterisiert, wobei a die Nummer des Arbeitsfeldes A war und $c = C$. Wir nannten k die Gödelnummer der Konfiguration (A, B, C) und schrieben $k = g(A, B, C)$. Wir sprachen auch (im uneigentlichen Sinne) von der Konfiguration k.

T^*t besage, daß t die Gödelnummer einer Turingmaschine ist. Sei $E'tk$ genau dann, wenn $T^*t \wedge Etk$ (zu E vgl. § 18.1). E' ist primitiv-rekursiv (dies folgt für T^* aus § 17.3). Es gibt also eine primitiv-rekursive Funktion e, die nur die Werte 0 und 1 annimmt, und so daß

$$E'tk \leftrightarrow e(t,k) = 0.$$

Nach §16 gibt es eine Turingmaschine E, welche e normiert berechnet. Weiter hatten wir in §18.1 die Funktion F betrachtet, welche zur Maschine mit der Gödelnummer t die Folgekonfiguration der Konfiguration k angibt. F ist primitiv-rekursiv und werde durch die Turingmaschine F normiert berechnet.

2. Definition. Wir nennen eine Turingmaschine U eine *universelle Turingmaschine*, wenn U das Folgende leistet:

B_0 sei eine beliebige (natürlich endliche) Bandinschrift. A_0 sei ein beliebiges Feld des Rechenbandes. M sei eine beliebige Turingmaschine. Wir setzen M in A_0 auf B_0 an. Damit haben wir die Ausgangskonfiguration (A_0, B_0, C_0), wobei $C_0 = c_{\mathsf{M}}$. M wird nun eine Folge von Konfigurationen $(A_1, B_1, C_1), (A_2, B_2, C_2), \ldots, (A_n, B_n, C_n), \ldots$ durchlaufen, welche eventuell mit einer Endkonfiguration $(A_{n_0}, B_{n_0}, C_{n_0})$ abbricht,

Maschine M	*Maschine* U, (M *simulierend*)
(A_0, B_0, C_0)	$(A_0^{\mathsf{U}}, B_0^{\mathsf{U}}, C_0^{\mathsf{U}})$, mit $B_0^{\mathsf{U}} = t * k_0$ und A_0^{U} = Feld hinter dem letzten beschriebenen Feld
(A_1, B_1, C_1)	$(A_{r_1}^{\mathsf{U}}, B_{r_1}^{\mathsf{U}}, C_{r_1}^{\mathsf{U}})$, mit $B_{r_1}^{\mathsf{U}} = t * k_1$ und $A_{r_1}^{\mathsf{U}}$ = Feld hinter dem letzten beschriebenen Feld
(A_2, B_2, C_2)	$(A_{r_2}^{\mathsf{U}}, B_{r_2}^{\mathsf{U}}, C_{r_2}^{\mathsf{U}})$, mit $B_{r_2}^{\mathsf{U}} = t * k_2$ und $A_{r_2}^{\mathsf{U}}$ = Feld hinter dem letzten beschriebenen Feld
....	....

Die Wirkungsweise einer universellen Maschine U

wenn M nach endlich vielen Schritten stehenbleibt (vgl. die linke Spalte des auf S. 204 unten angegebenen Schemas!).

Wir setzen nun die Maschine U, welche M simulieren soll, auf die Bandinschrift $t*k_0$ an, wobei $t = G(M)$ und $k_0 = g(A_0, B_0, C_0)$. Das soll genauer bedeuten, daß wir auf das im übrigen leere Rechenband zunächst $t+1$ Striche schreiben als Darstellung der Zahl t (vgl. §1.3), sodann mit einer (durch * dargestellten) Lücke Abstand k_0+1 Striche als Darstellung der Zahl k_0, und daß wir als ursprüngliches Arbeitsfeld für U das Feld hinter dem letzten nunmehr beschriebenen Feld wählen. C_0^U sei der Anfangszustand von U. Damit ist die Ausgangskonfiguration (A_0^U, B_0^U, C_0^U) für U festgelegt.

Wir nehmen nun an, daß M einen Schritt vollzieht, der von der nullten Konfiguration (A_0, B_0, C_0) zu der ersten Konfiguration (A_1, B_1, C_1) führt. Dann verlangen wir, daß U mindestens einen Schritt tut, und daß U nach einer endlichen Zahl r_1 von Schritten eine Konfiguration $(A_{r_1}^U, B_{r_1}^U, C_{r_1}^U)$ erreicht, bei der das Feld hinter dem letzten beschriebenen Feld Arbeitsfeld sein soll und die Bandinschrift gegeben ist durch $t*k_1$, wobei $k_1 = g(A_1, B_1, C_1)$. Wir wollen diese Tatsache kurz so kennzeichnen, daß wir sagen, daß die r_1-te Konfiguration von U der ersten Konfiguration von M *entspricht*. (Man beachte, daß in dieser Terminologie die nullte Konfiguration von U der nullten Konfiguration von M entspricht.)

Vollzieht nun M einen weiteren Schritt, der zur Konfiguration (A_2, B_2, C_2) führt, so soll eine entsprechende Konfiguration $(A_{r_2}^U, B_{r_2}^U, C_{r_2}^U)$ von U existieren mit $r_2 > r_1$, usf.

Wenn schließlich M eventuell nach endlich vielen Schritten eine Endkonfiguration $(A_{n_0}, B_{n_0}, C_{n_0})$ erreicht, so verlangen wir, daß U in einer entsprechenden Endkonfiguration $(A_{r_{n_0}}^U, B_{r_{n_0}}^U, C_{r_{n_0}}^U)$ stehenbleibt.

Ist (A_0, B_0, C_0) bereits eine Endkonfiguration, also $n_0 = 0$, so soll dabei zugelassen sein, daß $r_{n_0} = r_0 > 0$.

3. *Konstruktion einer universellen Turingmaschine* U_0. Es ist leicht, eine Maschine U_0 anzugeben, die das in Nr. 2 Verlangte leistet. Wenn wir U_0 hinter $t*k_0$ ansetzen, haben wir zunächst zu prüfen, ob M überhaupt keinen Schritt durchführt. Dies ist genau dann der Fall, wenn $E't k_0$, d. h., wenn $e(t, k_0) = 0$. Wir setzen U_0 aus Einzelmaschinen zusammen und beginnen mit der Maschine E, welche nach Nr. 1 die Funktion e normiert berechnet.

$$E \, \mathfrak{l}^2 \xrightarrow{1} r * \mathfrak{l} * \mathfrak{l} F V$$
$$\downarrow 0$$
$$r * \mathfrak{l}$$

Die universelle Turingmaschine U_0

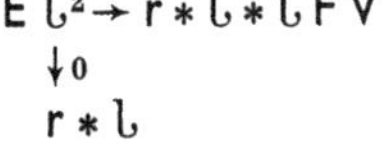

Nach der durch E ausgeführten Rechnung steht auf dem Rechenband die Inschrift $t * k_0 * e(t, k_0)$. Durch l^2 gehen wir zwei Felder nach links. Es ist nun $e(t, k_0) = 0$ oder 1, je nachdem ob das damit erreichte Feld leer oder beschrieben ist.

Wir nehmen nun zunächst an, daß M überhaupt keinen Schritt vollziehe, d.h. daß $e(t, k_0) = 0$. Wir haben jetzt nur noch die Aufgabe, den Funktionswert $e(t, k_0)$ zu löschen und hinter das rechte Ende der ursprünglichen Inschrift $t * k_0$ zurückzukehren. Dies geschieht durch $\overset{0}{\rightarrow} \mathsf{r} * \mathsf{l}$.

Wenn dagegen M einen Schritt vollzieht, so ist $e(t, k_0) = 1$. Wir löschen nun durch $\overset{1}{\rightarrow} \mathsf{r} * \mathsf{l} * \mathsf{l}$ den Funktionswert $e(t, k_0)$ und kehren hinter das rechte Ende der ursprünglichen Inschrift zurück. Wir haben nun die Aufgabe, k_1 zu berechnen und an die Stelle von k_0 zu schreiben. Es gilt $k_1 = F(t, k_0)$. F wird nach Nr. 1 normiert berechnet durch F. Nach der durch F durchgeführten Rechnung steht auf dem Rechenband die Inschrift $t * k_0 * k_1$.

Wir müssen jetzt k_0 löschen und k_1 an t heranrücken. Dies leistet die Verschiebemaschine V, die wir in § 8.6 eingeführt haben.

Damit haben wir nach einer endlichen Zahl von r_1 Schritten eine Konfiguration von U_0 erreicht, welche (A_1, B_1, C_1) entspricht.

Nunmehr haben wir festzustellen, ob k_1 die Nummer einer Endkonfiguration ist, usf. Diese Aufgabe läßt sich ohne weiteres durch Rückkoppelung an E lösen. Damit ist die Konstruktion einer universellen Turingmaschine beendet.

4. Folgerungen. Zunächst können wir eine wesentliche definierende Eigenschaft einer universellen Turingmaschine U zusammenfassend kennzeichnen durch den

Satz 1: Ist U *eine universelle Turingmaschine, so gilt: Eine beliebige Turingmaschine* M *mit der Gödelnummer* t *bleibt, angesetzt auf eine Inschrift* B_0 *im Feld* A_0 (wodurch zusammen mit $C_0 = c_{\mathsf{M}}$ eine Konfiguration mit der Gödelnummer k_0 festgelegt ist), *genau dann nach endlich vielen Schritten stehen, wenn* U, *angesetzt hinter* $t * k_0$, *nach endlich vielen Schritten stehenbleibt.*

Wir knüpfen nun an § 22.2 (4) an. Dort haben wir die Eigenschaft E_2 betrachtet, welche einer Turingmaschine M genau dann zukommt, wenn M, angesetzt hinter ihrer Gödelnummer $G(\mathsf{M})$, nach endlich vielen Schritten stehenbleibt. Wir haben gezeigt, daß E_2 nicht entscheidbar ist.

Wir wollen nun zeigen, daß es zu einer beliebigen universellen Turingmaschine U keinen Algorithmus gibt, mit dessen Hilfe man entscheiden kann, ob U, angesetzt auf eine beliebige Inschrift in einem beliebigen Feld, nach endlich vielen Schritten stehenbleibt oder nicht. Wir schließen indirekt und nehmen an, es gäbe einen derartigen Algorithmus. Dann könnte man mit diesem Algorithmus die unentscheidbare Eigenschaft E_2 entscheiden wie folgt: M sei eine beliebige Turingmaschine. Es sei $t = G(\mathsf{M})$. Wir schreiben t auf das sonst leere Rechenband und haben damit eine Inschrift B_0. A_0 sei das Feld hinter dieser Inschrift. $k_0 = g(A_0, B_0, C_0)$ ist dann die Nummer der Ausgangskonfiguration von M. Wir setzen nun U hinter $t * k_0$ an. Dann bleibt nach Satz 1 die Maschine U nach endlich vielen Schritten stehen genau dann, wenn M, angesetzt hinter B_0, nach endlich vielen Schritten stehenbleibt, d.h. wenn M die Eigenschaft E_2 hat. Nach unserer Annahme kann man aber entscheiden, ob U nach endlich vielen Schritten stehenbleibt, und damit, ob M die Eigenschaft E_2 hat.

Wir fassen das Resultat zusammen in dem

Satz 2: Es ist nicht entscheidbar, ob eine universelle Maschine U, *angesetzt auf eine beliebige Inschrift in einem beliebigen Feld, nach endlich vielen Schritten stehenbleibt, oder nicht.*

Der Vollständigkeit halber formulieren wir noch abschließend das Hauptergebnis von Nr. 3:

Satz 3: Man kann eine universelle Turingmaschine U_0 *explizit angeben.*

Literatur

Turing, A. M.: On Computable Numbers, with an Application to the Entscheidungsproblem. Proc. London math. Soc. (2), **42**, 230—265 (1937).

§ 31. λ-K-Definierbarkeit

Zum Operieren mit Funktionen hat Church den sog. λ-Kalkül und den λ-K-Kalkül entwickelt. Wir werden nach einigen Vorbemerkungen in Nr. 1 den λ-K-Kalkül in Nr. 2 und 3 aufbauen[1]. Es gibt eine naheliegende Darstellung der natürlichen Zahlen im λ-K-Kalkül (Nr. 4). Auf dieser Grundlage kann man zwanglos den Begriff der λ-K-definierbaren Funktion einführen (Nr. 5). Es läßt sich zeigen, daß die λ-K-definierbaren Funktionen mit den berechenbaren Funktionen übereinstimmen: Da die Funktionswerte der λ-K-definierbaren Funktionen durch einen Kalkül geliefert werden, müssen diese Funktionen berechenbar sein (Nr. 6); umgekehrt zeigen wir in Nr. 7, daß jede μ-rekursive Funktion (also jede berechenbare Funktion) λ-K-definierbar ist. Diese letzte Tatsache ist besonders bemerkenswert, da man nicht von vorneherein erwarten kann, daß jede berechenbare Funktion zu der Klasse

[1] Zum Verhältnis von λ-Kalkül und λ-K-Kalkül vgl. die Anmerkung 2 auf S. 209.

der λ-K-definierbaren Funktionen gehört, denn diese Klasse wird definiert nach Gesichtspunkten, die in gar keiner Weise auf die Erfassung *aller* berechenbaren Funktionen abzielen.

1. Wir beginnen mit einigen *Vorbemerkungen* über das Operieren mit Funktionen. Diese Bemerkungen motivieren die Aufstellung des λ-K-Kalküls in Nr. 2 und 3.

Wir wollen nach DIRICHLET den Funktionsbegriff so allgemein fassen, daß wir die Funktionen mit den eindeutigen Zuordnungen identifizieren. Ist f eine einstellige Funktion und x ein Argument von f, so wollen wir den Funktionswert von f (abweichend von dem üblichen mathematischen Sprachgebrauch) für das Argument x mit (fx) bezeichnen. Es kann sein, daß auch x eine Funktion ist, und daß auch (xf) erklärt ist. Dann ist im allgemeinen $(fx) \neq (xf)$. Ferner gilt nicht das assoziative Gesetz, es ist meist $((fg)h) \neq (f(gh))$. Wir verabreden die Abkürzung (fgh) für $((fg)h)$, und allgemein $(f_1 f_2 f_3 \ldots f_n)$ als Abkürzung für $(\ldots((f_1 f_2) f_3) \ldots f_n)$ *(Linksklammerung)*.

Im Prinzip genügt es, *einstellige* Funktionen zu betrachten (SCHÖNFINKEL). Wir wollen das am Beispiel der Addition erläutern. Wir betrachten $+$ als eine einstellige Funktion, welche, angewandt auf das Argument a, als Funktionswert $(+a)$ diejenige Funktion liefert, die ihrerseits, angewandt auf das Argument b, als Wert die Summe von a und b besitzt. Damit wird die Summe von a und b ausgedrückt durch $((+a)b)$. In dieser Weise kann man ganz allgemein die Bildung von $f(x_1, \ldots, x_n)$ auffassen als die Bildung von $(\ldots((fx_1)x_2)\ldots x_n)$ — was dasselbe ist wie $(fx_1 \ldots x_n)$ —, wobei nur Funktionswerte von einstelligen Funktionen genommen werden.

Es ist heute in der Mathematik noch nicht allgemein üblich, in der Bezeichnung zu unterscheiden zwischen einer Funktion f und dem Wert $f(x)$ dieser Funktion für das Argument x. Dies führt gelegentlich zu Verwechslungen und zu unfruchtbaren Diskussionen, z.B. darüber, ob $f(x)$ und $f(y)$ dieselbe Funktion ist oder nicht. Wenn man die Bezeichnung „$f(x)$" in Ordnung bringen will, so sollte man in „$f(x)$" die Variable x als eine *gebundene* Variable auffassen und dies zum Ausdruck bringen dadurch, daß man „x", mit einem *Operator* versehen, vor „(fx)" schreibt. Als solchen Operator verwendet CHURCH das Symbol „λ". Wir haben also „$\lambda x(fx)$" zu schreiben. Es ist dann $\lambda x(fx) = \lambda y(fy)$, während im allgemeinen $(fx) \neq (fy)$. Man vergleiche hierzu die analogen gebundenen Variablen in den eingebürgerten mathematischen Bezeichnungen

$$\int_0^1 f(x)\,dx \left(= \int_0^1 f(y)\,dy\right) \quad \text{oder} \quad \sum_i a_i \left(= \sum_k a_k\right).$$

Den λ-Operator verwendet man mit Vorteil oft dann, wenn man Funktionen mit Hilfe von Einsetzungen in andere Funktionen definieren

will. Geht man z.B. aus von den Funktionen sin und cos, so kann man definieren: $\mathrm{tg} = \boldsymbol{\lambda} x \frac{\sin x}{\cos x}$, oder systematischer, wenn man ein Funktionssymbol Q für den Quotienten einführt, $\mathrm{tg} = \boldsymbol{\lambda} x (Q (\sin x) (\cos x)) = \boldsymbol{\lambda} y (Q (\sin y) (\cos y))$.

Aus der Bedeutung des $\boldsymbol{\lambda}$-Operators ergibt sich die Rechenregel $\boldsymbol{\lambda} x (f x) a = (f a)$, und allgemein für einen Funktionsterm $\boldsymbol{\lambda} x F$, wobei F ein zusammengesetzter Ausdruck ist, die Regel $\boldsymbol{\lambda} x F a = G$, wobei G aus F dadurch entsteht, daß für x überall dort, wo es in F „frei vorkommt", a eingesetzt wird (zu einer genauen Formulierung vgl. Nr. 2). Man hat also insbesondere $(\mathrm{tg}\, 3) = (\boldsymbol{\lambda} x (Q (\sin x) (\cos x))\, 3) = (Q (\sin 3) (\cos 3))$.

2. Terme und Gleichungen des $\boldsymbol{\lambda}$-K-Kalküls. Bei den vorangehenden Überlegungen sind die Operationen der Anwendung einer Funktion auf ein Argument und die $\boldsymbol{\lambda}$-Operation vorgekommen. Läßt man sich von diesen Operationen und den für sie trivialerweise geltenden Regeln inspirieren, so kann man in natürlicher Weise einen Kalkül entwickeln, den wir im folgenden aufbauen werden.

Wir gehen aus von einer abzählbaren Menge von *Variablen* $x_1, x_2, x_3, \ldots$ und von den Symbolen (,), $\boldsymbol{\lambda}$, $=$. Als Zeichen für Variablen verwenden wir $x, y, z, \ldots$, und manchmal auch, wo es suggestiv ist, die Symbole $f, g, h, \ldots$.

Aus den Variablen und den genannten Symbolen lassen sich Worte herstellen. $W_1 \equiv W_2$ soll bedeuten, daß W_1 und W_2 dasselbe Wort sind[1]. Wir erklären induktiv, welche Worte *Terme* heißen sollen, und gleichzeitig, welche Variablen in den Termen *frei* vorkommen:

Jede Variable x ist ein Term. x kommt in x frei vor. Keine andere Variable kommt in x frei vor.

Sind T_1 und T_2 Terme, so ist $(T_1 T_2)$ ein Term. In diesem Term kommt eine Variable x frei vor genau dann, wenn x in T_1 oder in T_2 frei vorkommt.

Ist T ein Term und x eine beliebige Variable, so ist $\boldsymbol{\lambda} x T$ ein Term[2]. In $\boldsymbol{\lambda} x T$ kommt eine Variable y frei vor genau dann, wenn y in T frei vorkommt und von x verschieden ist.

Sind $T_1, \ldots, T_n$ Terme, so schreiben wir auch kürzer

$$(T_1 T_2 T_3 \ldots T_n) \quad \text{für} \quad (\ldots((T_1 T_2) T_3) \ldots T_n) \quad \textit{(Linksklammerung)}.$$

Sind T_1, T_2 Terme, so heißt $T_1 = T_2$ eine *Gleichung*.

---

[1] Man verwechsle das Metazeichen $\equiv$ nicht mit dem Kalkülzeichen $=$.

[2] Der $\boldsymbol{\lambda}$-Kalkül unterscheidet sich von dem $\boldsymbol{\lambda}$-K-Kalkül dadurch, daß zusätzlich verlangt wird, daß x in T frei vorkommen soll. Die Bezeichnung „$\boldsymbol{\lambda}$-K-Kalkül" erklärt sich dadurch, daß man hier, im Gegensatz zum $\boldsymbol{\lambda}$-Kalkül, die sog. *Konstanzfunktion* $K \equiv \boldsymbol{\lambda} f \boldsymbol{\lambda} x f$ definieren kann, für welche $K x y = x$ gilt.

Wir benötigen weiter die *Einsetzungsoperation* ${}^x/U$. Diese Operation ist auf jeden Term T anwendbar und liefert als Ergebnis den Term T^x/U. Wir können T^x/U definieren durch Induktion über den Aufbau von T:

Ist T eine Variable, so ist $T^x/U \equiv U$ bzw. T, je nachdem ob $T \equiv x$ oder $T \not\equiv x$.

$(T_1 T_2)^x/U \equiv (T_1^x/U\ T_2^x/U)$.

$[\boldsymbol{\lambda} y T]^x/U \equiv \boldsymbol{\lambda} y T$ bzw. $\boldsymbol{\lambda} y [T]^x/U$, je nachdem ob $y \equiv x$ oder $y \not\equiv x$.[1]

3. Ableitbarkeit im **λ**-*K-Kalkül.* Wir werden im folgenden einige Regeln angeben, mit deren Hilfe man Gleichungen des **λ**-*K*-Kalküls ableiten kann. Wenn $T_1 = T_2$ ableitbar ist, so stellen T_1 und T_2 im Sinne der Vorbemerkungen von Nr. 1 dieselbe Funktion dar[2]. Diese Tatsache ist wichtig für die intuitive Deutung des **λ**-*K*-Kalküls, jedoch belanglos für die formalen Überlegungen dieses Paragraphen[3].

Die *Ableitbarkeit* ist gegeben durch die folgenden *Regeln:*

(K 1) *Umbenennung gebundener Variablen:*

$$\boldsymbol{\lambda} x T = \boldsymbol{\lambda} y [T]^x/y$$

unter der Voraussetzung, daß y nicht in T vorkommt[4].

(K 2) *Elimination des* **λ**-*Operators:*

$$(\boldsymbol{\lambda} x T U) = T^x/U$$

unter der Voraussetzung, daß für keine Variable y, die in U frei vorkommt, das Wort $\boldsymbol{\lambda} y$ Bestandteil von T ist[5].

(K 1) bringt zum Ausdruck, daß es nicht darauf ankommt, welche gebundene Variable man verwendet. (K 2) sagt aus, daß **λ** ein Operator ist, welcher Funktionen kennzeichnet.

Die beiden folgenden Regeln dienen letzten Endes dazu, die durch die Operationen (K 1), (K 2) beschriebenen Übergänge auch „im Inneren" von Termen zu vollziehen:

---

[1] Die Klammern [ ] sind keine Kalkülzeichen, sondern Metazeichen, welche nur dazu dienen, um im Zweifelsfalle anzugeben, auf welchen Term die Operation ${}^x/U$ anzuwenden ist.

[2] Wir behaupten dagegen nicht, daß auch immer dann, wenn T_1 und T_2 dieselbe Funktion darstellen, die Gleichung $T_1 = T_2$ ableitbar sei. Es liegen also hier ähnliche Verhältnisse vor wie bei dem Gleichungskalkül, mit welchem wir die rekursiven Funktionen definiert haben. Vgl. dazu § 21.7.

[3] CHURCH verwendet an Stelle der hier eingeführten Ableitbarkeit von Gleichungen eine Beziehung zwischen Termen, welche er **λ**-*K*-Konvertierbarkeit nennt. T_1 ist **λ**-*K*-konvertierbar in T_2 genau dann, wenn die Gleichung $T_1 = T_2$ ableitbar ist.

[4] Ohne diese Voraussetzungen hätte man z.B. die inhaltlich unerwünschte Gleichung $\boldsymbol{\lambda} x (xy) = \boldsymbol{\lambda} y (yy)$.

[5] Ohne die Einschränkung könnte man z.B. die Gleichung $(\boldsymbol{\lambda} x \boldsymbol{\lambda} y (xy)\, y) = \boldsymbol{\lambda} y (yy)$ ableiten, was inhaltlich nicht erwünscht ist, da links die Funktion $\boldsymbol{\lambda} x \boldsymbol{\lambda} y (xy)$ auf den Term y mit der freien Variablen y angewandt wird, während rechts y überhaupt nicht frei vorkommt.

(K3) Es ist erlaubt, von den Gleichungen

$$T_1 = T_2 \quad \text{und} \quad U_1 = U_2$$

überzugehen zu der Gleichung

$$(T_1 U_1) = (T_2 U_2).$$

(K4) Es ist erlaubt, von der Gleichung

$$T_1 = T_2$$

überzugehen zu jeder Gleichung

$$\boldsymbol{\lambda} x T_1 = \boldsymbol{\lambda} x T_2.$$

Schließlich geben wir noch die Regeln an, welche rein formale Gleichheitsbeziehungen wiedergeben:

(K5) *Reflexivität der Gleichheitsbeziehung:*

$$T = T.$$

(K6) *Symmetrie der Gleichheitsbeziehung:*
Es ist erlaubt, von der Gleichung

$$T_1 = T_2$$

überzugehen zu der Gleichung

$$T_2 = T_1.$$

(K7) *Transitivität der Gleichheitsbeziehung:*
Es ist erlaubt, von den Gleichungen

$$T_1 = T_2 \quad \text{und} \quad T_2 = T_3$$

überzugehen zu der Gleichung

$$T_1 = T_3.$$

4. Darstellung der natürlichen Zahlen im **λ**-*K-Kalkül.* Meist faßt man in der Mathematik die natürlichen Zahlen als Kardinalzahlen oder als Ordinalzahlen auf. Dieser Weg ist nicht gangbar, wenn man die natürlichen Zahlen im Rahmen des **λ**-*K*-Kalküls darstellen will. Um zu einer solchen Darstellung zu gelangen, führen wir zunächst den Begriff der *n-ten Iterierten* einer Funktion f ein:

$$\text{2-te Iterierte von } f \equiv \boldsymbol{\lambda} x \left(f\left(f x\right)\right)$$
$$\text{3-te Iterierte von } f \equiv \boldsymbol{\lambda} x \left(f\left(f\left(f x\right)\right)\right)$$
$$\text{4-te Iterierte von } f \equiv \boldsymbol{\lambda} x \left(f\left(f\left(f\left(f x\right)\right)\right)\right)$$

... usf.

Wir ergänzen diese Liste in naheliegender Weise durch die Festsetzungen:

$$1\text{-te Iterierte von } f \equiv \boldsymbol{\lambda} x(fx)$$
$$0\text{-te Iterierte von } f \equiv \boldsymbol{\lambda} xx.$$

Wir betrachten nun die folgenden Terme $\underline{0}, \underline{1}, \underline{2}, \ldots$:

$$\underline{0} \equiv \boldsymbol{\lambda} f \boldsymbol{\lambda} xx$$
$$\underline{1} \equiv \boldsymbol{\lambda} f \boldsymbol{\lambda} x(fx)$$
$$\underline{2} \equiv \boldsymbol{\lambda} f \boldsymbol{\lambda} x(f(fx))$$
$$\underline{3} \equiv \boldsymbol{\lambda} f \boldsymbol{\lambda} x(f(f(fx)))$$
$$\cdots\cdots\cdots$$

Wir wollen sagen, daß die Terme $\underline{n}$ *der vorangehenden Liste die natürlichen Zahlen* n *darstellen*[1].

Für spätere Anwendung vermerken wir, daß die folgenden Gleichungen im $\boldsymbol{\lambda}$-K-Kalkül ableitbar sind:

(1) $$(\underline{n}f) = \boldsymbol{\lambda} x(\underbrace{f \ldots (f}_{n\text{-mal}} x) \ldots)$$ (K 2)

(2) $$(\underline{n}fx) = (\underbrace{f \ldots (f}_{n\text{-mal}} x) \ldots)$$ (1), (K 5), (K 3), (K 2), (K 7)

(3) $$(f(\underline{n}fx)) = (\underbrace{f \ldots (f}_{(n+1)\text{-mal}} x) \ldots)$$ (2), (K 5), (K 3)

(4) $$\boldsymbol{\lambda} f \boldsymbol{\lambda} x(f(\underline{n}fx)) = \underline{n'}$$ (3), (K 4).

(1) zeigt, daß $(\underline{n}f) = n$-te Iterierte von f im $\boldsymbol{\lambda}$-K-Kalkül ableitbar ist und rechtfertigt damit die Auffassung, daß $\underline{n}$ die Zahl n darstellt.

5. $\boldsymbol{\lambda}$*-K-definierbare Funktionen.* φ sei eine Funktion, die für alle n-Tupel von natürlichen Zahlen erklärt ist und deren Werte natürliche Zahlen sind ($n \geqq 0$). Wir nennen φ $\boldsymbol{\lambda}$*-K-definierbar, wenn es einen Term* F *im* $\boldsymbol{\lambda}$*-K-Kalkül gibt, derart daß für jedes n-Tupel* $r_1, \ldots, r_n$ *von natürlichen Zahlen gilt: Die Gleichung*

$$(F\underline{r_1} \ldots \underline{r_n}) = \underline{\varphi(r_1, \ldots, r_n)}$$

ist im $\boldsymbol{\lambda}$*-K-Kalkül herleitbar*[2]. Wir nennen F *einen* φ *definierenden Term.*

Man könnte zunächst vermuten, daß man darüber hinaus verlangen müßte, daß für keine von $\varphi(r_1, \ldots, r_n)$ *verschiedene* natürliche Zahl s die

---

[1] Man beachte, daß $\underline{0}$ zwar ein Term des $\boldsymbol{\lambda}$-K-Kalküls, aber kein Term des $\boldsymbol{\lambda}$-Kalküls ist, da f nicht in $\boldsymbol{\lambda} xx$ frei vorkommt (vgl. Nr. 2).

[2] Für $n = 0$ soll dies bedeuten, daß die Gleichung $F = \underline{r}$ im $\boldsymbol{\lambda}$-K-Kalkül herleitbar ist.

Gleichung $(F\underline{r_1}\ldots\underline{r_n}) = \underline{s}$ herleitbar ist. Dann wäre aber auch die Gleichung $\underline{\varphi(r_1,\ldots,r_n)} = \underline{s}$ herleitbar. Man kann jedoch zeigen, daß dies nicht der Fall ist. Für einen Beweis dieser Behauptung müssen wir auf die Literatur verweisen[1].

6. *Satz: Eine Funktion φ ist genau dann berechenbar, wenn sie* **λ**-*K-definierbar ist.*

Wir gehen kurz auf die erste Hälfte des Beweises ein: F sei ein φ definierender Term. Dann ist die Menge aller ableitbaren Gleichungen der Form $(F\underline{r_1}\cdots\underline{r_n}) = \underline{r}$ aufzählbar (vgl. § 2.4 d). Es gibt aber nach der Definition der **λ**-K-Definierbarkeit für jedes $r_1, \ldots, r_n$ *eine*, und nach der Schlußbemerkung der letzten Nummer *nur eine* ableitbare Gleichung dieser Form. Bei systematischer Aufstellung aller Ableitungen (vgl. § 2.4(d)) kann man diese Gleichung finden, und aus $\underline{r}$ den Funktionswert ablesen. φ ist also berechenbar.

7. *Die* **λ**-*K-Definierbarkeit der berechenbaren Funktionen.* Um zu zeigen, daß jede berechenbare Funktion **λ**-K-definierbar ist, machen wir davon Gebrauch, daß wir in §18 feststellten, daß jede berechenbare Funktion **μ**-rekursiv ist. Wir brauchen also nur zu zeigen, daß jede **μ**-rekursive Funktion **λ**-K-definierbar ist. Dies folgt aus den anschließend nachgewiesenen Behauptungen (a), (b), (c), (d).

Der Beweis ist *konstruktiv* in dem Sinne, daß man für eine durch Einsetzungen, Induktionen und Anwendungen des **μ**-Operators im Normalfall gegebene **μ**-rekursive Funktion φ effektiv einen Term angeben kann, welcher φ definiert. Der Term kann, wie gezeigt wird, sogar ohne freie Variablen gewählt werden.

(a) *Die Funktionen N, U_n^i und C_0^0* (vgl. §10.1) *sind* **λ**-*K-definierbar*, sogar *durch Terme ohne freie Variablen*, nämlich:

(a_1) N durch den Term $\lambda r \lambda f \lambda x (f(rfx))$

(a_2) U_n^i durch den Term $\lambda x_1 \ldots \lambda x_n x_i$

(a_3) C_0^0 durch den Term $\underline{0}$.

[1] Daß für $n \neq m$ die Gleichung $\underline{n} = \underline{m}$ nicht hergeleitet werden kann, ist *inhaltlich* plausibel, da gemäß ihrer Definition $\underline{n}$ und $\underline{m}$ verschiedene Funktionen sind, und da die Regeln (K1), ..., (K7) — inhaltlich gesprochen — die Gleichheit von Termen nur dann zu beweisen gestatten, wenn die Terme dieselbe Funktion darstellen. Der formale Beweis für die Nichtableitbarkeit von $\underline{n} = \underline{m}$ (falls $n \neq m$) geschieht folgendermaßen: Ein Term heißt eine *Normalform*, wenn er keinen Teilterm der Form $(\lambda x T_1 T_2)$ enthält. Alle Terme $\underline{n}$ sind offenbar Normalformen. Man kann zeigen, daß für Normalformen N_1 und N_2 eine Gleichung $N_1 = N_2$ nur dann herleitbar ist, wenn N_2 aus N_1 durch Umbenennung gebundener Variablen hervorgeht. (Das ergibt sich aus einem Theorem von Church und Rosser.) Diese Umbenennungsmöglichkeit besteht aber nicht für Terme $\underline{n}$, $\underline{m}$, falls $n \neq m$.

Beweis[1]. Die folgenden Gleichungen sind ableitbar:

(a₁) $$(\boldsymbol{\lambda} r \boldsymbol{\lambda} f \boldsymbol{\lambda} x (f(r f x)) \underline{n}) = \boldsymbol{\lambda} f \boldsymbol{\lambda} x (f(\underline{n} f x)) = \underline{n'} \quad \text{nach (4).}$$

(a₂) $$\begin{aligned}(\boldsymbol{\lambda} x_1 \ldots \boldsymbol{\lambda} x_n x_i \underline{r_1} \ldots \underline{r_n}) &= (\boldsymbol{\lambda} x_2 \ldots \boldsymbol{\lambda} x_n x_i \underline{r_2} \ldots \underline{r_n}) \\ &= \cdots \\ &= (\boldsymbol{\lambda} x_i \ldots \boldsymbol{\lambda} x_n x_i \underline{r_i} \ldots \underline{r_n}) \\ &= (\boldsymbol{\lambda} x_{i+1} \ldots \boldsymbol{\lambda} x_n \underline{r_i}\, \underline{r_{i+1}} \ldots \underline{r_n}) \\ &= \cdots \\ &= \underline{r_i}\end{aligned}$$

(a₃) $$\underline{0} = \underline{0}.$$

(b) *Es gelte* $\psi(r_1, \ldots, r_n) = \varphi(\varphi_1(r_1, \ldots, r_n), \ldots, \varphi_m(r_1, \ldots, r_n))$. $\varphi_1, \ldots, \varphi_m$, φ *seien* **λ**-*K-definierbar durch die Terme* $F_1, \ldots, F_m$, F *ohne freie Variablen. Dann ist* ψ **λ**-*K-definierbar durch den Term*

$$G \equiv \boldsymbol{\lambda} x_1 \ldots \boldsymbol{\lambda} x_n (F(F_1 x_1 \ldots x_n) \ldots (F_m x_1 \ldots x_n)),$$

welcher keine freie Variable enthält.

Beweis: Es ist ableitbar[2]:

$$\begin{aligned}(G \underline{r_1} \ldots \underline{r_n}) &= (F(F_1 \underline{r_1} \ldots \underline{r_n}) \ldots (F_m \underline{r_1} \ldots \underline{r_n})) \\ &= (F\, \underline{\varphi_1(r_1, \ldots, r_n)} \ldots \underline{\varphi_m(r_1, \ldots, r_n)}) \\ &= \underline{\varphi(\varphi_1(r_1, \ldots, r_n), \ldots, \varphi_m(r_1, \ldots, r_n))} \\ &= \underline{\psi(r_1, \ldots, r_n)}.\end{aligned}$$

(c) *Es gelte*

$$\begin{aligned}\varphi(0, r_1, \ldots, r_n) &= \psi(r_1, \ldots, r_n) \\ \varphi(r', r_1, \ldots, r_n) &= \chi(r, \varphi(r, r_1, \ldots, r_n), r_1, \ldots, r_n).\end{aligned}$$[3]

ψ, χ *seien* **λ**-*K-definierbar durch die Terme* G, H *ohne freie Variablen. Dann ist auch* φ **λ**-*K-definierbar durch einen Term ohne freie Variablen.*

Beweis: Wir benötigen die folgenden Hilfssätze, die wir in Nr. 8 beweisen werden.

---

[1] Wir geben im folgenden nur die wichtigsten Beweisschritte an.

[2] Man beachte, daß hier und im folgenden die Regel (K2) immer anwendbar ist, da die dort genannte Voraussetzung jeweils erfüllt ist, weil die eingesetzten Terme keine freien Variablen enthalten.

[3] Es ist für den folgenden Beweis bequem, die Induktion über die erste Stelle zu führen und die Reihenfolge der Variablen in der angegebenen Weise zu wählen. Auch so erhält man alle primitiv-rekursiven Funktionen [vgl. § 10.3 (b)].

Hilfssatz 1: Man kann Terme V, M ohne freie Variablen angeben, für welche gilt:

(′) Die Vorgängerfunktion wird definiert durch V,

(″) Die Funktion $\mathrm{Min}(x, y)$ wird definiert durch M.

Hilfssatz 2: Zu beliebigen Termen A, B ohne freie Variablen kann man einen Term C ohne freie Variablen angeben, so daß ableitbar ist im λ-K-Kalkül

$$(C\,\underline{0}) = A$$

$$(C\,\underline{1}) = B.$$

Hilfssatz 3: Zu jedem Term D ohne freie Variablen kann man einen Term E ohne freie Variablen angeben, so daß für jeden Term T ohne freie Variablen ableitbar ist[1]:

$$(E\,T) = (D\,T\,E).$$

Zum Beweis von (c) führen wir nun die folgenden Terme ein:

$A \equiv \boldsymbol{\lambda} y \boldsymbol{\lambda} f (y f G)$.

$B \equiv \boldsymbol{\lambda} y \boldsymbol{\lambda} f \boldsymbol{\lambda} x_1 \ldots \boldsymbol{\lambda} x_n \big(H(V y)(f(V y)\, x_1 \ldots x_n)\, x_1 \ldots x_n\big)$.

C werde nach Hilfssatz 2 zu A, B gebildet.

$D \equiv \boldsymbol{\lambda} y \big(C(M y \underline{1})\, y\big)$.

E werde nach Hilfssatz 3 zu D gebildet.

Wir wollen nun zeigen, daß die Funktion φ durch E definiert wird. Dazu überlegen wir, daß die folgenden Gleichungen ableitbar sind:

$$\begin{aligned}
(E\,\underline{0}\,\underline{r_1} \ldots \underline{r_n}) &= (D\,\underline{0}\,E\,\underline{r_1} \ldots \underline{r_n}) && \text{(Hilfssatz 3)}\\
&= \big((C\,(M\,\underline{0}\,\underline{1})\,\underline{0})\,E\,\underline{r_1} \ldots \underline{r_n}\big) && \text{(Definition von } D)\\
&= (C\,\underline{0}\,\underline{0}\,E\,\underline{r_1} \ldots \underline{r_n}) && \text{(Hilfssatz 1 (″))}\\
&= (A\,\underline{0}\,E\,\underline{r_1} \ldots \underline{r_n}) && \text{(Hilfssatz 2)}\\
&= (\underline{0}\,E\,G\,\underline{r_1} \ldots \underline{r_n}) && \text{(Definition von } A)\\
&= (G\,\underline{r_1} \ldots \underline{r_n}) && \text{(Definition von } \underline{0})\\
&= \underline{\psi(r_1, \ldots, r_n)} && \text{(Voraussetzung über } G)\\
&= \underline{\varphi(0, r_1, \ldots, r_n)} && \text{(Definition von } \varphi)
\end{aligned}$$

[1] Hilfssatz 3 gilt sogar für *beliebige* Terme T. Allerdings läßt sich dann der Beweis nicht so einfach führen, wie wir dies in Nr. 8 tun werden, da die unmittelbare Anwendung der Regel (K2) daran scheitern kann, daß in T hinderliche freie Variablen auftreten. In einem solchen Falle kann man sich dadurch helfen, daß man vor der Einsetzung von T in einen Term in diesem geeignete gebundene Umbenennungen gemäß Regel (K1) vornimmt, die man später gegebenenfalls wieder rückgängig zu machen hat.

$$
\begin{aligned}
(E\underline{r}'\underline{r_1}\ldots\underline{r_n}) &= (D\underline{r}'E\underline{r_1}\ldots\underline{r_n}) && \text{(Hilfssatz 3)}\\
&= \big(C(M\underline{r}'\underline{1})\underline{r}'E\underline{r_1}\ldots\underline{r_n}\big) && \text{(Definition von } D)\\
&= (C\underline{1}\,\underline{r}'E\underline{r_1}\ldots\underline{r_n}) && \big(\text{Hilfssatz 1 ('')}\big)\\
&= (B\underline{r}'E\underline{r_1}\ldots\underline{r_n}) && \text{(Hilfssatz 2)}\\
&= \big(H(V\underline{r}')(E(V\underline{r}')\underline{r_1}\ldots\underline{r_n})\underline{r_1}\ldots\underline{r_n}\big) && \text{(Definition von } B)\\
&= \big(H\underline{r}(E\underline{r}\,\underline{r_1}\ldots\underline{r_n})\underline{r_1}\ldots\underline{r_n}\big) && \big(\text{Hilfssatz 1 (')}\big)\\
&= \big(H\underline{r}\,\underline{\varphi(r,r_1,\ldots,r_n)}\,\underline{r_1}\ldots\underline{r_n}\big) && \text{(Induktionsvoraussetzung)}\\
&= \underline{\chi\big(r,\varphi(r,r_1,\ldots,r_n),r_1,\ldots,r_n\big)} && \text{(Voraussetzung über } H)\\
&= \underline{\varphi(r',r_1,\ldots,r_n)}\,. && \text{(Definition von } \varphi)
\end{aligned}
$$

(d) *Zu jedem* $r_1, \ldots, r_n$ *gebe es ein* r, *so daß* $\psi(r_1, \ldots, r_n, r) = 0$. *Es sei* $\varphi(r_1, \ldots, r_n) = \mu r\big(\psi(r_1, \ldots, r_n, r) = 0\big)$. ψ *sei* $\boldsymbol{\lambda}$-*K-definierbar durch den Term G ohne freie Variablen. Dann ist auch* φ $\boldsymbol{\lambda}$-*K-definierbar durch einen Term F ohne freie Variablen.*

Beweis. Wir setzen:

$A \equiv \boldsymbol{\lambda} f \boldsymbol{\lambda} y \boldsymbol{\lambda} a y$.

$B \equiv \boldsymbol{\lambda} f \boldsymbol{\lambda} y \boldsymbol{\lambda} a\big(f(a(Ny))(Ny)a\big)$, wobei N der Term sei, der die Nachfolgerfunktion definiert (s. (a)).

C werde nach Hilfssatz 2 zu A, B gebildet.

$D \equiv \boldsymbol{\lambda} x\big(C(Mx\underline{1})\big)$.

E werde nach Hilfssatz 3 zu D gebildet.

$F \equiv \boldsymbol{\lambda} x_1 \ldots \boldsymbol{\lambda} x_n\big(E(Gx_1 \ldots x_n\underline{0})\,\underline{0}(Gx_1 \ldots x_n)\big)$.

Wir wollen zeigen, daß die Funktion φ *durch F definiert wird.* Dies folgt aus dem

Lemma: Es ist ableitbar

$$
\big(E(G\underline{r_1}\ldots\underline{r_n}\underline{r})\,\underline{r}(G\underline{r_1}\ldots\underline{r_n})\big) = \begin{cases} \underline{r}, & \text{falls } \psi(r_1,\ldots,r_n,r) = 0\\ \big(E(G\underline{r_1}\ldots\underline{r_n}\underline{r}')\,\underline{r}'(G\underline{r_1}\ldots\underline{r_n})\big), & \\ & \text{falls } \psi(r_1,\ldots,r_n,r) \neq 0. \end{cases}
$$

Bevor wir das Lemma beweisen, wollen wir uns davon überzeugen, daß aus dem Lemma folgt, daß φ durch F definiert wird. Es ist ableitbar:

$$(F\underline{r_1}\ldots\underline{r_n}) = \big(E(G\underline{r_1}\ldots\underline{r_n}\,\underline{0})\,\underline{0}(G\underline{r_1}\ldots\underline{r_n})\big) \qquad \text{(Definition von } F).$$

Wenn nun $\psi(r_1, \ldots, r_n, 0) = 0$, dann ist $\varphi(r_1, \ldots, r_n) = 0$. Aus dem Lemma ergibt sich für $r = 0$ die Ableitbarkeit der entsprechenden Gleichung $(F\underline{r_1}\ldots\underline{r_n}) = \underline{0}$.

Wenn dagegen $\psi(r_1, \ldots, r_n, 0) \neq 0$, so folgt aus dem Lemma für $r = 0$ die Ableitbarkeit von

$$(F\underline{r_1}\ldots\underline{r_n}) = \big(E(G\underline{r_1}\ldots\underline{r_n}\,\underline{1})\,\underline{1}(G\underline{r_1}\ldots\underline{r_n})\big).$$

Nun ist vielleicht $\psi(r_1, \ldots, r_n, 1) = 0$. Dann folgt aus dem Lemma für $r = 1$ die Ableitbarkeit von $(F\underline{r_1}\ldots\underline{r_n}) = \underline{1}$. Wenn aber $\psi(r_1, \ldots, r_n, 1) \neq 0$, so ergibt sich aus dem Lemma für $r = 1$ die Ableitbarkeit von

$$(F\underline{r_1}\ldots\underline{r_n}) = \big(E(G\underline{r_1}\ldots\underline{r_n}\underline{2})\,\underline{2}\,(G\underline{r_1}\ldots\underline{r_n})\big).$$

Man sieht so, daß — wenn r die kleinste Zahl ist, für welche $\psi(r_1, \ldots, r_n, r)$ verschwindet — die Gleichung $(F\underline{r_1}\ldots\underline{r_n}) = \underline{r}$ ableitbar ist, entsprechend der Tatsache, daß dann $\varphi(r_1, \ldots, r_n) = r$.

Nun zum *Beweis des obigen Lemmas*. Es ist ableitbar

$$\big(E(G\underline{r_1}\ldots\underline{r_n}\underline{r})\,\underline{r}\,(G\underline{r_1}\ldots\underline{r_n})\big) = \big(E\,\underline{\psi(r_1, \ldots, r_n, r)}\,\underline{r}\,(G\underline{r_1}\ldots\underline{r_n})\big)$$

(Voraussetzung über G)

$$= \big(D\,\underline{\psi(r_1, \ldots, r_n, r)}\,E\,\underline{r}\,(G\underline{r_1}\ldots\underline{r_n})\big)$$

(Hilfssatz 3)

$$= \big(C(M\,\underline{\psi(r_1, \ldots, r_n, r)}\,\underline{1})\,E\,\underline{r}\,(G\underline{r_1}\ldots\underline{r_n})\big)$$

(Definition von D)

Es sei nun $\psi(r_1, \ldots, r_n, r) = 0$. Nach Hilfssatz 1 ('') ist $\big(M\,\underline{\psi(r_1, \ldots, r_n, r)}\,\underline{1}\big) = \underline{0}$ ableitbar, und daher auch

$$\big(E(G\underline{r_1}\ldots\underline{r_n}\underline{r})\,\underline{r}\,(G\underline{r_1}\ldots\underline{r_n})\big) = \big(C\,\underline{0}\,E\,\underline{r}\,(G\underline{r_1}\ldots\underline{r_n})\big)$$

$$= \big(AE\,\underline{r}\,(G\underline{r_1}\ldots\underline{r_n})\big) \qquad \text{(Hilfssatz 2)}$$

$$= \underline{r}. \qquad \text{(Definition von } A\text{)}$$

Wenn aber $\psi(r_1, \ldots, r_n, r) \neq 0$, so ist das Minimum von $\psi(r_1, \ldots, r_n, r)$ und 1 gleich 1, also $\big(M\,\underline{\psi(r_1, \ldots, r_n, r)}\,\underline{1}\big) = \underline{1}$ ableitbar. Wir haben dann die Ableitbarkeit von

$$\big(E(G\underline{r_1}\ldots\underline{r_n}\underline{r})\,\underline{r}\,(G\underline{r_1}\ldots\underline{r_n})\big) = \big(C\,\underline{1}\,E\,\underline{r}\,(G\underline{r_1}\ldots\underline{r_n})\big)$$

$$= \big(BE\,\underline{r}\,(G\underline{r_1}\ldots\underline{r_n})\big) \qquad \text{(Hilfssatz 2)}$$

$$= \big(E\,(G\underline{r_1}\ldots\underline{r_n}(N\underline{r}))\,(N\underline{r})\,(G\underline{r_1}\ldots\underline{r_n})\big)$$

(Definition von B)

$$= \big(E(G\underline{r_1}\ldots\underline{r_n}\underline{r'})\,\underline{r'}(G\underline{r_1}\ldots\underline{r_n})\big)$$

(da $(N\underline{r}) = \underline{r'}$ ableitbar ist).

8. Beweis der Hilfssätze aus Nr. 7.

ad 1 ('): Wir definieren:

$$I \equiv \boldsymbol{\lambda} xx$$

$$P \equiv \boldsymbol{\lambda} x \boldsymbol{\lambda} y \boldsymbol{\lambda} z (zxy)$$

$$P_1 \equiv \boldsymbol{\lambda} a \big(a(\boldsymbol{\lambda} b \boldsymbol{\lambda} c (cIb))\big)$$

$$P_2 \equiv \boldsymbol{\lambda} a\big(a(\boldsymbol{\lambda} b \boldsymbol{\lambda} c(b I c))\big)$$
$$A \equiv \boldsymbol{\lambda} a\big(P(P_2 a)(N(P_2 a))\big) \quad (\text{zu } N \text{ vgl. Nr. } 7\text{(a)})$$
$$V \equiv \boldsymbol{\lambda} x\big(P_1(xA(P\underline{0}\,\underline{0}))\big).$$

r und s seien natürliche Zahlen. Dann sind die folgenden Gleichungen ableitbar:

$$\begin{aligned}
\big(P_1(P\underline{r}\,\underline{s})\big) &= \big(P_1 \boldsymbol{\lambda} z(z\underline{r}\,\underline{s})\big) && \text{(Definition von } P)\\
&= \big(\boldsymbol{\lambda} z(z\underline{r}\,\underline{s})(\boldsymbol{\lambda} b \boldsymbol{\lambda} c(cIb))\big) && \text{(Definition von } P_1)\\
&= \big(\boldsymbol{\lambda} b \boldsymbol{\lambda} c(cIb)\underline{r}\,\underline{s}\big) && \text{(K 2)}\\
&= (\underline{s}I\underline{r}) && \text{(K 2)}\\
&= \big(\underbrace{I(I\ldots(I}_{s\text{-mal}}\underline{r})\ldots)\big) && \text{(Nr. 4(2))}\\
(1) \qquad &= \underline{r} && \text{(Definition von } I).
\end{aligned}$$

Völlig analog ergibt sich die Ableitbarkeit von

(2) $$\big(P_2(P\underline{r}\,\underline{s})\big) = \underline{s}.$$

Schließlich gewinnen wir

$$\begin{aligned}
\big(A(P\underline{r}\,\underline{s})\big) &= \big(P(P_2(P\underline{r}\,\underline{s}))(N(P_2(P\underline{r}\,\underline{s})))\big) && \text{(Definition von } A)\\
&= \big(P\underline{s}(N\underline{s})\big) && \text{(wegen (2))}\\
(3) \qquad &= (P\underline{s}\,\underline{s'}) && \text{(Definition von } N).
\end{aligned}$$

Daher sind ableitbar:

$$\begin{aligned}
(V\underline{0}) &= \big(P_1(\underline{0}A(P\underline{0}\,\underline{0}))\big) && \text{(K 2)}\\
&= \big(P_1(P\underline{0}\,\underline{0})\big) && \text{(Definition von } \underline{0})\\
&= \underline{0} && \text{(nach (1))}\\
(V\underline{r'}) &= \big(P_1(\underline{r'}A(P\underline{0}\,\underline{0}))\big) && \text{(K 2)}\\
&= \big(P_1(\underbrace{A(A\ldots(A}_{r'\text{-mal}}(P\underline{0}\,\underline{0}))\ldots))\big) && \text{(Nr. 4(2))}\\
&= \big(P_1(\underbrace{A(A\ldots(A}_{r\text{-mal}}(P\underline{0}\,\underline{1}))\ldots))\big) && \text{(wegen (3))}\\
&= \big(P_1(\underbrace{A(A\ldots(A}_{(r-1)\text{-mal}}(P\underline{1}\,\underline{2}))\ldots))\big) && \text{(wegen (3))}\\
&\ldots\ldots\ldots\ldots\\
&= \big(P_1(P\underline{r}\,\underline{r'})\big) && \text{(wegen (3))}\\
&= \underline{r} && \text{(nach (1))}.
\end{aligned}$$

ad 1 (″): Mit Hilfe des vorhin eingeführten Terms V definieren wir zunächst

$$L \equiv \boldsymbol{\lambda} x \boldsymbol{\lambda} y (y V x).$$

Dann kann man für beliebige natürliche Zahlen r, s ableiten:

$$\begin{aligned}(L \underline{r} \underline{s}) &= (\underline{s} V \underline{r}) && \text{(Definition von } L\text{)}\\ &= \big(\underbrace{V(V \ldots (V}_{s\text{-mal}} \underline{r}) \ldots)\big) && \big(\text{Nr. } 4(2)\big)\\ &= \underline{r \dot{-} s} && \text{(Eigenschaft von } V\text{)}.\end{aligned}$$

Mit Hilfe des so eingeführten Differenztermes definieren wir:

$$M \equiv \boldsymbol{\lambda} x \boldsymbol{\lambda} y \big(L x (L x y)\big).$$

Dann ist ableitbar:

$$\begin{aligned}(M \underline{r} \underline{s}) &= \big(L \underline{r} (L \underline{r} \underline{s})\big) && \text{(Definition von } M\text{)}\\ &= (L \underline{r}\, \underline{r \dot{-} s}) && \text{(Eigenschaft von } L\text{)}\\ &= \underline{r \dot{-} (r \dot{-} s)} && \text{(Eigenschaft von } L\text{)}\\ &= \underline{\mathrm{Min}(r, s)}.\end{aligned}$$

ad 2: A, B seien vorgegeben. Wir setzen

$$\begin{aligned}C^* &\equiv \boldsymbol{\lambda} x \boldsymbol{\lambda} y \boldsymbol{\lambda} z (x z y)\\ C &\equiv \boldsymbol{\lambda} a (a C^* \underline{0} B A).\end{aligned}$$

Dann kann man ableiten

$$\begin{aligned}(C \underline{0}) &= (\underline{0} C^* \underline{0} B A) && \text{(Definition von } C\text{)}\\ &= (\underline{0} B A) && \text{(Definition von } \underline{0}\text{)}\\ &= A && \text{(Definition von } \underline{0}\text{)}\\ (C \underline{1}) &= (\underline{1} C^* \underline{0} B A) && \text{(Definition von } C\text{)}\\ &= (C^* \underline{0} B A) && \text{(Definition von } \underline{1}\text{)}\\ &= (\underline{0} A B) && \text{(Definition von } C^*\text{)}\\ &= B && \text{(Definition von } \underline{0}\text{)}.\end{aligned}$$

ad 3: D sei vorgegeben. Wir setzen:

$$\begin{aligned}E^* &\equiv \boldsymbol{\lambda} b \boldsymbol{\lambda} x \big(D x \boldsymbol{\lambda} a (b b a)\big)\\ E &\equiv \boldsymbol{\lambda} a (E^* E^* a).\end{aligned}$$

T sei ein beliebiger Term. Dann können wir ableiten:

$$\begin{aligned}(E T) &= (E^* E^* T) && \text{(Definition von } E\text{)}\\ &= \big(D T \boldsymbol{\lambda} a (E^* E^* a)\big) && \text{(Definition von } E^*\text{)}\\ &= (D T E) && \text{(Definition von } E\text{)}.\end{aligned}$$

Literatur

Zusammenfassende Darstellungen:

Church, A.: The Calculi of Lambda-Conversion. Princeton: Princeton University Press 1941.

Curry, H. B., und R. Feys: Combinatory Logic. Amsterdam: North-Holland Publishing Company 1958.

Zu Beweisen, daß die λ-K-Definierbarkeit (bzw. die λ-Definierbarkeit) äquivalent ist zu anderen Präzisierungen der Berechenbarkeit, vergleiche auch

Kleene, S. C.: λ-Definability and Recursiveness. Duke math. J. **2**, 340—353 (1936).

Turing, A. M.: Computability and λ-Definability. J. symbolic Logic **2**, 153—163 (1937).

§ 32. Die Minimallogik von Fitch

In diesem Paragraphen soll im Anschluß an Fitch ein Kalkül entwickelt werden, der in besonders einfacher Weise als ein „universeller Kalkül" betrachtet werden kann. Aus dem dreielementigen Alphabet $\{*, (,)\}$ werden spezielle Worte aufgebaut, welche „Ausdrücke" heißen sollen. Es werden Schlußregeln angegeben. $\vdash \alpha$ soll bedeuten, daß der Ausdruck α mit diesen Schlußregeln ableitbar ist. Nun läßt sich die genannte Universalität kennzeichnen durch den folgenden

Satz: Zu jedem aufzählbaren n-stelligen Prädikat R zwischen Ausdrücken ($n \geqq 1$) gibt es wenigstens einen Ausdruck ϱ, derart, daß für alle Ausdrücke $\alpha_1, \cdots, \alpha_n$

(0) $$\vdash \varrho\alpha_1 \cdots \alpha_n \textit{ genau dann, wenn } R\alpha_1 \cdots \alpha_n\,.$$

Definition 1: Wir wollen sagen, daß *ein Ausdruck ϱ das Prädikat R zwischen Ausdrücken darstellt*, wenn (0) für alle Ausdrücke $\alpha_1, \ldots, \alpha_n$ gilt.

Der von Fitch angegebene Kalkül ist insbesondere deshalb bemerkenswert, weil in ihm spezielle Ausdrücke, wie $=$, $\wedge$, $\vee$ auftreten, mit welchen Schlußregeln verbunden sind, welche den Regeln entsprechen, die in konstruktiven Logiken mit diesen Symbolen verknüpft sind. Diese Regeln werden nicht ad hoc aufgestellt, sonder mit der postulierten Gültigkeit von (0) begründet. Wegen der genannten Eigenschaften bezeichnet Fitch seinen Kalkül als eine „*minimal basic logic*".

1. Die Ausdrücke. Wir gehen aus von dem Alphabet $\{*, (,)\}$. Die *Ausdrücke* werden erzeugt durch einen Kalkül, welcher $*$ als einziges Axiom und den Übergang von α und β zu $(\alpha\beta)$ als einzige Schlußregel besitzt. Wir wollen Ausdrücke durch kleine griechische Buchstaben wiedergeben. *Beispiele* für Ausdrücke sind $*$, $(**)$, $(*(**))$, $((**)*)$, $((**)(**))$.

Wir vermerken im folgenden verschiedene einfache Tatsachen über Ausdrücke, die wir z.T. in Hilfssätzen formulieren. Die Beweise überlassen wir dem Leser.

Wenn $\alpha_1, \ldots, \alpha_n$ Ausdrücke sind ($n \geqq 2$), so ist $\alpha_1 \ldots \alpha_n$ kein Ausdruck. Wir wollen aber $\alpha_1 \ldots \alpha_n$ verwenden, um den Ausdruck

$$((\ldots((\alpha_1 \alpha_2) \alpha_3) \ldots) \alpha_n)$$

zu kennzeichnen. Damit haben wir eine Klammerersparungsregel *(Linksklammerung!)*, und wir verwenden die Linksklammerung auch im Inneren von Ausdrücken. So ist z.B. $(***)**(**)$ eine abkürzende Schreibweise für den Ausdruck $(((((**)*)*)*)(**))$. Statt $\alpha_1 \ldots \alpha_n$ schreiben wir auch manchmal der größeren Deutlichkeit halber $(\alpha_1 \ldots \alpha_n)$.

Hilfssatz 1: Wenn $(\alpha\beta) \equiv (\gamma\delta)$, so $\alpha \equiv \gamma$ und $\beta \equiv \delta$.[1]

Wegen dieses Hilfssatzes kann man Eigenschaften (Beziehungen) von Worten dadurch induktiv erklären, daß man sie zunächst für $\alpha \equiv *$ definiert, und dann für $\alpha \equiv (\beta\gamma)$ unter der Voraussetzung, daß sie bereits für β und γ definiert sind („Induktion über den Aufbau von α").

Wir definieren zunächst, wann ein Ausdruck τ ein *Teilausdruck* von α heißen soll: τ ist Teilausdruck von $*$ genau dann, wenn $\tau \equiv *$; τ ist Teilausdruck von $(\beta\gamma)$ genau dann, wenn $\tau \equiv (\beta\gamma)$ oder wenn τ Teilausdruck von β oder von γ ist.

Hilfssatz 2: Wenn $\alpha_1 \ldots \alpha_r \equiv \beta_1 \ldots \beta_s$ (Linksklammerung!), so ist α_1 ein Teilausdruck von β_1, oder umgekehrt.

Wir benutzen *eine unendliche Folge von Ausdrücken, von denen keiner ein Teilausdruck eines andern ist.* Bezeichnen wir (vorübergehend) den Ausdruck $* \cdots *$ (n Sterne) mit σ_n, so hat offenbar die Ausdrucksfolge $\sigma_2\sigma_2$, $\sigma_3\sigma_3$, $\sigma_4\sigma_4$, ... die verlangte Eigenschaft[2]. Wir schreiben für $\sigma_2\sigma_2$, ..., $\sigma_5\sigma_5$ kürzer $=$, $\wedge$, $\vee$, $\vee$. Ferner schreiben wir für

$\sigma_6\sigma_6$, $\sigma_{10}\sigma_{10}$, $\sigma_{14}\sigma_{14}$, ... kürzer λ_1, λ_2, λ_3, ...,

$\sigma_7\sigma_7$, $\sigma_{11}\sigma_{11}$, $\sigma_{15}\sigma_{15}$, ... kürzer $x_1, x_2, x_3, \ldots$,

$\sigma_8\sigma_8$, $\sigma_{12}\sigma_{12}$, $\sigma_{16}\sigma_{16}$, ... kürzer $y_1, y_2, y_3, \ldots$,

$\sigma_9\sigma_9$, $\sigma_{13}\sigma_{13}$, $\sigma_{17}\sigma_{17}$, ... kürzer z_1, z_2. z_3, ...

Die x_n, y_n, z_n heißen *Variablen.*

---

[1] Wir verwenden die Symbole $\equiv$ bzw. $\not\equiv$, um die Gleichheit bzw. Ungleichheit von Worten zu bezeichnen. Vgl. § 19.2.

[2] Die Anfangsglieder dieser Folge sind in vollständiger Anschreibung: $((**)(**))$, $(((**)*)((**)*))$, $((((**)*)*)(((**)*)*))$.

Seien gegeben $2n$ Ausdrücke $\alpha_1, \ldots, \alpha_n; \gamma_1, \ldots, \gamma_n$. Wir wollen jedem Ausdruck β einen Ausdruck $\beta \frac{\alpha_1, \ldots, \alpha_n}{\gamma_1, \ldots, \gamma_n}$ eindeutig zuordnen, von dem wir sagen, daß er aus β durch *simultane Einsetzung* der $\gamma_1, \ldots, \gamma_n$ für die $\alpha_1, \ldots, \alpha_n$ entsteht. Wir definieren die Operation durch Induktion über den Aufbau von β. Es sei zunächst $\beta \equiv *$. Dann setzen wir:

$$* \frac{\alpha_1, \ldots, \alpha_n}{\gamma_1, \ldots, \gamma_n} \equiv \begin{cases} *, \text{ falls kein } \alpha_1, \ldots, \alpha_n \text{ mit } * \text{ übereinstimmt,} \\ \gamma_i, \text{ falls } \alpha_i \text{ das erste der } \alpha_1, \ldots, \alpha_n \text{ ist; welches} \\ \quad \text{mit } * \text{ übereinstimmt.} \end{cases}$$

Sei nun $\beta \equiv (\beta_1 \beta_2)$. Dann definieren wir:

$$(\beta_1\beta_2) \frac{\alpha_1, \ldots, \alpha_n}{\gamma_1, \ldots, \gamma_n} \equiv \begin{cases} \left(\beta_1 \frac{\alpha_1, \ldots, \alpha_n}{\gamma_1, \ldots, \gamma_n} \beta_2 \frac{\alpha_1, \ldots, \alpha_n}{\gamma_1, \ldots, \gamma_n}\right), \text{ falls kein } \alpha_1, \ldots, \alpha_n \text{ mit } (\beta_1\beta_2) \text{ übereinstimmt,} \\ \gamma_i, \text{ falls } \alpha_i \text{ das erste der } \alpha_1, \ldots, \alpha_n \text{ ist, welches mit} \\ \quad (\beta_1\beta_2) \text{ übereinstimmt.} \end{cases}$$

Wenn $\alpha_1, \ldots, \alpha_n, \beta, \gamma_1, \ldots, \gamma_n$ bekannt sind, so kann man $\beta \frac{\alpha_1, \ldots, \alpha_n}{\gamma_1, \ldots, \gamma_n}$ nach dieser Vorschrift effektiv herstellen.

2. *Heuristische Betrachtungen. Wir setzen hierfür voraus, daß bereits ein Ableitbarkeitsbegriff* $\vdash$ *mit der in der Vorbemerkung zu diesem Paragraphen genannten Eigenschaft* (0) *existiert.* Wir wollen mit Hilfe dieses Ableitbarkeitsbegriffs eine Reihe von aufzählbaren Relationen R angeben. Diese Relationen müssen durch Ausdrücke P darstellbar sein. Die diese Relationen darstellenden Ausdrücke wollen wir mit $=$, $\wedge$, $\vee$, V, $\boldsymbol{\lambda}_1, \boldsymbol{\lambda}_2, \boldsymbol{\lambda}_3, \ldots$ identifizieren[1]. Damit müssen wegen (0) gewisse Gesetze gelten, in welchen diese Ausdrücke vorkommen, und die wir im einzelnen angeben wollen. Einen Teil dieser Gesetze werden wir in Nr. 3 als definierende Regeln des Fitchschen Kalküls fordern.

(a) $R\alpha\beta$ bedeute, daß $\alpha \equiv \beta$. R ist aufzählbar (sogar entscheidbar). Es muß also einen Ausdruck geben, welcher R darstellt. Diesen Ausdruck identifizieren wir mit dem Ausdruck $=$. Damit haben wir wegen (0) die Beziehung:

(1) $\vdash = \alpha\beta$ *genau dann, wenn* $\alpha \equiv \beta$.

(b) $R\alpha\beta$ bedeute, daß sowohl α als auch β ableitbar sind. R ist aufzählbar (vgl. § 2.4 (d)). R werde dargestellt durch $\wedge$. Damit haben wir

(2) $\vdash \wedge\alpha\beta$ *genau dann, wenn* $\vdash \alpha$ *und* $\vdash \beta$.

---

[1] In dieser Identifizierung steckt natürlich eine gewisse Willkür, von der man sich auch noch freimachen könnte.

(c) $R\alpha\beta$ bedeute, daß $\vdash\alpha$ oder $\vdash\beta$ (*oder* im Sinne von lat. *vel*). R ist aufzählbar. $\vee$ stelle R dar. Wir haben somit:

(3) $\vdash\vee\alpha\beta$ *genau dann, wenn* $\vdash\alpha$ *oder* $\vdash\beta$.

(d) $R\alpha$ bedeute, daß es ein β gibt mit $\vdash\alpha\beta$. R ist aufzählbar. $\bigvee$ stelle R dar. Daher:

(4) $\vdash\bigvee\alpha$ *genau dann, wenn es ein* β *gibt mit* $\vdash\alpha\beta$.

(e) Sei $n\geqq 1$. $R_n\alpha_1\ldots\alpha_n\beta\gamma_1\ldots\gamma_n$ bedeute, daß der Ausdruck $\beta\,\frac{\alpha_1,\ldots,\alpha_n}{\gamma_1,\ldots,\gamma_n}$ ableitbar ist. R_n ist aufzählbar (vgl. § 2.4 (d)). R_n werde dargestellt durch den Ausdruck $\boldsymbol{\lambda}_n$. Wir haben also[1]:

(5) $\vdash\boldsymbol{\lambda}_n\alpha_1\ldots\alpha_n\beta\gamma_1\ldots\gamma_n$ *genau dann, wenn* $\vdash\beta\,\frac{\alpha_1,\ldots,\alpha_n}{\gamma_1,\ldots,\gamma_n}$.

3. *Die Axiome und Regeln des Kalküls von Fitch.* Inspiriert durch die vorangehenden Betrachtungen, bauen wir nun einen Kalkül auf. Wir beginnen mit dem Axiom[2].

Axiom für $=$: $=\alpha\alpha$.

Nun kommen wir zu den *Schlußregeln*[3].

Regeln für $\neq$: $\dfrac{\neq\alpha\beta}{\neq(\alpha\gamma)(\beta\delta)}$ $\dfrac{\neq\alpha\beta}{\neq(\gamma\alpha)(\delta\beta)}$

Regel für $\wedge$: $\dfrac{\alpha,\beta}{\wedge\alpha\beta}$

Regeln für $\vee$: $\dfrac{\alpha}{\vee\alpha\beta}$ $\dfrac{\beta}{\vee\alpha\beta}$

Regel für $\bigvee$: $\dfrac{\alpha\beta}{\bigvee\alpha}$

Regel für $\boldsymbol{\lambda}_n$: $\dfrac{\beta\,\frac{\alpha_1,\ldots,\alpha_n}{\gamma_1,\ldots,\gamma_n}}{\lambda_n\alpha_1\ldots\alpha_n\beta\gamma_1\ldots\gamma_n}$ $(n=1,2,3,\ldots)$.

Wir wollen im folgenden die Bezeichnung $\alpha\Leftrightarrow\beta$ verwenden, um anzugeben, daß mit α auch β ableitbar ist, und umgekehrt mit β auch α.

4. *Nachweis von Nr. 2,* (1), ..., (5). Wir wollen nun zeigen, daß die in Nr. 2 zunächst nur heuristisch begründeten Beziehungen für den in

[1] Man vergleiche (5) für $n=1$ mit Regel (K 2) im $\boldsymbol{\lambda}$-K-Kalkül (§ 31).

[2] Streng genommen handelt es sich im folgenden nicht um ein einzelnes Axiom, sondern um ein sog. *Axiomenschema:* z. B. ist für *jeden* Ausdruck α der Ausdruck $=\alpha\alpha$ ein Axiom.

[3] Die Regeln sind so aufzufassen, daß man von den oberen Ausdrücken zu dem unteren Ausdruck übergehen darf.

Nr. 3 definierten Kalkül gelten. Es handelt sich jeweils um Äquivalenzen. Daß sich aus den *rechts stehenden Ausdrücken* die *links stehenden* ergeben, folgt unmittelbar aus den Axiomen und Schlußregeln.

Es bleibt nun zu zeigen, daß sich aus den *linken Seiten* der Äquivalenzen in Nr. 2 die *rechten Seiten* ergeben. Hier schließt man nach einem charakteristischen Verfahren, welches von LORENZEN das *Inversionsprinzip* genannt worden ist. Betrachten wir zunächst (1). Wir nehmen an, daß $=\alpha\beta$ herleitbar ist. Wir haben zu zeigen, daß $\alpha\equiv\beta$. Um dies einzusehen, fragen wir uns, auf Grund welchen Axioms oder mit welcher Regel $=\alpha\beta$ gewonnen worden sein kann. Es kommt jedenfalls das Axiom für $=$ in Frage. Dieses erlaubt es aber nur, Ausdrücke der Gestalt $=\alpha\alpha$ zu gewinnen, so daß in diesem Fall $\alpha\equiv\beta$. Man kann sich davon überzeugen, daß kein anderes Axiom und keine Regel es erlaubt, $=\alpha\beta$ herzuleiten. Die hierzu notwendige Überlegung beruht in allen Fällen auf derselben Idee. Wir wollen sie an der Regel für $\bigvee$ demonstrieren. Wenn $=\alpha\beta$ vermöge dieser Regel gewonnen wäre, so müßte es einen Ausdruck γ geben derart, daß $=\alpha\beta\equiv\bigvee\gamma$. Dies ist aber nicht möglich, da sonst nach Hilfssatz 2 aus Nr. 1 $=$ ein Teilausdruck von $\bigvee$ oder $\bigvee$ ein Teilausdruck von $=$ sein müßte, was nach Nr. 1 nicht der Fall ist. — Zusammenfassend können wir sagen, daß $=\alpha\beta$ nur auf Grund des Axioms für $=$ gewonnen werden kann, und zwar nur dann, wenn $\alpha\equiv\beta$.

In derselben Weise zeigt man, daß die linken Seiten der Aussagen von (2), (4), (5) die rechten Seiten nach sich ziehen. Es bleibt noch (3) zu untersuchen.

ad (3). Ist $\vee\alpha\beta$ herleitbar, so kann es nur auf Grund einer der beiden Regeln für $\vee$ gewonnen worden sein. Wenn $\vee\alpha\beta$ mit der ersten Regel für $\vee$ gewonnen würde, so muß α herleitbar sein, wenn aber mit der zweiten Regel, so β.

5. *Die Metaregel der Strukturtransformation.* Seien $\nu_1, \ldots, \nu_r$ und $\mu_1, \ldots, \mu_s$ Folgen von Namen für spezielle Ausdrücke und $\alpha_1, \ldots, \alpha_n$ Variablen für Ausdrücke. $\nu_1, \ldots, \nu_r, \mu_1, \ldots, \mu_s$ sollen paarweise verschieden sein. Eine oder beide der Folgen $\nu_1, \ldots, \nu_r$ bzw. $\mu_1, \ldots, \mu_s$ können leer sein. Sei $\mathsf{M} = \mathsf{M}(\nu_1, \ldots, \nu_r, \mu_1, \ldots, \mu_s, \alpha_1, \ldots, \alpha_n)$ ein *Metaausdruck*, der aus den ν_i, μ_j, α_k und den Zeichen $=$, $\wedge$, $\vee$, $\bigvee$, λ_m mit Hilfe von Klammern aufgebaut ist (wobei evtl. nach Nr. 1 Klammern erspart werden). Jeder der Ausdrücke ν_i, μ_j und α_k kann mehrmals in M vorkommen, braucht aber überhaupt nicht in M vorzukommen. Ein *Beispiel* für einen Metaausdruck der obigen Art (für $r = 1$, $s = 2$, $n = 3$) ist

$$(\alpha_3\alpha_1) \wedge \bigvee \nu_1(\mu_2\alpha_2\alpha_1\nu_1) \,.$$

Es ist nun möglich, ausgehend von M, effektiv einen Ausdruck Φ, *in dem keine der Variablen* $\alpha_1, \ldots, \alpha_n$ *vorkommt*, anzugeben, so daß gilt:

(6) *Für alle* $\alpha_1, \ldots, \alpha_n$: $\vdash \mathsf{M}$ *genau dann, wenn* $\vdash \Phi \mu_1 \ldots \mu_s \alpha_1 \ldots \alpha_n$.

Beweis: Sei

$$\Phi \equiv \lambda_{r+s+n} x_1 \ldots x_r y_1 \ldots y_s z_1 \ldots z_n \mathsf{M}(x_1, \ldots, x_r, y_1, \ldots, y_s, z_1, \ldots, z_n) \nu_1 \ldots \nu_r,$$

wobei $\mathsf{M}(x_1, \ldots, z_n)$ aus $\mathsf{M}(\nu_1, \ldots, \alpha_n)$ dadurch entsteht, daß überall ν_1 durch x_1 ersetzt wird, usf. Für unser obiges Beispiel erhalten wir für Φ den Ausdruck

$$\lambda_6 x_1 y_1 y_2 z_1 z_2 z_3 ((z_3 z_1) \wedge \vee x_1 (y_2 z_2 z_1 x_1)) \nu_1 .$$

Wir haben nun $\vdash \Phi \mu_1 \ldots \mu_s \alpha_1 \ldots \alpha_n$ genau dann, wenn $\vdash \mathsf{M}(x_1, \ldots, z_n) \frac{x_1, \ldots, z_n}{\nu_1, \ldots, \alpha_n}$ nach (5), und es ist $\mathsf{M}(x_1, \ldots, z_n) \frac{x_1, \ldots, z_n}{\nu_1, \ldots, \alpha_n} \equiv \mathsf{M}(\nu_1, \ldots, \alpha_n)$.

Wir verwenden (6) normalerweise dann, wenn kein μ_j vorkommt. Der Nutzen von (6) besteht darin, daß ein Übergang von M zu einem Metaausdruck ermöglicht wird, in dem die Variablen $\alpha_1, \ldots, \alpha_n$ nur einmal vorkommen, und zwar geordnet am Ende.

Da die Struktur des Metaausdrucks M in den Aufbau von Φ eingeht, sprechen wir bei einer Anwendung von (6) von einer *Strukturtransformation* (ST).

Wir wenden (6) nur endlich oft an. Es ist daher möglich, auf (6) ganz zu verzichten und in jedem Falle einen besonderen Beweis zu geben.

6. *Die Ausdrücke* $\overset{n}{\vee}$ und $\overset{n}{\wedge}$. Wir wollen effektiv Ausdrücke $\overset{n}{\vee}$ und $\overset{n}{\wedge}$ $(n \geqq 1)$ angeben derart, daß die folgenden Verallgemeinerungen von (2) und (4) gelten:

(7) *Für jedes* α: $\vdash \overset{n}{\vee} \alpha$ *genau dann, wenn es Ausdrücke* $\beta_1, \ldots, \beta_n$ *gibt derart, daß* $\vdash \alpha \beta_1 \ldots \beta_n$.

(8) *Für alle* $\alpha_1, \ldots, \alpha_n$: $\vdash \overset{n}{\wedge} \alpha_1 \ldots \alpha_n$ *genau dann, wenn* ($\vdash \alpha$ *und* $\ldots$ *und* $\vdash \beta$.)

Beweis von (7): Wegen (4) können wir $\overset{1}{\vee} \equiv \vee$ setzen. Für $n+1$ haben wir die folgenden Äquivalenzen:

es gibt $\beta_1, \ldots, \beta_{n+1}$ mit $\vdash \alpha \beta_1 \ldots \beta_{n+1}$

gdw es gibt ein β_1 derart, daß es $\beta_2, \ldots, \beta_{n+1}$ gibt mit $\vdash (\alpha \beta_1) \beta_2 \ldots \beta_{n+1}$

gdw es gibt ein β_1 mit $\vdash \overset{n}{\vee} (\alpha \beta_1)$ (Induktionsvoraussetzung)

gdw es gibt ein β_1 mit $\vdash \Phi_1 \alpha \beta_1$ (wobei wir Φ_1 mit (ST) erhalten) *gdw* $\vdash \vee (\Phi_1 \alpha)$ (nach (4)

gdw $\vdash (\Phi_2 \alpha)$ (wobei wir Φ_2 mit (ST) erhalten).

Dieser Ausdruck Φ_2 kann als $\overset{n+1}{\vee}$ genommen werden.

Beweis von (8): Wir können $\lambda_1 x_1 x_1$ für $\overset{1}{\wedge}$ setzen, ferner wegen (2) $\wedge$ für $\overset{2}{\wedge}$. Für $n+1$ $(n \geqq 2)$ haben wir:

$$\vdash \alpha_1 \text{ und } \ldots \text{ und } \vdash \alpha_{n+1}$$

gdw $\vdash \overset{n}{\wedge} \alpha_1 \ldots \alpha_n$ *und* $\vdash \alpha_{n+1}$ (Induktionsvoraussetzung)

gdw $\vdash \vee (\overset{n}{\wedge} \alpha_1 \ldots \alpha_n)\, \alpha_{n+1}$ (nach (2))

gdw $\vdash \Phi\, \alpha_1 \ldots \alpha_{n+1}$ (wobei wir Φ mit (ST) erhalten).

Dieser Ausdruck Φ kann als $\overset{n+1}{\wedge}$ genommen werden.

7. *Primitiv-rekursive Funktionen, deren Argumente und Werte Ausdrücke sind.* Diese Funktionen sind Analoga der gewöhnlichen primitiv-rekursiven Funktionen. An Stelle der gewöhnlichen Ausgangsfunktionen[1] s, u_n^i, c_0^0 (§ 10.1) haben wir hier

(a) *die zweistellige Verkettungsfunktion* J, welche für die Argumente α, β den Wert $J(\alpha, \beta) \equiv (\alpha\beta)$ hat,

(b) *die Identitätsfunktionen* U_n^i $(n > 1,\ 1 \leqq i \leqq n)$, welche definiert sind durch $U_n^i(\alpha_1, \ldots, \alpha_n) \equiv \alpha_i$,

(c) die nullstellige Konstante C_0^* mit dem Wert $*$.

Eine Funktion F heißt *primitiv-rekursiv*, wenn sie eine der Anfangsfunktionen ist oder wenn sie aus diesen Anfangsfunktionen erhalten werden kann durch endlichmalige Anwendung der Operationen der Substitution und der Quasiinduktion.

Die *Substitution* wird definiert wie in § 10.1.

Die *Quasiinduktion* führt von einer n-stelligen Funktion G und einer $(n+4)$-stelligen Funktion H zu einer $(n+1)$-stelligen Funktion F, wobei

$$(9)\begin{cases} F(\alpha_1, \ldots, \alpha_n, *) \equiv G(\alpha_1, \ldots \alpha_n), \\ F(\alpha_1, \ldots, \alpha_n, (\beta_1\beta_2)) \equiv H(\alpha_1, \ldots, \alpha_n, \beta_1\beta_2, H(\alpha_1, \ldots, \alpha_n, \beta_1), \\ \qquad\qquad H(\alpha_1, \ldots, \alpha_n, \beta_2)). \end{cases}$$

[1] Wir verwenden im folgenden *kleine* Buchstaben für Funktionen, deren Argumente und Werte Zahlen sind, und *große* Buchstaben für Funktionen, deren Argumente und Werte Ausdrücke sind. Daher verwenden wir n, u_i^n, c_0^0 an Stelle von N, U_n^i, C_0^0 (§ 10.1).

Man kann zeigen, daß diese primitiv-rekursiven Funktionen F bei einer geeigneten Gödelisierung (z. B. für die in Nr. 10 eingeführte Funktion $\overline{}$) den gewöhnlichen primitiv-rekursiven Funktionen entsprechen. Wir verzichten auf den Beweis, da wir von dieser Tatsache nicht Gebrauch machen werden.

8. Darstellung der primitiv-rekursiven Funktionen F. Wir wollen sagen, daß *ein Ausdruck φ eine n-stellige Funktion F darstellt,* wenn für alle $\alpha_1, \ldots, \alpha_n, \beta$

(10) $\quad \vdash \varphi\alpha_1 \ldots \alpha_n\beta$ *genau dann, wenn* $F(\alpha_1, \ldots \alpha_n) \equiv \beta$.

Lemma 1. Jede primitiv-rekursive Funktion F hat wenigstens eine Darstellung.

Wir zeigen dies zunächst für die Ausgangsfunktionen und behandeln dann die Prozesse der Substitution und Quasiinduktion.

(a) *Die Ausgangsfunktionen.* Es ist $C_0^* \equiv \beta$ genau dann, wenn $* \equiv \beta$. Dies ist nach (1) äquivalent zu $\vdash = *\beta$. Daher stellt der Ausdruck $= *$ die Funktion C_0^* dar. – Es ist $U_n^i(\alpha_1, \ldots, \alpha_n) \equiv \beta$ genau dann, wenn $\alpha_i \equiv \beta$. Dies ist äquivalent zu $\vdash = \alpha_i\beta$. Nach (ST) gibt es einen Ausdruck Φ derart, daß $\vdash = \alpha_i\beta$ äquivalent ist zu $\vdash \Phi\,\alpha_1 \ldots \alpha_n\beta$. Ein solches Φ stellt U_n^i dar. – Es ist $J(\alpha_1, \alpha_2) \equiv \beta$ genau dann, wenn $(\alpha_1, \alpha_2) \equiv \beta$. Dies ist äquivalent zu $\vdash = (\alpha_1\alpha_2)\,\beta$. Nach (ST) gibt es einen Ausdruck Φ derart, daß $\vdash \Phi\alpha_1\alpha_2\beta$ genau dann, wenn $\vdash = (\alpha_1\alpha_2)\,\beta$. Φ stellt J dar.

(b) *Der Prozeß der Substitution.* Wir nehmen an, daß die Funktionen $G, H_1, \ldots, H_m$ durch die Ausdrücke $\psi, \varphi_1, \ldots, \varphi_m$ dargestellt werden. Sei für alle $\alpha_1, \ldots, \alpha_n$

$$F(\alpha_1, \ldots, \alpha_n) \equiv G(H_1(\alpha_1, \ldots, \alpha_n), \ldots, H_m(\alpha_1, \ldots, \alpha_n)).$$

Dann haben wir

$$F(\alpha_1, \ldots, \alpha_n, \alpha) = \beta$$

gdw es gibt Ausdrücke $\beta_1, \ldots, \beta_m$ mit $H_1(\alpha_1, \ldots, \alpha_n) \equiv \beta_1$ und ... und $H_m(\alpha_1, \ldots, \alpha_n) \equiv \beta_m$ und $G(\beta_1, \ldots, \beta_m) \equiv \beta$

gdw es gibt Ausdrücke $\beta_1, \ldots, \beta_m$ mit $\vdash \varphi_1\alpha_1 \ldots \alpha_n\beta_1$ und ... und $\vdash \varphi_m(\alpha_1, \ldots, \alpha_n)\,\beta_m$ und $\psi\beta_1 \ldots \beta_m\beta$

gdw es gibt Ausdrücke $\beta_1, \ldots, \beta_m$ mit $\vdash \overset{m+1}{\wedge} (\varphi_1\alpha_1 \ldots \alpha_n\beta_1) \ldots (\varphi_m\alpha_1 \ldots \alpha_n\beta_m)\,(\psi\beta_1 \ldots \beta_m\beta)$ (nach (8))

gdw es gibt Ausdrücke $\beta_1, \ldots, \beta_m$ mit $\vdash \Phi_1\alpha_1 \ldots \alpha_n\beta\beta_1 \ldots \beta_m$ (mit geeignetem Φ_1 nach (ST)) *gdw* $\vdash \overset{m}{\vee}(\alpha_1 \ldots \alpha_n \beta)$ (nach (7))

gdw $\vdash \Phi_2 \alpha_1 \ldots \alpha_n \beta$ (mit geeignetem Φ_2 nach (ST)).

Φ_2 stellt also F dar.

(c) *Der Prozeß der Quasiinduktion.* Sei F mit Hilfe von G und H nach (9) definiert. Wir nehmen an, daß G und H durch die Ausdrücke ψ bzw. χ dargestellt werden. Wir suchen einen Ausdruck der Gestalt $\varphi\varphi$, welcher F darstellt. Um ein solches φ zu finden, machen wir eine Reihe von Bemerkungen *unter der Annahme, daß $\varphi\varphi$ die Funktion F darstellt.* Wir haben zunächst:

$$F(\alpha_1, \ldots, \alpha_n, \alpha) \equiv \beta$$

gdw $(\alpha \equiv *$ und $G(\alpha_1, \ldots, \alpha_n) \equiv \beta)$ oder es gibt Ausdrücke $\beta_1, \beta_2, \delta_1 \delta_2$ mit $(\alpha \equiv (\beta_1 \beta_2))$ und $F(\alpha_1, \ldots, \alpha_n, \beta_1) \equiv \delta_1$ und $F(\alpha_1, \ldots, \alpha_n, \beta_2) \equiv \delta_2$ und $H(\alpha_1, \ldots, \alpha_n, \beta_1, \beta_2, \delta_1, \delta_2) \equiv \beta)$.

Wir wollen zunächst den zweiten Teil der rechten Seite dieser Äquivalenz umformen. Es gilt:

es gibt Ausdrücke $\beta_1, \beta_2, \delta_1, \delta_2$ mit $(\cdots)$

gdw es gibt Ausdrücke $\beta_1, \beta_2, \delta_1, \delta_2$ mit $(\vdash = \alpha\,(\beta_1 \beta_2))$ und $\vdash \varphi\varphi\alpha_1 \ldots \alpha_n \beta_1 \delta_1$ und $\vdash \varphi\varphi\alpha_1 \ldots \alpha_n \beta_2 \delta_2$ und $\vdash \chi\alpha_1 \ldots \alpha_n \beta_1 \beta_2 \delta_1 \delta_2 \beta)$ (nach ((1), (8))

gdw es gibt Ausdrücke $\beta_1, \beta_2, \delta_1, \delta_2$ mit

$\vdash \overset{4}{\wedge}(= \alpha\,(\beta_1 \beta_2))\,(\varphi\varphi\alpha_1 \ldots \alpha_n \beta_1 \delta_1)\,(\varphi\varphi\alpha_1 \ldots \alpha_n \beta_2 \delta_2)$
$(\chi\alpha_1 \ldots \alpha_n \beta_1 \beta_2 \delta_1 \delta_2 \beta)$ (nach (8))

gdw es gibt Ausdrücke $\beta_1, \beta_2, \delta_1, \delta_2$ mit $\vdash \Phi_1 \varphi\alpha_1 \ldots \alpha_n \alpha\beta\beta_1\beta_2\delta_1\delta_2$ (für einen geeigneten Ausdruck Φ_1 nach (ST))

gdw $\vdash \overset{4}{\vee}(\Phi_1 \varphi\alpha_1 \ldots \alpha_n \alpha\beta)$ nach (7).

Nun kehren wir zu unserer ursprünglichen Äquivalenz zurück. Wir haben

$$F(\alpha_1, \ldots, \alpha_n) \equiv \beta$$

gdw $\vdash \vee(\wedge(= \alpha\, *)\,(\psi\alpha_1 \ldots \alpha_n \beta))(\overset{4}{\vee}(\Phi_1 \varphi\,\alpha_1 \ldots \alpha_n \alpha\beta))$ (nach (1), (2),(3))

gdw $\vdash \Phi_2 \varphi\alpha_1 \ldots \alpha_n \alpha\beta$ (für einen geeigneten Ausdruck Φ_2 nach (ST)).

Man beachte, daß Φ_2 nicht abhängt von dem noch unbekannten Ausdruck φ. Aus unserer bisherigen Überlegung folgt, *daß die Aussage $\vdash \Phi_2 \varphi\alpha_1 \ldots \alpha_n \alpha\beta$ äquivalent zu $F(\alpha_1, \ldots, \alpha_n, \alpha) \equiv \beta$ wäre, wenn* $\varphi \equiv \Phi_2$. *Wir definieren nun* $\varphi \equiv \Phi_2$. Es ist jetzt leicht zu verifizieren, daß der Ausdruck $\varphi\varphi$ die Funktion F darstellt, d. h. daß $F(\alpha_1, \ldots, \alpha_n, \alpha) \equiv \beta$ *gdw*

$\vdash \varphi\varphi\alpha_1 \ldots \alpha_n \alpha\beta$. Man kann dies beweisen durch Induktion über die Länge von α, indem man genau die Übergänge verwendet, die wir soeben durchgeführt haben.

9. Darstellung der natürlichen Zahlen durch Ausdrücke. Zuordnung von Funktionen. Jede natürliche Zahl r stellen wir durch einen Ausdruck $\underline{r}$ dar. $\underline{r}$ definieren wir durch Induktion:

$$(11) \qquad \begin{cases} \underline{0} \equiv * \\ \underline{r'} \equiv (\underline{r}\, *). \end{cases}$$

Die Abbildung $\underline{\ \ }$ ist offenbar umkehrbar. — Wir sagen, daß die Funktion F der gewöhnlichen Funktion f *zugeordnet* ist, symbolisch $F \sim f$, wenn F und f dieselbe Stellenzahl n haben und wenn für alle Zahlen $r_1, \ldots, r_n$ gilt:

$$(12) \qquad F(\underline{r_1}, \ldots, \underline{r_n}) \equiv \underline{f(r_1, \ldots, r_n)}\,.$$

Lemma 2. Zu jeder primitiv-rekursiven Funktion f gibt es eine primitiv-rekursive Funktion F mit $F \sim f$.

Zum *Beweis* betrachten wir zunächst die Ausgangsfunktionen und dann die Prozesse der Substitution und Induktion.

(a) *Die Ausgangsfunktionen.* $C_0^* \sim c_0^0$, da $C_0^* \equiv * \equiv \underline{0} \equiv \underline{c_0^0}$. — $U_n^i \sim u_n^i$, da $U_n^i(\underline{r_1}, \ldots, \underline{r_n}) \equiv \underline{r_i} \equiv \underline{u_n^i(r_1, \ldots, r_n)}$. — Wir setzen $N(\alpha) \equiv (\alpha *)$. Man sieht leicht, daß N primitiv-rekursiv ist (vgl. § 10). Es ist $N \sim n$, da $N(\underline{r}) \equiv \underline{r}* \equiv \underline{r'} \equiv \underline{n(r)}$.

(b) *Die Substitution.* Sei $f(r_1, \ldots, r_n) = g(h_1(r_1, \ldots, r_n), \ldots, h_m(r_1, \ldots, r_n))$. Sei $H_1 \sim h_1, \ldots, H_m \sim h_m$ und $G \sim g$. Sei $F(\alpha_1, \ldots, \alpha_n) \equiv G(H_1(\alpha_1, \ldots, \alpha_n), \ldots, H_m(\alpha_1, \ldots, \alpha_n))$. Es folgt sofort, daß $F \sim f$.

(c) *Die Induktion.* Sei

$$\begin{cases} f(r_1, \ldots, r_n, 0) = g(r_1, \ldots, r_n) \\ f(r_1, \ldots, r_n, r') = h(r_1, \ldots, r_n, r, f(r_1, \ldots, r_n, r)). \end{cases}$$

Sei $G \sim g$ und $H \sim h$. Sei ferner

$$H_1(\alpha_1, \ldots, \alpha_n, \alpha, \beta, \gamma, \delta) \equiv H(\alpha_1, \ldots, \alpha_n, \alpha, \gamma).$$

Schließlich definiere man F durch die folgende Quasiinduktion:

$$\begin{cases} F(\alpha_1, \ldots, \alpha_n, *) \equiv G(\alpha_1, \ldots, \alpha_n) \\ F(\alpha_1, \ldots, \alpha_n, (\beta_1\beta_2)) \equiv H(\alpha_1, \ldots, \alpha_n, \beta_1, \beta_2, F(\alpha_1, \ldots, \alpha_n, \beta_1), \\ \qquad\qquad F(\alpha_1, \ldots, \alpha_n, \beta_2). \end{cases}$$

Dann ist $F \sim f$, wie man leicht durch Induktion über das letzte Argument von f sieht.

10. Eine Gödelisierung der Menge aller Ausdrücke. Jedem Ausdruck α wollen wir eine natürliche Zahl $\bar{\alpha}$ zuordnen. $\bar{\alpha}$ wird induktiv definiert durch

$$\begin{cases} \overline{*} \equiv 0 \\ \overline{(\alpha\beta)} \equiv \sigma_2(\bar{\alpha}, \bar{\beta}) + 1 \end{cases} \tag{13}$$

(zu σ_2 vgl. § 12.4). $\bar{\alpha}$ heiße *die Gödelnummer von* α. Es ist leicht zu zeigen, daß $\overline{}$ die Menge aller Ausdrücke eindeutig auf die Menge der natürlichen Zahlen abbildet. Die Inverse von $\overline{}$ ist ziemlich kompliziert. Wir verwenden statt dessen die einfachere Funktion $\underline{}$, die wir in Nr. 9 eingeführt haben.

Lemma 3. Die Funktion $\underline{(\bar{\alpha})}$ *ist primitiv rekursiv.*

Zum *Beweis* geben wir eine Quasiinduktion für diese Funktion. Es ist

$$\underline{(\bar{*})} \equiv \underline{0} \equiv * \equiv C_0^* .$$

Ferner gilt

$$\begin{aligned} \underline{(\overline{\alpha\beta})} &\equiv \underline{\sigma_2((\bar{\alpha}, \bar{\beta}) + 1} && \text{(nach (13))} \\ &\equiv \underline{\sigma_2(\bar{\alpha}, \bar{\beta})}\, * && \text{(nach (11))} \\ &\equiv \Sigma_2(\underline{(\bar{\alpha})}, \underline{(\bar{\beta})})\, * , \end{aligned}$$

wobei $\Sigma_2 \sim \sigma_2$ (vgl. Lemma 2).

11. Die Darstellung von aufzählbaren Prädikaten zwischen Ausdrücken. Zum Abschluß wollen wir zeigen, daß es zu jedem n-stelligen aufzählbaren Prädikat R zwischen Ausdrücken einen Ausdruck φ gibt, derart, daß (0) für alle Ausdrücke $\alpha_1, \ldots, \alpha_n$ gilt.

Sei ein derartiges Prädikat R gegeben. Zunächst ordnen wir R ein n-stelliges Prädikat $\tilde{R}$ zwischen natürlichen Zahlen zu, indem wir fordern:

(14) $\tilde{R} r_1 \ldots r_n$ *gdw* es gibt Ausdrücke $\alpha_1, \ldots, \alpha_n$ mit

$R\alpha_1 \ldots \alpha_n$ und $r_1 = \overline{\alpha_1}$ und … und $r_n = \overline{\alpha_n}$.

Umgekehrt gilt dann

(15) $R\alpha_1 \ldots \alpha_n$ *gdw* $\tilde{R}\overline{\alpha_1} \ldots \overline{\alpha_n}$.

Nach den Ausführungen in § 2.5 ist $\tilde{R}$ aufzählbar. Nun folgt nach dem Kleeneschen Aufzählungstheorem (§ 18, Satz 2), daß

(16) $\tilde{R} r_1 \ldots r_n$ *gdw* es gibt ein r mit $T_n r_0 r_1 \ldots r_n r$

für alle $r_1, \ldots, r_n$, wobei r_0 eine geeignete von $\tilde{R}$ abhängige Zahl ist. Das $(n+1)$-stellige Prädikat $T_n r_0 r_1 \ldots r_n r$ (mit festem r_0) ist primitiv-rekursiv. Es gibt daher eine primitiv-rekursive Funktion f derart, daß für alle $r_1, \ldots, r_n, r$

(17) $T_n r_0 r_1 \ldots r_n r$ *gdw* $f(r_1, \ldots, r_n) = 0$.

Sei nun F eine primitiv-rekursive Funktion mit $F \sim f$ (vgl. Lemma 2). Nun gilt für alle $\alpha_1, \ldots, \alpha_n$:

$$R\alpha_1 \ldots \alpha_n$$

gdw es gibt ein r mit $f(\overline{\alpha_1}, \ldots, \overline{\alpha_n}, r) = 0$ (nach (15), (16), (17))

gdw es gibt ein α mit $f(\overline{\alpha_1}, \ldots, \overline{\alpha_n}, \bar{\alpha}) = 0$ ($^{-}$ ist surjektiv)

gdw es gibt ein α mit $\underline{f(\overline{\alpha_1}, \ldots, \overline{\alpha_n}, \bar{\alpha})} \equiv 0$ ($\_$ ist umkehrbar)

gdw es gibt ein α mit $F(\underline{(\overline{\alpha_1})}, \ldots, \underline{(\overline{\alpha_n})}, \underline{(\bar{\alpha})}) \equiv *$.

Die letzte Äquivalenz ergibt sich aus $F \sim f$ und $\underline{0} \equiv *$. Mit Lemma 3 sehen wir nun, daß die Funktion G, welche definiert ist durch

$$G(\alpha_1, \ldots, \alpha_n, \alpha) \equiv F(\underline{(\overline{\alpha_1})}, \ldots, \underline{(\overline{\alpha_n})}, \underline{(\bar{\alpha})}),$$

primitiv-rekursiv ist. Nach Lemma 1 ist G durch einen Ausdruck ψ darstellbar. Es ist also für alle $\alpha_1, \ldots, \alpha_n, \alpha$:

$$G(\alpha_1, \ldots, \alpha_n, \alpha) \equiv * \quad gdw \quad \vdash \psi\alpha_1 \ldots \alpha_n \alpha * .$$

Jetzt ergibt sich für alle $\alpha_1, \ldots, \alpha_n$:

$R\alpha_1 \ldots \alpha_n$

gdw es gibt ein α mit $G(\alpha_1, \ldots, \alpha_n) \equiv *$

gdw es gibt ein α mit $\vdash \psi\alpha_1 \ldots \alpha_n \alpha *$

gdw es gibt ein α mit $\vdash \Phi_1 \alpha_1 \ldots \alpha_n \alpha$ (mit geeignetem Φ_1 nach (ST))

gdw $\vdash \vee (\Phi_1 \alpha_1 \ldots \alpha_n \alpha)$ (nach (4))

gdw $\vdash \Phi_2 \alpha_1 \ldots \alpha_n$ (mit geeignetem Φ_2 nach (ST)).

Φ_2 stellt also R dar. *Jedes aufzählbare Prädikat ist also durch einen Ausdruck darstellbar.*

Literatur

Von den zahlreichen Arbeiten von Fitch seien genannt

Fitch, F. B.: A Simplification of Basic Logic. J. symbolic Logic **18**, 317–325 (1953); insbesondere S. 324, wo die Ausdrücke H_j auftreten, welche wir in Anlehnung an die Churchsche Bezeichnung $\boldsymbol{\lambda}_j$ genannt haben.

– Recursive Functions in Basic Logic. J. symbolic Logic **21**, 337–346 (1956).

Zum Inversionsprinzip vergleiche

Lorenzen, P.: Einführung in die operative Logik und Mathematik. Berlin-Göttingen-Heidelberg: Springer 1955.

HERMES, H.: Zum Inversionsprinzip der operativen Logik. Constructivity in Mathematics, herausgeg. von A. Heyting. S. 62–68. Amsterdam: North-Holland Publishing Company 1959.

§ 33. Aufzählbare Mengen über beliebigen Alphabeten. Chomsky-Sprachen

Der Begriff des aufzählbaren Prädikats wurde in § 2.2 für Mengen von Worten über einem beliebigen Alphabet $\mathfrak{A}$ eingeführt. Nach § 2.5 ist es irrelevant, welches Alphabet zugrunde gelegt wird. Man konnte daher ohne Verlust an Allgemeinheit die Untersuchungen in § 28 und § 29 auf die aufzählbaren Prädikate über den natürlichen Zahlen beschränken. In § 32 wurden die aufzählbaren Prädikate über einer besonders einfachen Struktur betrachtet.

Im folgenden wollen wir die aufzählbaren Mengen (d. h. die einstelligen aufzählbaren Prädikate) über beliebigen Alphabeten charakterisieren sowohl mit Hilfe von Turingmaschinen („Halteprobleme"), als auch mit Hilfe von Semi-Thue-Systemen („Chomsky-Grammatiken"). Wir beginnen mit den Definitionen.

1. Aufzählbare Mengen. Gegeben sei ein Alphabet $\mathfrak{A} = \{A_1, \ldots, A_N\}$. Wir betrachten Worte über $\mathfrak{A}$, einschließlich des leeren Wortes. Eine Menge $\mathfrak{M}$ von solchen Worten heißt *aufzählbar*, wenn $\mathfrak{M}$ leer oder der Bildbereich einer berechenbaren Funktion f ist. Dabei sei f für alle Worte über $\mathfrak{A}$ erklärt und die Werte von f sollen in $\mathfrak{A}$ liegen. – Man verifiziere, daß diese Definition, von der wir hier ausgehen wollen, äquivalent ist zu der aus § 2.2, wo wir von Funktionen ausgegangen sind, die nur für die natürlichen Zahlen erklärt und deren Argumente und Werte nicht leer sind.

Zu einer gegebenen Wortmenge über einem Alphabet ist ein solches nicht eindeutig festgelegt. Man kann sich leicht davon überzeugen, daß die Definition der Aufzählbarkeit nicht von dem gewählten Alphabet abhängt.

2. Das Halteproblem einer Turingmaschine. M sei eine Turingmaschine über $\mathfrak{A}$. Das Wort W über $\mathfrak{A}$ liege in der Menge $\mathfrak{H}$ genau dann, wenn M, angesetzt hinter W, nach endlich vielen Schritten hält (stoppt) (vgl. § 22.2). $\mathfrak{H}$ heißt *das Halteproblem von* M.

3. Chomsky-Grammatiken und Chomsky-Sprachen. Im Rahmen seiner Bestrebungen, mathematische Modelle für natürliche Sprachen zu gewinnen, hat N. CHOMSKY verschiedene Begriffe von Grammatiken und der durch sie erzeugten Sprachen eingeführt. Der allgemeinste Begriff einer

Grammatik $\mathfrak{G}$ (auch Grammatik vom Typ 0 genannt) ist gegeben durch vier Komponenten:

(1) Ein Alphabet $\mathfrak{A} = \{A_1, \ldots, A_N\}$;
(2) ein dazu fremdes Alphabet $\mathfrak{B} = \{B_1, \ldots, B_M\}$;
(3) ein ausgezeichnetes Element S von $\mathfrak{B}$;
(4) ein Semi-Thue-System $\mathfrak{S}$ über dem Alphabet $\mathfrak{A} \cup \mathfrak{B}$.

Die Elemente von $\mathfrak{A}$ heißen *Basisbuchstaben* (*terminals*), die Elemente von $\mathfrak{B}$ *Variablen*; S heißt *die Startvariable*. $\mathfrak{A} \cup \mathfrak{B}$ heißt *das Alphabet von* $\mathfrak{G}$, $\mathfrak{S}$ *das Semi-Thue-System von* $\mathfrak{G}$, die Regeln von $\mathfrak{S}$ auch *Regeln* von $\mathfrak{G}$.

Ein Grammatik $\mathfrak{G}$ heißt *kontextabhängig*, wenn jede Regel (D_i, D_i') von $\mathfrak{G}$ die Gestalt

$$(E_i V_i F_i, E_i W_i F_i)$$

hat, wobei V_i eine Variable ist, und E_i, F_i, W_i Worte über dem Alphabet von $\mathfrak{G}$ sind; zusätzlich wird gefordert, daß W_i (jedoch nicht E_i oder F_i) nicht leer ist. Die genannte Regel besagt also, daß man die Variable V_i in der sprachlichen Umgebung (im „Kontext") E_i, F_i durch W_i ersetzen darf.

Eine Grammatik $\mathfrak{G}$ heißt *kontextfrei*, wenn jede Regel (D_i, D_i') von $\mathfrak{G}$ die Gestalt

$$(V_i, W_i)$$

hat, wobei V_i eine Variable und W_i ein nichtleeres Wort über dem Alphabet von $\mathfrak{G}$ ist. Man darf also die Variable V_i unabhängig vom Kontext durch W_i ersetzen.

Eine Grammatik $\mathfrak{G}$ heißt *regulär*, wenn jede Regel (D_i, D_i') von $\mathfrak{G}$ die Gestalt

$$(V_i, W_i)$$

hat, wobei V_i eine Variable ist, und W_i entweder eine Variable oder ein Basisbuchstabe gefolgt von einer Variablen ist.

Offenbar ist jede reguläre Grammatik kontextfrei und jede kontextfreie Grammatik kontextabhängig.

Die durch $\mathfrak{G}$ *definierte Sprache* $L(\mathfrak{G})$ ist die Menge der Worte W *über dem Alphabet* $\mathfrak{A}$, welche mit Hilfe der Regeln von $\mathfrak{S}$ aus der Startvariablen herleitbar sind, für die also $S \to_{\mathfrak{S}} W$.

Generell heißt eine Menge von Worten über dem Alphabet $\mathfrak{A}$ *eine (reguläre, kontextfreie, kontextabhängige) Sprache über* $\mathfrak{A}$, wenn sie übereinstimmt mit der Menge $L(\mathfrak{G})$ einer (regulären, kontextfreien, kontextabhängigen) Grammatik $\mathfrak{G}$ mit der Basisbuchstabenmenge $\mathfrak{A}$.

Sei $\mathfrak{G}$ eine kontextabhängige Grammatik. Wendet man eine Regel von $\mathfrak{G}$ auf ein Wort W_1 an, so entsteht ein Wort W_2 von mindestens gleicher Länge. Daraus kann man nun schließen, daß jede kontextabhängige (also a fortiori jede kontextfreie und jede reguläre) Sprache entscheidbar ist. Für den vorliegenden Paragraphen sind also nur die allgemeinen Chomsky-Sprachen von Interesse.

4. Charakterisierung der aufzählbaren Mengen. $\mathfrak{M}$ *sei eine Menge von Worten über einem Alphabet* $\mathfrak{A}$. *Dann sind die folgenden Aussagen äquivalent:*

(I) $\mathfrak{M}$ *ist aufzählbar.*
(II) $\mathfrak{M}$ *ist das Halteproblem einer Turingmaschine* M *über* $\mathfrak{A}$.
(III) $\mathfrak{M}$ *ist eine Sprache über* $\mathfrak{A}$.

Wir zeigen dazu, daß jede dieser Aussagen die zyklisch folgende impliziert. Die Hauptlast des Beweises liegt bei dem Übergang von (II) nach (III). Dazu nützen wir die Überlegungen von § 23. Die mehr trivialen restlichen Übergänge werden nur skizziert. Alle Übergänge lassen sich konstruktiv durchführen.

5. (III) *impliziert* (I). Nach Voraussetzung gibt es eine Grammatik $\mathfrak{G}$ mit $\mathfrak{M} = L(\mathfrak{G})$. Das Semi-Thue-System von $\mathfrak{G}$ liefert ein Regelsystem im Sinne von § 1.6. $\mathfrak{M}$ ist definiert als die Menge der aus der Startvariablen S mit den Regeln dieses Systems ableitbaren Worte über $\mathfrak{A}$. $\mathfrak{M}$ ist also eine im Sinne von § 2.4 erzeugbare Menge und damit nach § 2.4 (d) aufzählbar.

6. (I) *impliziert* (II). Wir beginnen mit einer *Vorbemerkung*: Jede Turing-berechenbare Funktion über den natürlichen Zahlen ist nach § 15.2 normiert Turing-berechenbar. Das gilt auch für die Turing-berechenbaren Funktionen über beliebigen Alphabeten (bei denen man also auch keine „Hilfsbuchstaben" zur Berechnung benötigt). Ein ausführlicher Beweis dafür könnte geführt werden dadurch, daß man die Behauptung mit Hilfe einer Gödelisierung auf den entsprechenden Satz für Funktionen über natürlichen Zahlen zurückführt, oder dadurch, daß man den Begriff der μ-rekursiven Funktion erweitert auf Funktionen über einem beliebigen Alphabet[1] und ähnlich wie in Kapitel IV zeigt, daß jede Turing-berechenbare Funktion μ-rekursiv und jede μ-rekursive Funktion normiert Turing-berechenbar ist. (Man müßte überall beachten, daß wir jetzt auch das leere Wort als Argument zugelassen haben.) Man kann dann eine Turingmaschine $\mathsf{M}_=$ angeben, welche die charakteristische Funktion (§ 2.3) des Gleichheitsprädikats normiert berechnet. Fer-

[1] Vgl. etwa HEIDLER-MAHN-HERMES (s. Literaturverzeichnis).

ner läßt sich eine Turingmaschine M' angeben, welche den *Nachfolger* eines gegebenen Wortes normiert berechnet, wobei der Nachfolger eines Wortes durch die folgende Anordnung der Worte über $\mathfrak{A}$ bestimmt ist: $\square, a_1, \ldots, a_N, a_1 a_1, \ldots, a_1 a_N, a_2 a_1, \ldots, \ldots, a_N a_N, a_1 a_1 a_1, a_1 a_1 a_2, \ldots$.

Nun sei $\mathfrak{M}$ eine aufzählbare Menge von Worten über $\mathfrak{A}$. Wenn $\mathfrak{M}$ leer ist, so ist $\mathfrak{M}$ das Halteproblem einer Turingmaschine, welche, angesetzt hinter ein beliebiges Wort über $\mathfrak{A}$, nie hält (z. B. $\square\!\!\to_{\mathsf{r}}\!\square$). Man kann also nun annehmen, daß $\mathfrak{M}$ der Bildbereich einer Turing-berechenbaren Funktion ist. M sei eine Turingmaschine, welche f normiert berechnet. Nun läßt sich leicht eine Turingmaschine $\widetilde{\mathsf{M}}$ definieren, welche, angesetzt hinter ein beliebiges Wort W über $\mathfrak{A}$, genau dann (nach endlich vielen Schritten) hält, wenn $W \in \mathfrak{M}$. $\widetilde{\mathsf{M}}$ arbeitet wie folgt: Sei ein Wort W_1 über $\mathfrak{A}$ mit einem leeren Feld Abstand hinter W gegeben (zunächst das leere Wort). Mit M wird das Wort $f(W_1)$ berechnet. Mit Hilfe von $\mathsf{M}_=$ vergleicht man nun $f(W_1)$ mit dem links aufbewahrten Wort W. Im Gleichheitsfall bleibt $\widetilde{\mathsf{M}}$ stehen. Sonst wird nach Tilgung der unnötigen Zwischenrechnungen mit Hilfe von M' aus W_1 der Nachfolger von W_1 gebildet und an Stelle von W_1 gesetzt, und durch Rückkoppelung wieder der soeben beschriebene Prozeß in Gang gesetzt.

7. (II) *impliziert* (III). $\mathfrak{M}$ sei das Halteproblem der Turingmaschine M über dem Alphabet $\mathfrak{A}$. Es soll eine Grammatik $\mathfrak{G}$ angegeben werden mit $L(\mathfrak{G}) = \mathfrak{M}$. In § 23 haben wir der Turingmaschine M ein Semi-Thue-System $\mathfrak{S}$ zugeordnet (die dortige Unterscheidung zwischen den Buchstaben $a_1, \ldots, a_N$ und den zugeordneten Buchstaben $A_1, \ldots, A_N$ bei $\mathfrak{S}$ lassen wir fallen). Durch Hinzunehmen der inversen Regeln erhielten wir ein Thue-System $\mathfrak{T}$. – Wir definieren nun $\mathfrak{G}$ wie folgt:

(1) *Die Basisbuchstaben von* $\mathfrak{G}$ seien $A_1, \ldots, A_N$.

(2) *Die Variablen von* $\mathfrak{G}$ seien $A_0, Q_0, \ldots, Q_M, E, R, R', S, L$. (Damit stimmt das Alphabet von $\mathfrak{G}$ überein mit dem Alphabet des Semi-Thue-Systems $\mathfrak{S}$ aus § 23, abgesehen von dem zusätzlichen Buchstaben L.)

(3) *Die Startvariable von* $\mathfrak{G}$ sei S.

(4) *Das Semi-Thue-System* $\mathfrak{S}'$ *von* $\mathfrak{G}$ sei gegeben durch die Regeln von $\mathfrak{T}$ (welche jetzt allerdings auf Worte über dem gegenüber $\mathfrak{S}$ vergrößerten Alphabet angewendet werden können) und zusätzlich die folgenden „drei" (einseitigen) Regeln, welche den Umgang mit dem Buchstaben L betreffen:

$$\text{(d)} \qquad \begin{cases} (Q_0 A_0 E, L) \\ (A_u L, L A_u) \qquad (u = 1, \ldots, N) \\ (E L, \square). \end{cases}$$

Satz: W sei ein Wort über $\mathfrak{A} = \{A_1, \ldots A_N\}$. Dann hält M, *angesetzt hinter W, genau dann, wenn $W \in L(\mathfrak{G})$, d. h. $S \rightarrow_{\mathfrak{S}'} W$.*

Beweis:

(i) *Wir nehmen an, daß* M, *angesetzt hinter W, hält.* Für das der zugehörigen Anfangskonfiguration K zugeordnete Konfigurationswort W_K (§ 23.4) gilt

(0) $W_K \equiv E W Q_0 A_0 E$.

Man hat

$E W Q_0 A_0 E \rightarrow_{\mathfrak{S}} S$	(Lemma in § 23.3)
$S \rightarrow_{\mathfrak{T}} E W Q_0 A_0 E$	(Umkehrung der Überführungskette)
$S \rightarrow_{\mathfrak{S}'} E W Q_0 A_0 E$	($\mathfrak{S}'$ ist eine Erweiterung von $\mathfrak{T}$).

Es genügt nun zu zeigen, daß $E W Q_0 A_0 E \rightarrow_{\mathfrak{S}'} W$. Dazu dienen die neuen Regeln aus (d):

$E W Q_0 A_0 E \Rightarrow_{\mathfrak{S}'} E W L$	[erste Regel von (d)]
$E W L \rightarrow_{\mathfrak{S}'} E L W$	[zweite Regel von (d); W ist ein Wort über $\{A_1, \ldots, A_N\}$]
$E L W \Rightarrow_{\mathfrak{S}'} W$	[dritte Regel von (d)].

(ii) *Wir nehmen an, daß $S \rightarrow_{\mathfrak{S}'} W$.* In § 23.7 haben wir den Begriff des *Normalworts* eingeführt. Dieselbe Definition verwenden wir hier trotz des durch L vergrößerten Alphabets.

S ist ein Normalwort, W nicht. Wegen $S \rightarrow_{\mathfrak{S}'} W$ gibt es daher ein r und ein $s > r$, sowie Normalworte $W_1, \ldots, W_r$, ein Nicht-Normalwort W_{r+1} und Worte $W_{r+2}, \ldots, W_s$ derart, daß

(1) $$\mathrm{S} \equiv W_1 \Rightarrow_{\mathfrak{S}'} \ldots \Rightarrow_{\mathfrak{S}'} W_r \Rightarrow_{\mathfrak{S}'} W_{r+1} \Rightarrow_{\mathfrak{S}'} \ldots \Rightarrow_{\mathfrak{S}'} W_s \equiv W.$$

Wir behaupten, daß bei den Übergängen bis W_r keine Regel aus (d) angewendet wird, und daß in keinem der Worte $W_1, \ldots, W_r$ der Buchstabe L vorkommt (was für W_1 zutrifft). Die Behauptung sei bereits bis zum Index $k < r$ bewiesen. Da L in W_k nicht vorkommt, wird bei dem Übergang zu W_{k+1} keine der beiden letzten Regeln von (d) angewendet. Wäre bei diesem Übergang die erste Regel angewendet worden, so wäre W_{k+1} wegen des Verschwindens von Q_0 kein Normalwort, entgegen der Voraussetzung. Es folgt

(2) $$S \rightarrow_{\mathfrak{T}} W_r.$$

Da W_{r+1} kein Normalwort ist, kann bei dem Übergang von W_r zu W_{r+1} keine Regel aus $\mathfrak{T}$ angewendet werden [vgl. § 23 (7)]. Da L nicht in W_r

vorkommt, kann bei diesem Übergang auch keine der beiden letzten Regeln von (d) angewendet werden. Damit haben wir

(3) $W_r \Rightarrow_{\mathfrak{S}'} W_{r+1}$, wobei die erste Regel von (d) angewendet wird.

Aus (3) und der Tatsache, daß W_r ein Normalwort ist, folgt, daß in W_{r+1} keiner der Buchstaben vorkommt, welche ein Normalwort charakterisieren. Damit lassen sich auf W_{r+1} nur die beiden letzten Regeln von (d) anwenden. Auch diese führen keinen der Buchstaben ein, welche ein Normalwort charakterisieren. Indem man entsprechend weiterschließt, erhält man schließlich:

(4) $W_{r+1} \Rightarrow_{\mathfrak{S}'} \dots \Rightarrow_{\mathfrak{S}'} W$, wobei nur die beiden letzten Regeln von (d) angewendet werden.

Lemma: V sei ein beliebiges Wort über dem Alphabet von $\mathfrak{S}$. Es gelte $S \rightarrow_{\mathfrak{T}} V$. Dann hat man genau einen der folgenden vier Fälle:

a) $V \equiv S$,
b) $V \equiv R' V_1 E$, wobei V_1 ein Wort über $\{A_0, \dots, A_N\}$ ist,
c) $V \equiv E V_1 R V_2 E$, wobei V_1 und V_2 Worte über $\{A_0, \dots, A_N\}$ sind,
d) $V \equiv E V_1 Q_j V_2 E$, wobei V_1 und V_2 Worte über $\{A_0, \dots, A_N\}$ sind.

Zum *Beweis* dieses Lemmas braucht man nur zu verifizieren, daß jede der Regeln von $\mathfrak{T}$, angewendet auf ein Wort einer der Gestalten a), ..., d), wieder ein Wort einer der Gestalten a), ... d) liefert.

Beachtet man, daß nach (3) der Buchstabe Q_0 in W_r vorkommt, so zeigt das Lemma, angewendet auf (2), daß Fall d) vorliegt. Es ist also $W_r \equiv E V_1 Q_0 V_2 E$, wonach sich mit (3) ergibt, daß $V_2 \equiv A_0$. Es folgt $W_{r+1} \equiv E V_1 L$. Nun zeigt (4), daß schließlich $W_{s-1} \equiv E L V_1$ und $W \equiv W_s \equiv V_1$. Man hat also $W_r \equiv E W Q_0 A_0 E \equiv W_K$ nach (0). Nach (2) ist nun $W_K \rightarrow_{\mathfrak{T}} S$, und damit $W_K \rightarrow_{\mathfrak{S}} S$ nach dem Lemma in § 23.8. Hieraus folgt mit dem Lemma in § 23.3, daß M, angesetzt hinter W, nach endlich vielen Schritten hält.

Literatur

Es gibt heute viele Lehrbücher, in denen die Theorie der rekursiven Funktionen auf Probleme der Informatik und Sprachwissenschaften angewendet wird. Hier sollen nur die folgenden genannt werden:

HOPCROFT, J. E., and J. D. ULLMAN: Formal languages and their relations to automata. Reading (Mass.) 1969.

LOECKX, J.: Algorithmentheorie: Berlin/Heidelberg/New York, Springer 1976.

MAURER, H.: Theoretische Grundlagen der Programmiersprachen. Mannheim 1969.

Die Theorie der rekursiven Funktionen auf der Basis von mehrelementigen Alphabeten wird behandelt in

HEIDLER, K., HERMES, H., und F.-K. MAHN: Rekursive Funktionen. Mannheim 1977.

§ 34. Das Korrespondenzproblem von Post

Ein *Korrespondenzsystem* $\mathfrak{K}$ über einem Alphabet $\mathfrak{A} = \{A_1, \ldots, A_N\}$ ist gegeben durch eine endliche und nicht leere Menge von geordneten Paaren von *nicht leeren* Worten über diesem Alphabet:

$$(D_1, D_i) \qquad (i = 1, \ldots, m) .$$

Diese Wortpaare sollen *die definierenden Relationen* von $\mathfrak{K}$ heißen.

Jede *nicht leere* Indexfolge $i_1, \ldots, i_r$ $(1 \leqq i_j \leqq m)$ definiert ein (nicht leeres) Wort

$$D_{i_1} \ldots D_{i_r} \text{ und ein dazu } \textit{korrespondierendes Wort } D'_{i_1} \ldots D'_{i_r}.$$

Wir sagen, daß *das Korrespondenzproblem für $\mathfrak{K}$ lösbar* ist, wenn es eine solche Folge $i_1, \ldots, i_r$ gibt, derart daß das Wort $D_{i_1} \ldots D_{i_r}$ und das korrespondierende Wort $D'_{i_1} \ldots D'_{ir}$ übereinstimmen. In diesem Fall heißt die Indexfolge $i_1, \ldots, i_k$ eine *Lösung* und $D_{i_1} \ldots D_{i_r}$ $(\equiv D'_{i_1} \ldots D'_{i_r})$ *das zugehörige Lösungswort*. Das Ziel dieses Paragraphen ist ein Beweis für den von Post stammenden

Satz: Es gibt keinen Algorithmus, mit dessen Hilfe man für beliebige Korrespondenzsysteme $\mathfrak{K}$ entscheiden kann, ob das Korrespondenzproblem für $\mathfrak{K}$ lösbar ist oder nicht.

Der Beweis gelingt durch den Nachweis, daß ein solcher Algorithmus dazu verwendet werden könnte, die Halteprobleme für Turingmaschinen zu entscheiden. Damit wäre nach den Ergebnissen des letzten Paragraphen jede aufzählbare Menge entscheidbar, was nicht der Fall ist (§ 28)[1].

1. Anfangs-Korrespondenzsysteme. Ein *Anfangs-Korrespondenzsystem* $\mathfrak{K}$ ist ein Korrespondenzsystem, in welchem eine definierende Relation ausgezeichnet ist. Das *Anfangs-Korrespondenzproblem* für ein solches System heißt *lösbar*, wenn es für $\mathfrak{K}$ eine Lösung (im Sinne der obigen Einleitung) gibt, bei welcher der Index i_1 die ausgezeichnete definierende Relation kennzeichnet.

Hilfssatz 1: Wenn es einen Algorithmus gibt, mit dessen Hilfe man für beliebige Korrespondenzsysteme entscheiden kann, ob das Korrespondenzproblem lösbar ist, so gibt es auch einen Algorithmus, mit dessen Hilfe man für beliebige Anfangs-Korrespondenzsysteme entscheiden kann, ob das Anfangs-Korrespondenzproblem lösbar ist.

---

[1] Zu dem folgenden Beweis vgl. Hopcroft-Ullman (Literatur zu § 33).

Beweis: Ein Anfangs-Korrespondenzsystem $\mathfrak{K}$ über dem Alphabet $\mathfrak{A} = \{A_1, \ldots, A_N\}$ sei gegeben durch die definierenden Relationen (D_i, D_i') $(i = 1, \ldots, m)$ mit der ausgezeichneten Relation (D_1, D_1'). Wir ordnen $\mathfrak{K}$ effektiv ein Korrespondenzsystem $\overline{\mathfrak{K}}$ zu und zeigen, daß $\mathfrak{K}$ und $\overline{\mathfrak{K}}$ gleichzeitig lösbar bzw. nicht lösbar sind. Damit ist Hilfssatz 1 bewiesen.

Mit zwei neuen Buchstaben B, C nehmen wir $\{A_1, \ldots, A_N, B, C\}$ als das Alphabet von $\overline{\mathfrak{K}}$. Jedem Wort W über $\{A_1, \ldots, A_N\}$ ordnen wir die Worte W^ϱ und W^λ über dem neuen Alphabet zu. W^ϱ (bzw. W^λ) entstehe aus W dadurch, daß man rechts (bzw. links) von jedem Buchstaben von W den neuen Buchstaben B einfügt. So ist z. B. $(A_3A_2)^\varrho \equiv A_3BA_2B$ und $(A_3A_2)^\lambda \equiv BA_3BA_2$. Die folgenden Relationen seien die definierenden Relationen von $\overline{\mathfrak{K}}$:

Erste definierende Relation von $\overline{\mathfrak{K}}$: $(BD_1^\varrho, D_1'^\lambda)$,
i-te definierende Relation von $\overline{\mathfrak{K}}$: $(D_i^\varrho, D_i'^\lambda)$ $(i = 2, \ldots, m)$,
$(m+1)$-te definierende Relation von $\overline{\mathfrak{K}}$: (C, BC).

Abkürzend formulieren wir die definierenden Relationen von $\overline{\mathfrak{K}}$ wie folgt:

$$(\overline{D}_i, \overline{D}_i') \qquad (i = 1, \ldots, m + 1) .$$

(a) *$i_1, \ldots, i_r$ sei eine Lösung des Anfangs-Korrespondenzproblems von $\mathfrak{K}$.* Es ist also $i_1 = 1$ und es gilt

$$D_{i_1} \ldots D_{i_r} \equiv D_{i_1}' \ldots D_{i_r}' .$$

Die Gleichheit dieser Worte bleibt erhalten, wenn man zwischen je zwei Buchstaben und an den Anfang und das Ende jeweils den Buchstaben B einfügt. Schreibt man noch zusätzlich an das Ende beider Worte den Buchstaben C, so hat man

$$BD_{i_1}^\varrho \ldots D_{i_r}^\varrho C \equiv D_{i_1}'^\lambda \ldots D_{i_r}'^\lambda BC .$$

Hieraus läßt sich – wenn man zusätzlich betrachtet, daß $i_1 = 1$ – unmittelbar ablesen, daß $i_1, \ldots, i_r, m + 1$ eine Lösung des Korrespondenzproblems von $\overline{\mathfrak{K}}$ ist.

(b) *$i_1, \ldots, i_r$ sei eine Lösung des Korrespondenzproblems von $\overline{\mathfrak{K}}$.* Es gilt also

(1) $$\overline{D}_{i_1} \ldots \overline{D}_{i_r} \equiv \overline{D}_{i_1}' \ldots \overline{D}_{i_r}' .$$

Beachtet man, daß für $i \leqq m$ das erste Wort der i-ten Relation von $\overline{\mathfrak{K}}$ mit B endet, das zweite jedoch nicht, so sieht man, daß $i_r = m + 1$ sein muß. $s \leqq r$ sei der kleinste Index mit $i_s = m + 1$. C kommt in keinem Wort der ersten m Relationen von $\overline{\mathfrak{K}}$ vor. Hieraus folgt zusammen mit $\overline{D}_{i_s} \equiv C$, daß $\overline{D}_{i_1} \ldots \overline{D}_{i_s}$ das kürzeste Anfangswort von $\overline{D}_{i_1} \ldots \overline{D}_{i_r}$ ist, welches mit C endet. Entsprechend ist $\overline{D}_{i_1}' \ldots \overline{D}_{i_s}'$ das kürzeste Anfangswort von $\overline{D}_{i_1}' \ldots \overline{D}_{i_r}'$, welches mit C endet. Daraus folgt mit (1), daß auch $i_1, \ldots, i_s$

eine Lösung des Korrespondenzproblems von $\bar{\mathfrak{K}}$ ist. – *Wir können nach dieser Bemerkung o.B.d.A. annehmen, daß* $i_r = m + 1$ *und daß* $i_j \leqq m$ *für* $j < r$.

Für $i > 1$ beginnt das zweite Wort der i-ten definierenden Relation von $\bar{\mathfrak{K}}$ mit B, das erste jedoch nicht. *Daher muß* $i_1 = 1$ *sein.* Wegen $i_r = m + 1$ ist $r > 1$.

In jedem aus den $\bar{D}'_i$ zusammengesetzten Wort alterniert der Buchstabe B mit anderen Buchstaben. Dasselbe muß wegen (1) auch für $\bar{D}_{i_1} \ldots \bar{D}_{i_r}$ gelten. $\bar{D}_{i_1}$ ($\equiv \bar{D}_1$) endet mit B. $\bar{D}_{i_2}$ darf also nicht mit B beginnen. Es folgt, daß $i_2 \neq 1$. Wenn $2 < r$, so ist $i_2 \neq m + 1$. $\bar{D}_{i_2}$ endet also mit B. Es folgt entsprechend, daß $i_2 \neq 1$, usf. Zusammenfassend erhalten wir

$$i_1 = 1, \quad 1 < i_j \leqq m \quad \text{für} \quad j = 2, \ldots, r-1, \qquad i_r = m + 1.$$

Damit ergibt sich aus (1), indem wir die Definitionen der $\bar{D}_i, \bar{D}'_i$ berücksichtigen:

$$(2) \qquad B D_1^{\varrho} D_{i_2}^{\varrho} \ldots D_{i_{r-1}}^{\varrho} C \equiv D_1'^{\lambda} D_{i_2}'^{\lambda} \ldots D_{i_{r-1}}'^{\lambda} B C.$$

Läßt man beiderseits die alternierend auftretenden Buchstaben B und den Endbuchstaben C fort, so erhält man:

$$D_1 D_{i_2} \ldots D_{i_{r-1}} \equiv D'_1 D'_{i_2} \ldots D'_{i_{r-1}}.$$

Dies zeigt, daß $1, i_2, \ldots, i_{r-1}$ eine Lösung des Anfangs-Korrespondenzproblems von K ist.

2. Zurückführung auf das Halteproblem von Turingmaschinen. Im Hinblick auf den in der vorigen Nr. bewiesenen Hilfssatz 1 genügt zum Beweis des in der Einleitung genannten Satzes der Nachweis für den folgenden

Hilfssatz 2: Wenn es einen Algorithmus gibt, mit dessen Hilfe man für beliebige Anfangs-Korrespondenzsysteme entscheiden kann, ob das Anfangs-Korrespondenzproblem lösbar ist, so gibt es auch einen Algorithmus, mit dessen Hilfe man für beliebige Turingmaschinen M *über einem Alphabet* $\{A_1, \ldots, A_N\}$ *und beliebige Worte* W *über diesem Alphabet entscheiden kann, ob* M *angesetzt hinter* W, *nach endlich vielen Schritten stehen bleibt.*

Beweis: Wir ordnen jeder Turingmaschine M über dem Alphabet $\{A_1, \ldots, A_N\}$ und jedem Wort W über diesem Alphabet effektiv ein Anfangs-Korrespondenzsystem $\mathfrak{K}$ zu und zeigen, daß $\mathfrak{K}$ genau dann lösbar ist, wenn M, angesetzt hinter W, hält. Damit ist der Hilfssatz bewiesen.

In § 23 haben wir der Maschine M ein Semi-Thue-System $\mathfrak{S}$ über dem Alphabet $\{A_0, A_1, \ldots, A_N, Q_0, \ldots, Q_M, E, R, R', S\}$ zugeordnet[1]. Dieses

[1] Wir vernachlässigen hier die dort gemachte Unterscheidung zwischen den a_j und den A_j.

Alphabet, vermehrt um einen neuen „Anfangsbuchstaben" A, sei das Alphabet von $\mathfrak{K}$. Die definierenden Relationen von $\mathfrak{K}$ seien die folgenden:

1) die in § 23 angegebenen definierenden Relationen von $\mathfrak{S}$,

2) alle Relationen
   (E,E),
   (A_u, A_u) (u = $0, \ldots, N$),

3) die Relation
   (SS, S),

4) als ausgezeichnete Relation die Relation
   $(A, AEWQ_0A_0E)$.

a) M, *angesetzt hinter W, halte nach endlich vielen Schritten.* K sei die zugehörige Anfangskonfiguration. Nach dem Lemma in § 23.3 gilt $W_K \to_{\mathfrak{S}} S$. Wir beweisen anschließend das

Lemma 1: Für Normalworte (§ 23.7) *W, W' folgt aus $W \Rightarrow_{\mathfrak{S}} W'$, daß zu W das Wort W' korrespondiert.*

Wegen $W_K \to_{\mathfrak{S}} S$ gibt es eine Kette $W_0, \ldots, W_r$ von Normalworten [vgl. § 23,7(7)] mit

$$EWQ_0A_0E \equiv W_K \equiv W_0 \Rightarrow_{\mathfrak{S}} W_1 \Rightarrow_{\mathfrak{S}} \cdots \Rightarrow_{\mathfrak{S}} W_r \equiv S.$$

Das Anfangs-Korrespondenzproblem für $\mathfrak{K}$ hat eine Lösung, da das Wort

$$AEWQ_0A_0EW_1W_2 \ldots W_{r-1}SS$$

mit sich selbst korrespondiert. Das sieht man aus den beiden folgenden Zerlegungen, bei denen offenbar zu jedem Wort der oberen Zeile das darunter stehende Wort korrespondiert.

$$\begin{array}{lllll} A & EWQ_0A_0EW_1 & \ldots W_{r-1} & SS & \\ AEWQ_0A_0E & W_1 & W_2 \ldots S & S. & \end{array}$$

Zum *Beweis von Lemma* 1 beschränken wir uns auf einen typischen Fall. Wir nehmen an, daß $W \Rightarrow_{\mathfrak{S}} W'$ unter Verwendung einer der definierenden Relationen, die in der ersten Zeile von (b_l') stehen. Dann hat man

$$W \equiv UA_uQ_iA_jV \quad \text{und} \quad W' \equiv UQ_kA_uA_jV,$$

wobei U und V Worte über dem Alphabet $\{A_0, \ldots, A_N, E\}$ sind. Wegen der Relationen 2) korrespondiert U zu U und V zu V, und wegen der genannten Relation von (b_l') korrespondiert $Q_kA_uA_j$ zu $A_uQ_iA_j$.

b) *Das Anfangs-Korrespondenzproblem für* $\mathfrak{K}$ *habe eine Lösung.* (D_i, D_i') $(i = 1, \ldots, I)$ sei irgend eine Abzählung der definierenden Relationen von $\mathfrak{K}$, wobei (D_1, D_1') die ausgezeichnete definierende Relation sei. $i_1, \ldots, i_r$ sei eine Lösung und Z das zugehörige Lösungswort. Beachtet man, daß $i_1 = 1$, so findet man, daß

$$Z \equiv D_{i_1} \ldots D_{i_r} \equiv A D_{i_2} \ldots D_{i_r}$$
$$\equiv D'_{i_1} \ldots D'_{i_r} \equiv A E W Q_0 A_0 E D'_{i_2} \ldots D'_{i_r} \equiv A W_{K_0} D'_{i_2} \ldots D'_{i_r},$$

wobei K_0 die durch das Ansetzen auf W bestimmte Anfangskonfiguration von M ist. Setzt man $X_0 \equiv D'_{i_2} \ldots D'_{i_r}$, so findet man, daß vermöge $i_2, \ldots, i_r$ zu dem Wort $D_{i_2} \ldots D_{i_r}$, also dem Wort $W_{K_0} X_0$, das Wort X_0 korrespondiert. In Nr. 3 beweisen wir das

Lemma 2: Wenn K' die Folgekonfiguration von K ist und die Indexfolge $j_1, \ldots, j_s$ eine Korrespondenz von $W_K X$ auf das Wort X liefert, so gibt es ein t mit $1 < t \leqq s$ und ein Wort X' derart, daß die kürzere Indexfolge $j_t, \ldots, j_s$ eine Korrespondenz von $W_{K'} X'$ auf das Wort X' liefert.

Wenn nun M, angesetzt hinter W, nicht in endlich vielen Schritten stehen bliebe, so gäbe es eine nicht abbrechende Kette von Konfigurationen $K_0, K_1, K_2, \ldots$, wobei jedes Glied dieser Kette Folgekonfiguration des vorangehenden wäre. Vorhin haben wir festgestellt, daß die Folge $i_2, \ldots, i_r$ eine Korrespondenz von $W_{K_0} X_0$ auf X_0 liefert .Nach dem Lemma müßte es ein s_1 geben und ein X_1 derart, daß die *kürzere* Folge $i_{s_1}, \ldots, i_r$ eine Korrespondenz von $W_{K_1} X_1$ auf X_1 lieferte, usw. Dies ist aber unmöglich.

3. *Beweis von Lemma* 2. Es genügt zu zeigen, daß es ein t mit $1 < t \leqq s$ gibt, derart daß $j_1, \ldots, j_{t-1}$ eine Korrespondenz von W_K auf $W_{K'}$ liefert. Daraus folgt nämlich, daß X mit $W_{K'}$ beginnt, also die Gestalt $W_{K'} X'$ hat, und daß die restlichen Indizes $j_t, \ldots, j_r$ eine Korrespondenz von $X \equiv W_{K'} X'$ auf X' liefern.

Es gibt verschiedene Möglichkeiten für W_K. Wir beschränken uns auf einen typischen Fall und nehmen dazu an, daß $i A_j l A_k$ eine Zeile von M ist und daß

$$(3) \qquad W_K \equiv E U A_u Q_i A_j V E, \quad \text{also}$$
$$W_K X \equiv E U A_u Q_i A_j V E X \equiv D_{j_1} \ldots D_{j_s}.$$

U und V sind Worte über dem Alphabet $\{A_0, \ldots A_N\}$.

Es gibt ein t' derart, daß das genannte Teilwort $Q_i A_j$ von W_K in $D_{j_{t'}}$ vorkommt; sonst wäre Q_i der letzte Buchstabe eines D_p, was nie der Fall ist. Es folgt

$$D_{j_{t'}} \equiv A_u Q_i A_j, \quad D'_{j_{t'}} \equiv Q_k A_u A_j, \quad t' > 1, \quad E U \equiv D_{j_1} \ldots D_{j_{t'-1}}.$$

Beachtet man, daß EU kein Normalwort ist, so findet man, daß $(D_{j_1}, D'_{j_1}) = (E, E)$ und daß $(D_{j_2}, D'_{j_2}), \ldots, (D_{j_{t'-1}}, D'_{j_{t'-1}})$ unter den restlichen definierenden Relationen von 2) vorkommen müssen. Die Indizes $j_1, \ldots, j_{t'-1}$ liefern also zu EU als korrespondierendes Wort wieder EU.

Insbesondere folgt nun, daß X mit $E \equiv D'_{j_1}$ anfängt. Damit ergibt sich aus (3), daß im Wort $W_K X$ hinter V das Teilwort EE vorkommt. Es gibt kein D_p, welches EE als Teilwort enthält. Daher muß in der Zerlegung (3) der erste der genannten Buchstaben E der letzte Buchstabe eines D_{j_t} sein, wobei $t' < t \leqq r$. Es folgt $W_K \equiv D_{j_1} \ldots D_{j_t}$. Ebenso, wie wir vorhin gefunden haben, daß die Indizes $j_1, \ldots, j_{t'-1}$ zu EU als korrespondierendes Wort wieder EU liefern, findet man, daß die Indizes $j_{t'+1}, \ldots, j_t$ zu VE als korrespondierendes Wort wieder VE liefern. Damit liefern die Indizes $j_1, \ldots, j_t$, zu $W_K \equiv EUA_u Q_i A_j VE$ als korrespondierendes Wort $EUQ_k A_u A_j VE$, also $W_{K'}$.

§ 35. Weitere Präzisierungen des Begriffs des Algorithmus

Zu den bemerkenswerten Präzisierungen, welche im Zusammenhang mit dem Begriff des Algorithmus gegeben worden sind, gehören der Begriff des *kanonischen Kalküls* (calculus in canonical form) von Post und der Begriff des *normalen Algorithmus* von Markov. Wir wollen hier die Definitionen für diese Begriffe angeben. Für die genaueren Beziehungen zu den in diesem Buch im einzelnen besprochenen Begriffen müssen wir auf die Literatur verweisen.

1. Kanonische Kalküle (Post). Gegeben sei ein endliches Alphabet $\mathfrak{A}$. Wir betrachten beliebige Worte W über $\mathfrak{A}$. Außerdem haben wir beliebig viele Variablen v, die mit den Worten über $\mathfrak{A}$ nicht verwechselt werden dürfen. Unter einer *Schlußregel* verstehen wir ein Schema der folgenden Art:

$$\textit{Prämissen:} \quad \begin{cases} W_{11} v_{11} W_{12} v_{12} \ldots W_{1n_1} v_{1n_1} W_{1n_1+1} \\ W_{21} v_{21} W_{22} v_{22} \ldots W_{2n_2} v_{2n_2} W_{2n_2+1} \\ \cdot \quad \cdot \quad \cdot \quad \cdot \quad \cdot \quad \cdot \quad \cdot \quad \cdot \quad \cdot \quad \cdot \quad \cdot \quad \cdot \\ W_{m1} v_{m1} W_{m2} v_{m2} \ldots W_{mn_m} v_{mn_m} W_{mn_m+1} \end{cases}$$

$$\textit{Konklusio:} \quad W_1 v_1 W_2 v_2 \ldots W_n v_n W_{n+1}.$$

Hier sind die W_{ik} und W_i spezielle Worte (eventuell leer, nicht notwendig verschieden) und die v_{ik} und die v_i spezielle Variablen (nicht notwendig verschieden). Wir setzen insbesondere voraus

(1) $n_1 \geqq 1, \ldots, n_m \geqq 1, n \geqq 1$.

(2) Jede Variable v_i der Konklusio kommt unter den Variablen v_{ik} der Prämissen vor.

Ersetzt man in einer Schlußregel jede Variable durch ein Wort über $\mathfrak{A}$ (wenn eine Variable mehrmals auftritt, so soll sie dabei selbstverständlich jedesmal durch dasselbe Wort ersetzt werden), so gehen die Prämissen über in Worte $W_1^*, \ldots, W_m^*$ über $\mathfrak{A}$ und die Konklusio in ein Wort W^* über $\mathfrak{A}$. Wir wollen dann sagen, daß man W^* *durch Anwendung der Regel aus* $W_1^*, \ldots, W_m^*$ *gewinnen kann.* Wir setzen dabei jedoch einschränkend voraus, daß W^* *nicht das leere Wort* ist.

Ein *kanonischer Kalkül* ist gegeben durch endlich viele Worte über $\mathfrak{A}$ (genannt *Axiome*) und endlich viele Schlußregeln. Ein Wort über $\mathfrak{A}$ heißt in einem kanonischen Kalkül *ableitbar*, wenn es ein Axiom ist, oder wenn es aus Axiomen gewonnen werden kann durch Anwendungen der Schlußregeln.

Die Postschen kanonischen Kalküle sind von einer großen Allgemeinheit. Man kann jedoch leicht Algorithmen angeben, welche von ähnlicher Gestalt sind, jedoch nicht unter die kanonischen Kalküle fallen. Als Beispiel nehmen wir die logische Schlußregel des *Modus ponens* (vgl. (T6) in § 24.3):

$$\textit{Prämissen:}\quad \begin{cases} (p \to q) \\ p \end{cases}$$

$$\textit{Konklusio:}\quad q.$$

Legt man ein Alphabet $\mathfrak{A} = \{(,), \to, \ldots\}$ zugrunde, so sieht man, daß der Modus ponens, der sich unter Verwendung des leeren Wortes $\square$ trivialerweise auch so schreiben läßt:

$$\textit{Prämissen:}\quad \begin{cases} (p \to q) \\ \square p \square \end{cases}$$

$$\textit{Konklusio:}\quad \square q \square,$$

anscheinend eine Schlußregel im Sinne von Post ist. Das Schema entspricht aber trotz dieser Form nicht einer solchen Schlußregel: Im Falle eines kanonischen Kalküls dürfte man in einer Anwendung dieser Regel für p, q beliebige aus dem Alphabet $\mathfrak{A}$ bildbare Worte einsetzen (mit der Einschränkung, daß q nicht das leere Wort sein darf), also z.B. ((für p. Dies ist jedoch bei dem Modus ponens nicht gestattet, in welchem man für p und q nur Formeln (bzw. eine Aussage oder dergleichen) einsetzen darf, also nicht das Wort ((.

Die Variablen p, q sind also Variablen, die sich auf einen anderen Kalkül beziehen, nämlich auf den Kalkül, in welchem man die Formeln (bzw. Aussagen oder dergleichen) ableiten kann. Derartige Schlußregeln, in denen „Fremdvariablen", die auf andere Kalküle bezogen sind, zugelassen werden, hat LORENZEN (vgl. die Literatur zu § 32!) seinen Betrachtungen zugrunde gelegt. Vgl. auch die Abhandlung von CURRY (Literatur!).

Ein kanonischer Kalkül heißt *in Normalform*, wenn er nur ein Axiom besitzt, und wenn jede Schlußregel von folgender Art ist:

Prämisse: $W_1 v \square$

Konklusio: $\square v W_2$.

Zu jedem kanonischen Kalkül K über einem Alphabet $\mathfrak{A}$ kann effektiv angegeben werden: (1) ein $\mathfrak{A}$ umfassendes Alphabet $\mathfrak{A}^*$, (2) ein kanonischer Kalkül in Normalform K^* über $\mathfrak{A}^*$, so daß gilt: Ein Wort über $\mathfrak{A}$ ist in K^* genau dann ableitbar, wenn es in K ableitbar ist.

2. Normale Algorithmen (MARKOV). Gegeben sei ein endliches Alphabet $\mathfrak{A}$. Alle im folgenden vorkommenden Worte seien Worte über $\mathfrak{A}$ (einschließlich des leeren Wortes). Die Symbole $\rightarrow$ und $\cdot$ mögen nicht in $\mathfrak{A}$ vorkommen. Ein Wort über dem Alphabet $\mathfrak{A} \cup \{\rightarrow, \cdot\}$ heiße eine *Substitutionsformel*, wenn es von einer der beiden folgenden Arten ist:

(1) $W \rightarrow W'$

(2) $W \rightarrow \cdot W'$,

wobei W und W' Worte über $\mathfrak{A}$ seien.

Ein *normaler Algorithmus* ist gegeben durch eine endliche *Folge* (nicht Menge) von Substitutionsformeln:

$$W_1 \rightarrow (\cdot) W_1'$$
$$W_2 \rightarrow (\cdot) W_2'$$
$$\cdot \quad \cdot \quad \cdot \quad \cdot \quad \cdot$$
$$W_m \rightarrow (\cdot) W_m'.$$

Dabei sollen die Klammerzeichen um die Punkte andeuten, daß in jeder dieser Substitutionsformeln entweder ein oder kein Punkt steht.

Ein normaler Algorithmus bestimmt eindeutig zu jedem Wort U über $\mathfrak{A}$ eine eventuell abbrechende Folge von Worten $U = U_0, U_1, U_2, \ldots$ über $\mathfrak{A}$ und zu jedem der Worte U_k mit $k \neq 0$ eindeutig eine *Regel*, mit der U_k aus U_{k-1} gewonnen wird, wie folgt: Es ist $U_0 = U$. Sei bereits U_k definiert. Dann sind zwei Fälle zu unterscheiden:

(a) Die Regel, mit der U_k aus U_{k-1} gewonnen wurde, enthält einen Punkt (dies kann für U_0 nicht gelten, da U_0 als Ausgangswort überhaupt nicht durch eine Regel gewonnen wird). Dann bricht die Folge mit dem Wort U_k ab.

(b) Die Regel, mit der U_k aus U_{k-1} gewonnen wurde, enthält keinen Punkt, oder es ist $k = 0$. Wir unterscheiden zwei Unterfälle:

(b₁) Keines der Worte $W_1, \ldots, W_m$ ist ein Teilwort von U_k.[1]

Dann bricht die Folge ebenfalls mit dem Wort U_k ab.

(b₂) U_k enthält eins der Worte $W_1, \ldots, W_m$ als Teilwort. Es sei i die kleinste Zahl von der Art, daß W_i ein Teilwort von U_k ist. $U_k \equiv C W_i D$ sei die ausgezeichnete Zerlegung von U_k in bezug auf W_i. Dann setzen wir $U_{k+1} \equiv C W_i' D$ und wir sagen, daß U_{k+1} aus U_k mittels der Regel $W_i \to (\cdot) W_i'$ gewonnen wird.

Wenn die Folge $U = U_0, U_1, U_2, \ldots$ mit einem letzten Glied U_k abbricht, so schreiben wir $U_k = \varphi(U)$. Wir haben damit eine Funktion, welche im allgemeinen nicht für alle Worte erklärt ist, — der Prozeß braucht ja nicht abzubrechen — und welche für die Argumente, für die sie erklärt ist, mittels des gegebenen normalen Algorithmus berechnet werden kann. φ ist also eine partiell rekursive Funktion (§ 19.6). Markov stellt die der Churchschen These (§ 4.3) entsprechende These auf, daß man jede partiell rekursive Funktion im Bereich der Worte des Alphabets $\mathfrak{A}$ mit einem normalen Algorithmus gewinnen kann.

Die Markovschen normalen Algorithmen liefern eindeutig bestimmte Ableitungsfolgen $U_0, U_1, U_2, \ldots$. Sie unterscheiden sich dadurch wesentlich von den Postschen kanonischen Kalkülen, welche meist keine eindeutigen Ableitungsfolgen bestimmen und damit vielen herkömmlichen Algorithmen entsprechen. Die normalen Algorithmen von Markov haben dagegen eine starke Verwandtschaft zu den automatisch operierenden Turingmaschinen.

Literatur

Post, E. L.: Formal Reductions of the General Combinatorial Decision Problem. Amer. J. Math. **65**, 197—215 (1943). (Vergleiche dazu auch das Referat von Church in: J. symbolic Logic **8**, 50—52 (1943).)

D'Etlovs, V. K.: D e Normalalgorithmen und die rekursiven Funktionen [russ.]. Dokl. Akad. Nauk SSSR. **90**, 723—725 (1953).

Markov, A. A.: Theorie der Algorithmen [russ.]. Akad. Nauk SSSR., Matém. Inst. Trudy **42**, Moskau-Leningrad 1954.

Curry, H. B.: Calculuses and Formal Systems. Dialectica **12**, 249—273 (1958).

Asser, G.: Normierte Postsche Algorithmen. Z. math. Logik **5**, 323—333 (1959).

§ 36. Rekursive Analysis

Algorithmen kann man nur anwenden auf Worte eines endlichen Alphabets oder auf Dinge, die sich durch derartige Worte effektiv kennzeichnen lassen. Dazu gehören die natürlichen Zahlen und weiter

---

[1] A heißt ein *Teilwort* von B, wenn es Worte C, D gibt, mit $B \equiv CAD$. Ist A ein Teilwort von B, so sind C, D hierbei im allgemeinen nicht eindeutig bestimmt (z.B. für $A \equiv ||$, $B \equiv |||$ hat man $B \equiv \Box A| \equiv |A\Box$). Es gibt aber eindeutig eine Darstellung $B \equiv CAD$ mit *kürzestem* C. Diese soll *die ausgezeichnete Zerlegung* von B in bezug auf A heißen.

die rationalen Zahlen, aber nicht die reellen Zahlen, jedenfalls dann nicht, wenn man — wie wir es hier tun — den klassischen Standpunkt zugrunde legt, bei dem es überabzählbar viele reelle Zahlen gibt. Es werden sich also nur gewisse reelle Zahlen α konstruktiv erfassen lassen. An eine solche Zahl α werden wir die Anforderung stellen, daß sich α als Grenzwert einer berechenbaren Folge von rationalen Zahlen ergibt, und zwar so, daß es möglich ist, die zur Konvergenz notwendigen Abschätzungen in konstruktiver Weise vorzunehmen. Man kommt so zu dem Begriff der berechenbaren reellen Zahl. Alle algebraischen Zahlen sind in diesem Sinne berechenbar, ferner z.B. die Zahlen e und π.

Man hat große Teile der Analysis von diesem konstruktiven Standpunkt aus untersucht. Wir müssen uns in diesem Paragraphen auf die Betrachtung einiger grundlegender Begriffe dieser sog. *rekursiven Analysis* beschränken und im übrigen auf die Literatur verweisen.

1. Berechenbare Folgen rationaler Zahlen. Um algorithmische Begriffe auf die rationalen Zahlen anwenden zu können, müssen wir die rationalen Zahlen durch Worte wiedergeben, im einfachsten Falle durch natürliche Zahlen. Eine derartige Gödelisierung ist hier besonders einfach: Zu jeder rationalen Zahl ϱ gibt es natürliche Zahlen p, q, r mit

$$(*) \qquad \varrho = \frac{p-q}{1+r}$$

und umgekehrt liefert jedes Tripel p, q, r natürlicher Zahlen vermöge (*) eine rationale Zahl. Man kann also die Tripel (p, q, r) natürlicher Zahlen, oder auch die Zahlen $\sigma_3(p, q, r)$, als Darstellungen der rationalen Zahlen verwenden. Eine rationale Zahl besitzt keine eindeutige Darstellung dieser Art[1]. (p, q, r) und $(\bar{p}, \bar{q}, \bar{r})$ stellen genau dann dieselbe rationale Zahl dar, wenn $(1+\bar{r})p + (1+r)\bar{q} = (1+r)\bar{p} + (1+\bar{r})q$. Dies ist eine entscheidbare Beziehung.

Eine Folge φ von rationalen Zahlen (d.h. eine Funktion, deren Argumente natürliche Zahlen und deren Werte rationale Zahlen sind) läßt sich in entsprechender Weise darstellen durch drei Folgen f, g, h von natürlichen Zahlen. Es gilt also

$$(**) \qquad \varphi(n) = \frac{f(n) - g(n)}{1 + h(n)}$$

für jede natürliche Zahl n. Damit kommen wir zu der

Definition: Eine *Folge φ von rationalen Zahlen* heißt *berechenbar*[2], wenn es berechenbare Funktionen f, g, h gibt, so daß (**) für jedes n gilt.

[1] Insofern handelt es sich um einen allgemeineren Begriff der Gödelisierung, als er in § 1.3 eingeführt worden ist.

[2] Man kann das Wort „berechenbar" hier und im folgenden durch „Turing-berechenbar", „rekursiv", oder durch die Bezeichnung irgendeiner anderen Präzisierung der Berechenbarkeit ersetzen.

Um im Einklang mit den mathematischen Gepflogenheiten zu bleiben, wollen wir im folgenden Folgen mit $f_n, \varrho_n, \ldots$ bezeichnen.

Ein Beispiel für eine berechenbare Folge rationaler Zahlen ist die Folge $\varepsilon_n = \frac{1}{2^n}$. Eine Darstellung der Form (**) erhält man mit $f_n = 1$, $g_n = 0$, $h_n = 2^n \dot{-} 1$ (§10.4(10)).

2. Berechenbare Konvergenz. Eine Folge ϱ_n rationaler Zahlen ist bekanntlich konvergent genau dann, wenn es zu jedem positiven rationalen ε ein n_0 gibt, derart daß $|\varrho_n - \varrho_l| < \varepsilon$ für alle $n, l \geqq n_0$. Man braucht diese Bedingung nicht für jedes ε zu verlangen, sondern nur für die Glieder einer Nullfolge, z.B. für die soeben eingeführte Folge ε_n. Dies bedeutet, daß es zu jedem m ein n_0 geben muß, mit $|\varrho_n - \varrho_l| < \varepsilon_m$ für alle $n, l \geqq n_0$. Welche Zahl n_0 man hier nehmen kann, hängt natürlich ab von der Wahl von m. In der Konvergenzbedingung ist nur gefordert, daß es zu jedem m ein n_0 mit der angegebenen Eigenschaft geben soll; es ist *nicht* verlangt, daß es effektiv möglich sein soll, ein derartiges n_0 zu finden. Man spricht von *berechenbarer* Konvergenz, wenn es eine Methode gibt, zu jedem m ein derartiges n_0 aufzufinden. Dies bedeutet, daß es eine berechenbare Funktion k_m geben muß, so daß für $n_0 = k_m$ die genannte Abschätzungsbedingung erfüllt ist. Damit kommt man zu der

Definition: Eine *Folge ϱ_n von rationalen Zahlen* heißt *berechenbar konvergent*, wenn es eine berechenbare Folge k_m gibt, derart daß

$$(***) \qquad |\varrho_n - \varrho_l| < \varepsilon_m \text{ für alle } n, l \geqq k_m.$$ [1]

Eine reelle Zahl α ist, was die Berechnung angeht, genau dann voll festgelegt, wenn es eine berechenbare Folge rationaler Zahlen gibt, welche berechenbar konvergiert und deren Limes α ist. (Wir wollen hierfür auch kurz sagen, daß die Folge *berechenbar gegen α konvergiert.*) Solche reellen Zahlen wollen wir berechenbar nennen. Wir haben also die

Definition: Eine *reelle Zahl α* heißt *berechenbar*, wenn es eine berechenbare Folge ϱ_n von rationalen Zahlen gibt, welche berechenbar konvergiert und deren Limes α ist.

Es gibt offenbar nur abzählbar viele berechenbare reelle Zahlen (vgl. § 2.2). Also ist nicht jede reelle Zahl berechenbar. Jede rationale Zahl ϱ ist berechenbar, denn man hat die berechenbare und berechenbar gegen ϱ konvergente Folge $\varrho_n = \varrho$. Wir geben ein weniger triviales

Beispiel: Die Zahl e ist berechenbar. Dazu genügt es zu zeigen, daß die Folge $\varrho_n = \sum_{\nu=0}^{n} \frac{1}{\nu!}$ berechenbar und berechenbar konvergent ist.

---

[1] Man beachte die Verwendung des *klassischen* Existenzoperators in dieser Definition, in welcher die Existenz einer berechenbaren Folge mit der Eigenschaft (***) verlangt wird. Vgl. dazu § 2.1.

Setzt man $f_0=1$, $g_0=h_0=0$, so ist $\varrho_0=\frac{f_0-g_0}{1+h_0}$. Es seien bereits f_n, g_n, h_n gegeben mit $\varrho_n=\frac{f_n-g_n}{1+h_n}$. Es gilt $\varrho_{n+1}=\varrho_n+\frac{1}{(n+1)!}=\frac{f_n(n+1)!+1+h_n-g_n(n+1)!}{(1+h_n)(n+1)!}$. Dies stimmt überein mit $\frac{f_{n+1}-g_{n+1}}{1+h_{n+1}}$, wenn man setzt:

$$h_{n+1}=(1+h_n)(n+1)!\dot{-}1$$

$$f_{n+1}=f_n(n+1)!+1+h_n$$

$$g_{n+1}=g_n(n+1)!.$$

Die so definierten Funktionen f_n, g_n, h_n sind primitiv-rekursiv. Damit ist die Berechenbarkeit von ϱ_n bewiesen.

Ferner gilt für $n<l$:

$$\begin{aligned}|\varrho_n-\varrho_l| &= \frac{1}{(n+1)!}+\cdots+\frac{1}{l!}\\ &\leqq \frac{1}{(n+1)!}\left(1+\frac{1}{n+1}+\frac{1}{(n+1)^2}+\cdots\right)\\ &= \frac{1}{n!\,n}\\ &< \frac{1}{2^m} \quad \text{für } n\geqq 2^m+1.\end{aligned}$$

Man setze $k_m=2^m+1$. Dann zeigt diese Abschätzung die berechenbare Konvergenz von ϱ_n.

Satz: Sind α und β berechenbare reelle Zahlen, so sind auch $\alpha+\beta$, $\alpha-\beta$, $\alpha\beta$ und (falls $\beta\neq 0$) $\frac{\alpha}{\beta}$ berechenbare reelle Zahlen.

Beweis: Seien ϱ_n bzw. τ_n berechenbare Folgen rationaler Zahlen, welche berechenbar gegen α bzw. β konvergieren. Dann konvergieren bekanntlich die Folgen $\varrho_n+\tau_n$, $\varrho_n-\tau_n$, $\varrho_n\tau_n$ und $\frac{\varrho_n}{\tau_n}$ gegen $\alpha+\beta$, $\alpha-\beta$, $\alpha\beta$, $\frac{\alpha}{\beta}$. Die üblichen Beweise hierfür kann man ohne weiteres ergänzen und zeigen, daß diese Folgen berechenbar sind und berechenbar konvergieren.

Wir wollen hier nur den Fall des Quotienten genauer ausführen. Hier muß man beachten, daß $\frac{\varrho_n}{\tau_n}$ für kleine n nicht erklärt zu sein braucht, da es möglich ist, daß τ_n verschwindet. Man hat zunächst zu zeigen, daß eine nirgends verschwindende berechenbare Folge η_n existiert, die berechenbar gegen β konvergiert. Wegen $\beta\neq 0$ gibt es ein m mit $\varepsilon_m<|\beta|$ (für die vorhin betrachtete Nullfolge ε_m). Es sei $\varepsilon_{m_0}<|\beta|$. Nach (***) gibt es eine berechenbare Funktion k_m mit $|\tau_n-\tau_l|<\varepsilon_m$ für alle $n, l\geqq k_m$.

Es folgt $\tau_n \neq 0$ für $n \geqq k_{m_0}$. Man bilde die Folge[1]:

$$\eta_n = \begin{cases} \tau_n & \text{für } n \geqq k_{m_0} \\ 1 & \text{sonst.} \end{cases}$$

Es ist leicht zu sehen, daß η_n berechenbar ist.

Man setze

$$\bar{k}_m = \begin{cases} \operatorname{Max}(k_m, k_{m_0}) & \text{für } m \geqq m_0 \\ k_{m_0} & \text{für } m < m_0. \end{cases}$$

$\bar{k}_m$ ist rekursiv.

Es sei $n, l \geqq \bar{k}_m$. Dann ist a fortiori $n, l \geqq k_{m_0}$, also $\eta_n = \tau_n$ und $\eta_l = \tau_l$. Es folgt $|\eta_n - \eta_l| = |\tau_n - \tau_l| < \varepsilon_m$ (diese letztere Abschätzung folgt für $m \geqq m_0$ aus $n, l \geqq \bar{k}_m \geqq k_m$, und für $m < m_0$ daraus, daß $n, l \geqq k_{m_0}$, also $|\tau_n - \tau_l| < \varepsilon_{m_0} < \varepsilon_m$). Es ist also

$$|\eta_n - \eta_l| < \varepsilon_m \qquad \text{für } n, l \geqq \bar{k}_m,$$

womit die berechenbare Konvergenz von η_n gezeigt ist. Es gilt $\eta_n \neq 0$ für alle n. Da η_n darüber hinaus gegen $\beta \neq 0$ konvergiert, gibt es ein m_1 mit $|\eta_n| > \varepsilon_{m_1}$ für alle n.

Wenn man voraussetzt, daß der Satz bereits für das Produkt gezeigt ist, braucht man für die Behandlung des Quotienten nur zu zeigen, daß mit $\beta \neq 0$ auch $1/\beta$ eine berechenbare Zahl ist. Es genügt zu zeigen, daß die Folge $1/\eta_n$ berechenbar ist und berechenbar konvergiert. Wir beschränken uns auf den Beweis des letzten Teiles der Behauptung. Wir verwenden die rekursive Folge $\bar{\bar{k}}_m = \bar{k}_{m+2m_1}$. Dann gilt für $n, l \geqq \bar{\bar{k}}_m$

$$\left|\frac{1}{\eta_n} - \frac{1}{\eta_l}\right| = \left|\frac{\eta_n - \eta_l}{\eta_n \cdot \eta_l}\right| < \frac{\varepsilon_{m+2m_1}}{\varepsilon_{m_1}^2} = \varepsilon_m,$$

womit der Beweis geführt ist.

3. Berechenbare Dezimalbrüche. Darunter soll eine ganze Zahl $g \gtreqless 0$ und eine Reihe der Form $\sum_{n=1}^{\infty} f_n \cdot 10^{-n}$ verstanden werden, wobei f_n eine berechenbare Funktion ist, welche nur die Werte $0, 1, \ldots, 9$ annimmt. Wir wollen sagen, daß eine reelle Zahl α *in einen berechenbaren Dezimalbruch entwickelbar* ist, wenn es einen berechenbaren Dezimalbruch gibt,

[1] Man beachte, daß mit der folgenden Definition nur die *Existenz* einer derartigen Folge nachgewiesen ist (und mehr ist für den beabsichtigten Beweis nicht notwendig!). Zur effektiven Konstruktion von η_n aus vorgegebenem τ_n und k_m wäre die Kenntnis von m_0 erforderlich. Das vorliegende *Beweisverfahren* ist also nicht konstruktiv.

derart daß $\alpha = g + \sum_{n=1}^{\infty} f_n \cdot 10^{-n}$. Offenbar ist jede in einen berechenbaren Dezimalbruch entwickelbare reelle Zahl eine berechenbare reelle Zahl. Wir zeigen auch die Umkehrung, d.h. den

Satz: Jede berechenbare reelle Zahl α ist in einen berechenbaren Dezimalbruch entwickelbar[1].

Beweis: Wir unterscheiden zwei Fälle, je nachdem ob α rational oder irrational ist[2].

Wenn α rational ist, so gibt es eine Darstellung $\alpha = \frac{a-b}{1+c}$. Dann führt der übliche Divisionsalgorithmus zu einer berechenbaren Dezimaldarstellung $\alpha = g + \sum_{n=1}^{\infty} f_n \cdot 10^{-n}$.

Wenn α irrational ist, so kann man g und die Zahlen $f_1, \ldots, f_n$ folgendermaßen gewinnen[3]: Die berechenbare Folge ϱ_n rationaler Zahlen konvergiere berechenbar gegen α. Sei m irgendeine Zahl, die größer ist als n. Dann kann man ein $l = l_m$ finden, derart daß $|\varrho_l - \alpha| < 10^{-m}$. Man stelle die Dezimalbruchentwicklung[4] von ϱ_l her bis zur m-ten Stelle hinter dem Komma:

$$\varrho_{l_m} = \cdots, a_1 a_2 a_3 \ldots a_n a_{n+1} \ldots a_m \ldots, \qquad |\varrho_l - \alpha| < 10^{-m}.$$

Wir betrachten insbesondere die Stellen $a_{n+1} \ldots a_m$. Wenn wir nicht die beiden kritischen Fälle haben, daß $a_{n+1} \ldots a_m \equiv 0 \ldots 0$ („Nullfall") oder $a_{n+1} \ldots a_m \equiv 9 \ldots 9$ („Neunerfall"), so stellt der Bestandteil von ϱ_{l_m} vor dem Komma die Zahl g dar und es ist $a_1 = f_1, \ldots, a_n = f_n$. Wenn aber

---

[1] SPECKER (siehe die Literaturangaben!) betrachtet primitiv-rekursive reelle Zahlen und primitiv-rekursive Dezimalbrüche. Diese werden analog definiert wie die berechenbaren reellen Zahlen, nur mit dem Unterschied, daß an die Stelle von berechenbaren Funktionen primitiv-rekursive Funktionen treten. Specker zeigt, daß nicht jede primitiv-rekursive reelle Zahl in einen primitiv-rekursiven Dezimalbruch entwickelbar ist.

[2] Damit haben wir wieder ein nicht konstruktives Beweisverfahren, da man es im allgemeinen einer berechenbar konvergenten Folge ϱ_n von rationalen Zahlen nicht ansehen kann, ob der Limes rational oder irrational ist. Zum mindesten ist kein solches Verfahren bekannt. Sonst könnte man z.B. feststellen, ob die *Eulersche Konstante* $C = \lim_{n\to\infty}\left(\sum_{\nu=1}^{n} \frac{1}{\nu} - \log n\right)$ rational ist oder nicht. (Es ist leicht zu sehen, daß C eine berechenbare reelle Zahl ist.)

[3] Wir können für das Folgende der Einfachheit halber weiter voraussetzen, daß $\alpha > 0$. Für $\alpha < 0$ gibt es nämlich eine natürliche Zahl n, so daß $\beta = n + \alpha > 0$. Auch β ist irrational. Aus der Dezimalbruchentwicklung für β kann man die Dezimalbruchentwicklung für α unmittelbar entnehmen.

[4] oder *eine*, falls ϱ_l zwei Entwicklungen hat, wie z.B. $\frac{1}{2} = 0{,}5000\ldots = 0{,}4999\ldots$.

einer der beiden kritischen Fälle vorliegt, so können wir keine derartige Aussage machen.

Wenn nun für jedes $m>n$ ein derartiger kritischer Fall vorläge, so hätten wir entweder jedesmal den Nullfall oder jedesmal den Neunerfall. Außerdem würde dann jedes ϱ_{l_m} mit demselben Anfang $a_1 a_2 a_3 \ldots a_n$ beginnen. Damit wäre im Nullfall

$$\alpha = \lim_{m\to\infty} \varrho_{l_m} = \lim \ldots, a_1 a_2 a_3 \ldots a_n 0 \ldots 0 a_{m+1} a_{m+2} \ldots$$
$$= \ldots, a_1 a_2 a_3 \ldots a_n$$

und im Neunerfall

$$\alpha = \lim_{m\to\infty} \varrho_{l_m} = \lim \ldots, a_1 a_2 a_3 \ldots a_n 9 \ldots 9 a_{m+1} a_{m+2} \ldots$$
$$= \ldots, a_1 a_2 a_3 \ldots a_n + 10^{-n}.$$

In jedem Falle wäre α rational entgegen unserer Annahme.

Es gibt also ein $m>n$, für welches weder der Nullfall noch der Neunerfall vorliegt. Ein solches kann durch systematisches Probieren mit $m=n+1, n+2, n+3, \ldots$ gefunden werden. Damit hat man g und $f_1, \ldots, f_n$ gefunden.

Literatur

Specker, E.: Nicht konstruktiv beweisbare Sätze der Analysis. J. symbolic Logic **14**, 145—158 (1949).

Myhill, J.: Criteria of Constructibility for Real Numbers. J. symbolic Logic **18**, 7—10 (1953).

Grzegorczyk, A.: On the Definition of Computable Functionals. Fundam. Math. **42**, 232—239 (1955).

Klaua, D.: Berechenbare Analysis. Z. math. Logik **2**, 265—303 (1956).

— Die Präzisierung des Berechenbarkeitsbegriffes in der Analysis mit Hilfe rationaler Funktionale. Z. math. Logik **5**, 33—96 (1959).

NAMEN- UND SACHVERZEICHNIS

Heidelberger Taschenbücher

Sammlung Informatik

Die **Sammlung Informatik** ist eine sorgfältig zusammengestellte Lehrbuchreihe von hoher wissenschaftlicher Qualität. Ihre Hauptaufgabe ist es, Lehrbücher und Begleittexte zu den Fächern und Vorlesungen bereitzustellen, die für das Informatik-Studium obligatorisch sind; die beiden ersten Bände **Informatik** I und II von Bauer und Goos geben eine Einführung in Inhalt und Aufbau dieses Studiums.
Die Veröffentlichung in der Reihe **Heidelberger Taschenbücher** ermöglicht eine gute Ausstattung zu einem auch für Studenten realistischen Preis.

F. L. Bauer, G. Goos
Informatik
Eine einführende Übersicht

Teil 1
2. Auflage 1973. 111 Abbildungen. XII, 220 Seiten. (HT, Band 80). DM 14,80
ISBN 3-540-06332-3

Teil 2
2. Auflage 1974. 73 Abbildungen. XIII, 207 Seiten. (HT, Band 91). DM 14,80
ISBN 3-540-06899-6

F. L. Bauer, R. Gnatz, U. Hill
Informatik
Aufgaben und Lösungen

Teil 1
1975. 54 Abbildungen. XI, 163 Seiten. (HT, Band 159). DM 14,80
ISBN 3-540-07007-9

Teil 2
1976. 45 Abbildungen. X, 173 Seiten. (HT, Band 160). DM 14,80
ISBN 3-540-07116-4

E. Bergmann, H. Noll
Mathematische Logik mit Informatik-Anwendungen
1977. XV, 324 Seiten. (HT, Band 187). DM 24,80
ISBN 3-540-08202-6

P. Deussen
Halbgruppen und Automaten
1971. V, 198 Seiten. (HT, Band 99). DM 14,80
ISBN 3-540-05606-8

W. Hahn
Elektronik-Praktikum für Informatiker
1971. 177 Abbildungen. VIII, 136 Seiten. (HT, Band 85). DM 14,80
ISBN 3-540-05364-6

W. Hahn, F. L. Bauer
Physikalische und elektrotechnische Grundlagen für Informatiker
1975. 294 Abbildungen. X, 418 Seiten. (HT, Band 147). DM 19,80
ISBN 3-540-06900-3

E. Jessen
Architektur digitaler Rechenanlagen
1975. 97 Abbildungen. X, 246 Seiten. (HT, Band 175). DM 17,80
ISBN 3-540-07503-8

H. Schecher
Funktioneller Aufbau digitaler Rechenanlagen
1973. 178 Abbildungen. XII, 260 Seiten. (HT, Band 127). DM 19,80
ISBN 3-540-06275-0

Preisänderungen vorbehalten

Springer-Verlag
Berlin Heidelberg NewYork

MIX
Papier aus verantwortungsvollen Quellen
Paper from responsible sources
FSC® C105338

If you have any concerns about our products,
you can contact us on
ProductSafety@springernature.com

In case Publisher is established outside the EU,
the EU authorized representative is:
Springer Nature Customer Service Center GmbH
Europaplatz 3, 69115 Heidelberg, Germany

Printed by Libri Plureos GmbH
in Hamburg, Germany